普通高等学校土木工程专业新编系列教材

基 础 工 程

（第三版）

富海鹰　主　编

冯　君　副主编

中国铁道出版社有限公司

2024年·北京

内 容 简 介

本书系统地介绍了土木工程中常用的基础类型及其工作原理、计算理论、设计方法和施工技术。全书共分七章，包括地基基础的设计要求和分析方法，浅埋基础，柱下条形基础、筏形和箱形基础，桩基础，沉井基础，动力机器基础与地基基础抗震，主要章节均附有较多的算例。书中附有思维导图和复习思考题答案，可扫描二维码查看。

本书可作为高等院校土木工程专业的教材，也可供广大工程技术人员参考。

图书在版编目(CIP)数据

基础工程/富海鹰主编. —3 版. —北京：中国铁道出版社，2019.2(2024.8 重印)
普通高等学校土木工程专业新编系列教材
ISBN 978-7-113-25488-9

Ⅰ.①基… Ⅱ.①富… Ⅲ.①基础(工程)-高等学校-教材 Ⅳ.①TU47

中国版本图书馆 CIP 数据核字(2019)第 022807 号

书　　名：**基础工程（第三版）**
作　　者：富海鹰

责任编辑：李丽娟　刘红梅　　　编辑部电话：(010)51873135
编辑助理：刘　荷
封面设计：王镜夷　崔丽芳
责任校对：王　杰
责任印制：樊启鹏

出版发行：中国铁道出版社有限公司(100054,北京市西城区右安门西街 8 号)
网　　址：http://www.tdpress.com
印　　刷：北京铭成印刷有限公司
版　　次：1992 年 8 月第 1 版　2019 年 2 月第 3 版　2024 年 8 月第 3 次印刷
开　　本：787 mm×1 092 mm　1/16　印张：19.25　字数：485 千
书　　号：ISBN 978-7-113-25488-9
定　　价：52.00 元

第三版前言

本教材第二版于 2000 年 8 月出版发行,是原国家教委批准的"九五"普通高等教育国家级重点教材,已经重印过 17 次。在第二版教材出版至今的近 20 年间,我国土木工程建设飞速发展,岩土工程勘察、设计及科研水平进步明显,基础工程相关规范也作了修订。为了反映工程技术及科学研究的最新成果,满足培养新时代土木工程建设人才的需求,编者对第二版教材进行了较为全面的修编。

本次修编除参照了最新规范和标准外,还结合了多年来教学过程中学生和授课教师的反馈意见。本次修编内容及特点如下:

(1)内容重新编排,实现了建筑基础和桥梁基础并重。教材内容在涵盖基础工程基本原理和基本方法的同时,立足国内工程建设实际情况,在讲解具体设计方法时,将建筑基础和桥梁基础分开讲述,方便不同专业的学生学习。

(2)增加了"地基基础的设计要求和分析方法"及"动力机器基础与地基基础抗震"两章内容。

(3)删除了原有的专门讲述基础施工的章节,简化后并入各基础设计章节中。删除了原有的深基坑支护结构和降低地下水位一章。原沉井基础一章删除了沉箱基础和地下连续墙井箱基础内容。

(4)每章都增加了知识图谱和复习思考题答案,可扫描二维码查看。

本书由西南交通大学多年从事基础工程教学的老师共同编写,由富海鹰任主编,冯君任副主编,吴兴序主审。编写分工如下:富海鹰编写第 1 章、第 7 章,张俊云编写第 2 章和第 3 章,彭雄志编写第 4 章,毛坚强编写第 5 章,冯君编写第 6 章。

在本书编写过程中,西南交通大学土木工程学院岩土工程系于志强、周立荣、朱明、肖清华、魏星等老师提出了很多宝贵意见,同时也得到了西南交通大学土木工程学院及教务处的大力支持和帮助,在此致以衷心的感谢。

由于编者水平所限,本书不当之处在所难免,敬请读者批评指正。

编 者

二〇一八年九月

第二版前言

本教材是根据国家教委批准的"九五"普通高等教育国家级重点教材立项选题的通知,在由李克钏主编,中国铁道出版社 1992 年出版的高等学校教材《基础工程》的基础上进行修订的。

第一版教材是按照当时的教学大纲编写的,符合当时的教学要求。根据目前高等学校教学改革和专业调整的需要,为了适应大学本科土木工程专业拓展知识面以及国家有关工程规范和标准的完善和修订,有必要对第一版教材进行修改和补充。修订后,全书除绪论外,共八章。其中绪论,第三章柱下条形基础、筏形基础和箱形基础以及第七章深基坑支护结构和降低地下水位为新增写的。第二章增加了按建筑地基基础设计规范要求的房屋基础设计计算及地基基础可靠性分析简介等内容。第五章对桩基础的设计计算作了重新改写,并增加了根据《建筑桩基技术规范》(JGJ 94—1994)按概率极限法进行桩基计算的内容。第六章则增加了地下连续墙井箱基础一节。第八章地基基础的抗震设计,增加了房屋建筑地基基础抗震设计的内容,并根据新的抗震设计规范的设计思想和原则进行了重写。除此之外,对原书其他章节的内容,只作局部的更新和增删。从总体上看,此次修订在内容上较原书有较大的增加,各高校教师可根据教学时数有重点地选择适合教学需要的内容。

本书由西南交通大学李克钏任主编,罗书学任副主编,赵善锐主审。参加编写工作的有:西南交通大学陈禄生(第一章和第七章),罗书学(第二章),夏永承(第三章和第五章),李克钏(绪论、第四章、第六章和第八章)。

在本书编写过程中,西南交通大学土木工程学院土力学及基础工程教研室毛坚强、吴兴序等老师提出了很多宝贵意见,刘成宇教授、周京华教授提供了部分资料,曾参加第一版编写的北方交通大学吴灿然教授也给予了大力支持,在此对他们表示衷心的感谢。

由于编者水平所限,本书不当之处在所难免,敬请读者批评指正。

编　者
二○○○年五月

目　录

第1章

绪 论

基础工程(Foundation Engineering)的研究对象是各种建(构)筑物的基础与地基,它主要是土力学、岩石力学、结构设计原理、工程地质等课程的基本原理在建(构)筑物基础、地基设计中的综合应用与实践。

1.1 地基和基础

图1-1和图1-2分别为房屋建筑体系、桥梁建筑体系的示意图。不论哪种体系,都由"上部结构—基础—地基"三者构成整体。上部结构的荷载通过基础传给地基;基础对上承受荷载,对下传递荷载,在保证自身结构不破坏的前提下,有效调整应力在基础底面的大小及分布并协调基础与地基的变形;地基支撑上部结构与基础,在荷载作用下不能产生破坏或超过容许值的变形。

在图1-1所示的房屋建筑体系中,房屋及其相关恒荷载、活荷载属于上部结构,其下是基础,承受房屋和基础荷载并维持稳定的那部分地层为地基。

在图1-2所示的桥梁建筑体系中,桥塔、主缆、吊索、桥面、桥墩合为上部结构,其下是基础,承受桥梁、基础荷载并维持桥梁稳定的那部分地层为地基。

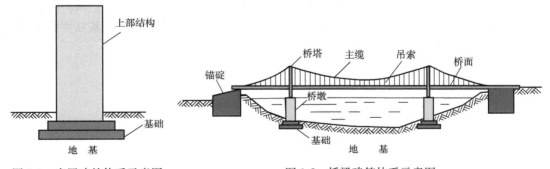

图1-1 房屋建筑体系示意图   图1-2 桥梁建筑体系示意图

按照基础埋深、施工方法的不同,可将基础分为浅基础和深基础两大类。浅基础是指埋置深度小于或等于基础宽度(一般认为小于5 m)且施工工艺比较简单的基础,通常包括独立基础、条形基础、筏形基础和箱形基础等。深基础是指浅层土质不良,需将基础埋置于深处的良好土层时,借助于特殊的施工方法建成的基础,通常包括桩基础、沉井基础、沉箱基础和地下连续墙等。

地基是指受建筑物荷载影响的那部分地层,可以划分为天然地基和人工地基。开挖基坑后可以直接修筑基础的天然地层称为天然地基。当天然地层不能满足上部结构的承载要求时,必须经过人工处理才能建造基础的地基,称为人工地基。

2

基础工程包括地基及基础的设计与施工。为保证建筑的安全和正常使用,地基基础的设计必须满足以下三个基本要求:

(1)强度要求。通过基础而作用于地基上的荷载不能超过地基的承载能力,保证地基不发生破坏,并且应有足够的安全储备。

(2)变形要求。基础的设计应保证基础沉降或其他特征变形不超过上部结构的允许值,保证上部结构不因变形过大而受损或影响正常使用。

(3)基础结构本身应满足强度、刚度和耐久性的要求,在地基反力作用下不会发生强度破坏,并且具有改善地基沉降和不均匀沉降的能力。

选择地基基础方案时,从安全、经济、合理的角度出发,应优先选择天然地基上的浅基础。

1.2 基础工程的重要性

一座牢固的建筑物,必须有坚实的基础,以保证建筑物的安全和使用年限。基础工程的勘察、设计和施工质量直接关系建筑物的安危,而且由于地基与基础位于地面以下,属于隐蔽工程,一旦发生质量事故,其补救和处理往往比上部结构困难得多,有时甚至是不可能的。

图 1-3 反映了建于 1913 年的加拿大特朗斯康谷仓的破坏情况。谷仓的平面为矩形,长59.44 m,宽 23.47 m,高度为 31 m,由 65 个圆柱形筒仓组成,采用钢筋混凝土筏板基础。设计时对地基未作勘察,不了解基底下有厚达 15 m 左右的软黏土层,仅根据对邻近建筑的调查决定了地基承载力。建成后于当年 9 月开始均匀地向谷仓内装载谷物,至 10 月发现谷仓产生大量快速沉降,1 h 内的垂直沉降量竟达到 30.5 cm,在其后的 24 h 内谷仓大幅度倾斜,倾斜后谷仓的西侧下沉达 7.32 m,东侧则抬高了 1.53 m,倾斜角达 26°53′。因谷仓整体性很强,筒仓本身完好无损。事后在筒仓下设置了 70 多个支承于基岩上的混凝土墩,用了 388 个 50 t 的千斤顶才将其逐步扶正,但扶正后的高程比原来降低了 4 m。后经测算,谷仓倾斜前的基底实际压力达到了 330 kPa 左右,超出了地基的极限承载力,是一起典型的因地基发生整体滑动而丧失稳定性的实例。

图 1-3　加拿大特朗斯康谷仓的地基事故

由于地基不均匀沉降引起的建筑物倾斜和开裂现象是极为普遍的。著名的意大利比萨斜塔就是因为不均匀沉降造成的(图 1-4)。比萨斜塔位于比萨市北部,是比萨大教堂的一座钟塔,于 1173 年动工,1370 年竣工,塔身高约 55 m,共 8 层,建成后因地基压缩层产生不均匀沉降,使塔的北侧下沉近 1 m,南侧下沉近 3 m,塔身倾斜约 5.5°,塔顶离开铅垂线的距离已达5.27 m,为我国虎丘塔偏斜值的 2.3 倍。幸亏该塔使用的大理石材质优良,在塔身严重倾斜的情况下尚未出现裂缝。比萨斜塔建成后曾经数次加固，但效果甚微，每年仍下沉约 1 mm，倾斜尚有加速迹象，已成了一座名副其实的危塔。

　　基础工程的费用占建筑物总造价的比例，视其复杂程度和设计、施工的合理与否，可以在百分之几到百分之几十之间变动。地基及基础在土木工程中的重要性是显而易见的。设计者应精心设计、精心施工并认真地进行质量检测，避免发生地基基础事故，保证基础工程的经济合理和安全可靠。

图 1-4　意大利比萨斜塔

1.3　基础工程的发展概况

　　基础工程是一项古老的工程技术。例如我国在洛阳王湾发掘出新石器时代的房屋遗址，其墙基都是先挖沟槽，再填以红烧土碎块；在浙江河姆渡文化遗址发现的木桩距今已有 7 000 余年。在世界范围内，1982 年在智利考古中发现的木桩，距今已达 12 000 年之久。

　　我们祖先在基础工程的修建上展现出了卓越才能。北宋初年（公元 989 年），著名工匠喻皓在建造开封开宝寺木塔时，因当地多西北风而将建于饱和黏土地基上的塔身有意向西北倾斜，欲借风力的长期作用扶正塔身，以克服地基的不均匀沉降对塔的影响。宋代（977 年）开始建造的上海龙华古塔，地基为淤泥和软黏土，建造时舍弃一般浅基础方案，而采用了木桩基础，并使用三合土对木桩进行了隔离防腐处理，直至今日仍安然无恙。龙华古塔比闻名的比萨斜塔尚早建 200 年，但对基础的设计却大大高明于比萨斜塔。隋朝李春于公元 595～605 年主持修建的河北赵州安济桥，1 400 多年来经受无数次地震与洪水考验，仍完好无损。从现代技术的角度来看，我国 1 000 多年前能用黏性土作为地基修筑推力极大的拱桥，而且地基承载力的利用恰到好处，确实令人惊叹。美国土木工程师协会也于 1991 年将赵州桥选为第 12 个"国际土木工程里程碑"。在建桥史上独树一帜的还有建于北宋年间（公元 1053～1059 年）的福建泉州的万安桥，该桥桥位处水深流急，潮汐涨落频繁，基础修建极为困难，故采用特殊的修建方法，即先在桥梁的墩位处抛投大块石，再在其上移植蛎房（即蚝），利用蛎房的繁殖将抛投的块石胶结为整体，再在其上成功地修建了桥梁。

　　基础工程同时也是一门年轻的应用科学。尽管人类在长期的发展过程中在地基和基础工程方面积累了丰富的经验，但直到 18 世纪才开始形成该门学科的理论基础。18 世纪 70 年代，法国工程师和物理学家库仑（C. Coulomb）提出了土的抗剪强度理论和土压力的滑动土楔理论，作为基础工程学理论基石的土力学才开始逐步建立自己的理论体系。随后，在众多学者的长期努力之下，太沙基（K. Terzaghi）于 1925 年出版了《土力学》一书，奠定了土力学的理论框架，有力地促进了土力学与基础工程学科的发展。1936 年，国际土力学与基础工程学会成立并举行了第一次国际学术会议。从此，土力学与基础工程作为一个学科分支开始在世界范围内蓬勃发展。

　　自中华人民共和国成立后，大规模的经济建设促进了基础工程学科在我国的迅速发展并取得了辉煌的成就。在公路、铁路、港口、房屋、大坝、电站和海洋石油等工程领域，为充分利用天然地基的承载力，改进和发展了多种结构形式的浅基础；为适应各种复杂条件下的桥梁和高层房屋的建设,大力发展了深基础技术。自 20 世纪 60 年代以来,随着工程经验的积累和技术的进步,桩基础尤其是钻孔灌注桩逐步成为我国最广泛使用的深基础,在保证成桩质量及质量检测、提高桩基承载力并减少沉降的工艺措施方面也取得了令人瞩目的成就。近年来我国的高速铁路和高速公路发展迅速,与之相适应的是在长江、黄河等大江大河和近海区域的大型桥梁工程中大量使用了大直径灌注桩、预应力管桩、管柱、钢管桩、多种形式的浮运沉井、组合式沉井等一系列新型深基础和深水基础,成功地解决了在地质和水文条件极为复杂的情况下修建大型桥梁基础的技术问题。如江阴长江公路大桥采用的当时国内平面尺寸最大的沉井基础,苏通大桥采用的世界上规模最大、入土最深的群桩基础,均反映出我国基础工程建设水平达到了新高度。

另一方面,根据全国和各地区长期积累的工程实践经验和科学研究成果,针对不同行业和地区已编制完成一系列有关地基基础的勘察、设计和施工规范和规程。随着计算机的飞速发展,基础工程设计及计算方法与手段也发生了巨大的变化。目前许多大型设计单位已具备较完备的计算机辅助设计及管理系统,如 PKPM 地基基础设计。地基基础计算除了传统的解析法、设计图表法外,为了适应越来越复杂的边界条件,数值分析在基础工程设计项目中应用越来越广泛。有限单元法和有限差分法是两种较为常用的数值方法。在这些方法中,首先将研究对象离散为网格,包含单元和节点;然后赋予单元本构关系,在节点上施加荷载或位移边界条件,基于节点建立平衡方程组;最后求解这些方程组,得到各节点物理量的数值解。应用于岩土工程问题分析的行业类有限元程序有 PLAXIS、GEOSTUDIO 等,有限差分程序有 FLAC。另外 ABAQUS 等大型通用有限元程序也能解决大量的岩土工程问题,在高校教学和科研中应用广泛。

1.4　本课程的特点及学习要求

本课程是土木工程专业的主干课程,主要内容是各类地基和基础的设计与施工。本教材共 7 章,包括浅基础、桩基础、沉井基础及地基基础的抗震设计等内容。

本门课程的许多内容涉及工程地质学、土力学、结构设计与施工等课程,内容广泛,综合性很强。同学们应熟练掌握并善于应用上述先修课程的基本原理和基本方法,才能赢得本课程学习的主动权。由于自然地理环境不同,土层性质差异较大,使得基础工程具有明显的区域性特征。实践中要充分重视地基勘察,有针对性地采取恰当的设计、施工方案,并在工作中不断总结积累经验。

基础工程是一门工程实际应用课程,需要引入大量的相关规范的技术要求和具体规定,这给初学者的学习带来了一定困难。同学们在学习本课程的时候要注意掌握基本的原理和方法,要勤于思考、动手练习,通过习题和课程设计培养自己解决工程实际问题的能力。

值得说明的是,很多行业均涉及基础工程,而不同行业又有不同的专门规范,因此书中涉及的规范较多,其中主要有:《建筑地基基础设计规范》(GB 50007—2011)、《铁路桥涵地基和基础设计规范》(TB 10093—2017)、《建筑桩基技术规范》(JGJ 94—2008)、《建筑抗震设计规范》(GB 50011—2010)、《铁路工程抗震设计规范》(GB 50111—2006)。由于各行业的规范出于不同的考虑和习惯,相互之间某些方面差别较大,这些情况给本书的编写带来不少麻烦和困难。书中引用有关规范时,一般沿用其原来的符号,必要时加以注释以免误解。学生学习时应注意了解和区别不同规范各自的规定及相关术语。当然,学生在学习过程中不可能也不必要掌握所有规范的内容,只需了解有关规范的基本精神,懂得在今后的实际工作中如何查阅和使用规范即可。

 **复习思考题**

1-1 什么是地基？什么是基础？

1-2 什么是浅基础？什么是深基础？

1-3 地基基础设计必须满足哪三个基本要求？

第 1 章复习思考题答案

第 2 章 地基基础的设计要求和分析方法

第 2 章知识图谱

2.1 地基基础设计的一般要求

地基和基础是建筑体系的重要组成部分,因为基础埋置于地基之中,两者之间密切相关,设计时必须认真考虑其相互间的影响,所以在进行基础设计时通常将两者合并在一起进行设计,故常称为地基基础设计。

地基基础设计是整个建筑物设计的重要组成部分,设计的主要目标是保证建筑物的安全与正常使用。对于任何建筑物,其地基基础的设计都应满足如下的要求。

(1)地基不会破坏和失稳

保证地基在外荷载作用下不发生破坏,是地基最基本的要求。因此,无论上部结构为何种形式以及地基土层情况如何,都必须进行地基承载力的验算;地基持力层下若有软弱下卧层,还需要验算软弱下卧层的承载力。对于经常受水平荷载作用的高层建筑或高耸结构、建于斜坡或坡顶的建(构)筑物、挡土墙等还需要验算地基的稳定性。

(2)地基的变形不超过容许值

过大的地基沉降会影响上部结构的正常使用,而不均匀沉降则可能导致上部结构的开裂、损伤,甚至破坏,因此,在地基基础设计中,需要将地基的变形控制在允许范围之内。实际上,有时地基变形可能取代承载力而成为地基基础设计的控制因素。

(3)基础结构满足强度、刚度和耐久性要求

基础结构的材料、尺寸和构造若选择不当,在荷载作用下,基础自身也会出现开裂、破坏或变形过大等问题,也会因混凝土或钢筋的腐蚀出现耐久性的问题,因此,基础结构应满足建筑物长期荷载作用下的强度、刚度和耐久性要求。

此外,在特定情况下,地基基础设计还需要满足相应的特殊要求。例如:当地下水埋藏较浅,建筑地下室或地下构筑物存在地下室上浮问题时,基础还应满足抗浮的要求;基础承受较大的水平荷载时,基础也应满足滑动稳定性和抗倾覆的要求。

一般情况下,设计桥梁墩台基础时,应收集如下资料:

(1)线路、桥梁及墩台资料。包括线路等级、线路平纵断面设计、桥孔布置、桥跨结构的具体情况,桥跨及其上部附属结构的重量,墩台材料及尺寸等。

(2)地形资料。包括中线处的河床纵断面、水流方向等。

(3)水文、气象资料。包括设计频率水位、常水位、施工水位、低水位和施工水位的流速与流量,冲刷深度,洪水季节和施工季节,当地最大风速、气温及冻结深度等。

(4)工程地质资料。包括钻孔柱状图、地质剖面图,图上应标明各土层的厚度及物理、力学性质、土中有无大孤石、岩面高程及其产状,基岩中有无断层、溶洞、破碎带等。

(5)其他资料。包括工期要求,施工设备及技术条件,当地料源、交通、电力等供应情况。

在进行房屋基础设计时,需要收集以下资料:

(1)建筑场地的地形图和工程地质勘察资料;

(2)建(构)筑物的平面、立面及剖面图;

(3)作用在基础上的荷载;

(4)建筑材料的供应情况及施工技术条件。

根据上述设计资料,即可进行地基基础设计。地基基础设计的一般程序是:先确定基础的类型,并确定其相关尺寸,然后进行地基基础有关设计内容的验算,若验算不通过,则需要修改基础的尺寸或埋深,甚至修改结构形式和基础方案再进行验算,直到地基基础设计的各项内容都满足要求。

当然,满足上述要求的基础方案可能不止一个,这就需要从安全性、经济性和合理性三个方面综合比较,择优选用。

基础设计的安全性是地基基础设计必须满足的技术要求,如地基不会破坏和失稳、变形不超过容许值、基础有足够的强度和刚度等。

基础设计的经济性是要求在设计中通过运用先进的技术和手段,充分把握基础的特性,通过多个方案的比较,寻求最佳设计方案,使设计的基础造价最低。

基础设计的合理性指基础的持力层选择、几何尺寸等布置合理,能充分发挥基础的承载能力,并减少基础的内力,施工相对简单易行。设计中按准确的内力计算结果确定基础材料强度等级和配筋率,要求设计既能满足构造要求,又不过量配置材料。

建筑物整体是上部结构、基础和地基有着内在联系的共同作用系统,基础设计时必须综合考虑上部结构的特征和荷载、地基岩土的物理力学性质、基础的选型布置和材料特性、施工方法及其环境影响、工程的可靠度和造价等多种因素,这些因素既各具特点,又密切联系,构成了一个复杂、多层次的设计系统。因而,基础工程的设计必须运用系统分析的理念,以安全、经济、合理作为设计目标,以规定的设计原则和施工、环境等要求作为约束条件,将土工设计原理和土与结构物的作用机理作为优化模型的理论基础,运用优化技术和工程经验对期望目标进行寻优,以使建筑物各组成部分充分协调,保证整个工程设计的预定功能和目标的实现。

在地基基础设计时,还应注意可能遇到的不良工程地质问题:

(1)基础位置应避开断层、滑坡、挤压破碎带、溶洞、黄土陷穴与暗洞或局部软弱地基等不良地质,避免造成地基基础隐患。

(2)基础不应设置在软硬不均匀的地基上,防止基础在荷载作用下产生较大的不均匀沉降。

(3)当基础因其他原因不能避开不良工程地质条件时,应加强工程地质勘探,务必准确地查明地质情况,以供设计者使用。

(4)在岩面起伏较大、倾斜且抽水困难的地基上,不宜采用明挖基坑、砌筑基础的施工方法。

2.2　地基基础设计的计算分析方法

2.2.1　上部结构、基础及地基的相互作用

上部结构—基础—地基构成了一个完整的建筑结构体系,只不过我们从工程的概念出发,将它分为上部结构、基础(下部结构)和地基,而实际上,作为一个整体中的一部分,它们之间的受力和变形是相互作用、相互影响、密不可分的。如图 2-1 所示,当上部结构受外荷载作用时,

不但在其自身结构内产生内力并发生变形,而且荷载要传至基础及地基,使基础和地基受力并发生变形。类似地,当地基因某种原因发生沉降时,也将导致基础及上部结构的受力和变形。同样,基础的受力也将导致地基及上部结构的受力及变形。因此,严格地讲,为获得合理的计算结果,设计计算时应将上部结构、基础、地基同时考虑,也就是说,即使我们仅需得到上部结构的受力和变形情况,计算时也应同时考虑基础及地基。同理,对基础进行设计计算时,也应同时考虑到上部结构及地基。

从力学的观点看,结构的计算无外乎是力的平衡及变形的协调问题。因此,所谓考虑上部结构、基础、地基的共同作用,实际是不仅要求上部结构、基础、地基各自处于平衡状态且变形协调(连续),而且要求上部结构—基础之间、基础—地基之间的内力连续,变形协调。但实际计算时要做到这点并不容易,在设计工作中,其计算分析方法可分为三种:

(1)不考虑上部结构—基础、基础—地基之间的协调关系;

(2)仅考虑基础—地基之间的协调关系;

(3)考虑上部结构—基础、基础—地基之间的协调关系。

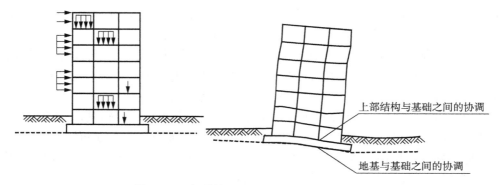

图 2-1　上部结构—基础—地基的受力与变形

2.2.2　不考虑上部结构—基础、基础—地基之间协调关系的分析方法

这是最早使用的一种计算方法。计算时将上部结构、基础、地基分割为三个独立体进行计算分析。以图 2-2 为例,计算时可将上部结构的底端看作固定端,应用结构力学的方法计算出结构的内力和变形及底端的反力;然后将此反力反向作为施加在基础上的荷载,并假设基础为刚性体且地基反力为线性分布,这样就可求出基础底面的反力分布;再将此反力反向作用于地基,即可求得地基内的应力及地基的变形。

在计算过程中,将上部结构底端的反力反向后作为荷载作用于基础,基础底面的反力反向后作为荷载作用于地基,显然,上部结构—基础及基础—地基之间的作用力是连续的,即满足大小相等、方向相反的牛顿第三定律。但我们也可看到,在计算过程中,并没有考虑上部结构—基础及基础—地基之间变形协调的问题,上部结构的底端作为固定端不发生任何位移,基础被看作是刚性的,上部结构—基础—地基之间的变形是不协调的,如果将简化的计算模型与图 2-1 中所示的结构的变形图相对比,则更可一目了然。由此可知,计算简单是该法的主要优点,这也是该法在目前的设计计算中还在应用的原因,如静定分析法、倒梁法、倒楼盖法等。由于该法的计算模型与实际情况相差较大,因此其计算结果的误差相应也大。

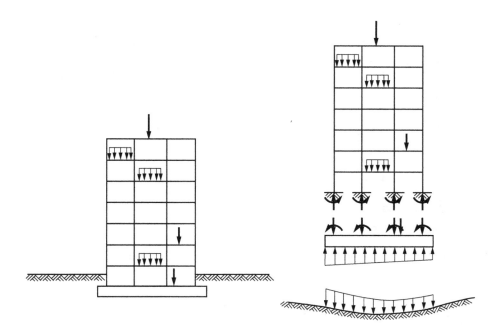

图 2-2 不考虑上部结构—基础—地基之间的相互作用

2.2.3 仅考虑基础—地基之间协调关系的分析方法

该法在计算时不考虑上部结构—基础之间的变形协调,但考虑基础—地基之间的变形是协调的,显然,较之前一种方法有一定的改进。如图 2-3 所示,上部结构的底端仍简化为固定端,计算出其内力、变形及底端反力。将反力反向施加于基础,注意此时基础与地基是作为一个整体考虑的,因此,上部结构—基础之间的变形是不协调的,而基础—地基之间的作用力是连续的,变形是协调的。

2.2.4 考虑上部结构—基础、基础—地基之间协调关系的分析方法

该法在计算时将上部结构、基础、地基作为一个整体考虑,因此,上部结构—基础、基础—地基之间的作用力是连续的,变形是协调的。

显然,与前两种方法相比,这种方法最为合理,其计算结果与实际结构的受力及变形情况也最为接近。但其计算也较前两种方法复杂得多,只有借助计算机进行编程计算,这种方法才可能真正得到应用。图 2-4 所示为用有限元法计算上部结构—基础—地基共同作用的模型,其中将地基划分为有限单元体来模拟。

考虑上部结构—基础—地基的共同作用对高层建筑(包括上部结构及基础)的设计计算尤其重要,它可以使设计更为合理经济。共同作用的分析计算方法也是目前高层建筑领域的一个重要的研究课题。

在上述计算方法中,以对地基的模拟最为复杂和困难,这是因为:上部结构及基础一般可简化为梁、板、柱等有限个构件的组合进行计算,而且材料的力学性质比较明确;而地基则近似为一个半无限体,且是天然形成的,地层的分布及岩土材料的性质复杂多变,很难准确掌握和模拟。

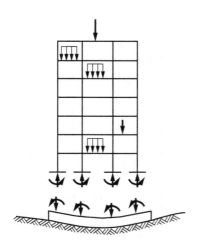 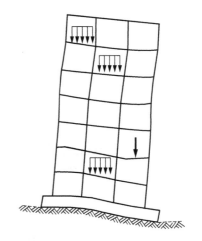

图 2-3 仅考虑基础—地基之间的相互作用　　图 2-4 考虑上部结构—基础—地基之间的相互作用

2.3 地基基础设计的概率极限状态设计方法

2.3.1 地基基础定值设计法的缺陷

工程的安全性和安全评价方法是所有工程设计中的首要问题。长期以来,在地基基础设计中大多是按容许状态设计,部分采纳极限状态设计的要领,这两种评价方法所对应的设计方法都可归类为定值设计方法。定值设计方法的基本特点是以经验为主来确定安全系数,从而度量地基基础的可靠性,它将不确定的因素和参数都定值化,把未知的一切不确定因素都归结到安全系数上,试图以一个安全系数来笼统反映所有设计中的不确定性,认为只要满足了认定的安全系数,地基基础的安全性就得到了保证。然而在实际工程中也有安全系数较大,原认为较安全的设计却发生破坏的案例。

在地基基础设计中,传统的安全系数 K 为地基抗力 R 与荷载效应的 S 的比值。由于地基土的变异性以及作用荷载变化的随机性,使得地基抗力 R 和荷载效应 S 都是随机变量,它们都围绕各自的平均值呈现一定规律变化(图 2-5)。因此,地基抗力 R 和荷载效应 S 都不是定值。对于同一地基、相同基础形式,实际安全系数 K 并非定值;对于不同的地基情况和基础形式,其抗力 R 的变异特征也不相同。因此,采用同一安全系数的设计,实际的安全度并非一定相同。事实上,引入安全系数本身就是增加了一个不确定因素,即使地基基础设计中采用了较大的安全系数,也未必一定能保证安全。图 2-5 中 R、S 频率分布曲线相交形成的阴影面积表示了工程失效概率 P_f($R<S$)区间,表明工程在使用年限内发生 $R<S$ 的概率,即工程不能完成预定功能的概率。失效概率不仅可以准确地表明工程的安全度,而且可以成为比较所有工程系统或结构安全程度的统一尺

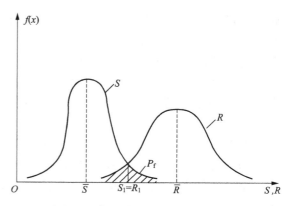

图 2-5 荷载效应、抗力频率分布

度。例如，以安全系数 $K=1.25$ 设计的边坡的失效概率 $P_f=0.01$，以 $K=2.5$ 设计的抗滑桩的失效概率也是 0.01，虽然两者的安全系数不同，但失效概率相同，所以可以判断两者具有相同的安全度。然而，传统的定值设计法并不能提供这种失效概率或可靠性指标。因此，不区分荷载、土性、基础结构形式等的变异特征，笼统地采用同一安全系数设计，可能造成失效概率过大或过小的情况。

此外，在定值设计法中，安全系数 K 的合理确定也是一个很难的问题。特别是现阶段，随着建筑规模的复杂化和大型化，使得安全系数 K 的微小变化都可能对工程的安全和建造费用产生极大的影响。

2.3.2　两种极限状态

对于一个工程系统，其完成各项预定功能的概率是由极限状态来衡量的。当系统整体或部分超过某状态时，系统就不能满足设计规定的功能，这种状态被称为极限状态。

极限状态是区分某一具体基础工程工作状态的标志，可由极限状态方程来描述：

$$Z=g(x_1,x_2,\cdots,x_n)=0 \tag{2-1}$$

式中　Z——功能函数；

$\quad\quad x_i$——影响工程安全程度的各随机因素，如荷载、材料性能、结构形式、几何尺寸、岩土特性、计算模式的准确性等，通常称之为基本变量，$i=1,2,\cdots,n$。

地基基础的极限状态分为承载能力极限状态和正常使用极限状态。承载能力极限状态的一般定义为：

(1)在岩土体中形成了某种破坏机制；

(2)在结构中形成了某种破坏机制，或由于岩土体的变形导致结构发生严重破坏。

正常使用极限状态一般指岩土体的变形影响了结构的正常使用功能或耐久性能的局部破坏(包括裂缝)。

以地基设计验算为例，按照《建筑地基基础设计规范》，对地基持力层承载力极限状态的要求是：

$$p_k \leqslant f_a \tag{2-2}$$

对偏心荷载，还需满足

$$p_{kmax} \leqslant 1.2f_a \tag{2-3}$$

式中　f_a——修正后的地基承载力特征值；

$\quad\quad p_k$——相应于荷载效应标准组合时的基底平均压力；

$\quad\quad p_{kmax}$——相应于荷载效应标准组合时的基底最大压力。

对地基正常使用极限状态的要求则是对变形的控制，要求地基的最大变形量 s 不超过容许的变形量 $[s]$，即

$$s \leqslant [s] \tag{2-4}$$

当把所有的荷载效应和抗力效应综合成两个基本变量时，式(2-1)所示的极限状态方程可写为

$$Z=g(R,S)=R-S \tag{2-5}$$

显然，当 $Z>0$ 时，系统处于可靠状态；当 $Z<0$ 时，系统处于失效状态。

2.3.3　概率极限状态设计

概率极限状态设计的主要内容包括如下三个方面。

（1）计算所设计对象的失效概率

以一纯摩擦桩单桩的轴向承载力设计为例：假设提供给单桩承载力的桩侧摩阻力 q_s 在同一土层随深度离散，那么传统的定值设计法是根据经验从 q_s 的离散值中确定一值（如平均值）作为设计值，而概率极限状态设计则是通过概率方法确定离散值的分布模型和统计特征，并将单桩所承受的荷载也做类似处理，然后按可靠度分析方法确定其失效概率。

（2）确定失效概率与传统安全系数的对应关系

由于基础工程的特点和研究难度，概率极限状态设计在该领域的应用积累还很不够，目前习惯用的仍然是定值设计方法。所以，需要寻求一种联系，使失效概率与定值设计法的安全系数存在一一对应的关系，以使这种新的设计方法能够借用和依赖定值设计法的分析模式和长期积累的经验。

（3）进行优化决策研究

对图 2-5 所示的荷载和抗力效应的分布情况，若通过某些措施提高抗力 R，则 R 分布图形将向右移，使图中阴影减小，从而失效概率就减小。理论上当 R 分布图形右移至某一确定位置时，失效概率可减小至零，但工程造价也将达到某一极大值，所以这可能并不是最佳方案。优化决策就是从多个设计方案中依据可靠性、经济性总体最优的原则选择最佳方案。

上述思路可通过示意图 2-6 进一步说明。

设某一具体基础工程的投资为 I_c，破坏后的失效损失费用为 I_f，则期望的总费用 I_T 可用下式表示：

$$I_T = I_c + I_f P_f \qquad (2\text{-}6)$$

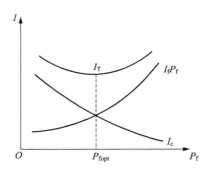

图 2-6　失效概率与费用关系示意

三者的关系如图 2-6。由图可见，随着失效概率 P_f 的减少，失效损失费用也降低，但投资将相应增加，使得总费用也相应增加。因此，按照概率极限状态进行设计时，需要根据所确定的设计准则加以选择，若以 I_T 最小作为设计目标，则对应于 $I_{T\min}$ 的失效概率 P_{fopt} 即为所选定的目标失效概率，相应的设计方案即为该目标下的最优方案。当设计目标不同时，所选择的最优设计方案亦可能是不同的。

采用概率极限状态设计法时，一般是根据各基本变量的统计特征和给定的目标可靠指标，按照可靠度分析方法进行工程设计。就目前的研究水平，采用概率极限状态设计方法进行地基基础设计时，还不能直接根据给定的可靠指标进行设计，一般是在定值设计方法的基础上，采用以基本变量的标准值和分项系数表示的设计表达方式，以便使以概率论为基础的极限状态设计既能在设计方法上与传统方式接轨，又能在设计内容上尽可能地反映可靠度研究成果及对目标可靠指标的要求。

概率极限状态设计方法的主要难度在于岩土性质明显的不确定性和土与结构物共同作用所产生的一系列问题。但是，这种设计方法在理论上是一种更科学的方法，与传统的定值设计法的关系也不是互相排斥和代替，而是互为补充的。毫无疑问，在传统定值设计方法中长期积累的经验和许多分析模式以及计算方法，仍然是概率极限状态设计方法中的基础和重要组成部分。

2.4　荷载与荷载组合

验算拟定的基础尺寸是否符合要求,需要先计算作用于基础上的合力,此合力是由作用于基底以上的各种荷载(或称作用)所组成的。但是这些荷载因上部结构的用途不同而不同,因此作用于地基基础上的计算荷载也有着各种不同的特性,各种荷载出现的概率也不相同。为了进行基础设计,需将作用荷载进行分类,并将实际可能同时出现的荷载组合起来,以确定设计时的计算荷载。下面分别将《铁路桥涵设计规范》和《建筑结构荷载规范》规定的计算荷载及荷载组合作简要介绍,以供铁路桥梁或建筑结构基础设计确定计算荷载时选用。

2.4.1　《铁路桥涵设计规范》规定的荷载分类及荷载组合

按照荷载的性质和发生概率,《铁路桥涵设计规范》(TB 10002—2017)把荷载分为主力、附加力和特殊荷载三类。

1. 主力

主力是永久性或经常性作用的荷载,包括恒载和活载两部分。

1)恒载

(1)结构构件及附属设备自重

如桥跨自重、墩台自重、基础及其上覆土体自重等。

桥跨自重包括梁和支座、桥面及人行道的重量。梁和支座重量可从选用的桥跨标准图中查得。桥面及人行道荷载的取值,直线上双侧铺设木步行板时取 8 kN/m,铺设钢筋混凝土或钢步行板时取 10 kN/m。

桥墩上所受桥跨自重压力等于相邻两桥跨通过支座传来的自重压力之和,等跨时传来的桥跨自重压力作用在桥墩中心线上。

计算墩台自重时,常将墩台分成若干个简单的块体分别计算,最后求和。常用材料的重度为:钢筋混凝土(配筋率在 3% 以内)25.0～26.0 kN/m³,混凝土和片石混凝土 24.0 kN/m³,浆砌块石或料石 24.0～25.0 kN/m³,浆砌片石 23.0 kN/m³。

(2)恒载土压力

①作用于墩台上的土的侧压力可按库仑主动土压力计算。计算时的参数取值为:渗水土内摩擦角 $\varphi=33°$,一般填石内摩擦角 $\varphi=40°$;填料与墩台表面的外摩擦角 $\delta=\varphi/2$。

②台后填料的内摩擦角取值应根据台后填筑的实际情况确定。若台后填土与①中的规定不符,应根据现有或试验数据取值计算。

③台后填料的土层特性有变化或受水位影响时,土的侧压力应分层计算。

④在计算滑动稳定时,墩台前侧不受冲刷部分的土的侧压力可按静止土压力计算。

(3)浮力

水浮力是作用于建筑物基底面由下向上的水压力,等于建筑物排开同体积的水重。对于桥涵基础,它可由地表水或地下水通过土的孔隙中的自由水的连通而传递水压力。水能渗入基底是产生水浮力的必要条件,墩台基础设计应根据所处地基状况考虑水浮力的影响,可按以下原则计算:

①位于碎石土、砂土、粉土等透水地基上的墩台,检算稳定性时应考虑设计洪水频率水位的水浮力;计算基底应力或基底偏心时仅考虑常水位(包括地表水或地下水)的水浮力。

②检算墩台身截面或检算位于黏性土上的基础时可不考虑水浮力。

③检算岩石(破碎、裂隙严重者除外)上的基础且基础混凝土与岩石接触良好时,可不考虑水浮力。

④位于粉质黏土和其他地基上的墩台,不能确定是否透水时,应分别按透水与不透水两种情况检算基底并取其不利者。

(4)混凝土收缩和徐变的影响

混凝土收缩主要是由于水泥浆凝结而产生,也包括了因环境干燥所产生的干缩。对于刚架和拱等超静定结构、预应力混凝土结构、结合梁等,应考虑混凝土收缩的影响,但涵洞一般孔径较小,可不考虑。

混凝土收缩与混凝土徐变往往分不开,混凝土收缩使构件本身产生应力,而这种应力的长期存在又使混凝土发生徐变,此种徐变限制或抵消了一部分收缩应力。

混凝土收缩的影响,按降低温度的方法来计算。对于整体灌筑的混凝土结构,相当于降低温度 20 ℃;对于整体灌筑的钢筋混凝土结构,相当于降低温度 15 ℃;对于分段灌筑的混凝土或钢筋混凝土结构,相当于降低温度 10 ℃;对于装配式钢筋混凝土结构,可酌情降低温度 5～10 ℃。

2)活载

(1)列车竖向静活载

2016 年,我国铁路部门修订了桥涵结构设计中应用了多年的"中—活载"列车荷载图式,颁布了最新的《铁路列车荷载图式》(TB/T 3466—2016),对高速铁路、城际铁路、客货共线铁路和重载铁路的列车荷载图式进行了如表 2-1 所示的规定。

表 2-1　铁路列车荷载图式

线路类型	图式名称	荷载图式	
		普通荷载	特种荷载
高速铁路	ZK	64 kN/m　200 kN 200 kN / 200 kN 200 kN　64 kN/m 任意长度　任意长度 0.8 m 1.6 m 0.8 m / 1.6 m 1.6 m	250 kN 250 kN 250 kN 250 kN 1.6 m 1.6 m 1.6 m
城际铁路	ZC	48 kN/m　150 kN 150 kN / 150 kN 150 kN　48 kN/m 任意长度　任意长度 0.8 m 1.6 m 0.8 m / 1.6 m 1.6 m	190 kN 190 kN 190 kN 190 kN 1.6 m 1.6 m 1.6 m
客货共线铁路	ZKH	85 kN/m　250 kN 250 kN / 250 kN 250 kN　85 kN/m 任意长度　任意长度 0.8 m 1.6 m 0.8 m / 1.6 m 1.6 m	250 kN 250 kN 250 kN 250 kN 1.4 m 1.4 m 1.4 m

续上表

线路类型	图式名称	荷 载 图 式	
		普 通 荷 载	特 种 荷 载
重载铁路	ZH	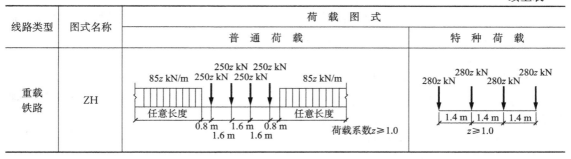	

同时承受多线列车荷载的桥梁，其列车竖向静活载计算应符合下列规定：

①采用 ZKH 或 ZH 活载时，双线桥梁结构活载按两条线路在最不利位置承受 90％计算；三线、四线桥梁结构活载按所有线路在最不利位置承受 80％计算；四线以上桥梁结构活载按所有线路在最不利位置承受 75％计算。

②采用 ZK 或 ZC 活载时，双线桥梁结构按两条线路在最不利位置承受 100％的 ZK 或 ZC 活载计算。多于两线的桥梁结构应按以下两种情况最不利者考虑：按两条线路在最不利位置承受 100％的 ZK 或 ZC 活载，其余线路不承受列车活载；所有线路在最不利位置承受 75％的 ZK 或 ZC 活载。

③桥上所有线路不能同时运转时，应按可能同时运转的线路计算列车竖向力、离心力。

④对承受局部活载的杆件均按该列车竖向活载的 100％计算。

⑤对于货物运输方向固定的多线重载铁路桥梁结构，列车竖向活载计算时可根据实际情况考虑相应折减。

用空车检算桥梁各部构件时，竖向活载按 10 kN/m 计算。

列车活载通过桥跨以支座反力方式传给桥梁墩台，再由墩台传至其下的基础。由于车辆在桥跨上是移动的，因此它在不同位置上传给桥墩的反力是不同的。设计时，活载的布置应使桥梁墩台处于最不利的受力状态。

(2)离心力

离心力指列车在曲线上产生的倾向曲线外侧的水平力。列车在曲线桥上行驶时，会产生离心力。离心力的大小按下列公式计算：

$$F = fCW = f\frac{v^2}{127R}W \tag{2-7}$$

式中　F——离心力（kN）；

　　　C——离心力率，应不大于 0.15；

　　　v——设计速度（km/h），当速度大于 250 km/h 时，v 按 250 km/h 计算；

　　　W——列车荷载图式中的集中荷载或分布荷载（kN 或 kN/m）；

　　　R——曲线半径（m）；

　　　f——列车竖向活荷载折减系数，按式(2-8)计算。当 $L \leq 2.88$ m 或 $v \leq 120$ km/h 时，f 取值 1.0；当计算 f 值大于 1.0 时，取 1.0；当 $L > 150$ m 时，取 $L = 150$ m 计算 f 值。城际铁路、重载铁路值 f 取 1.0。

$$f = 1.00 - \frac{v-120}{1000}\left(\frac{814}{v} + 1.75\right)\left(1 - \sqrt{\frac{2.88}{L}}\right) \tag{2-8}$$

其中　L——桥上曲线部分荷载长度（m）。

客货共线铁路离心力作用高度应按水平向外作用于轨顶以上 2.0 m 处计算;高速铁路、城际铁路离心力作用高度应按水平向外作用于轨顶以上 1.8 m 处计算;重载铁路离心力作用高度应按水平向外作用于轨顶以上 2.4 m 处计算。

(3)活载土压力

列车静活载在桥台后破坏棱体上会产生侧向土压力。可根据库仑土压力理论计算恒载土压力的原则,把活载引起的台背土压力看作超载,换算成当量土层厚度,按照库仑土压力理论进行分析。图 2-7 是活载换算土层厚度图。

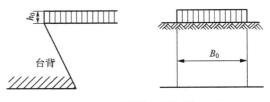

图 2-7　活载换算土层厚度

活载换算当量均布土层厚度 h_0(m)可按式(2-9)计算:

$$h_0 = \frac{q}{\gamma} \tag{2-9}$$

式中　γ——土的重度(kN/m³);

q——轨底平面上活载竖向压力强度(kPa)。

计算时,横向分布宽度 B_0 按 2.6 m 计;纵向分布宽度,当采用集中轴重时用轴距,当采用每延米荷重时取 1.0 m。

(4)横向摇摆力

列车蛇行运动、机车各部分产生的动力不对称作用、车轮轮缘的损伤、轮轴不位于车轮中心处以及机车车辆振动作用和轨道不平顺都会使列车在行进中发生左右摇摆,产生作用于轨面的横向摇摆力。其中蛇行运动是引起列车横向摇摆力的主要因素。列车横向摇摆力作为一个集中荷载取最不利位置,以水平方向垂直线路中心线作用于钢轨顶面。横向摇摆力按表 2-2 取值,应用时应注意:多线桥梁可仅计算任一线上的横向摇摆力;客货共线铁路、重载铁路空车时应考虑横向摇摆力。

表 2-2　横向摇摆力计算取值表

设计标准	重载铁路	客货共线铁路	高速铁路	城际铁路
摇摆力(kN)	$100z$	100	80	60

注:重载铁路列车横向摇摆力折减系数 z 的取值与重载铁路荷载系数 z 一致。设计轴重为 250 kN 和 270 kN 时,荷载系数 z 取 1.1;设计轴重为 300 kN(货车载重 100 t 级)时,荷载系数 z 取 1.3;新建煤运通道开行轴重 300 kN 运煤货车,载重 95～98 t(车体长度不小于 13 m,转向架固定轴距 1.86 m,邻轴距不小于 1.5 m)时,荷载系数 z 可取 1.2。

2.附加力

附加力是指非经常性作用的荷载,一般多是水平方向,包括制动力或牵引力、风力、支座摩阻力、流水压力、冰压力、温度变化的作用、冻胀力、波浪力等。下面介绍墩台基础设计时常用的几种附加力。

1)制动力或牵引力

列车制动力指运行的列车制动时对线下结构产生的与运行方向相同的水平力;列车牵引力则指列车启动时对线下结构产生的与运行方向相反的水平力。

列车制动或牵引力的大小一般用列车竖向静活载的百分数表示。《铁路桥涵设计规范》规定,制动力或牵引力按计算长度内列车竖向静活载的 10% 计算;但是当它与离心力同时计算时,应按列车竖向静活载的 7% 计算。双线桥梁按一线的制动力或牵引力计算;三线或三线以上的桥梁按双线的制动力或牵引力计算。

重载铁路制动力或牵引力作用在轨顶以上 2.4 m 处,其他标准铁路的制动力或牵引力均作用在轨顶以上 2 m 处。但计算墩台时移到支座中心处,计算台顶活载的制动力或牵引力时移到轨底,由于移动作用点而产生的竖向力或力矩均不考虑。

桥跨上列车活载的制动力或牵引力,由车轮传给钢轨,再由钢轨传给梁,然后通过桥梁支座传至墩台。桥梁支座不同,传递的纵向水平力也不同。对于简支梁桥,简支梁传至墩台上的纵向水平力大小可根据下面的规定计算:

(1)通过固定支座传递纵向水平力时,纵向水平力为全孔的 100%;

(2)通过滑动支座传递纵向水平力时,纵向水平力为全孔的 50%;

(3)通过滚动支座传递纵向水平力时,纵向水平力为全孔的 25%。

一个桥墩通常设置两个支座,其中一个是固定支座,另一个是活动支座,分别放置相邻的两孔梁。两孔梁通过支座传给桥墩的制动力或牵引力可按上面规定的百分数计算后相加得到。但是,为避免出现过大的不合理计算值,规定两孔梁传来的纵向水平力之和,不能大于其中一孔梁(不等跨时取大跨梁)满布最大活载时由固定支座传来的纵向水平力。

2)风力

风力指作用在受风物体上的水平力。风对桥梁的作用,人们经历了从"可以不考虑",到"要考虑",最后变为"必须考虑"的认识过程。1897 年 5 月建成的英国泰伊(Tay)桥,在同年 12 月 28 日的暴风之夜,桥梁在一瞬间被巨风吹倒后连同其上的列车和乘客一起坠入河中。1940 年 11 月 7 日,美国华盛顿州新建成才 4 个月的塔科马(Tacoma)峡谷桥在速度为 19 m/s 的 8 级大风下被吹垮。惨重的教训告诫设计者在结构设计中必须要考虑风荷载对桥梁的影响。随着我国公路大桥苏通大桥(主跨 1 088 m 的斜拉桥)和铁路大桥武汉天兴洲公铁两用大桥(主跨 504 m 的斜拉桥)的建成,公路和铁路桥梁的设计已进入了"大跨"时代,风荷载往往是大跨度桥梁的控制设计因素之一,桥梁结构设计时必须要考虑风荷载的影响。

作用在桥梁上的风力大小等于风荷载强度乘以受风面积。

作用在桥梁上的风荷载强度可按式(2-10)计算:

$$W = K_1 K_2 K_3 W_0 \tag{2-10}$$

式中　W——风荷载强度(Pa);

K_1——风载体形系数,桥墩见表 2-3,其他构件为 1.3;

K_2——风压高度变化系数,见表 2-4,风压随离地面或常水位的高度而异,除特殊高墩单独计算外,为简化计算,全桥均取轨顶高度处的风压值;

K_3——地形、地理条件系数,见表 2-5;

W_0——基本风压(Pa),$W_0 = v^2/1.6$,按平坦空旷地面,离地面 20 m 高,频率 1/100 的 10 min 平均最大风速(m/s)计算确定。一般情况 W_0 可先查《铁路桥涵设计规范》提供的"全国基本风压分布图",然后通过实地调查核实后采用。

表 2-3　桥墩风载体形系数 K_1

序号	截面形状		长宽比值	体形系数 K_1
1	→　(圆形截面图示)	圆形截面	—	0.8

续上表

序号	截面形状		长宽比值	体形系数 K_1
2	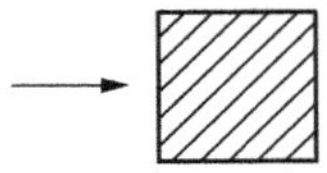	与风向平行的正方形截面		1.4
3	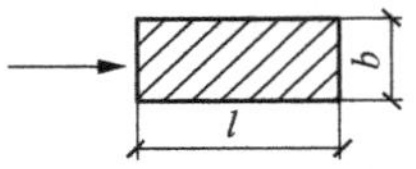	短边迎风的矩形截面	$l/b \leqslant 1.5$	1.2
			$l/b > 1.5$	0.9
4	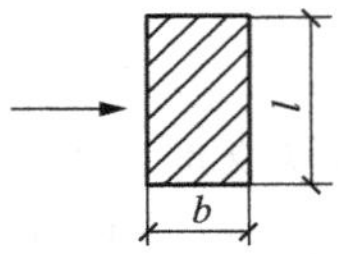	长边迎风的矩形截面	$l/b \leqslant 1.5$	1.4
			$l/b > 1.5$	1.3
5	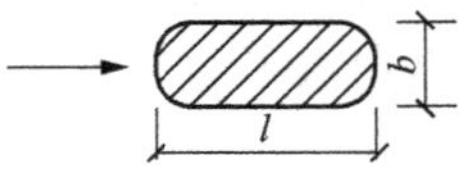	短边迎风的圆端形截面	$l/b \geqslant 1.5$	0.3
6	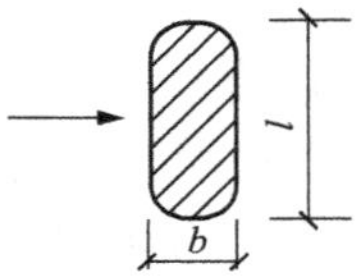	长边迎风的圆端形截面	$l/b \leqslant 1.5$	0.8
			$l/b > 1.5$	1.1

表 2-4　风压高度变化系数 K_2

离地面或常水位高度/m	≤20	30	40	50	60	70	80	90	100
K_2	1.00	1.13	1.22	1.30	1.37	1.42	1.47	1.52	1.56

表 2-5　地形、地理条件系数 K_3

地形、地理情况	K_3
一般平坦空旷地区	1.0
城市、林区盆地和有障碍物挡风时	0.85～0.90
山岭、峡谷、垭口、风口区、湖面和水库	1.15～1.30
特殊风口区	按实际调查或观测资料计算

桥梁上有列车时,应计算列车上的风力。列车的受风面积按 3 m 高的长方带计算,其作用点位于轨顶以上 2 m 处。但是,当考虑了列车上的风力时,则桥梁上风荷载强度应按式(2-10)得到的 W 的 80% 计算,并且不大于 1 250 Pa。

标准设计的风压强度,有车时取 $W = K_1 K_2 \times 800$,并且不大于 1 250 Pa;无车时取 $W = K_1 K_2 \times 1 400$。

3)流水压力

位于流水中的桥墩,其上游迎水面会受到流水冲击影响而产生流水压力。流水压力与桥墩的平面形状、流速等有关,可按式(2-11)计算:

$$P = KA \frac{\gamma_w v^2}{2g} \tag{2-11}$$

式中　P——流水压力(kN)；

　　　K——桥墩形状系数,其值可根据桥墩截面形状按表 2-6 选取；

　　　A——桥墩阻水面积(m^2),通常计算至一般冲刷线处,如图 2-8 所示；

　　　γ_w——水的重度,一般采用 10 kN/m^3；

　　　g——标准自由落体加速度(m/s^2)；

　　　v——计算时采用的流速(m/s)。检算稳定性时采用设计频率水位的流速；计算基底压力或基底偏心时采用常水位的流速。

表 2-6　桥墩形状系数 K 值

桥墩截面形状	方形	矩形(长边与水流平行)	圆形	尖端形	圆端形
K 值	1.47	1.33	0.73	0.67	0.60

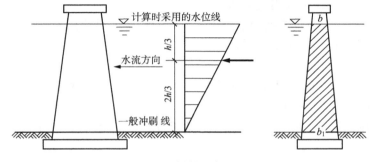

图 2-8　桥墩阻水面积

流速随深度呈曲线变化,底面处流速接近于零。为了简化计算,流水压力的分布可近似取为倒三角形,其合力的作用点位于水位线以下 1/3 处。

3. 特殊荷载

特殊荷载指出现概率极小的荷载,如船只撞击、汽车撞击、地震等。虽然此类事件发生概率极小,但是一旦发生都会对桥梁的安全产生重要影响。

根据资料统计:武汉长江大桥自 1957 年建成以来,大约发生了 70 起船只撞桥事故,其中直接经济损失超过百万元的重大事故达 10 多起;黄石长江公路大桥在 3 年内发生船只碰撞桥梁事故达 20 多起,其中一起船毁人亡,货物沉没,桥墩受损,直接经济损失上千万元。

2007 年 6 月 15 日,"南桂机 035"运沙船从佛山高明开往顺德途中偏离主航道,触碰九江大桥非通航的桥墩,造成九江大桥 3 个桥墩倒塌,约 200 m 桥面坍塌(图 2-9),"南桂机 035"运沙船沉没,4 辆汽车坠入河中,并造成 9 人失踪。

因此,桥梁结构设计时需要考虑船只撞

图 2-9　被撞后的九江大桥

击、汽车撞击等特殊荷载的影响。下面简要介绍墩台基础设计时用到的几种特殊荷载。

1)船只或排筏的撞击力

墩台承受船只或排筏的撞击力可按式(2-12)计算：

$$F = \gamma v \sin \alpha \sqrt{\frac{W}{C_1 + C_2}} \tag{2-12}$$

式中　F——撞击力(kN)；

γ——动能折减系数($s/m^{1/2}$)，当船只或排筏斜向撞击墩台(指船只或排筏驶近方向与撞击点处墩台面法线方向不一致)时可采用0.2，正向撞击(指船只或排筏驶近方向与撞击点处墩台面法线方向一致)时可采用0.3，考虑设置吸能防护措施时，应适当折减，折减值应通过试验研究；

v——船只或排筏撞击墩台时的速度(m/s)，此项速度对于船只采用航运部门提供的数据，对于排筏可采用筏运期的水流速度；

α——船只或排筏驶近方向与墩台撞击点处切线所形成的夹角，应根据具体情况确定，如有困难，可采用$\alpha = 20°$；

W——船只重或排筏重(kN)；

C_1, C_2——船只或排筏的弹性变形系数和墩台的弹性变形系数，缺乏资料时可假定$C_1 + C_2 = 0.000\,5\,m/kN$。

撞击力的作用高度应根据具体情况确定，缺乏资料可采用通航水位的高度。

2)汽车撞击力

桥墩有可能受到汽车撞击，在没有设置防护工程时，必须考虑汽车对墩柱的撞击力。撞击力顺行车方向采用1 000 kN，横行车方向采用500 kN，两个等效力不同时考虑，撞击力作用点在路面以上高1.2 m处。

3)施工临时荷载

结构物在就地建筑或安装时，应考虑作用在其上的施工荷载，如自重、人群、架桥机、风载、吊机或其他机具的荷载以及拱桥建造过程中承受的单侧推力等。在构件制造、运送、装吊时也应考虑作用在构件上的临时荷载。计算施工荷载时，可根据具体情况分别采用各自有关的安全系数。

4)地震力

需要考虑抗震设防的桥梁，其墩台基础的设计应考虑地震力的作用。设计要求及规定应按《铁路工程抗震设计规范》的规定计算。

4. 荷载组合

荷载组合是指所有可能以最大值或较大值同时出现的荷载。作用在桥梁墩台上的各种荷载，除桥跨、墩台、基础及其上覆土体的自重等恒载外，其他荷载都是变化的，而且不一定同时发生。因此，在桥梁墩台基础设计时就存在着各种荷载的组合问题，也就是哪些荷载同时发生才是最不利情况。按最不利荷载组合进行验算，才能保证桥梁墩台的正常使用。

墩台基础计算时的几种常用荷载组合如下：

(1)主力的组合。指同时出现的主力之间的组合。

(2)主力+附加力的组合。由于附加力是不经常出现的荷载，所有附加力同时出现并达到最大值的机会极少，因此，桥梁墩台基础设计时，只考虑主力与某一个方向(纵向或横向)的附加力组合。例如，考虑制动力和纵向风力与主力的组合时就不考虑横向风力和横向流水压力；

反之,考虑横向风力和横向流水压力与主力的组合时,就不考虑制动力和纵向风力。

（3）主力＋特殊荷载的组合。指主力与某一特殊荷载的组合。特殊荷载出现的概率极小,它与各种附加力同时出现的机会也极少。因此,荷载组合中只考虑主力加某一特殊荷载的组合而不再考虑附加力。

铁路桥梁的各种荷载中,对荷载组合起控制作用的是列车活载。活载的大小和位置不仅影响竖向力,而且伴生横向摇摆力、活载土压力,在曲线上还有离心力,列车在桥梁上制动或启动时还有制动力或牵引力。因此,活载的加载图式对基础设计检算项目的最不利荷载组合起控制性作用。

2.4.2　《建筑结构荷载规范》规定的荷载分类及荷载组合

1. 荷载分类

《建筑结构荷载规范》(GB 50009—2012)把作用在建筑结构上的荷载分为永久荷载、可变荷载和偶然荷载三类。

永久荷载指在结构使用期间不随时间变化,或其变化与平均值相比可忽略不计,或其变化是单调的并能趋于限值的荷载,如建筑物和基础的自重、固定设备的重量、土压力等。

可变荷载指在结构使用期间,其值随时间变化,且变化与平均值相比不可以忽略不计的荷载,如楼面活荷载、屋面活荷载、积灰荷载、吊车荷载、风荷载、雪荷载等。

偶然荷载指在结构使用期间不一定出现,一旦出现,其值很大且持续时间很短的荷载,如地震荷载、爆炸荷载、撞击力等。

实际上,此处的永久荷载等同于《铁路桥涵设计规范》(TB 10002—2017)中的恒载,可变荷载与其中的活载和附加力类似,偶然荷载也基本等同于其中的特殊荷载。

2. 荷载的代表值

任何荷载都具有不同性质的变异性,但在设计中,不可能直接引用反映荷载变异性的各种统计参数,通过复杂的概率运算进行具体设计。因此,在设计时,除了采用能便于设计者使用的设计表达式外,对荷载仍应赋予一个规定的量值,称为荷载代表值。荷载可根据不同的设计要求,规定不同的代表值,以使之能更确切地反映它在设计中的特点。《建筑结构荷载规范》给出了荷载的四种代表值:标准值、组合值、频遇值和准永久值。

荷载标准值是荷载的基本代表值,而其他代表值都可在标准值的基础上乘以相应的系数后得出。

荷载标准值:指设计基准期内最大荷载统计分布的特征值(例如均值、众值、中值或某个分位值)。

组合值:对可变荷载,使组合后的荷载效应在设计基准期内的超越概率,能与该荷载单独出现时的相应概率趋于一致的荷载值;或使组合后的结构具有统一规定的可靠指标的荷载值。

频遇值:对可变荷载,在设计基准期内,其超越的总时间为规定的较小比率或超越频率为规定频率的荷载值。

准永久值:对可变荷载,在设计基准期内,其超越的总时间约为设计基准期一半的荷载值。

建筑结构设计时,对不同荷载采用不同的代表值:对永久荷载应采用标准值作为代表值,对可变荷载应根据设计要求采用标准值、组合值、频遇值或准永久值作为代表值;对偶然荷载应按建筑结构使用的特点确定其代表值。

3. 地基基础设计中常用的荷载组合

荷载组合是指按极限状态设计时,为保证结构的可靠性而对同时出现的各种荷载设计值的规定。不同类型的荷载对上部结构、基础和地基的受力、变形的影响程度也不同,因此,不同的验算内容应采用不同的荷载组合形式。例如,与永久荷载及楼面或屋面活载等可变荷载相比,风荷载的作用时间较短,因此在计算地基变形时,不计入风荷载。

地基基础设计中所涉及的荷载组合有以下几种:

1)标准组合

标准组合指正常使用极限状态计算时,采用标准值或组合值为荷载代表值的组合。

荷载标准组合的效应设计值 S_d 按下式进行计算:

$$S_d = \sum_{j=1}^{m} S_{G_j k} + S_{Q_1 k} + \sum_{i=2}^{n} \psi_{c_i} S_{Q_i k} \tag{2-13}$$

式中 $S_{G_j k}$——按第 j 个永久荷载标准值 G_{jk} 计算的荷载效应值;

$S_{Q_i k}$——按第 i 个可变荷载标准值 Q_{ik} 计算的荷载效应值,其中 $S_{Q_1 k}$ 为诸可变荷载效应中起控制作用者;

ψ_{c_i}——第 i 个可变荷载 Q_i 的组合值系数,按《建筑结构荷载规范》的规定取值;

m——参与组合的永久荷载数;

n——参与组合的可变荷载数。

2)准永久组合

准永久组合指正常使用极限状态计算时,对可变荷载采用准永久值为荷载代表值的组合。

荷载准永久组合的效应设计值 S_d 按下式进行计算:

$$S_d = \sum_{j=1}^{m} S_{G_j k} + \sum_{i=1}^{n} \psi_{q_i} S_{Q_i k} \tag{2-14}$$

式中 ψ_{q_i}——第 i 个可变荷载的准永久值系数,按《建筑结构荷载规范》的规定取值。

3)基本组合

基本组合指承载能力极限状态计算时,永久荷载和可变荷载的组合。

由可变荷载效应控制的基本组合的效应设计值 S_d 按下式进行计算:

$$S_d = \sum_{j=1}^{m} \gamma_{G_j} S_{G_j k} + \gamma_{Q_1} \gamma_{L_1} S_{Q_1 k} + \sum_{i=2}^{n} \gamma_{Q_i} \gamma_{L_i} \psi_{c_i} S_{Q_i k} \tag{2-15}$$

式中 γ_{G_j}——第 j 个永久荷载的分项系数;

γ_{Q_i}——第 i 个可变荷载的分项系数,其中 γ_{Q_1} 为主导可变荷载 Q_1 的分项系数;

γ_{L_i}——第 i 个可变荷载考虑设计使用年限的调整系数,其中 γ_{L_1} 为主导可变荷载 Q_1 考虑设计使用年限的调整系数。

由永久荷载控制的效应设计值 S_d 按下式进行计算:

$$S_d = \sum_{j=1}^{m} \gamma_{G_j} S_{G_j k} + \sum_{i=1}^{n} \gamma_{Q_i} \gamma_{L_i} \psi_{c_i} S_{Q_i k} \tag{2-16}$$

当对 $S_{Q_1 k}$ 无法明显判断时,应轮次以各可变荷载效应作为 $S_{Q_1 k}$ 并选取其中最不利的荷载组合的效应设计值。

式(2-15)和式(2-16)中荷载的分项系数和调整系数的取值如下:

(1)永久荷载的分项系数的取值

①当永久荷载效应对结构不利时,对由可变荷载效应控制的组合应取 1.2,对由永久荷载效应控制的组合应取 1.35;

②当永久荷载效应对结构有利时,不应大于 1.0。

(2)可变荷载的分项系数的取值

①对标准值大于 4 kN/m² 的工业房屋楼面结构的活荷载,应取 1.3;

②其他情况,应取 1.4。

(3)可变荷载考虑设计使用年限的调整系数的取值

①楼面和屋面活荷载考虑设计使用年限的调整系数按表 2-7 采用。

表 2-7　楼面和屋面活荷载考虑设计使用年限的调整系数

结构设计使用年限/年	5	50	100
γ_L	0.9	1.0	1.1

注:(1)当设计使用年限不为表中数值时,调整系数可按线性内插确定;

(2)对于荷载标准值可控制的活荷载,设计使用年限调整系数取 1.0。

②对雪荷载和风荷载,应取重现期为设计使用年限,按《建筑结构荷载规范》第 E.3.3 条的规定确定基本雪压和基本风压,或按有关规范的规定采用。

在进行地基基础设计时,荷载组合按以下原则确定:

(1)按地基承载力确定基础底面积及埋深时,传至基础底面的荷载效应应采用正常使用极限状态下荷载效应的标准组合,抗震设防时,应计入地震效应组合。其中,土体应按实际重力密度计算,即其自重分项系数为 1.0。

(2)计算地基变形时,传至基础底面上的荷载效应应采用正常使用极限状态下荷载效应的准永久组合,并且不计入风荷载和地震荷载。

(3)在计算基础内力、确定基础高度、进行配筋等基础结构的设计工作时,采用承载力极限状态下荷载效应的基本组合。

4. 作用在基础上的荷载

通常,建(构)筑物以承受竖向荷载为主,如自重、屋面荷载和楼面荷载,水平荷载主要是风荷载等,这些荷载通过柱、墙等传至基础顶部,产生作用于基础的竖向力、水平力及弯矩,此外,基础所受荷载还包括基础自重及其上的填土重等。

计算荷载时,应自建(构)筑物顶部开始,按照传力系统自上而下累计到室内设计地面处[图 2-10(a)]。由于室内、外地坪的高度通常不同,故对外墙或外柱的基础,可累计到室内、外设计地面的平均高程处[图 2-10(b)]。这样,基础所受的力最终可简化为作用点通过基础底面中心的竖向力、水平力和弯矩。除此之外,工业厂房常通过基础梁(过梁)将墙的荷载传至独立基础的侧面。

竖向力通常是基础承受的主要荷载,是造成基底竖向压力及地基沉降的主要因素。水平力主要影响地基的水平稳定性,同时对基底产生弯矩。弯矩则影响基底压力的分布形态,并造成地基的不均匀沉降,导致基础的倾斜。若水平力和弯矩均为零,则基础所受的荷载称为中心荷载。

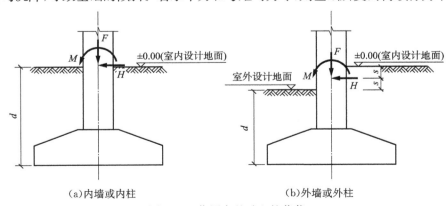

(a)内墙或内柱　　　　　　　　　　(b)外墙或外柱

图 2-10　作用在基础上的荷载

复习思考题

2-1　地基基础设计的一般要求包括哪几方面的内容？

2-2　什么是上部结构、基础与地基的相互作用？

2-3　解释两种极限状态的概念。

2-4　《铁路桥涵设计基本规范》把荷载分为哪几类？《建筑结构荷载规范》把荷载分为哪几类？两种荷载分类的主要区别是什么？

2-5　什么是荷载组合？建筑地基基础设计中常用的荷载组合有哪几种？它们分别用于什么项目的计算？

第2章复习思考题答案

第 3 章

浅 埋 基 础

在各类基础结构中,独立基础、条形基础、筏形基础、箱形基础和壳体基础等,其埋置深度较浅,又多采用基坑法施工,故基础侧面土体对基础的约束作用较小,可靠性也较低。因此,在基础的力学检算中常忽略该部分土体的抗力,工程中将该类基础称为浅埋基础。

独立基础和墙下条形基础是浅埋基础中最常用的形式,其施工方便,经济实用,而且设计计算简单,在工程中广泛用作多层民用房屋、工业厂房、桥梁墩台及挡土墙等建(构)筑物的基础。其中,以素混凝土、砖、毛石等为材料的称为无筋扩展基础,因其高度较大而自身的变形很小,故又称为刚性基础;以钢筋混凝土为材料的则称为钢筋混凝土扩展基础(简称为扩展基础),因其高度和自身的刚度相对较小,又称为柔性基础。

本章在简要介绍常用浅埋基础的类型及特点的基础上,主要讲述浅埋基础中的无筋扩展基础和扩展基础的设计,柱下条形基础、筏形基础和箱形基础的设计将在第 4 章中讲述。

3.1 浅埋基础的类型

按构造形式的不同,浅埋基础主要分为以下几种类型。

1. 独立基础

亦称单独基础,底面形状通常为矩形或圆形,如图 3-1 所示。独立基础可做成无筋扩展基础或扩展基础。

2. 条形基础

条形基础是指长度远大于宽度和高度而呈长条形的基础。图 3-2 所示为墙下条形基础,与独立基础相似,可做成无筋扩展基础或扩展基础。图 3-3 为柱下条形基础,由钢筋混凝土构成。

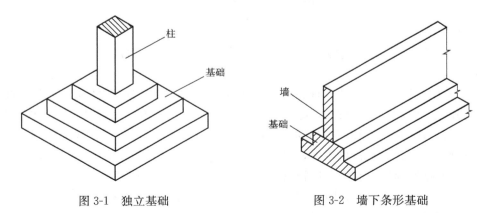

图 3-1 独立基础   图 3-2 墙下条形基础

有时,为提高基础的整体性和刚度,可将各条形基础用横梁连接起来;或做成如图 3-4 所示十字交叉基础,以增大基础的底面积,使基础具有更高的承载力和更好的整体性。

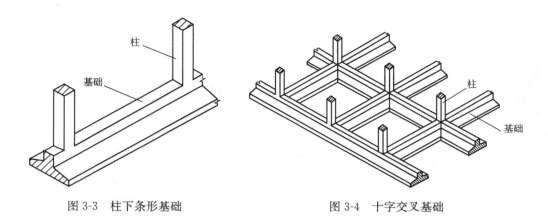

图 3-3　柱下条形基础　　　　　　　图 3-4　十字交叉基础

3. 筏形基础

当地基土层较差,或上部结构传来的荷载较大,而上述基础形式不能满足承载力及变形等方面的要求时,可采用筏形基础。其中,平板式筏基不设梁,施工比较简便。图 3-5 所示为梁板式筏基,其中的纵横梁可有效地提高基础的强度和刚度。筏基本身可作为地下室的底板,还能较好地防止地下水的渗入。

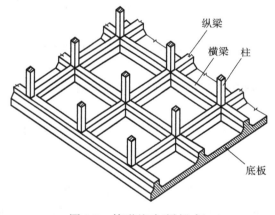

图 3-5　筏形基础(梁板式)

4. 箱形基础

图 3-6 所示为箱形基础,它由底板、顶板、纵墙和横墙等部分组成,可根据建筑、埋深等要求做成单层或多层形式。

与筏形基础相比,箱形基础具有更高的刚度,调整地基不均匀沉降的能力更强。此外,箱形基础结构的强度较高,埋深较大,因此抗震性能较好。显然,箱形基础本身即可作为地下室使用,但由于纵、横墙将整个地下室分成了多个小空间,使其使用功能受到较大限制。此外,箱形基础结构形式复杂,耗费材料较多,设计计算及施工均较为复杂。因此,当筏形基础不能满足要求时,应根据实际情况确定选用箱形基础还是采用桩基础等深基础。

当地基土层很差且结构荷载很大时,为获得更高的承载力和刚度,还可将筏形基础、箱形基础与桩基结合起来,形成桩—筏、桩—箱等形式的组合基础。

5. 壳体基础

烟囱、水塔、储仓、中小型高炉等各类筒形构筑物基础的平面尺寸较一般独立基础大,为节约材料,同时使基础结构有较好的受力特性,常将基础做成壳体形式,称为壳体基础,其常用形式有正圆锥壳、M形组合壳、内球外锥组合壳等,图3-7所示为正圆锥壳基础。

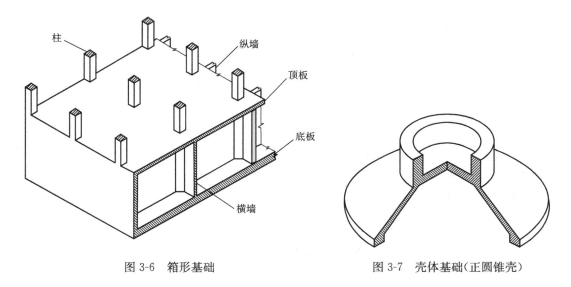

图3-6 箱形基础   图3-7 壳体基础(正圆锥壳)

3.2 基础埋置深度的确定

基础的埋置深度指基础底面至设计地面或河流一般冲刷线的垂直距离。确定基础的埋置深度是浅基础设计的主要内容之一,它涉及结构建成后的牢固、稳定及正常使用问题。

确定基础埋深应遵循以下两点原则:

(1)基础应保证一定的埋深,使外界各种不良因素对基础产生的影响尽可能小。例如:房屋建筑的基础埋深一般不应小于0.5 m,基础顶面至少应低于设计地面0.1 m;铁路桥梁基础的最小埋置深度一般为2 m,特殊困难情况下最小埋置深度不得小于1 m。另外,在季节性冻土地区,基础还需满足最小埋深的要求,以防止冻胀和融陷对基础的影响;对桥梁、码头等构筑物的水下基础,还应考虑水流冲刷的影响。

(2)在基础埋深满足上述(1)的条件下,从满足各项力学检算的要求考虑,在地基各土层中找一个埋得较浅、压缩性较低、强度较高的土层作为持力层,以减小基础的尺寸,节约材料,但同时还应考虑埋深不应太大,避免开挖施工的不便和工程量的增大。

根据上述原则,确定基础埋置深度时,应主要考虑以下因素。

1. 季节性冻土地基的最小埋深

地表以下一定深度内土的温度,随外界大气温度的变化而变化。因此,在寒冷地区的冬季,上层土中的孔隙水将随温度的降低而发生冻结,同时,还吸引附近的水不断渗向冻结区并一起冻结,最终势必导致地层的隆起,这一现象称为冻胀。当春季来临而气温回升时,冰体融化,土体随之下沉,即发生融陷。这种随季节的变化而反复发生冻结和融解的土称为季节性冻土。若气温常年保持在零度以下,则土层一直处于冻结状态,称为多年冻土。可发生冻结的土层深度称为冻结深度。显然,建于季节性冻土冻结深度内的基础将随地基的冻胀和融陷发生上升和下降,而且不同位置的冻胀和融陷往往是不均等的,因此可导致房屋的开裂、倾斜、倒塌,桥梁墩台也会出现冻胀、下沉、破损、滑移等病害,我国东北地区的嫩林、林碧、牙林、滨洲、伊加、白阿等铁路的桥梁都出现过此类病害。由于冻胀和融陷只发生在地表以下一定深度范围内,因此,防止这种危害的一个重要措施就是使基础有足够的埋深。

土的冻结深度主要取决于当地的气候条件,气温越低,低温持续的时间越长,冻结深度就越大,而冻结范围内的土是否发生冻胀及其严重程度主要取决于土的种类、含水率及地下水位这三个主要因素。粗颗粒土(细砂以上)的透水性大,在孔隙水冻结膨胀的过程中,多余的水能及时排除,而不会引起土骨架体积的变化,所以土体不发生冻胀。粉砂、细砂和黏性土的透水性小,故水因冻结而发生膨胀时,多余的水不能及时排出,土骨架也随之发生膨胀,土体发生冻胀。另外,土的含水率越高,冻胀就越严重。同理,距地下水位越近,冻结区内的水分就越容易得到补充,冻胀也就越强烈。

按照上述三个因素,《建筑地基基础设计规范》(GB 50007—2011)将冻胀划分为不冻胀、弱冻胀、冻胀、强冻胀和特强冻胀 5 个类别。

为防止冻胀的危害,季节性冻土地基中的基础的最小埋深按下式进行计算:

$$d_{min} = z_d - h_{max} \tag{3-1}$$
$$z_d = z_0 \cdot \psi_{zs} \cdot \psi_{zw} \cdot \psi_{ze} \tag{3-2}$$

式中 d_{min}——基础最小埋置深度(m);

z_d——场地冻结深度(m),当有实测资料时按 $z_d = h' - \Delta z$ 计算,其中 h' 为最大冻深出现时场地最大冻土层厚度(m),Δz 为最大冻深出现时场地地表冻胀量(m);

h_{max}——基础底面下允许冻土层的最大厚度(m),没有地区经验时可查《建筑地基基础设计规范》附录 G 确定;

z_0——标准冻结深度(m),无实测资料时,可查《建筑地基基础设计规范》附录 F 确定;

ψ_{zs}——土的类别对冻结深度的影响系数,按表 3-1 查取;

ψ_{zw}——土的冻胀性对冻结深度的影响系数,按表 3-2 查取;

ψ_{ze}——环境对冻结深度的影响系数,按表 3-3 查取。

表 3-1 土的类别对冻深的影响系数 ψ_{zs}

土的类别	黏性土	细砂、粉砂、粉土	中砂、粗砂、砾砂	碎石土
ψ_{zs}	1.00	1.20	1.30	1.40

表 3-2 土的冻胀性对冻深的影响系数 ψ_{zw}

冻胀性	不冻胀	弱冻胀	冻胀	强冻胀	特强冻胀
ψ_{zw}	1.00	0.95	0.90	0.85	0.80

表 3-3 环境对冻深的影响系数 ψ_{ze}

周围环境	村、镇、旷野	城市近郊	城市市区
ψ_{ze}	1.00	0.95	0.90

注:当城市人口为 20 万~50 万时,按城市近郊取值;当城市人口大于 50 万、小于或等于 100 万时,按城市市区取值;当城市人口超过 100 万时,除计入市区影响外,尚应考虑 5 km 以内郊区近郊影响系数。

《铁路桥涵地基和基础设计规范》(TB 10093—2017)规定:墩台明挖、沉(挖)井基础的埋置深度,对于冻胀、强冻胀和特强冻胀土应在冻结线以下不小于 0.25 m,同时满足冻胀力计算的要求;对于弱冻胀土,不应小于冻结深度;基础埋置深度不满足要求,但无基础冻害出现时,可暂缓处理。

2. 考虑河流冲刷影响的最小埋深

对于修建于河流中的桥梁墩台基础,基础的埋深应考虑河流冲刷的影响。在有冲刷处,整个河床会因桥墩的建造而被洪水冲刷后下降,这种现象称为一般冲刷,其下限就是一般冲刷线。同时,在桥墩迎水处,由于水的涡流而造成的比一般冲刷还深的冲刷坑,它的底线称作局部冲刷线。洪水的冲刷如图3-8所示。

桥梁墩台必须在建成后的长期运营中能经得起洪水冲刷的考验。若墩台基础埋深过浅,在洪水的冲刷下,基底土层可能会被水流淘空冲走。例如,2002年6月9日下午3时,西安市灞河发生洪水,在575 m³/s的洪峰作用下,陇海铁路灞河大桥的4号、3号、5号、2号、1号桥墩相继倒塌,造成约150 m的桥梁断裂坍塌,轨排扭曲悬空(图3-9),致使陇海铁路大动脉中断。大桥坍塌的主要原因之一就是灞河下游多年的非法采砂。采砂改变了灞河河床的自然坡度及水流形态,加快了河床下切速度,河床下切对大桥带来的直接影响是,桥墩基础越来越浅,下切的河床使桥墩基础逐渐悬空并失去支撑。

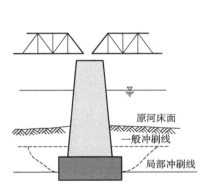

图3-8 洪水的冲刷

图3-9 洪水冲垮的灞河大桥

为防止墩台基础四周和基底下土层被水流淘空冲走,基础必须埋置在设计洪水的最大可能冲刷线以下一定的深度,以保证基础的稳定性。基础在设计洪水冲刷线下的最小埋置深度不是一个定值,它与河流类型及河床的抗冲能力、设计频率流量的可靠性、选用计算冲刷深度的方法、桥梁的重要性以及破坏后修复的难易等因素有关。

基于此,《铁路桥涵地基和基础设计规范》(TB 10093—2017)对基底在设计洪水冲刷线以下的最小埋置深度做了如表3-4所示的规定。

表3-4 基底埋深安全值

	冲刷总深度/m		0	5	10	15	20
安全值/m	一般桥梁		2.0	2.5	3.0	3.5	4.0
	技术复杂、修复困难或重要的特大桥	设计流量	3.0	3.5	4.0	4.5	5.0
		检算流量	1.5	1.8	2.0	2.3	2.5

注:冲刷总深度为自河床面算起的一般冲刷深度与局部冲刷深度之和。

3. 地基的工程地质与水文地质条件

地质条件是决定基础埋深的重要因素。通常,地基由多层土组成,各土层的强度和压缩性不同。直接支承基础的地层称为持力层,其下的各土层为下卧层。显然,以强度高而压缩性低的土层作为持力层,可减小基础的底面尺寸。另一方面,基础的埋深应尽可能浅,以减小开挖量。由此可看出,持力层应综合考虑土层、埋深等各方面的因素来确定。例如,对图 3-10 所示的几种土层分布情况,可参考以下原则来确定基础埋深:

(1)地基土层均为承载力高、压缩性小的好土时,埋深主要由其他因素确定。

(2)若整个地基的土层均较差时,通常不采用天然地基,需预先采用地基处理的方法对地基进行加固后再做基础。当房屋较低而不要求有较高的地基承载力时,亦可采用天然地基,但需增加建筑物的刚度。

(3)对上为弱土,下为好土的地层,基础的埋深需按弱土的厚度及上部结构的情况具体分析:弱土厚度较小(2 m 以内)时,可挖去弱土,将基础置于好土上。弱土稍厚(2～4 m),全部挖去工程量较大时,对低层建筑,可以弱土做持力层,但应适当加强上部结构的刚度;对高层建筑且弱土层不能满足承载力和变形要求时,应挖去弱土,将基础置于好土上。弱土厚度较大时(超过 5 m),实际上已相当于图 3-10(b),可按相应的方法处理。

(4)上层为好土,下层为弱土,此时,若上面"硬壳层"具有一定的厚度(2～3 m)且上部结构不是太高时,应以"硬壳层"作为持力层,同时注意尽量浅埋,以加大基础底面与弱土层间的铅垂距离,从而减小传至弱土层的压力。若"硬壳层"很薄,则应按图 3-10(b)方式处理。

(5)若弱土与好土交替出现,则应根据土层的厚度及承载力大小,参照上述情况处理。

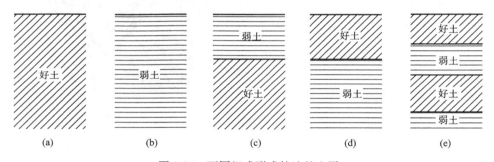

图 3-10　不同组成形式的地基土层

基础埋深的选择也要考虑地下水的影响。设计时,应尽量将基础置于地下水位以上,否则,施工时,基槽(坑)的开挖需采取相应的排水或降水措施。若有地下室,还需考虑地下室的防渗问题。地下水有腐蚀性时,还应考虑基础防腐蚀的问题。

若地基中有承压含水层,确定基础埋深时必须考虑承压水的作用,以保证基坑开挖时,坑底土不被承压水冲破。如图 3-11 所示,要求坑底土的竖向压力 σ 大于承压含水层顶部的水压 u,一般应有 $u/\sigma < 0.7$,其中 $\sigma = \sum \gamma_i z_i$ 为基槽(坑)底至承压含水层顶面间土层的自重应力,$u = \gamma_w h$ 为含水层顶面的静水压力。

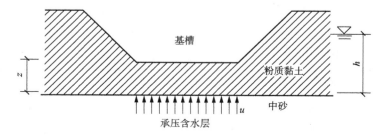

图 3-11　基坑下有承压水时埋深的确定

4. 建筑物的结构条件和场地环境条件

基础的埋深首先取决于建筑物的用途、类型、规模、结构形式等结构条件,以及建筑物的场地环境条件。

例如,当建筑物带有地下室、地下管沟时,基础的埋深将整体或局部增大。若由于建筑物使用上的要求(如地下室和非地下室连接段纵墙的基础)或土层等原因,造成墙下基础的埋深不同,此时应将基础做成台阶形,由浅到深,逐步过渡,台阶的宽高比为 2∶1,每阶高度不超过 50 cm,如图 3-12 所示。

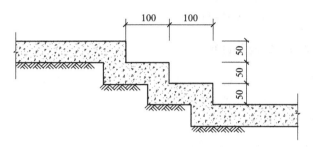

图 3-12 台阶形过渡基础(单位:cm)

若新建筑与原有建筑物相邻很近,为避免基槽(坑)开挖对原有建筑造成不利影响,宜使基础埋深小于原有建筑基础的埋深。否则,应保证二者基础间的净距 L 不小于基底高差 ΔH 的 $1\sim 2$ 倍,如图 3-13 所示。显然,建筑物层数较小、地基土质较好时,L 取小值,反之应取大值。若这一要求无法满足,则在基槽(坑)开挖时,应采取有效的支护措施来限制因开挖引起的地层变形。

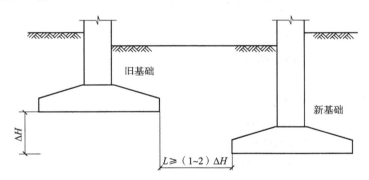

图 3-13 新、旧基础的间距要求

此外,建筑物外墙下常有水管、煤气管等各类管道穿过,一般要求基础低于管道,而避免管道由基础下方穿过,影响管道的使用和维修。

地基的变形也是一个需考虑的因素:例如,上部结构较高或荷载较大时,地基的沉降也相对较大,框架结构对不均匀沉降较为敏感,此时常需将基础置于埋深较大的坚硬的土层上。

对高层建筑来说,由于要承受较大的风载甚至地震荷载,为保证基础具有足够的稳定性,一般要求有较大的埋深。例如,建于非岩石地基上的筏形和箱形基础,其埋深通常不宜小于建筑物地面高度的 1/15。

3.3 地基计算

浅埋基础的设计包含两大部分内容:一是地基计算,即按地基承载力、变形、稳定性等方面的要求,确定出浅埋基础的底面尺寸。二是基础设计,需保证基础结构自身具有足够的强度和刚度,对无筋扩展基础,据此确定出基础的高度;对扩展基础,则需确定基础的高度及钢筋的配置。本节主要介绍浅埋基础地基计算的内容。由于桥梁墩台基础和房屋建筑基础的地基计算存在一定的差异,故把这两种结构基础的地基计算分别介绍。

3.3.1 桥梁墩台浅埋基础的地基计算

桥梁墩台浅基础必须按最不利的荷载组合对地基承载力、基底偏心距及基础稳定性进行检算,必要时还需要对基础沉降和地基的整体稳定性进行验算。

1. 地基承载力验算

地基承载力的验算包括持力层承载力验算和软弱下卧层承载力验算。

1)持力层承载力验算

持力层是直接与基底相接触的岩土体。桥梁浅基础一般按偏心受压公式计算基底应力。由于基础埋深较浅,在计算时可略去基础四周的摩阻力和抗力。

基底的压应力按式(3-3)计算:

$$\begin{matrix}\sigma_{\max} \\ \sigma_{\min}\end{matrix} = \frac{\sum N_i}{A} \pm \frac{\sum M_x}{W_x} \pm \frac{\sum M_y}{W_y} \tag{3-3}$$

式中　　A——基底面积(m^2);

$\quad\quad W_x$——基底对 x-x 轴的截面模量(m^3);

$\quad\quad W_y$——基底对 y-y 轴的截面模量(m^3);

$\quad\quad N_i$——各竖向力(kN);

$\quad\quad M_x$——各外力对基底截面形心轴 x 的力矩($\mathrm{kN \cdot m}$);

$\quad\quad M_y$——各外力对基底截面形心轴 y 的力矩($\mathrm{kN \cdot m}$);

$\sigma_{\max}$,$\sigma_{\min}$——基底最大和最小应力(kPa)。

采用式(3-3)计算基底压应力时,要求基底最小应力 $\sigma_{\min} \geq 0$,即不允许基底出现拉应力。当出现拉应力时,应改用应力重分布公式,重算其基底压应力。

持力层承载力验算的基本要求是:采用主力组合时,根据纵向(顺桥方向)和横向(横桥方向)的最不利荷载组合求得的基底最大压应力不得超过持力层的容许承载力[σ],如式(3-4)所示:

$$\sigma_{\max} \leq [\sigma] \tag{3-4}$$

式中　[σ]——地基容许承载力(kPa)。

采用主力+附加力(不含长钢轨纵向力)组合时,地基容许承载力[σ]可提高 20%,基底最大压应力只需要满足式(3-5)即可。

$$\sigma_{\max} \leq 1.2[\sigma] \tag{3-5}$$

采用主力+特殊荷载(地震力除外)时,地基容许承载力[σ]可按表 3-5 提高。

表 3-5　地基容许承载力的提高系数

地基情况	提高系数
基本承载力 $\sigma_0 > 500$ kPa 的岩石和土	1.4
150 kPa $< \sigma_0 \leqslant 500$ kPa 的岩石和土	1.3
100 kPa $< \sigma_0 \leqslant 150$ kPa 的土	1.2

当桥梁位于直线上时,基底压应力一般是纵向控制,确定基底压应力只需计算式(3-3)的前两项即可;若桥梁位于曲线上,验算基底压应力时,除了纵向力矩外,还需要考虑离心力产生的横向力矩,即三项叠加。

地基容许承载力[σ]是指在保证地基稳定的条件下,建筑物的沉降量不超过容许值的地基承载力。

《铁路桥涵地基和基础设计规范》(TB 10093—2017)推荐的地基容许承载力修正公式为:

$$[\sigma] = \sigma_0 + k_1 \gamma_1 (b-2) + k_2 \gamma_2 (h-3) \tag{3-6}$$

式中　σ_0——地基的基本承载力(kPa)。指当基础宽度 $b \leqslant 2$ m,埋置深度 $h \leqslant 3$ m 时的地基容许承载力。对于地质简单的常用结构形式的桥涵地基,σ_0 可直接从《铁路桥涵地基和基础设计规范》中查取;对于重要桥梁或地质复杂桥梁则应根据载荷试验及原位测试方法等综合确定。

　　　b——基础底面的最小边宽度(m)。当 b 小于 2 m 时,b 取 2 m;当 b 大于 10 m 时,b 取 10 m;圆形或正多边形基础时取 $\sqrt{F}$,F 为基础的底面积。

　　　h——基础底面的埋置深度(m)。自天然地面起算,有水流冲刷时自一般冲刷线起算;位于挖方内时,由开挖后地面起算;h 小于 3 m 时,h 取 3 m,h/b 大于 4 时,h 取 $4b$。

　　　γ_1——基底持力层土的天然重度(kN/m³)。若持力层在水面以下且透水时,应采用浮重度。

　　　γ_2——基底以上土层的加权平均重度(kN/m³)。换算时若持力层在水面以下且不透水时,不论基底以上土的透水性如何,均取饱和重度;透水时水中部分应取浮重度。

　　　k_1,k_2——宽度、深度修正系数,根据基底持力层土的类别决定,见表 3-6。

表 3-6　宽度、深度修正系数

修正系数 \ 土类	黏性土				粉土	黄土		砂类土								碎石类土			
	Q4的冲、洪积土		Q3及其以前的冲、洪积土	残积土		新黄土	老黄土	粉砂		细砂		中砂		砾砂粗砂		碎石圆砾角砾		卵石	
	$I_L<0.5$	$I_L\geqslant0.5$						稍、中密	密实	稍、中密	密实	稍、中密	密实	稍、中密	密实	稍、中密	密实	稍、中密	密实
k_1	0	0	0	0	0	0	0	1	1.2	1.5	2	2	3	3	4	3	4	3	4
k_2	2.5	1.5	2.5	1.5	1.5	1.5	1.5	2	2.5	3	4	4	5.5	5	6	5	6	6	10

注:(1)节理不发育或较发育的岩石不作宽深修正,节理发育或很发育的岩石,k_1、k_2 可采用碎石类土的系数,对已风化成砂、土状的岩石,则按砂类土、黏性土的系数;

　　(2)稍松状态的砂类土和松散状态的碎石类土,k_1、k_2 值可采用表列稍、中密值的 50%;

　　(3)冻土的 $k_1=0$,$k_2=0$。

2)软弱下卧层承载力验算

若基底以下不远处尚有软弱下卧层,如图 3-14 所示,则除持力层的基底压应力需满足验算要求外,还应验算该软弱下卧层处的压应力是否满足要求,按下式进行验算:

$$\gamma(h+z)+\alpha(\sigma_h-\gamma h)\leqslant[\sigma] \tag{3-7}$$

式中　σ_h——基底压应力(kPa)。当$z/b>1$(或$z/d>1$)时,σ_h按基底平均压应力;当$z/b\leqslant1$(或$z/d\leqslant1$)时,σ_h按基底压应力图形采用距最大应力点$b/4\sim b/3$(或$d/4\sim d/3$)处的压应力(对于梯形图形前后端压应力差值较大时,可采用上述$b/4$点处的压应力值,反之,则采用上述$b/3$点处的压应力值),其中b为矩形基础的短边宽度(m),d为基础的直径(m)。

　　　　γ——土的重度(kN/m³)。

　　　　h——基底埋置深度(m)。当基础受水流冲刷时,由一般冲刷线算起;当不受水流冲刷时,由天然地面算起;当位于挖方内时,则由开挖后的地面算起。

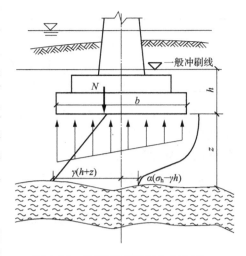

图 3-14　软弱下卧层压应力验算

　　　　z——自基底至软弱下卧层顶面的距离(m)。

　　　　α——基底下卧土层附加应力系数,见《铁路桥涵地基和基础设计规范》附录 C。

　　　　$[\sigma]$——软弱下卧层经深度修正后的容许承载力(kPa)。

2. 基底偏心距验算

墩台基础的设计必须控制合力的偏心距,其目的是避免基底产生拉应力,尽可能使基底应力分布比较均匀,以免基底两端应力相差过大,使基础产生较大的不均匀沉降,墩台发生过大倾斜。要使各种荷载组合条件下的合力都通过基底中心是不经济的,有时甚至是不可能的。因此,设计时一般以基底不出现拉应力为原则,允许合力在基底产生一定的偏心,但不应超过容许偏心距$[e]$即可。

单向偏心时,基底合力偏心距按式(3-8)验算:

$$e=\frac{\sum M_i}{\sum N_i}\leqslant[e] \tag{3-8}$$

式中　　　e——外力对基底截面重心的偏心距(m);

$\sum N_i,\sum M_i$——作用于基底的竖向力(kN)和所有外力对基底截面重心的弯矩(kN·m);

　　　　$[e]$——容许偏心距(m)。

关于容许偏心距$[e]$的取值,《铁路桥涵地基和基础设计规范》(TB 10093—2017)对不同荷载组合下的各种类型地基的偏心距限值做了如表 3-7 的规定。

表 3-7　合力偏心距 e 的限值

地基及荷载情况			e 的限值
仅承受恒载作用时	非岩石地基	合力的作用点应接近基础底面的重心	
①主力+附加力 ②主力+附加力+长钢轨伸缩力(或挠曲力)	非岩石地基上的桥台(包括土状的风化岩层)	土的基本承载力 $\sigma_0>200$ kPa	1.0ρ
		土的基本承载力 $\sigma_0\leqslant200$ kPa	0.8ρ
	岩石地基	硬质岩	1.5ρ
		其他岩石	1.2ρ

地基及荷载情况			e 的限值
仅承受恒载作用时	非岩石地基	合力的作用点应接近基础底面的重心	
主力+长钢轨伸缩力或挠曲力（桥上无车）②	非岩石地基	土的基本承载力 $\sigma_0 > 200$ kPa	0.8ρ
		土的基本承载力 $\sigma_0 \leqslant 200$ kPa	0.6ρ
	岩石地基	硬质岩	1.25ρ
		其他岩石	1.0ρ
主力+特殊荷载（地震力除外）	非岩石地基	土的基本承载力 $\sigma_0 > 200$ kPa	1.2ρ
		土的基本承载力 $\sigma_0 \leqslant 200$ kPa	1.0ρ
	岩石地基	硬质岩	2.0ρ
		其他岩石	1.5ρ

注：表中②指当长钢轨纵向力参与组合时，计入长钢轨纵向力的桥上线路应按无车考虑。

在表 3-7 中，ρ 为基底核心半径，按式（3-9）计算：

$$\rho = \frac{W}{A} \tag{3-9}$$

式中　W——相应于应力较小边缘的截面抵抗矩（m³）；

　　　　A——基底面积（m²）。

当外力作用点不在基底两个对称轴中的任一对称轴上，或者基底截面为不对称时，为了省略计算 ρ 的工作，可直接按式（3-10）求 e 与 ρ 的比值，使其满足要求。

$$\frac{e}{\rho} = 1 - \frac{\sigma_{\min}}{\dfrac{\sum N_i}{A}} \tag{3-10}$$

式中　$\sigma_{\min}$——基底最小应力（kPa）。

其他符号含义同前。

但应注意，式中的 $\sum N_i$ 和 $\sigma_{\min}$ 应在同一荷载组合情况下求得。

上述各条规定的含义是：考虑到恒载是经常作用的，故要求较严格；附加力不是经常作用的，因而可以放宽。对非岩石地基，由于压缩性较大，当出现拉应力而引起应力重分布后，将会加剧下沉，故不允许出现拉应力；而岩石地基的压缩性影响较小，允许出现部分拉应力。

3. 基础稳定性验算

当墩台承受较大的单向水平推力而其合力作用点又距基底较高时，结构容易产生绕基底外缘的转动或沿基底面的滑动。本项验算的目的就是为了保证墩台在最不利荷载组合作用下，不会绕基底外缘产生转动或沿基底面发生滑动。

1）倾覆稳定性验算

墩台基础的倾覆稳定性用倾覆稳定性系数 K_0 的大小来衡量，K_0 按式（3-11）计算：

$$K_0 = \frac{稳定力矩}{倾覆力矩} = \frac{s \cdot \sum N_i}{\sum N_i \cdot e_i + \sum H_i \cdot h_i} = \frac{s}{e} \tag{3-11}$$

式中　N_i, H_i——各竖向力和各水平力（kN）；

　　　　e_i——各竖向力对检算截面重心的力臂（m）；

　　　　h_i——各水平力对检算截面的力臂（m）；

　　　　s——在沿截面重心与合力作用点连接线上，自截面重心至检算倾覆轴的距离（m），如图 3-15 所示；

　　　　e——外力合力 R 在检算截面上的作用点至其重心的距离（m）。

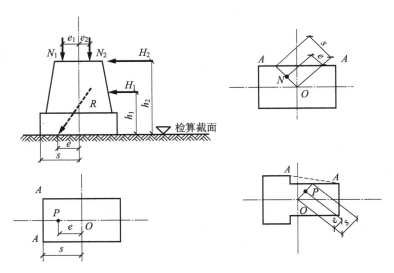

图 3-15　墩台倾覆稳定计算

O—截面重心；N—合力作用点；A—A—检算倾覆轴

各力矩 $N_i \cdot e_i$、$H_i \cdot h_i$ 应根据其绕检算截面重心的方向区别正负。

对于凹多边形基底，检算倾覆稳定性时，其倾覆轴应取基底截面的外包线。

墩台基底的倾覆稳定系数 K_0 不应小于 1.5，施工荷载作用下不应小于 1.2。

2）滑动稳定性验算

基础的滑动稳定性用滑动稳定系数 K_c 来衡量，滑动稳定系数 K_c 按式(3-12)计算：

$$K_c = \frac{f \cdot \sum N_i}{\sum H_i} \tag{3-12}$$

式中　f——基底与持力层土间的摩擦系数，当缺乏实际资料时，可采用表 3-8 中的数值。

其他符号含义同前。

表 3-8　基底摩擦系数

地基土石分类	摩擦系数	地基土石分类	摩擦系数
软塑的黏性土	0.25	碎石类土	0.5
硬塑的黏性土	0.3	软质岩	0.4～0.6
粉土、坚硬的黏性土	0.3～0.4	硬质岩	0.6～0.7
砂类土	0.4		

墩台的滑动稳定系数 K_c 不应小于 1.3，施工荷载作用下不应小于 1.2。

4. 基础沉降验算

修建在非岩石地基上的桥梁基础，在外力作用下都会发生一定程度的沉降。通常由于在确定地基土的基本承载力 σ_0 时，已考虑了地基变形这一因素，因此，只要满足了地基承载力的要求，就间接地满足了基础的沉降要求。但当墩台建筑在地质情况复杂、土质不均匀及承载力较差的地基上，以及相邻跨径差别悬殊而需计算沉降差或跨线桥净高需预先考虑沉降量时，都应计算其沉降。

1）基础沉降计算方法

基础沉降采用分层总和法计算，如图 3-16 所示。计算沉降时所用荷载为恒载，基础沉降计算公式如下：

$$S = m_s \sum_{i=1}^{n} \Delta S_i = m_s \sum_{i=1}^{n} \frac{\sigma_{z(0)}}{E_{si}}(z_i C_i - z_{i-1} C_{i-1})$$

$$(3\text{-}13)$$

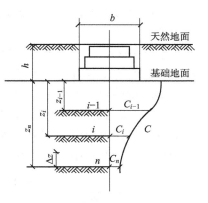

图 3-16　基础沉降计算

式中　S——基础的总沉降量（m）。

n——基底以下地基沉降计算深度范围内按压缩模量划分的土层分层数目。

$\sigma_{z(0)}$——基础底面处的附加压应力（kPa），其值为

$$\sigma_{z(0)} = \sigma_h - \gamma h \qquad (3\text{-}14)$$

其中　σ_h——基底压应力（kPa），当 $z/b > 1$ 时，σ_h 采用基底平均压应力；当 $z/b \leqslant 1$ 时，σ_h 采用基底压应力图形中距最大应力点 $b/4 \sim b/3$ 处的压应力，b 为基础的宽度（m），z 为基底至计算土层顶面的距离（m）；

γ——土的重度（kN/m^3）；

h——基底埋置深度（m），当基底受水流冲刷时，由一般冲刷线算起；当不受水流冲刷时，由天然地面线算起；若位于挖方内时，则由开挖后地面算起。

z_i, z_{i-1}——基底至第 i 和第 $i-1$ 层底面的距离（m），地基沉降计算总深度 z_n 的确定应符合式（3-15）的要求：

$$\Delta S_n \leqslant 0.025 \sum_{i=1}^{n} \Delta S_i \qquad (3\text{-}15)$$

其中　ΔS_n——深度 z_n 处向上取厚度为 Δz（见表 3-9）的土层沉降值（m）；

ΔS_i——计算深度范围内第 i 层土的沉降量（m）。

E_{si}——基础底面以下受压土层内第 i 层的压缩模量（kPa），根据压缩曲线按实际应力范围取值。

C_i, C_{i-1}——基础底面至第 i 层底面范围内和至第 $i-1$ 层底面范围内的平均附加应力系数，可按《铁路桥涵地基和基础设计规范》查得。

m_s——沉降经验修正系数，根据地区沉降观测资料或经验确定，无地区经验时可按表 3-10 采用，对于软土地基 m_s 不应小于 1.3。

表 3-9　Δz 取值

基底宽度 b/m	$b \leqslant 2$	$2 < b \leqslant 4$	$4 < b \leqslant 8$	$b > 8$
Δz/m	0.3	0.6	0.8	1.0

表 3-10　沉降经验修正系数 m_s

基础底面处附加压应力 $\sigma_{z(0)}$/kPa　　地基压缩模量当量值 $\overline{E_s}$/kPa	2 500	4 000	7 000	15 000	20 000
$\sigma_{z(0)} \geqslant \sigma_0$	1.4	1.3	1.0	0.4	0.2
$\sigma_{z(0)} \leqslant 0.75\sigma_0$	1.1	1.0	0.7	0.4	0.2

表 3-10 中 $\overline{E_s}$ 为沉降计算总深度 z_n 内地基压缩模量的当量值，可按下式确定：

$$\overline{E_s} = \frac{\sum A_i}{\sum \dfrac{A_i}{E_{si}}} \qquad (3\text{-}16)$$

式中，A_i 为第 i 层土平均附加应力系数沿该土层厚度的积分值，即第 i 层土的平均附加应力系数面积。

表 3-10 $\sigma_{z(0)} = \sigma_h - \gamma h$，$\sigma_h$ 为基底压应力，近似地取基底压应力图形中距最大应力点 $b/4 \sim b/3$ 处的压应力。σ_0 为基础底面处地基的基本承载力。

2）基础的容许沉降量

《铁路桥涵地基和基础设计规范》(TB 10093—2017)要求基础工后沉降量不应超过表 3-11 和表 3-12 规定的限值。超静定结构相邻墩台沉降量之差除满足表 3-11 和表 3-12 的规定外，尚应根据沉降差对结构产生的附加应力的影响确定。

表 3-11　有砟轨道静定结构墩台基础工后沉降限值

设计速度	沉降类型	限值/mm
250 km/h 及以上	墩台均匀沉降	30
	相邻墩台沉降差	15
200 km/h	墩台均匀沉降	50
	相邻墩台沉降差	20
160 km/h 及以下	墩台均匀沉降	80
	相邻墩台沉降差	40

表 3-12　无砟轨道静定结构墩台基础工后沉降限值

设计速度	沉降类型	限值/mm
250 km/h 及以上	墩台均匀沉降	20
	相邻墩台沉降差	5
200 km/h 及以下	墩台均匀沉降	20
	相邻墩台沉降差	10

上述之所以规定墩台基础的容许沉降量要按总沉降量减去施工完成时的沉降量，是因为考虑在施工期间所发生的那部分沉降可借灌筑顶帽混凝土进行调整，只有竣工后所继续发生的沉降（工程上常称为工后沉降），才会对上部线路状况和运营条件有影响，故应以此为准。

如果计算完工后的沉降量有困难时，则可按近似估计法：砂类土等粗颗粒地基土其工后沉降值为零，即建在砂类土上的基础，其沉降量可以认为在施工期间就已基本下沉完毕；低压缩性黏性土的工后沉降为总沉降量 S 的 50%~80%；中等压缩性黏性土的工后沉降为（20%~50%）S；高压缩性黏性土的工后沉降为（5%~20%）S。

3）基底的倾斜度

在特殊情况下，若地基土压缩性较差，而墩身又高时，还需根据墩台顶帽面处的容许水平位移 $[\Delta]$ 来控制基底的倾斜度。

墩台顶帽面的水平位移按式(3-17)检算：

$$\Delta = (\Delta S/b) \cdot h + \Delta_0 \leqslant [\Delta] \tag{3-17}$$

式中　$\Delta S/b$——基底的倾斜度，等于基底在倾斜方向上两端点的沉降差与其距离（即边长 b）的比值；

　　　　h——基底到墩顶的高度（m）；

　　　　Δ_0——在外力作用下墩台本身弹性变形所引起墩顶的水平位移（mm）；

　　　　$[\Delta]$——墩台顶面处的容许弹性水平位移（mm）。《铁路桥涵设计规范》规定：纵向（即顺桥方向）为 $5\sqrt{L}$，其中，L 为桥梁跨度（m），即支点间的跨长。当 $L < 24$ m 时，按 24 m 计算，不等跨时采用相邻中较小跨的跨度。

计算混凝土、石砌及钢筋混凝土墩台水平位移时,截面惯性矩 I 按全截面考虑,混凝土和石砌墩台的抗弯刚度取 $E_0 I$,钢筋混凝土墩台的抗弯刚度取 $0.8E_0 I$,E_0 为墩台身的受压弹性模量。

5. 地基稳定性验算

当桥梁基础修建在斜坡上时,除了要求验算基础的滑动稳定性外,还需要验算斜坡整体的稳定性。如图 3-17 所示的桥台基础,台背后填土较高且地基土质不良时,桥台有可能与下面的地基土体一起沿滑动面下滑。

对于土质边坡,坡体(即地基)稳定性可采用极限平衡法,通过搜索找到潜在的最危险圆弧滑动面来验算坡体的稳定性。边坡稳定安全系数 F_s 指最危险滑动面上各力对滑动中心所产生的抗滑力矩 M_R 与滑动力矩 M_S 的比值,其值应符合式(3-18)的要求。

$$F_s = \frac{M_R}{M_S} \geqslant 1.2 \qquad (3-18)$$

基础修建在陡峭岩坡上时也应注意基础下岩体的稳定。基础的埋置深度应考虑岩层节理、承载力、有无不利倾向、倾角等因素。基底外缘至岩层安全线的最小水平距离 a,对于硬质岩,视其节理发育程度及地面线倾斜程度而定,一般不小于 $2 \sim 3$ m;对于软质岩,视其风化破碎程度及地形条件而定,一般不小于 $3 \sim 5$ m,如图 3-18 所示。

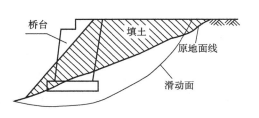

图 3-17　斜坡上的桥台基础

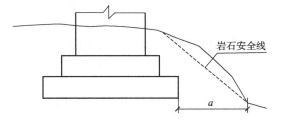

图 3-18　陡坡岩石地基上浅基础的设置

3.3.2　房屋建筑浅埋基础的地基计算

1. 地基验算的基本规定

《建筑地基基础设计规范》根据地基复杂程度、建筑物规模和功能特征以及由于地基问题可能造成建筑物破坏或影响正常使用的程度,将地基基础设计分为 3 个等级,如表 3-13 所示。设计时应根据具体情况,按此表定出地基基础的设计等级,据之确定相关的设计参数和设计要求。

表 3-13　地基基础设计等级

设计等级	建筑和地基类型
甲　级	重要的工业与民用建筑物; 30 层以上的高层建筑; 体型复杂、层数相差超过 10 层的高低层连成一体的建筑物; 大面积的多层地下建筑物(如地下车库、商场、运动场等); 对地基变形有特殊要求的建筑物; 复杂地质条件下的坡上建筑物(包括高边坡); 对原有工程影响较大的新建建筑物; 场地和地基条件复杂的一般建筑物; 位于复杂地质条件及软土地区的二层及二层以上地下室的基坑工程; 开挖深度大于 15 m 的基坑工程; 周边环境条件复杂、环境保护要求高的基坑工程

续上表

设计等级	建筑和地基类型
乙 级	除甲级、丙级以外的工业与民用建筑物; 除甲级、丙级以外的基坑工程
丙 级	场地和地基条件简单、荷载分布均匀的七层及七层以下民用建筑及一般工业建筑,次要的轻型建筑物; 非软土地区且场地地质条件简单、基坑周边环境条件简单、环境保护要求不高且开挖深度小于 5.0 m 的基坑工程

根据建筑物地基基础的设计等级及长期荷载作用下地基变形对上部结构的影响程度,地基基础设计应符合下列规定:

(1)承载力:所有建筑物均需进行地基承载力验算并满足相应要求。

(2)变形:设计等级为甲级、乙级的建筑物,均应进行地基变形验算,对丙级建筑物,若属表3-14 所列范围且不属下列情形之一者可不作验算,否则仍需进行变形验算:

①地基承载力特征值小于 130 kPa,且体型复杂的建筑;

②基础(及其附近)地面上有堆载或相邻基础荷载差异较大,可能引起地基产生过大的不均匀沉降时;

③软弱地基上的建筑物存在偏心荷载时;

④相邻建筑距离过近,可能发生倾斜时;

⑤地基内有厚度较大或厚薄不均的填土,其自重固结未完成时。

表 3-14 中的地基主要受力层是指条形基础底面下深度为 $3b$(b 为基础底面宽度)、独立基础下深度为 $1.5b$ 且厚度均不小于 5 m 的范围(二层以下的一般民用建筑除外)内的土层。

(3)稳定性:对经常受水平荷载作用的高层建筑、高耸结构和挡土墙等,以及建造在斜坡上或边坡附近的建筑物和构筑物,应验算其稳定性。

表 3-14 可不作地基变形计算的丙级建筑物

地基主要受力层情况			地基承载力特征值 f_{ak}/ kPa	$80{\leqslant}f_{ak}{<}100$	$100{\leqslant}f_{ak}{<}130$	$130{\leqslant}f_{ak}{<}160$	$160{\leqslant}f_{ak}{<}200$	$200{\leqslant}f_{ak}{<}300$
			各土层坡度/%	${\leqslant}5$	${\leqslant}10$	${\leqslant}10$	${\leqslant}10$	${\leqslant}10$
建筑类型	砌体承重结构、框架结构/层数			${\leqslant}5$	${\leqslant}5$	${\leqslant}6$	${\leqslant}6$	${\leqslant}7$
	单层排架结构(6 m 柱距)	单跨	吊车额定起重量/t	10~15	15~20	20~30	30~50	50~100
			厂房跨度/m	${\leqslant}18$	${\leqslant}24$	${\leqslant}30$	${\leqslant}30$	${\leqslant}30$
		多跨	吊车额定起重量/t	5~10	10~15	15~20	20~30	30~75
			厂房跨度/m	${\leqslant}18$	${\leqslant}24$	${\leqslant}30$	${\leqslant}30$	${\leqslant}30$
	烟囱		高度/m	${\leqslant}40$	${\leqslant}50$	${\leqslant}75$		${\leqslant}100$
	水塔		高度/m	${\leqslant}20$	${\leqslant}30$	${\leqslant}30$		${\leqslant}30$
			容积/m³	50~100	100~200	200~300	300~500	500~1 000

注:(1)地基主要受力层中如有承载力特征值小于 130 kPa 的土层时,表中砌体承重结构的设计应符合《建筑地基基础设计规范》第 7 章的有关要求。

(2)表中砌体承重结构和框架结构均指民用建筑,对于工业建筑可按厂房高度、荷载情况折合成与其相当的民用建筑层数。

(3)表中吊车额定起重量、烟囱高度和水塔容积的数值系指最大值。

2. 地基承载力验算

与桥梁墩台基础地基承载力的验算类似,房屋建筑基础地基承载力的验算也包括持力层承载力验算和软弱下卧层承载力验算。

1)持力层承载力验算

当传至基础底面的力为中心荷载时,需满足

$$p_k \leqslant f_a \tag{3-19}$$

式中　f_a——修正后的地基承载力特征值(kPa);

　　　p_k——相应于荷载效应标准组合时的基底平均压力(kPa)。

若为偏心荷载,除满足式(3-19)外,还需满足

$$p_{kmax} \leqslant 1.2 f_a \tag{3-20}$$

式中　p_{kmax}——相应于荷载效应标准组合时的基底最大压力(kPa)。

式(3-20)将地基承载力提高 20% 的原因是因为最大压应力只发生在基底边缘的局部范围,而且其中相当一部分是由活载产生的。

如图 3-19 所示,假设基底压力为线性分布形式,则有

$$p_k = \frac{F_k + G_k}{A} \tag{3-21}$$

$$\frac{p_{kmax}}{p_{kmin}} = \frac{F_k + G_k}{A} \pm \frac{M_k}{W} \tag{3-22}$$

式中　　　F_k——相应于荷载效应标准组合时,上部结构传至基础顶面的竖向力(kN);

p_{kmax}, p_{kmin}——相应于荷载效应标准组合时的基底最大和最小压力(kPa);

　　　M_k——相应于荷载效应标准组合时,作用于基础底面的力矩(kN·m);

　　　A——基础底面面积(m²);

　　　W——基础底面的截面模量或抵抗矩(m³),对矩形底面的基础,$W = b^2 l/6$,其中 b 是沿偏心方向的基础宽度,而 l 是另一个方向的边长;

　　　G_k——基底以上基础、土等的自重之和(kN)。基底在地下水位以上时,$G_k = \gamma_G AH$,其中 γ_G 为基础、土等的平均重度,通常取 20 kN/m³;H 为自重计算高度,内墙、柱基础自室内设计地面高程算起,外墙、柱则从室内、室外设计地面高程的平均高程处算起。基底在地下水位以下时,水下部分应采用浮重度,即 10 kN/m³。

对矩形基础,式(3-22)还可写为

$$\frac{p_{kmax}}{p_{kmin}} = \frac{F_k + G_k}{A} \left(1 \pm \frac{6e}{b}\right) \tag{3-23}$$

式中　e——竖向合力的偏心矩(m),其值为

$$e = \frac{M_k}{F_k + G_k} \tag{3-24}$$

由式(3-22)或式(3-23)可知,当偏心矩过大时,p_{kmin} 的计算值为负,相当于拉应力,说明部分基底已与下面的土层脱离。因此,矩形底面的基础,只有当 $e \leqslant b/6$(小偏心)时,才能应用上式计算基底压力。当 $e > b/6$(大偏心)时,其计算简图如图 3-20 所示。对矩形基础,基底的最大压应力为

$$p_{kmax} = \frac{2(F_k + G_k)}{3la} \tag{3-25}$$

式中 a——竖向合力作用点距基底最大压力边缘的距离(m),其值为 $a=b/2-e$。

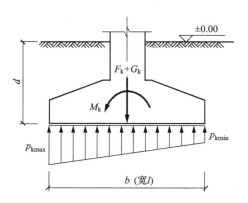

图 3-19 小偏心时的基底压力分布

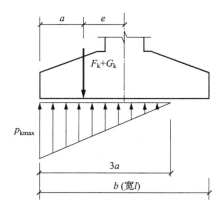

图 3-20 大偏心时的基底压力分布

显然,偏心距越大,基底压力的分布就越不均匀,基础的不均匀沉降也就越大。而当偏心距过大造成基底与土层脱离时,基底的有效面积也随之减小,这既不利于基础的稳定性,也因基底有效面积小于实际面积而造成浪费。因此,在设计时,应尽可能地减小偏心距,而且,通常只容许在地震荷载作用下基础底面与土层间出现脱离情况。

2)软弱下卧层承载力验算

为保证软弱下卧层不发生破坏,要求作用在其顶面的总压应力不大于其相应的承载力。这里的压应力包括两部分:一是上部土层的自重应力,一是由外荷载经基底传下来的附加应力,以公式表示,则有

$$p_z+p_{cz}\leqslant f_{az} \tag{3-26}$$

式中 p_z——荷载效应标准组合时,软弱下卧层顶面处的附加应力值(kPa);

p_{cz}——软弱下卧层顶面处的自重应力值(kPa);

f_{az}——软弱下卧层顶面处经深度修正后的地基承载力特征值(kPa)。

如图 3-21 所示,计算时假设外荷载通过基础以角度 θ 扩散至软弱下卧层顶面,因此,对宽度为 b 的条形基础:

$$p_z=\frac{(p_k-p_c)b}{b+2z\tan\theta} \tag{3-27}$$

对底面为 $b\times l$ 的矩形基础:

$$p_z=\frac{(p_k-p_c)bl}{(b+2z\tan\theta)(l+2z\tan\theta)} \tag{3-28}$$

式中 θ——地基压力扩散角/°。

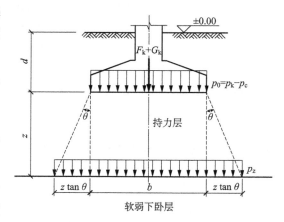

图 3-21 软弱下卧层承载力验算

根据理论分析结果,扩散角 θ 的大小同持力层与软弱下卧层间的相对刚度有关,相对刚度越大,扩散得越快。此外,还同基底至下卧层顶面的距离 z 有关。在设计计算时,θ 按表 3-15 取值。p_c 为原存土层在深度 d 处产生的自重应力(也即因挖土而卸去的竖向应力),$p_c=\gamma_m d$,γ_m 为基础底面以上土的加权平均重度。

3)地基承载力的确定

为进行地基承载力的验算,尚需知道地基承载力的大小。《建筑地基基础设计规范》推荐了两种方法,其一是:

$$f_a = f_{ak} + \eta_b \gamma (b-3) + \eta_d \gamma_m (d-0.5) \qquad (3-29)$$

表 3-15 地基压力扩散角

$\alpha = E_{s1}/E_{s2}$	z/b	
	0.25	0.5
3	6°	23°
5	10°	25°
10	20°	30°

注:(1)E_{s1} 为持力层土的压缩模量,E_{s2} 为软弱下卧层土的压缩模量;
(2)$z/b < 0.25$ 时取 $\theta = 0°$,必要时,宜由试验确定;$z/b > 0.50$ 时 θ 的值不变。

式中　f_a——修正后的地基承载力特征值(kPa);

　　　f_{ak}——地基承载力特征值(kPa),可通过现场试验等方法确定;

　　　η_b, η_d——基础宽度和深度的地基承载力修正系数,由持力层土查表 3-16 确定;

　　　b——基础底面宽度(m),对矩形基础,取其短边,当小于 3 m 时取为 3 m,大于 6 m 时取为 6 m;

　　　γ——基础底面以下土的重度(kN/m³),地下水位以下取浮重度;

　　　γ_m——基础底面以上土的加权平均重度(kN/m³),地下水位以下取浮重度;

　　　d——基础埋置深度(m),一般自室外地面高程算起。在填方整平地区,可自填土地面高程算起,但填土在上部结构施工后完成时,应从天然地面高程算起;对于地下室,当采用独立基础或条形基础时,基础埋深应从室内地面高程算起;而采用筏形基础或箱形基础时,埋深自室外地面高程算起。

表 3-16 承载力系数表

土 的 类 别		η_b	η_d
淤泥和淤泥质土		0	1.0
人工填土,e 或 I_L 大于等于 0.85 的黏性土		0	1.0
红黏土	含水比 $a_w > 0.8$	0	1.2
	含水比 $a_w \leqslant 0.8$	0.15	1.4
大面积压实填土	压实系数大于 0.95、黏粒含量 $\rho_c \geqslant 10\%$ 的粉土	0	1.5
	最大干密度大于 2100 kg/m³ 的级配砂石	0	2.0
粉　　土	黏粒含量 $\rho_c \geqslant 10\%$ 的粉土	0.3	1.5
	黏粒含量 $\rho_c < 10\%$ 的粉土	0.5	2.0
e 或 I_L 均小于 0.85 的黏性土		0.3	1.6
粉砂、细砂(不包括很湿与饱和时的稍密状态)		2.0	3.0
中砂、粗砂、砾砂和碎石土		3.0	4.4

注:(1)强风化和全风化的岩石,可参照所风化成的相应土类取值,其他状态下的岩石不修正;
(2)地基承载力特征值按深层平板载荷试验确定时,η_d 取 0;
(3)含水比是指土的天然含水率与液限的比值;
(4)大面积压实填土是指填土范围大于两倍基础宽度的填土。

地基承载力的另一种计算方法是

$$f_a = M_b \gamma b + M_d \gamma_m d + M_c c_k \qquad (3-30)$$

式中　f_a——由地基土的抗剪强度指标确定的地基承载力特征值(kPa);

M_b, M_d, M_c——承载力系数,由 φ_k 按表 3-17 确定,其中,φ_k 是基底以下深度 b 范围内土的内摩擦角标准值;

　　　b——意义同式(3-29),当大于 6 m 时取为 6 m;对砂土,采用该计算公式所得计算结果通常偏小,故小于 3 m 时取为 3m;

c_k——基底以下深度 b 范围内土的黏聚力标准值（kPa）；

$d、\gamma、\gamma_m$——意义同式（3-29）。

上述 c_k 及 φ_k 由室内试验确定。

表 3-17　承载力系数 M_b、M_d、M_c

$\varphi_k/°$	M_b	M_d	M_c	$\varphi_k/°$	M_b	M_d	M_c
0	0.00	1.00	3.14	22	0.61	3.44	6.04
2	0.03	1.12	3.32	24	0.80	3.87	6.45
4	0.06	1.25	3.51	26	1.10	4.37	6.90
6	0.10	1.39	3.71	28	1.40	4.93	7.40
8	0.14	1.55	3.93	30	1.90	5.59	7.95
10	0.18	1.73	4.17	32	2.60	6.35	8.55
12	0.23	1.94	4.42	34	3.40	7.21	9.22
14	0.29	2.17	4.69	36	4.20	8.25	9.97
16	0.36	2.43	5.00	38	5.00	9.44	10.80
18	0.43	2.72	5.31	40	5.80	10.84	11.73
20	0.51	3.06	5.66				

式（3-30）实际上由临界荷载 $p_{1/4}$ 的计算公式修正而来，其适用范围为偏心距 $e \leqslant 0.033b$。

3. 地基变形验算

过大的地基沉降会影响上部结构的正常使用，而不均匀沉降则可能导致上部结构的开裂、损伤，甚至破坏。因此，在地基设计中，需将地基的变形控制在允许范围之内。实际上，有时地基变形可能取代承载力而成为基础设计的控制因素。

如前所述，全部甲级、乙级及部分丙级建筑物应进行地基变形验算，对其余的丙级建筑，只要承载力条件得到满足，其变形即可得到有效控制，故不必进行变形验算。

1）地基变形的分类及其容许值

建筑物的结构类型及使用功能不同，对地基变形的大小及类型的敏感程度亦不同。例如，框架结构对柱下基础之间的沉降差很敏感，砖石承重墙基础对地基不均匀沉降的适应能力较低，而高耸结构物及高层建筑物则需严格控制地基的倾斜变形。因此，对不同形式的建筑物，应选用对其影响最大的地基变形特征进行控制（表 3-18），使地基的最大变形量 s 不超过容许的变形量 $[s]$，即

$$s \leqslant [s] \tag{3-31}$$

表 3-18　建筑物的地基变形容许值

变 形 特 征		地 基 土 类 别	
		中、低压缩性土	高压缩性土
砌体承重结构基础的局部倾斜		0.002	0.003
工业与民用建筑相邻柱基的沉降差	（1）框架结构	0.002l	0.003l
	（2）砌体墙填充的边排柱	0.0007l	0.001l
	（3）当基础不均匀沉降时不产生附加应力的结构	0.005l	0.005l

续上表

变形特征		地基土类别	
		中、低压缩性土	高压缩性土
单层排架结构(柱距为 6 m)柱基的沉降量/mm		(120)	200
桥式吊车轨面的倾斜	纵向	0.004	
(按不调整轨道考虑)	横向	0.003	
多层和高层建筑的整体倾斜	$H_g \leqslant 24$	0.004	
	$24 < H_g \leqslant 60$	0.003	
	$60 < H_g \leqslant 100$	0.002 5	
	$H_g > 100$	0.002	
体型简单的高层建筑基础的平均沉降/mm		200	
高耸结构基础的倾斜	$H_g \leqslant 20$	0.008	
	$20 < H_g \leqslant 50$	0.006	
	$50 < H_g \leqslant 100$	0.005	
	$100 < H_g \leqslant 150$	0.004	
	$150 < H_g \leqslant 200$	0.003	
	$200 < H_g \leqslant 250$	0.002	
高耸结构基础的沉降量/mm	$H_g \leqslant 100$	400	
	$100 < H_g \leqslant 200$	300	
	$200 < H_g \leqslant 250$	200	

注:(1)本表数值为建筑物地基实际最终变形允许值;

(2)有括号者仅适用于中压缩性土;

(3)l 为相邻柱基的中心距离(mm),H_g 为自室外地面起算的建筑物高度(m)。

一般而言,地基变形包含沉降量、沉降差、倾斜和局部倾斜 4 种类型(图 3-22),各类型的定义为:

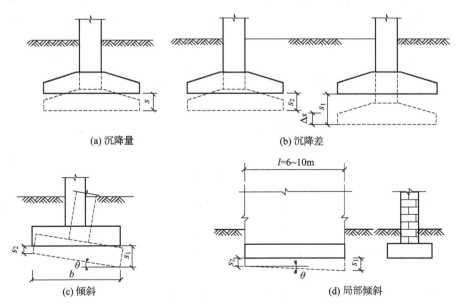

(a) 沉降量   (b) 沉降差

(c) 倾斜   (d) 局部倾斜

图 3-22　地基变形的类型

沉降量——基础中心的沉降量 s；

沉降差——两相邻基础间的沉降量之差 $\Delta s = s_1 - s_2$；

倾斜——在基础的倾斜方向,基础两端点的沉降量之差与其间距离的比值 $\tan\theta = \dfrac{s_1 - s_2}{b}$;

局部倾斜——砖石承重墙沿纵向 6～10 m 内两点的沉降量之差与其间距离的比值 $\tan\theta = \dfrac{s_1 - s_2}{l}$。

2)地基变形计算

在设计中,通常也采用分层总和法计算地基的变形,如图 3-23 所示。《建筑地基基础设计规范》推荐采用下式进行计算:

$$s = \psi_s s' = \psi_s \sum_{i=1}^{n} \frac{p_0}{E_{si}} (z_i \bar{\alpha}_i - z_{i-1} \bar{\alpha}_{i-1}) \tag{3-32}$$

式中　s——地基的最终沉降量(mm);

s'——按分层总和法计算出的地基沉降量(mm);

ψ_s——考虑理论计算结果与实际沉降间的差异而采用的沉降计算经验系数,可根据地区沉降观测资料及经验确定,无地区经验时可根据变形计算深度范围内压缩模量的当量值 $\bar{E}_s$、基底附加应力按表 3-19 取值;

n——地基变形计算深度范围内所划分的土层数;

p_0——相应于荷载效应准永久性组合时的基础底面的附加压力(kPa);

E_{si}——基础底面下第 i 层土的压缩模量(MPa),应取土的自重应力至土的自重应力+附加应力的压力段计算;

z_i, z_{i-1}——基础底面至第 i 层土、第 $i-1$ 层土底面的距离(m);

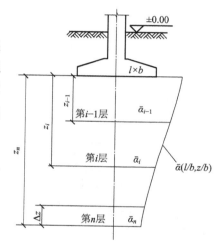

图 3-23　规范法计算地基沉降量

$\bar{\alpha}_i, \bar{\alpha}_{i-1}$——基础底面计算点至第 i 层土、第 $i-1$ 层土底面范围内的平均附加应力系数,平均附加应力系数可按《建筑地基基础设计规范》查得。

表 3-19　沉降计算经验系数 ψ_s

基底附加应力 ＼ $\bar{E}_s$/MPa	2.5	4.0	7.0	15.0	20.0
$p_0 \geqslant f_{ak}$	1.4	1.3	1.0	0.4	0.2
$p_0 \leqslant 0.75 f_{ak}$	1.1	1.0	0.7	0.4	0.2

式(3-32)虽与普通分层总和法计算公式形式不同,但事实上,除式中多了修正系数 ψ_s 外,二者的计算原理完全相同,只不过此处以对各土层附加应力的积分来表示各土层附加应力的总量。因此,采用式(3-32)计算沉降时,对同一土层通常就不需要再进行分层。

与 3.3.1 节中的桥梁基础沉降计算类似,修正系数 ψ_s 与计算深度范围内压缩模量的当量值 $\bar{E}_s$ 有关,$\bar{E}_s$ 也同样按式(3-16)确定;沉降计算深度也可按式(3-15)确定。

以上介绍的是沉降量的计算方法,其他形式的变形量可在此基础上进行计算。例如,对倾斜,可依上述方法求出基础两端的沉降量,相减后再除以两端之间的距离即可得到。

4. 地基稳定性验算

大多数基础在设计时不需要进行地基稳定性验算,但对下列情况应进行验算:

(1)经常受水平荷载作用的高层建筑或高耸结构;

(2)建于斜坡或坡顶的建(构)筑物;

(3)挡土墙。

地基的稳定性通常采用圆弧滑动法进行验算,见式(3-33)。

$$F_s = \frac{M_R}{M_S} \geqslant 1.2 \tag{3-33}$$

式中 M_R——对应于最危险滑面的抗滑力矩(kN·m);

M_S——对应于最危险滑面的滑动力矩(kN·m)。

根据《建筑地基基础设计规范》,对建于稳定土坡坡顶的建筑,当垂直于坡顶边缘线的基础底面边长 b 小于或等于 3 m 时,其基础底面外边缘线至坡顶的水平距离 a 应符合下式要求,并不得小于 2.5 m(图 3-24):

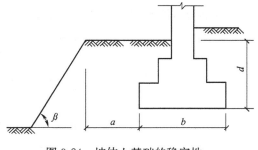

图 3-24 坡体上基础的稳定性

条形基础 $a \geqslant 3.5b - \dfrac{d}{\tan\beta}$ (3-34)

矩形基础 $a \geqslant 2.5b - \dfrac{d}{\tan\beta}$ (3-35)

式中 a——基础底面外边缘线至坡顶的水平距离(m);

b——垂直于坡顶边缘线的基础底面边长(m);

d——基础埋深(m);

β——边坡坡角(°)。

若式(3-34)或式(3-35)不能满足,则应按式(3-33)的要求验算坡体的稳定性。同样,当边坡坡角大于45°且坡高大于8 m时,也需按此式的要求进行坡体的稳定性检算。

3.4 桥梁墩台浅埋基础设计

3.4.1 设计内容与设计流程

桥梁墩台浅基础的设计内容包括:

(1)确定基础圬工类型及立面形式。基础的圬工材料可选用素混凝土、片石混凝土、浆砌片石、浆砌块石等,确定基础立面形式时应使砌体满足构造要求。

(2)拟定基础的埋置深度和基础的平面尺寸。充分考虑地质、地形、气象、水文、上部结构等因素,拟定基础的埋置深度。根据墩台的底面形状确定基础的平面形状,基础顶面与底面形状一般与墩台底面形状大致相符,并根据襟边和台阶构造要求初步拟定出基础的平面尺寸。

(3)进行荷载计算及荷载组合。计算作用在基础上的各种荷载,并根据结构的特点及验算项目的要求选取导致结构出现最不利情况的各种荷载组合。

(4)进行力学检算。对拟定的基础进行力学检算,以保证桥梁的安全和正常使用,并使设计达到技术可行、经济合理。检算项目一般包括地基强度、基底偏心距和基础稳定性,必要时还需要对基础沉降和地基稳定性进行检算。

桥梁墩台浅基础的设计需满足以下的技术要求：

(1)基础本身的强度不得超限。

(2)地基(包括地基持力层和软弱下卧层)强度不得超限。

(3)基础倾斜不得过大,基底合力偏心距应小于容许值。

(4)基础不得倾倒及滑走。

(5)对于超静定的连续梁、拱桥结构等需要计算基础的沉降或沉降差是否超限;当墩身很高时,还需要检算墩台顶的水平位移是否超限。

(6)当墩台修筑在较陡的土坡上,或桥台修筑于软土上且台后填土较高时,还应检算墩台连同土坡的滑动稳定性。

(7)基础要耐久可靠。

桥梁墩台浅基础的设计流程如图 3-25 所示。

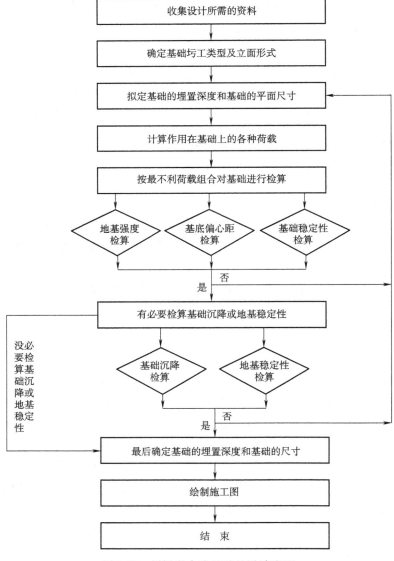

图 3-25　桥梁墩台浅基础的设计流程

3.4.2 桥梁墩台浅埋基础的构造要求

1. 材料要求

从经久耐用和便于施工的角度考虑,桥梁浅基础通常采用素混凝土,混凝土的强度等级应不低于 C15;当采用浆砌片石或块石基础时,石料的强度等级不应小于 MU40,砂浆的强度等级不得小于 M10。

2. 基础的立面形状及厚度

用浆砌片石或块石、素混凝土做成的基础,由于其抗压性能很好,抗拉性能较差,是不允许基础发生挠曲变形的,因此,用这些材料砌筑的基础又称为刚性基础。

由于地基的强度一般比墩台圬工的强度低,故基底的平面尺寸都要稍大于墩台底平面尺寸,即做成扩大基础,其立面如图 3-26 所示。图中,基顶外缘到墩底边缘的距离 c 称作襟边。

基础的悬出部分将受有弯矩,且以 D_0D 截面处的弯矩最大。因此,对于刚性基础,必须从构造上防止其发生弯曲破坏,即通过控制基础悬出长度 AD 与基础厚度 D_0D 的比值不大于容许值来保证截面处的弯曲拉应力不大于材料的容许值,从而也就保证了刚性基础本身的强度符合检算要求而不必进行基础强度检算。

由于 $AD/D_0D = \tan\beta$(通常称 β 为刚性角),因此,设计时只要该处的刚性角 β 不大于容许值$[\beta]$,基底就不会在该处因受拉而开裂。《铁路桥涵地基和基础设计规范》规定,混凝土基础的容许刚性角$[\beta]$为 45°。

浅基础可做成一层或多层,每一层的厚度不宜小于 1.0 m,均需要满足容许刚性角的要求。

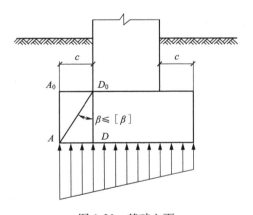

图 3-26 基础立面

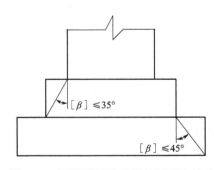

图 3-27 圆端形桥墩采用的矩形浅基础

对于双向受力矩形墩台的各种形状基础以及圆端形桥墩采用的矩形混凝土基础,因为基础角点受力较大,基础容易破裂,所以从安全的角度考虑,规定这类基础的最上面一层台阶两正交方向的刚性角均要满足 $\beta \le 35°$,如图 3-27 所示。如果需要同时调整最上面一层台阶两正交方向的襟边宽度时,其斜角处的坡线与竖直线所成的夹角,不能大于两正交方向刚性角为 35°时的斜角处的坡线与竖直线所成的夹角。现以图 3-28 为例说明此类基础襟边宽度的调整。图 3-28(a)是调整前的基顶平面尺寸,两正交方向的襟边宽度均为 a,满足容许刚性角 35°的要求,斜角处的宽度为 b;如果需要把基顶调整为图 3-28(b)所示的平面尺寸,即两个正交方向的襟边宽度调整为 $c(35° < \beta \le 45°)$ 和 $d(\beta < 35°)$,则要求调整后斜角处的宽度 $e \le b$。这类基础以下各层台阶正交方向的容许刚性角$[\beta]$仍为 45°。

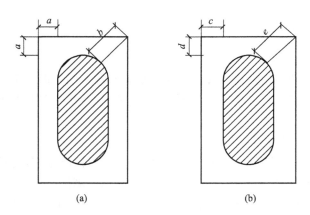

图 3-28   圆端形桥墩采用的矩形浅基础襟边宽度的调整

3. 基础的配筋

桥梁浅基础一般不配置钢筋,如果上部为空心的墩、台,则需要在最上面一层基础的顶层设置一层钢筋网,钢筋直径一般为 20 mm,钢筋间距 20 cm。

3.4.3　桥梁墩台浅埋基础设计算例

【例 3-1】 某客货共线铁路上的一座铁路桥,线路为单线平坡;上部结构为 32 m 长的预应力混凝土等跨简支梁,梁长 32.6 m,梁缝 15 cm,梁重(含橡胶支座)2 231 kN;橡胶支座厚 15 cm;梁上设双侧人行道,其重量与线路上部建筑重量按 36 kN/m 计算。

该桥所在地区的基本风压为 800 Pa,桥梁位于平坦空旷区;桥与河流正交,桥墩处常水位时水流流速为 2.5 m/s,设计频率水位时流速为 3.5 m/s。

地基土层为中密圆砾土,土的饱和重度为 22 kN/m³,基本承载力 $\sigma_0 = 600$ kPa。

设计荷载为 ZKH 活载。

墩身和基础采用 C25 混凝土,顶帽采用 C40 钢筋混凝土。圆端形桥墩及其下矩形台阶基础的设计尺寸、水位线和冲刷线如图 3-29 所示。

请验算所设计的矩形基础是否满足要求。

【解】 1. 作用在基础上的荷载计算

1)恒载计算

(1)由桥跨传来的恒载压力

等跨梁的桥墩,桥跨通过桥墩传至基底的恒载压力 N_1 为单孔梁重及左右孔梁跨中间的梁上线路设备、人行道的重量,即

$$N_1 = 2\,231 + 36 \times (32.6 + 0.15) = 3\,410.00 \text{ kN}$$

(2)顶帽重量

顶帽体积　　　　　　　　$V_{2\text{-}1} = 1.5 \times 1.1 \times 0.38 \times 2 = 1.25 \text{ m}^3$

$$V_{2\text{-}2} = 6.0 \times 2.5 \times 0.5 = 7.5 \text{ m}^3$$

$$V_{2\text{-}3} = \frac{1}{3} \times \left[6.0 \times 2.5 + \sqrt{(6.0 \times 2.5) \times (3.4 \times 1.6)} + 3.4 \times 1.6 \right] \times 0.5 = 4.91 \text{ m}^3$$

$$V_2 = V_{2\text{-}1} + V_{2\text{-}2} + V_{2\text{-}3} = 1.25 + 7.5 + 4.91 = 13.66 \text{ m}^3$$

顶帽重量　　　　　　　　$N_2 = \gamma_{钢筋混凝土} V_2 = 25 \times 13.66 = 341.50 \text{ kN}$

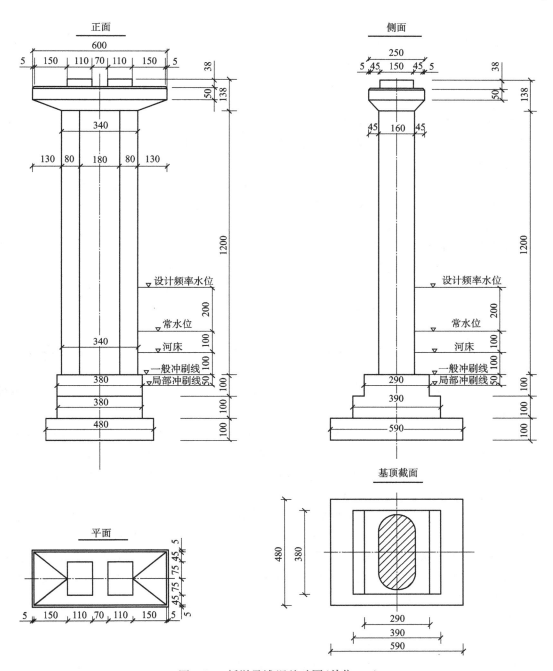

图 3-29　桥墩及浅埋基础图(单位:cm)

(3)墩身重量

墩身体积　　　　$V_3=(1.6\times1.8+\pi\times0.8^2)\times12.0=58.69$ m^3

墩身重量　　　　$N_3=\gamma_{混凝土}V_3=23\times58.69=1\ 349.87$ kN

(4)基础重量

基础体积　　$V_4=3.8\times2.9\times1.0+3.8\times3.9\times1.0+4.8\times5.9\times1.0=54.16$ m^3

基础重量　　　　$N_4=54.16\times23=1\ 245.68$ kN

(5)基础台阶上土体重量

台阶上土体体积 $V_5 = (4.8 \times 5.9 - 3.8 \times 3.9) \times 1.0 + (4.8 \times 5.9 - 3.8 \times 2.9) \times 1.0 = 30.80 \text{ m}^3$

台阶上土体重量 $\qquad N_5 = 30.80 \times (22 - 10) = 369.30 \text{ kN}$

(6)水浮力

①常水位时

水下圬工体积 $\qquad V_{6-1} = (1.6 \times 1.8 + \pi \times 0.8^2) \times 2.0 + 54.16 = 63.94 \text{ m}^3$

水浮力 $\qquad N_{6-1} = 63.94 \times 10 = 639.40 \text{ kN}$

②设计频率水位时

水下圬工体积 $\qquad V_{6-2} = (1.6 \times 1.8 + \pi \times 0.8^2) \times 4.0 + 54.16 = 73.72 \text{ m}^3$

水浮力 $\qquad N_{6-2} = 73.72 \times 10 = 737.20 \text{ kN}$

(7)作用在基底上的恒载

①常水位时,作用在基底上的恒载 $N_{恒1}$ 为

$N_{恒1} = N_1 + N_2 + N_3 + N_4 + N_5 - N_{6-1}$

$\qquad = 3\,410.00 + 341.50 + 1\,349.87 + 1\,245.68 + 369.30 - 639.40 = 6\,076.95 \text{ kN}$

②设计频率水位时,作用在基底上的恒载 $N_{恒2}$ 为

$N_{恒2} = N_1 + N_2 + N_3 + N_4 + N_5 - N_{6-2}$

$\qquad = 3\,410.00 + 341.50 + 1\,349.87 + 1\,245.68 + 369.30 - 737.20 = 5\,979.15 \text{ kN}$

2)活载计算

活载的布置应使桥梁墩台处于最不利的受力状态。根据本算例给定的条件,采用 ZKH 活载时,需要检算如图 3-30 所示的加载图式。

活载情况 Ⅰ 是仅在一孔梁上布满活载,并使 4 个集中荷载位于所要检算的桥墩一侧,这种加载方式可使作用于墩顶的水平力和力矩最大,常用来检算墩顶位移,见图 3-30(a)。

活载情况 Ⅱ 也是仅在一孔梁上布满活载,但集中荷载位于梁的另一端,这种加载方式通常控制偏心距和稳定性检算,见图 3-30(b)。

活载情况 Ⅲ 是 4 个集中荷载对称布置于所要检算桥墩两侧,这种加载方式可使作用于桥墩上的竖向力最大,水平力也最大,常用来检算纵向基底压应力,见图 3-30(c)。

活载情况 Ⅳ 同活载情况 Ⅲ 类似,只是 4 个集中荷载布置于桥墩一侧,这种加载方式可使作用于桥墩上的竖向力接近最大,但同时会产生力矩,此外水平力也最大,通常也用来检算纵向基底压应力,见图 3-30(d)。

(1)活载情况 Ⅰ

根据 $\sum M = 0$,可得支点反力 R_1 为

$$R_1 = \frac{1}{32} \left[85 \times 27.15 \times \left(\frac{27.15}{2} - 0.375 \right) + 250 \times 4 \times (32.75 - 0.375 - 2.4) \right] = 1\,888.67 \text{ kN}$$

作用在基底上的竖向活载 $N_{活1}$ 为

$$N_{活1} = R_1 = 1\,888.67 \text{ kN}$$

令基底横桥方向中心轴为 $x\text{-}x$ 轴,顺桥方向中心轴为 $y\text{-}y$ 轴,则 R_1 对基底 $x\text{-}x$ 轴的力矩 $M_{活1}$ 为

$$M_{活1} = 0.375 \times 1\,888.67 = 708.25 \text{ kN} \cdot \text{m}$$

(2)活载情况 Ⅱ

支点反力 R_2 为

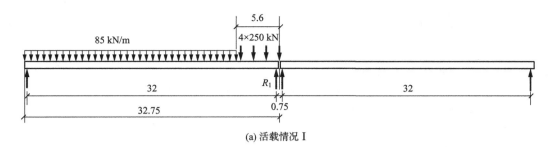

(a) 活载情况 I

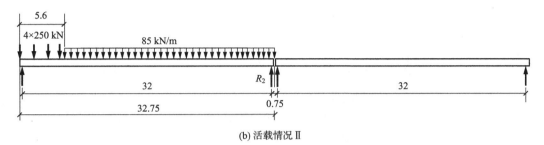

(b) 活载情况 II

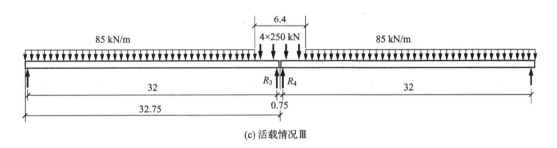

(c) 活载情况 III

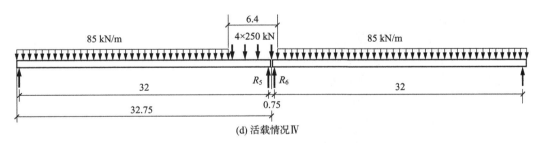

(d) 活载情况 IV

图 3-30　活载加载图式(单位:m)

$$R_2 = \frac{1}{32}\left[250 \times 4 \times (2.4 - 0.375) + 85 \times 27.15 \times \left(5.6 - 0.375 + \frac{27.15}{2}\right)\right] = 1\ 419.08\ \text{kN}$$

作用在基底上的竖向活载 $N_{活2}$ 为

$$N_{活2} = R_2 = 1\ 419.08\ \text{kN}$$

R_2 对基底 x-x 轴的力矩 $M_{活2}$ 为

$$M_{活2} = 0.375 \times 1\ 419.08 = 532.16\ \text{kN} \cdot \text{m}$$

(3)活载情况 III

支点反力 R_3 和 R_4 为

$$R_3 = R_4 = \frac{1}{32} \times \left[250 \times 2 \times (32.75 - 0.375 - 1.6) + 85 \times 29.55 \times \left(\frac{29.55}{2} - 0.375 \right) \right]$$
$$= 1\ 611.15\ \text{kN}$$

作用在基底上的竖向活载 $N_{活3}$ 为

$$N_{活3} = R_3 + R_4 = 1\ 611.15 \times 2 = 3\ 222.30\ \text{kN}$$

R_3、R_4 对基底 x-x 轴的力矩 $M_{活3} = 0$。

(4)活载情况Ⅳ

支点反力 R_5 为

$$R_5 = R_1 = 1\ 888.67\ \text{kN}$$

支点反力 R_6 为

$$R_6 = \frac{1}{32} \times \left[85 \times 31.95 \times \left(\frac{31.95}{2} - 0.375 \right) \right] = 1\ 323.93\ \text{kN}$$

作用在基底上的竖向活载 $N_{活4}$ 为

$$N_{活4} = R_5 + R_6 = 1\ 888.67 + 1\ 323.93 = 3\ 212.60\ \text{kN}$$

R_5、R_6 对基底 x-x 轴的力矩 $M_{活4}$ 为

$$M_{活4} = (1\ 888.67 - 1\ 323.93) \times 0.375 = 211.78\ \text{kN} \cdot \text{m}$$

3)附加力计算

(1)制动力(或牵引力)

①活载情况Ⅰ与活载情况Ⅱ的制动力(或牵引力)

因活载情况Ⅰ与活载情况Ⅱ作用在梁上的竖向静活载相同,故其制动力(或牵引力)也相等,为

$$H_1 = 10\% \times [250 \times 4 + 85 \times (32.75 - 5.6)] = 330.78\ \text{kN}$$

H_1 对基底 x-x 轴的力矩 M_{H1} 为

$$M_{H_1} = 330.78 \times (3 + 12 + 1.38 + 0.15) = 5\ 467.79\ \text{kN} \cdot \text{m}$$

②活载情况Ⅲ的制动力(或牵引力)

左孔梁为固定支座传递的制动力(或牵引力),其值为

$$H_{2-1} = 10\% \times [250 \times 2 + 85 \times (32.75 - 3.2)] = 301.18\ \text{kN}$$

右孔梁为滑动支座传递的制动力(或牵引力),其值为

$$H_{2-2} = 10\% \times [250 \times 2 + 85 \times (32.75 - 3.2)] \times 50\% = 150.59\ \text{kN}$$

传到桥墩上的制动力(或牵引力)为

$$H_2 = 301.18 + 150.59 = 451.77\text{kN} > H_1 = 330.78\ \text{kN}$$

故活载情况Ⅲ时采用的制动力(或牵引力)为 $H_2 = 330.78\ \text{kN}$。

H_2 对基底 x-x 轴的力矩为

$$M_{H_2} = 5\ 467.79\ \text{kN} \cdot \text{m}$$

③活载情况Ⅳ的制动力(或牵引力)

左孔梁为滑动支座传递的制动力(或牵引力),其值为

$$H_{3-1} = 10\% \times [250 \times 4 + 85 \times (32.75 - 5.6)] \times 50\% = 165.39\ \text{kN}$$

右孔梁为固定支座传递的制动力(或牵引力),其值为

$$H_{3-2} = 10\% \times [85 \times (32.75 - 0.8)] = 271.58\ \text{kN}$$

传到桥墩上的制动力(或牵引力)为

$$H_3 = 165.39 + 271.58 = 436.97 \text{kN} > H_1 = 330.78 \text{ kN}$$

故活载情况 Ⅳ 时采用的制动力（或牵引力）为 $H_3 = 330.78$ kN。

H_3 对基底 $x\text{-}x$ 轴的力矩为

$$M_{H_3} = 5\,467.79 \text{ kN} \cdot \text{m}$$

（2）纵向风力

① 风荷载强度

$$W = K_1 K_2 K_3 W_0 = 1.1 \times 1.00 \times 1.0 \times 800 = 880 \text{Pa} = 0.88 \text{ kPa}$$

其中，K_1 根据长边迎风的圆端形截面 $l/b > 1.5$，由表 2-3 查得为 1.1；K_2 根据轨顶离常水位的高度小于 20 m，由表 2-4 查得为 1.00；K_3 根据地形为一般平坦空旷地区，由表 2-5 查得为 1.0。

② 顶帽风力

$$H_{4\text{-}1} = W \times A = 0.88 \times \left[1.1 \times 0.38 \times 2 + 6.0 \times 0.5 + \frac{1}{2} \times (3.4 + 6.0) \times 0.5 \right] = 5.44 \text{ kN}$$

$H_{4\text{-}1}$ 对基底 $x\text{-}x$ 轴的力矩 $M_{H_{4\text{-}1}}$ 为

$$M_{H_{4\text{-}1}} = 5.44 \times (0.5 + 12 + 3) = 84.32 \text{ kN} \cdot \text{m}$$

注：顶帽风力的合力作用点近似取为距基底以上 15.5 m 处。

③ 墩身风力

常水位时：
$$H_{4\text{-}2} = 0.88 \times (3.4 \times 10) = 29.92 \text{ kN}$$

$H_{4\text{-}2}$ 对基底 $x\text{-}x$ 轴的力矩 $M_{H_{4\text{-}2}}$ 为

$$M_{H_{4\text{-}2}} = 29.92 \times \left(3 + 2 + \frac{10}{2} \right) = 299.20 \text{ kN} \cdot \text{m}$$

设计频率水位时：
$$H_{4\text{-}3} = 0.88 \times (3.4 \times 8) = 23.94 \text{ kN}$$

$H_{4\text{-}3}$ 对基底 $x\text{-}x$ 轴的力矩 $M_{H_{4\text{-}3}}$ 为

$$M_{H_{4\text{-}3}} = 23.94 \times \left(3 + 4 + \frac{8}{2} \right) = 263.34 \text{ kN} \cdot \text{m}$$

④ 纵向风力在基底产生的荷载

常水位时
$$H_4 = H_{4\text{-}1} + H_{4\text{-}2} = 5.44 + 29.92 = 35.36 \text{ kN}$$
$$M_{H_4} = M_{H_{4\text{-}1}} + M_{H_{4\text{-}2}} = 84.32 + 299.2 = 383.52 \text{ kN} \cdot \text{m}$$

设计频率水位时
$$H_5 = H_{4\text{-}1} + H_{4\text{-}3} = 5.44 + 23.94 = 29.38 \text{ kN}$$
$$M_{H_5} = M_{H_{4\text{-}1}} + M_{H_{4\text{-}3}} = 84.32 + 263.34 = 347.66 \text{ kN} \cdot \text{m}$$

（3）横向风力（略）

2. 地基承载力验算

基底应力为常水位、活载情况 Ⅲ 或 Ⅳ、主力＋纵向附加力控制。

（1）地基承载力的修正

$$[\sigma] = \sigma_0 + k_1 \gamma_1 (b - 2) + k_2 \gamma_2 (h - 3)$$
$$= 600 + 3 \times 12 \times (4.8 - 2) + 5 \times 12 \times (3 - 3) = 700.8 \text{ kPa}$$

（2）基底截面特性

基底面积
$$A = 5.9 \times 4.8 = 28.32 \text{ m}^2$$

截面模量
$$W = \frac{1}{6} \times 4.8 \times 5.9^2 = 27.85 \text{ m}^3$$

核心半径
$$\rho = \frac{W}{A} = \frac{27.85}{28.32} = 0.98 \text{ m}$$

(3)作用在基底上的荷载

①活载情况Ⅲ

$$\sum N_i = N_{恒1} + N_{活3} = 6\ 076.95 + 3\ 222.30 = 9\ 299.25\ kN$$

$$\sum M_i = M_{活3} + M_{H_2} + M_{H_4} = 0 + 5\ 467.79 + 383.52 = 5\ 851.31\ kN \cdot m$$

②活载情况Ⅳ

$$\sum N_i = N_{恒1} + N_{活4} = 6\ 076.95 + 3\ 212.60 = 9\ 289.55\ kN$$

$$\sum M_i = M_{活4} + M_{H_3} + M_{H_4} = 211.78 + 5\ 467.79 + 383.52 = 6\ 063.09\ kN \cdot m$$

(4)地基承载力验算

①活载情况Ⅲ

$$\begin{matrix}\sigma_{max}\\\sigma_{min}\end{matrix} = \frac{\sum N_i}{A} \pm \frac{\sum M_i}{W} = \frac{9\ 299.25}{28.32} \pm \frac{5\ 851.31}{27.85} = \begin{matrix}538.46 kPa\\118.26 kPa\end{matrix}$$

$\sigma_{max} = 538.46 kPa < 1.2[\sigma] = 1.2 \times 700.8 = 841.0\ kPa$(满足地基承载力要求)

②活载情况Ⅳ

$$\begin{matrix}\sigma_{max}\\\sigma_{min}\end{matrix} = \frac{\sum N_i}{A} \pm \frac{\sum M_i}{W} = \frac{9\ 289.55}{28.32} \pm \frac{6\ 063.09}{27.85} = \begin{matrix}545.72 kPa\\110.32 kPa\end{matrix}$$

$\sigma_{max} = 545.72\ kPa < 1.2[\sigma] = 1.2 \times 700.8 = 841.0\ kPa$(满足地基承载力要求)

3. 基底偏心距验算

基底偏心距一般为常水位、活载情况Ⅱ、主力+纵向附加力所控制。

(1)作用在基底上的荷载

$$\sum N_i = N_{恒1} + N_{活2} = 6\ 076.95 + 1\ 419.08 = 7\ 496.03\ kN$$

$$\sum M_i = M_{活2} + M_{H_1} + M_{H_4} = 532.16 + 5\ 467.79 + 383.52 = 6\ 383.47\ kN \cdot m$$

(2)容许偏心距

查表 3-7,建于非岩石地基(包括土状的风化岩层)上的墩台,当承受主力加附加力时,$[e] = 1.0\rho = 0.98\ m$。

(3)基底偏心距检算

$$e = \frac{\sum M_i}{\sum N_i} = \frac{6\ 383.47}{7\ 496.03} = 0.85 m < [e] = 0.98\ m(基底偏心距满足要求)$$

4. 基础倾覆、滑动稳定性验算

基础倾覆、滑动稳定性通常受设计频率水位、活载情况Ⅱ、主力+纵向附加力控制。

(1)作用在基底上的荷载

$$\sum N_i = N_{恒2} + N_{活2} = 5\ 979.15 + 1\ 419.08 = 7\ 398.23\ kN$$

$$\sum H_i = H_1 + H_5 = 330.78 + 29.38 = 360.16\ kN$$

$$\sum M_i = M_{活2} + M_{H_1} + M_{H_5} = 532.16 + 5\ 467.79 + 347.66 = 6\ 347.61\ kN \cdot m$$

(2)基础倾覆稳定性验算

$$K_0 = \frac{s}{e} = \frac{\frac{5.9}{2} \times 7\ 398.23}{6\ 347.61} = 3.4 > 1.5(满足基础倾覆稳定性要求)$$

(3)基础滑动稳定性验算

$$K_c = \frac{f \cdot \sum N_i}{\sum H_i} = \frac{0.5 \times 7\ 398.23}{360.16} = 10.3 > 1.3(满足基础滑动稳定性要求)$$

3.5 无筋扩展基础和扩展基础设计

天然地基上房屋建筑浅基础的设计内容与桥梁墩台浅基础的设计内容类似,通常如下:

(1)选择基础的结构类型和建筑材料;

(2)选择持力层,确定合适的基础埋置深度;

(3)根据地基的承载力和作用在基础上的荷载,计算基础的初步尺寸;

(4)进行地基计算,包括地基持力层和软弱下卧层(如果存在)的承载力验算,以及按照规定需要进行的变形验算和稳定性验算,根据验算结果修改基础尺寸;

(5)进行基础的结构和构造设计;

(6)绘制基础的设计图和施工图;

(7)编制工程预算书和工程设计说明书。

3.5.1 无筋扩展基础和扩展基础底面尺寸的确定

无筋扩展基础和扩展基础底面尺寸的大小通常由地基承载力控制。

1. 中心荷载作用下的基础

为满足持力层承载力的要求,由式(3-19)和式(3-21)有

$$p_k = \frac{F_k + G_k}{A} \leqslant f_a \tag{3-36}$$

上式可进一步改写为

$$\frac{F_k + \gamma_G A H}{A} \leqslant f_a$$

式中 H——自重计算高度,见式(3-21)的说明。

最终得到所需的基底面积 A 为

$$A \geqslant \frac{F_k}{f_a - \gamma_G H} \tag{3-37}$$

由所需的面积 A 即可确定出基础的长、宽尺寸。

对条形基础,可取单位长度(1 m)计算,基础的宽度应满足

$$b \geqslant \frac{F_k}{f_a - \gamma_G H} \tag{3-38}$$

式中 F_k——条形基础单位长度上所受的竖向荷载(kN/m)。

2. 偏心荷载作用下的基础

偏心荷载作用下,基础底面受力不均匀,因此除式(3-36)外,还应满足式(3-20)和式(3-22),即

$$p_{kmax} = \frac{F_k + G_k}{A} + \frac{M_k}{W} \leqslant 1.2 f_a \tag{3-39}$$

此时,基底面积可按下列步骤试算确定(以独立基础为例):

(1)按中心荷载作用下的计算公式(3-37)初算基础底面积 A_1。

(2)根据偏心距的大小,将 A_1 扩大 10%~40%,即 $A = (1.1 \sim 1.4)A_1$。

(3)按 A 定出基底尺寸,再验算基底最大压应力是否满足条件式(3-39)。此外,为保证基底不与下面的土层脱离,还应满足:

$$p_{kmin} = \frac{F_k + G_k}{A} - \frac{M_k}{W} > 0 \tag{3-40}$$

或偏心距满足

$$e=\frac{M_k}{F_k+G_k}<\rho=\frac{W}{A} \tag{3-41}$$

(4)若上述条件不能满足,或基底压应力过小而使地基承载力富余过多,则应重新调整基础尺寸。

3.5.2 无筋扩展基础的结构设计

如前所述,无筋扩展基础一般由素混凝土、毛石混凝土、砖、毛石、灰土等材料做成,它们只能承受压应力而不能承受拉应力,可用于6层及以下(三合土基础不宜超过4层)的民用建筑和工业厂房承重墙的基础。

无筋扩展基础的底面尺寸由地基验算来确定,因此,此处无筋扩展基础的结构设计主要是基础的高度、断面尺寸及构造设计。

1. 基础高度

为保证无筋扩展基础不因受拉而破坏,基础应有足够的高度

$$H_0\geqslant\frac{b-b_0}{2\tan\alpha} \tag{3-42}$$

即要求基础的台阶宽高比小于允许值

$$\frac{b_2}{H_0}\leqslant\tan\alpha \tag{3-43}$$

式中　H_0——基础高度(m);

　　　b——基础底面的宽度(m);

　　　b_0——基础顶面处墙体或柱脚的宽度(m),如图3-31(a)所示,砖墙(柱)下部通常做成"大放脚"形式;对钢筋混凝土柱,由于基础的材料强度相对较低,因此,若基础顶面不能满足局部受压强度的要求时,可将柱脚扩大,如图3-31(b)所示;

　　　$\tan\alpha$——基础台阶的宽高比b_2/H_0的允许值,见表3-20;α称为刚性角(°),b_2是基础台阶宽度(m)。

表 3-20　无筋扩展基础台阶宽高比的允许值

基础材料	质量要求	台阶宽高比的允许值		
		$p_k\leqslant100$	$100<p_k\leqslant200$	$200<p_k\leqslant300$
混凝土	C15	1:1.00	1:1.00	1:1.25
毛石混凝土	C15	1:1.00	1:1.25	1:1.50
砖	砖不低于 MU10、砂浆不低于 M5	1:1.50	1:1.50	1:1.50
毛　石	砂浆不低于 M5	1:1.25	1:1.50	—
灰　土	体积比为 3:7 或 2:8,其最小干密度: 粉土 1550 kg/m³ 粉质黏土 1500 kg/m³ 黏土 1450 kg/m³	1:1.25	1:1.50	—
三合土	石灰:砂:骨料(体积比)=1:2:4 或 1:3:6,每层虚铺 220 mm,夯至 150 mm	1:1.50	1:2.00	—

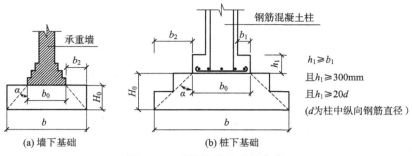

图 3-31　无筋扩展基础的高度

2. 基础的构造要求

无筋扩展基础通常做成台阶形断面,有时也做成梯形断面,所用材料可结合本地情况选取。

(1)混凝土基础和毛石混凝土基础

混凝土的主要成分为水泥、砂及卵石(或碎石)。若为了节约水泥,可在其中加入一些毛石,即成为毛石混凝土。

混凝土及毛石混凝土的强度、耐久性和抗冻性都较好。基础所用混凝土的强度等级一般为 C15。对于毛石混凝土,投石时应注意使其周围包有足够的混凝土,以保证其强度,毛石的尺寸不宜超过 300 mm。

混凝土基础可以做成台阶形或梯形断面。做成台阶形时,可根据基础高度做成一层台阶(图 3-32)或二层、三层台阶(参见图 3-1),每层台阶的高度不宜大于 500 mm。

(2)砖基础

由于砖的形状及尺寸规则,容易砌成各种形式的基础,通常做成台阶形(俗称大放脚),如图 3-33 所示。为保证基础有足够的刚度,可两匹一收(一匹即一层砖,厚度为 60 mm),每次两边各收 60 mm(1/4 砖长),做成等高式,其台阶宽高比 1:2;或一匹一收与两匹一收相间,做成间隔式,台阶宽高比为 1:1.5。

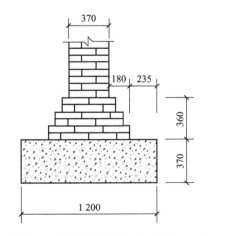

图 3-32　混凝土基础(一阶,单位:mm)

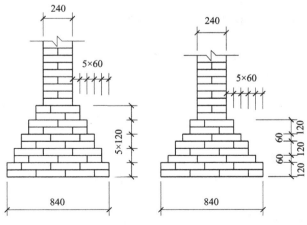

图 3-33　砖基础(单位:mm)

为使坑底平整,便于砌砖,可先在坑底浇注 100～200 mm 厚的素混凝土垫层,对低层房屋,也可以用 300 mm 的三七灰土代替混凝土垫层。

（3）毛石浆砌基础

毛石是指未经加工凿平的石料,对于产石地区,是很经济的建筑材料。但由于石块之间的孔隙较大,砂浆黏结的性能也较差,因此一般仅适用于六层以下的一般民用建筑及单层轻型厂房承重墙的基础。

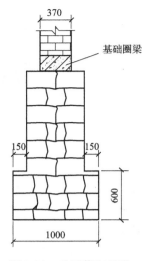

图 3-34 毛石浆砌基础
（单位:mm）

毛石浆砌基础如图 3-34 所示,台阶形砌石基础每级台阶至少有两层砌石,每个台阶的高度不小于 300 mm。为使上一层砌石的边能压紧下一层的边块,每个台阶伸出的长度不应大于 150 mm。这样做成的台阶形基础的实际刚性角小于容许的刚性角,基础的高度较大。

毛石基础一般不宜用于地下水位以下,且严禁使用风化毛石。

（4）灰土基础

灰土是石灰与黏土的混合材料,石灰应选块状生石灰熟化消解,1~2 天后过 5 mm 的筛并立即使用。土料选有机质含量较低的黏土,过 10~20 mm 的筛。石灰与土按体积比 3:7(三七土)或 2:8(二八土)拌和均匀,湿度要适当。拌和后及时铺好,分层夯实,一般每层 220~250 mm,夯实至 150 mm,称为一步。

灰土基础适用于干燥地区的简易房屋,一般适用于四层以下的建筑。三层以下的房屋可用两步(300 mm)灰土,三层及以上的可用三步(450 mm)。

（5）三合土基础

三合土由石灰、砂、骨料(矿渣、碎砖、碎石等)加水混合而成,其体积比为石灰:砂:骨料=1:2:4 或 1:3:6。施工时,先将上述材料充分拌和均匀,分层铺入,每层厚度为 220 mm,再夯实至 150 mm。铺至设计高程最后一遍夯实时,宜浇浓灰浆,待表面灰浆略微风干后,再铺一层砂,最后整平夯实。

三合土的强度与夯打的密实度及骨料品种密切相关,骨料以矿渣为最好,碎砖和碎石次之,卵石则较差。因强度较低,三合土基础仅适用于四层以下的一般民用建筑及单层轻型厂房的承重墙基础。

3.5.3　无筋扩展基础设计算例

【例 3-2】某建筑的柱截面为 $b_0 \times l_0 = 600$ mm$\times$ 400 mm,地层情况及荷载如图 3-35 所示,其中,黏土层:$\gamma = 17.5$ kN/m^3,$f_{ak} = 135$ kPa;角砾层:$\gamma = 20.5$ kN/m^3,$f_{ak} = 220$ kPa。试设计该柱下混凝土独立基础。

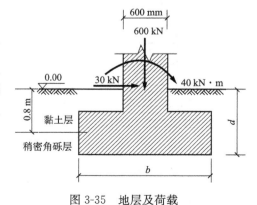

图 3-35　地层及荷载

【解】(1)确定基础埋深及持力层的承载力

根据地层情况,显然应选角砾作为持力层。同时,考虑到无筋扩展基础的高度通常较大,同时也为获得较高的承载力,基础埋深 d 初步拟定为 1.2 m。因基底尺寸尚待确定,故先计算深度修正后的承载力。

$$\gamma_m = \frac{0.8 \times 17.5 + (1.2 - 0.8) \times 20.5}{1.2} = 18.5 \text{ kN/m}^3$$

$$f_a = f_{ak} + \eta_d \gamma_m (d - 0.5) = 220 + 4.4 \times 18.5 \times (1.2 - 0.5) = 276.98 \text{ kPa}$$

（2）确定基底尺寸

先按中心荷载计算，有

$$A_1 \geqslant \frac{F_k}{f_a - \gamma_G H} = \frac{600}{276.98 - 20 \times 1.2} = 2.37 \text{ m}^2$$

将基底面积扩大为 $A = 1.2A_1 = 2.85 \text{ m}^2$，基底尺寸定为 $b \times l = 1.8 \text{ m} \times 1.6 \text{ m} = 2.88 \text{ m}^2$。此外，由于基底的最小尺寸为 1.6 m，故前面计算得到的 f_a 不需再进行宽度修正。

（3）承载力及偏心距验算

竖向力： $F_k + G_k = 600 + 1.8 \times 1.6 \times 1.2 \times 20 = 669.12 \text{ kN}$

弯矩： $M_k = 40 + 30 \times 1.2 = 76.0 \text{ kN} \cdot \text{m}$

$$p_k = \frac{F_k + G_k}{A} = \frac{669.12}{1.8 \times 1.6} = 232.33 \text{ kPa} < f_a = 276.98 \text{ kPa}$$

（事实上，因为式（3-37）是由式（3-36）推得的，故该条件必然满足）

$$p_{kmax} = \frac{F_k + G_k}{A} + \frac{M_k}{W} = 232.33 + \frac{76.0}{1/6 \times 1.6 \times 1.8^2}$$

$$= 320.29 \text{ kPa} < 1.2 f_a = 332.38 \text{ kPa}（满足要求）$$

$$e = \frac{M_k}{F_k + G_k} = \frac{76.0}{669.12} = 0.114 \text{ m} < \frac{b}{6} = \frac{1.8}{6} = 0.3 \text{ m}（满足要求）$$

因此，基底尺寸 1.8 m×1.6 m 能够满足承载力要求。

（4）地基变形验算（略）

（5）确定基础高度及构造尺寸

采用 C15 混凝土，查表 3-20，并注意到 200 kPa $< p_k = 232.22$ kPa < 300 kPa，故得 $\tan\alpha = 1 : 1.25$，因此：

在基础的 b 方向 $\qquad H_0 = \frac{b - b_0}{2\tan\alpha} = \frac{1.8 - 0.6}{2 \times 1/1.25} = 0.75 \text{ m}$

在基础的 l 方向 $\qquad H_0 = \frac{l - l_0}{2\tan\alpha} = \frac{1.6 - 0.4}{2 \times 1/1.25} = 0.75 \text{ m}$

显然，应从二者中选取大值作为基础的高度，最终将高度确定为 0.8 m，由基础埋深 $d = 1.2$ m 可知，基础顶面在地面以下 0.4 m，故埋深满足要求。按构造要求，将基础做成 2 层台阶，具体尺寸如图 3-36 所示。

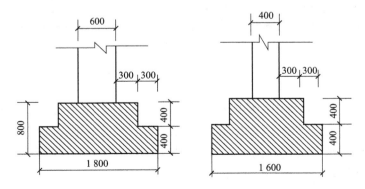

图 3-36　基础尺寸（单位：mm）

3.5.4 扩展基础的结构设计

无筋扩展基础虽然形式简单、造价较低，但由于材料自身的特点，决定了它所能够承受的荷载有限。此外，当基础的高度受各种条件限制而使式(3-42)无法满足时，也无法采用该种基础形式。相比之下，以钢筋混凝土为材料的扩展基础则具有较高的强度，并可采用相对较小的高度。例如，对表面具有一定厚度的"硬壳层"而下面为软弱土层的地基，若利用硬壳层作持力层，则应使基础底面与软弱层顶面间有足够的距离，以减小软弱下卧层所受的压力，此时，高度较小的扩展基础就是一种很好的选择。

1. 扩展基础的类型和构造要求

扩展基础包括柱下钢筋混凝土独立基础和墙下钢筋混凝土条形基础，其中独立基础可以是现浇的或预制的，而条形基础通常为现浇的。

(1)现浇独立基础

现浇钢筋混凝土独立基础主要用于现浇钢筋混凝土框架结构房屋和单层工业厂房。

如图 3-37 所示，按截面形式，现浇独立基础可分为台阶形和锥形两种，相比之下，后者的混凝土用量较小，而前者施工时模板的支立比较简单。台阶形基础的每阶厚度宜为300～500 mm。锥形基础的坡度不宜太陡，一般要求不大于1:3，否则需设置侧模后才能浇注混凝土，边缘高度不宜小于200 mm，通常可取250 mm，另外为便于模板的支立，基础顶面四周应比柱的截面尺寸大50 mm 以上。此外，混凝土的强度等级不应低于C20，并在基底铺设C10的素混凝土垫层用于找平，其厚度不宜小于70 mm(通常采用100 mm)，范围大于基础底面，通常每端伸出基础边缘100 mm。基础底部的受力钢筋按双向布置，其直径不宜小于10 mm，间距不宜大于200 mm，也不宜小于100 mm。当设置垫层时，钢筋保护层厚度不宜小于40 mm，不设垫层时不宜小于70 mm。

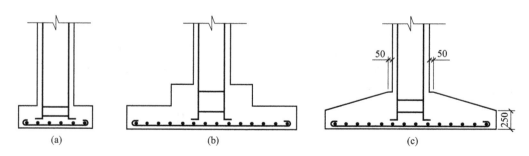

图 3-37　现浇柱下独立基础(单位:mm)

如图 3-38 所示，现浇基础中插筋的数量、直径及钢筋种类应与柱内纵向受力钢筋相同，与柱中纵向受力钢筋的连接方法，应符合《混凝土结构设计规范》GB50010 中的规定。插筋的下端宜做成直钩放在基础底板钢筋网上。当柱为轴心受压或小偏心受压且基础高度大于等于1 200 mm，或柱为大偏心受压且基础高度大于等于1 400 mm 时，可仅将四角的插筋伸至底板钢筋网上，其余则应锚固在基础顶面以下 l_a 或 l_{aE}(l_a、l_{aE} 分别为无、有抗震要求时钢筋的锚固长度)，l_a 按《混凝土结构设计规范》中的规定确定，l_{aE} 则按下式计算:

一、二级抗震等级　　　$l_{aE} = 1.15 l_a$　　　　　　　　　　　　　(3-44a)

三级抗震等级 $\qquad l_{aE}=1.05 l_a \qquad$ (3-44b)

四级抗震等级 $\qquad l_{aE}=l_a \qquad$ (3-44c)

（2）预制独立基础

钢筋混凝土预制独立基础主要用于单层厂房结构采用预制钢筋混凝土柱时。

根据杯口的位置，预制基础分为低杯口和高杯口，分别如图 3-39 和图 3-40 所示。除单杯口形式外，根据需要，预制基础还可做成双杯口形式，如图 3-41 所示。

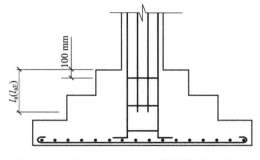

图 3-38 现浇独立基础中插筋的构造要求

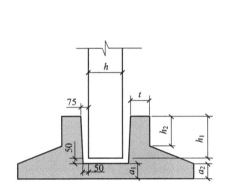

图 3-39 预制低杯口基础（单位：mm）

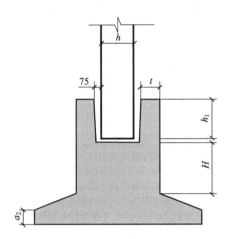

图 3-40 预制高杯口基础（单位：mm）

高杯口是指杯口的底面高于基础扩大部分的顶面。当地基持力层顶面起伏、倾斜，或局部有软弱土层时，往往造成各基础的埋深不等，而为了便于施工，预制柱的长度通常是一致的，因此，只能调整基础的高度。

双杯口基础常用于两个柱共用一个基础或采用双肢柱时。当厂房纵向长度很长时，需设置伸缩缝，此处通常设置两个柱子。因两柱共用一个基础，故需两个杯口。当建筑物平面为 L、T 等形状时，在纵、横相交处也常是两柱共用一个基础。此外，若厂房将来还准备进行扩建，处于端部的基础也需预留一个杯口。

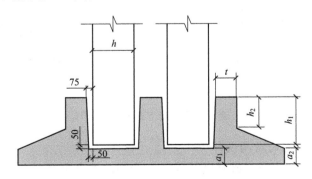

图 3-41 预制双杯口基础（单位：mm）

柱在杯口中的插入深度应满足表3-21的要求,低杯口的杯底、杯壁厚度应满足表3-22的要求,高杯口的杯壁厚度应满足表3-23的要求,其中基础边缘的高度 $a_2 \geq a_1 \geq 200$ mm。基础的钢筋配置要求可参见《建筑地基基础设计规范》及相关设计手册,此处不再赘述。

表 3-21　柱的插入深度 h_1（mm）

矩形或工字形柱				双肢柱
$h<500$	$500 \leq h<800$	$800 \leq h<1000$	$h>1000$	$(1/3\sim2/3)h_a$
$h\sim1.2\,h$	h	$0.9\,h$ 且 ≥800	$0.8\,h$ 且 ≥800	$(1.5\sim1.8)h_b$

注:(1) h 为柱截面长边尺寸;h_a 为双肢柱全截面长边尺寸,h_b 为双肢柱全截面短边尺寸;
　　(2)柱轴心受压或小偏心受压时,h_1 可适当减小,偏心距大于 $2h$ 时,h_1 应适当加大。

表 3-22　低杯口基础的杯底厚度和杯壁厚度（mm）

柱截面长边 h	杯底厚度 a_1	杯壁厚度 t
$h<500$	≥150	$150\sim200$
$500 \leq h<800$	≥200	≥200
$800 \leq h<1000$	≥200	≥300
$1000 \leq h<1500$	≥250	≥350
$1500 \leq h<2000$	≥300	≥400

表 3-23　高杯口基础的杯壁厚度（mm）

柱截面长边 h	杯壁厚度 t
$600 \leq h<800$	≥250
$800 \leq h<1000$	≥300
$1000 \leq h<1400$	≥350
$1400 \leq h<1600$	≥400

注:(1)双肢柱的杯底厚度可适当加大;
　　(2)当有基础梁时,梁下的杯壁厚度应满足其支承宽度的要求;
　　(3)柱子插入杯口部分的侧表面应凿毛,与杯口之间的空隙应用较基础混凝土强度等级高一级的细石混凝土充填密实,在达到材料设计强度的70%以上时,方能进行上部吊装。

施工时,先在杯口底部铺 50 mm 厚高一等级的细石混凝土,再将预制的钢筋混凝土柱插入预留杯口中,扶正、定位后,用细石混凝土将四周灌实即成。

(3)墙下条形基础

墙下钢筋混凝土条形基础主要用作砌体承重墙体的基础,可做成等厚度或变厚度、无肋型或有肋型,其截面形式如图3-42所示。通过加肋,除可提高基础的强度外,还可有效地提高其刚度,增强基础的整体性,降低因荷载分布差异及地基土层厚度不均造成的不均匀沉降。

对基础基本尺寸、配筋、垫层等方面的要求同柱下钢筋混凝土独立基础。

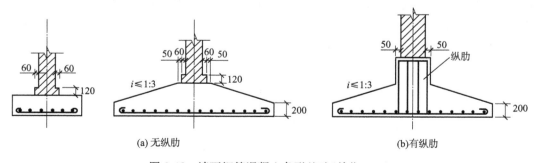

图 3-42　墙下钢筋混凝土条形基础(单位:mm)

2. 墙下条形扩展基础的结构设计

墙下条形扩展基础埋深及基础宽度的确定方法同前述条形无筋扩展基础,此处的结构设计主要介绍扩展基础高度的确定方法及抗弯钢筋的计算。

(1)基础剪力及弯矩的计算

为确定基础高度并进行配筋,首先需计算外荷载作用下基础结构中的剪力及弯矩。与下章将要介绍的柱下条形基础相比,墙下条形基础的受力变形比较简单,其弯曲主要发生在基础的横向。

基础所受荷载包括基础自重、基础上的填土自重以及上部结构传来的荷载,在计算基础内力时可近似地认为基础及作用于其上的填土自重在基础范围内均匀分布,且与之相对应的基底反力也是均匀分布的,故它们在基础中不产生剪力和弯矩。因此,在计算基础内力时,基底反力采用净反力,即外荷载 F(不考虑基础及其上填土的自重)及弯矩 M 产生的基底反力,其计算公式为

$$\left.\begin{array}{l} p_{\text{jmax}} \\ p_{\text{jmin}} \end{array}\right\} = \frac{F}{b} \pm \frac{M}{W} \tag{3-45}$$

式中　p_{jmax}、p_{jmin}——对应于荷载效应基本组合时的基底最大、最小净反力(kPa)。对中心荷载,有

$$p_{\text{j}} = \frac{F}{b} \tag{3-46}$$

其验算截面Ⅰ-Ⅰ的确定方法如图 3-43 所示,其中 a 为截面Ⅰ-Ⅰ到基础边缘的距离。当墙体材料为混凝土时,Ⅰ-Ⅰ选为墙脚处;当墙体材料为砖墙且墙脚伸出不大于 1/4 砖长时,$a = b_1 + 0.06$ m,其中 b_1 为基础边缘至墙脚的距离。

由图 3-43 的计算图式,很容易求得验算截面的剪力 V_{I} 为

$$V_{\text{I}} = \frac{a}{2}(p_{\text{jmax}} + p_{\text{jI}}) = \frac{a}{2b}\big[(2b - a)p_{\text{jmax}} + a p_{\text{jmin}}\big] \tag{3-47}$$

弯矩 M_{I} 为

$$M_{\text{I}} = \frac{a^2}{2} p_{\text{jI}} + \frac{a^2}{3}(p_{\text{jmax}} - p_{\text{jI}}) \tag{3-48}$$

式中　p_{jI}——验算截面处所对应的基底净反力(kPa),其值为

$$p_{\text{jI}} = p_{\text{jmin}} + \frac{(b - a)}{b}(p_{\text{jmax}} - p_{\text{jmin}}) \tag{3-49}$$

对中心荷载,式(3-47)和式(3-48)可简化为

$$V_{\text{I}} = a p_{\text{jI}} \tag{3-50}$$

$$M_{\text{I}} = \frac{a^2}{2} p_{\text{jI}} \tag{3-51}$$

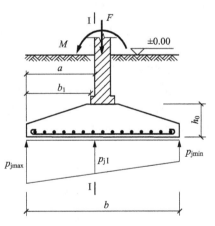

图 3-43　墙下钢筋混凝土
条形基础的验算截面

(2)基础高度的确定

条形基础应该有足够的高度,以防止发生剪切破坏。按照《混凝土结构设计规范》,对于没有腹筋(即箍筋和弯起钢筋)的梁,其受剪承载力应满足式(3-52)要求。

$$V_{\text{I}} \leqslant 0.7\beta_{\text{hs}} f_{\text{t}} b h_0 \tag{3-52}$$

$$\beta_{\text{hs}} = \left(\frac{800}{h_0}\right)^{1/4} \tag{3-53}$$

式中　f_{t}——混凝土轴心抗拉强度设计值(kPa);

　　　b——受剪切截面的宽度(沿条形基础纵向)(m),通常取 $b = 1$ m;

　　　h_0——基础的有效高度(mm);

β_{hs}——截面高度影响系数。当 $h_0 \leqslant 800$ mm 时，取 $h_0 = 800$ mm；$h_0 \geqslant 2000$ mm 时，取 $h_0 = 2000$ mm。

由式(3-52)可得

$$h_0 \geqslant \frac{V_{\mathrm{I}}}{0.7 \beta_{hs} f_t} \tag{3-54}$$

计算时可取 1/8 基础宽度作为初值进行试算。

（3）抗弯钢筋的计算

由式(3-48)或式(3-51)计算得到截面弯矩后，将条形基础作为梁，按《混凝土结构设计规范》的要求进行配筋，并注意满足前文中扩展基础的构造要求，其计算过程不再赘述。

沿基础纵向，通常只需配置构造钢筋，要求其直径不小于 8 mm，间距不大于 300 mm，且每米宽度上的钢筋面积不宜小于横向钢筋面积的 1/10。

3. 柱下钢筋混凝土独立基础的设计

1）独立基础的冲切破坏、剪切破坏及基础高度的确定

研究结果表明，在局部或集中荷载作用下，钢筋混凝土板内产生的正应力和剪应力组合后会在截面上产生拉应力，当该应力超过混凝土的抗拉强度时，将产生斜拉破坏。钢筋混凝土独立基础在竖向荷载作用下也会发生类似的破坏现象，称为冲切破坏，如图 3-44 所示。在计算时，冲切破坏面与水平面的夹角取为 45°。

为保证柱下独立基础双向受力，基础底面两个方向的边长一般都选择在相同或相近的范围内。试验结果和大量工程实践表明，当冲切破坏且破坏锥体在基础底面以内时，此类基础的截面高度受冲切承载力控制，对于此类双向受力独立基础，其剪切所需的截面有效面积一般都能得到满足，无需进行受剪承载力验算。在实际工程中，柱下独立基础底面两个方向的边长比值有可能大于 2，此时基础的受力状态接近于单向受力，柱与基础交接处不存在受冲切的问题，因此，仅需对基础进行斜截面受剪承载力验算。

为防止基础发生冲切或剪切破坏，要求基底净反力在冲切或剪切破坏面产生的拉应力（图3-45）小于基础材料的抗拉强度，因此，基础应有足够的高度。

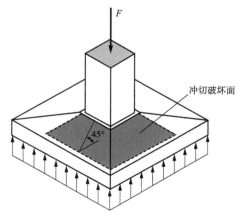

图 3-44　独立基础冲切破坏示意图

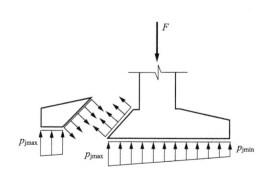

图 3-45　冲切或剪切破坏面上的拉力

按《建筑地基基础设计规范》要求：

（1）对柱下独立基础，当冲切破坏锥体落在基础底面以内时，应验算柱与基础交接处以及基础变阶处的受冲切承载力；

(2)对基础底面短边尺寸小于或等于柱宽加两倍基础有效高度的柱下独立基础,应验算柱与基础交接处的基础受剪切承载力。

柱下独立基础的受冲切承载力按下列公式验算:

$$F_L \leqslant 0.7\beta_{hp}f_t a_m h_0 \tag{3-55}$$

$$a_m = (a_t + a_b)/2 \tag{3-56}$$

$$F_L = p_j A_L \tag{3-57}$$

式中 β_{hp}——受冲切承载力截面高度影响系数。当 $h \leqslant 800$ mm 时,取为 1.0;$h \geqslant 2000$ mm 时,取 0.9;800 mm$< h < 2000$ mm 时,按线性内插法取值。

f_t——混凝土轴心抗拉强度设计值(kPa)。

h_0——基础冲切破坏锥体的有效高度(m)。

a_m——冲切破坏锥体最不利一侧的计算长度(m)。

a_t——冲切破坏锥体最不利一侧斜截面的上边长(m)。当计算柱与基础交接处的受冲承载力时,取柱宽;当计算基础变阶处受冲切承载力时,取上阶宽。

a_b——冲切破坏锥体最不利一侧斜截面在基础底面积范围内的下边长(m)。当冲切破坏锥体的底面落在基础底面以内(图 3-46),计算柱与基础交接处的受冲切承载力时,取柱宽加 2 倍基础有效高度;当计算基础变阶处的受冲切承载力时,取上阶宽加 2 倍该处的基础有效高度。

F_L——相应于荷载效应基本组合时的冲切力设计值(kN)。

p_j——扣除基础自重及其上土重后相应于荷载基本组合时的地基土单位面积净反力(kPa),对偏心受压基础,可取 $p_j = p_{jmax}$。

A_L——冲切验算时取用的部分基底面积(m^2),见图 3-46 中的阴影面积。

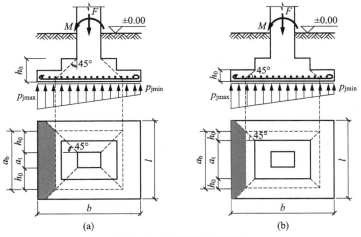

图 3-46 冲切破坏计算图

设计时,可先初步拟定 h_0,然后代入式(3-55)进行试算,根据计算结果对 h_0 进行调整,最后确定出合理的基础高度。

当基础底面短边尺寸小于或等于柱宽加两倍基础有效高度时,按下式验算柱与基础交接处截面受剪切承载力:

$$V_s \leqslant 0.7\beta_{hs}f_t A_0 \tag{3-58}$$

式中 V_s——相应于荷载效应基本组合时,柱与基础交接处的剪力设计值(kN),其值为图 3-

47 中的阴影面积乘以基底平均净反力。

A_0——验算截面处基础的有效截面面积(m^2)。当验算截面为阶形或锥形时,可将其截面折算成矩形截面,截面的折算宽度和截面的有效高度按《建筑地基基础设计规范》附录 U 计算。

β_{hs}——截面高度影响系数,按照式(3-53)计算。当 $h_0 \leqslant 800$ mm 时,取 $h_0 = 800$ mm;$h_0 \geqslant 2\,000$ mm 时,取 $h_0 = 2\,000$ mm。

(a) 桩与基础交接处　　(b) 基础变阶处

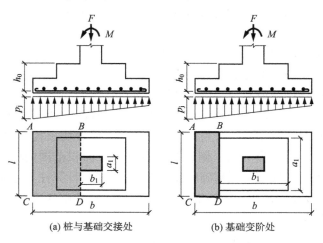

图 3-47　验算阶形基础受剪切承载力示意

设计时,可先初步拟定 h_0,然后代入式(3-58)进行试算,根据计算结果对 h_0 进行调整,最后确定出合理的基础高度。

2)抗弯钢筋的计算

如图 3-48 所示,为计算基础底板在两个方向上的弯矩,将基础看作固定于柱子的悬臂板,并将底板划分为四个梯形区域,计算时分别将底板看作两个不同方向的悬臂梁,所承受荷载为相应梯形范围内的基底净反力。

在轴心荷载或单向偏心荷载作用下,当台阶宽高比≤2.5 且偏心距 $e \leqslant b/6$ 时,柱下矩形独立基础任意截面的底板弯矩为:

$$M_{\mathrm{I}} = \frac{1}{12} a_{\mathrm{I}}^2 [(2l + a')(p_{\mathrm{jmax}} + p_{\mathrm{I}}) + (p_{\mathrm{jmax}} - p_{\mathrm{I}}) l] \tag{3-59}$$

$$M_{\mathrm{II}} = \frac{1}{48} (l - a')^2 (2b + b')(p_{\mathrm{jmax}} + p_{\mathrm{jmin}}) \tag{3-60}$$

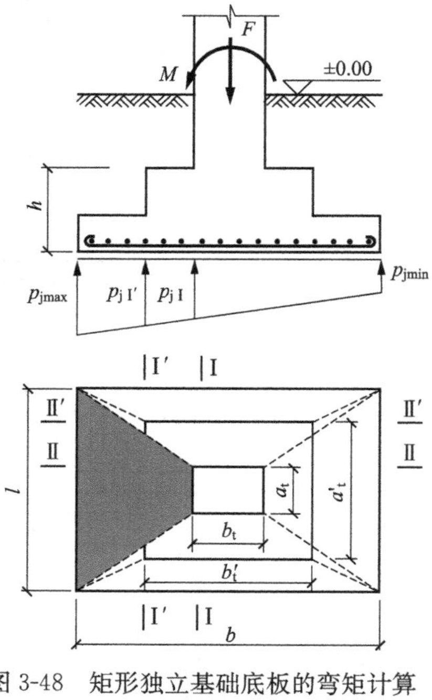

图 3-48　矩形独立基础底板的弯矩计算

式中　M_{I},M_{II}——计算截面处对应于荷载效应基本组合时的弯矩(kN·m),计算截面一般可选柱边缘,如图 3-48 中的Ⅰ-Ⅰ、Ⅱ-Ⅱ截面;对台阶形基础,还应选择台阶变截面处,如图中的Ⅰ′-Ⅰ′、Ⅱ′-Ⅱ′截面;

a_{I}——计算截面Ⅰ-Ⅰ(Ⅰ′-Ⅰ′)至基底反力最大处边缘的距离(m),$a_{\mathrm{I}} = (b - b')/2$;

l,b——基础底面的边长(m);

a',b'——计算截面对应矩形的边长(m),如图 3-48 中所示,对柱和台阶分别为 a_t、b_t 及 a_t'、b_t';

p_I——截面 I-I(I'-I')处的基底净反力(kPa),其值为

$$p_I = p_{jmin} + \frac{b-a_I}{b}(p_{jmax} - p_{jmin}) \tag{3-61}$$

弯矩确定后,将基础底板分别看作沿纵、横两个方向弯曲的梁,按《混凝土结构设计规范》的要求进行配筋,其计算过程此处不再赘述。

3)基础局部受压承载力验算

除上述计算外,若基础的混凝土强度等级低于柱的混凝土强度等级,尚需验算基础顶面的局部受压承载力,具体方法可参见《混凝土结构设计规范》。

3.5.5　扩展基础结构设计算例

【例 3-3】某多层框架结构柱,其截面尺寸为 600 mm×400 mm,经方案比选及地基计算,柱下采用埋深 1.2 m、底面尺寸 2600 mm×2000 mm 的扩展基础,相应于荷载效应基本组合时柱传至地面处的荷载为 $F=1100$ kN,$H=40$ kN,$M=190$ kN·m,如图 3-49 所示,试确定该扩展基础的高度并进行钢筋配置。

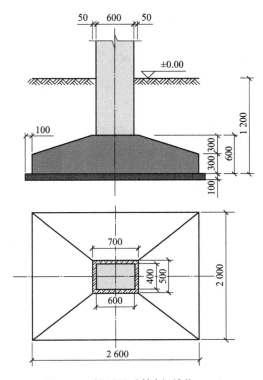

图 3-49　扩展基础算例(单位:mm)

【解】(1)计算基底净反力

$$\frac{p_{jmax}}{p_{jmin}} = \frac{F}{A} + \frac{M}{W} = \frac{1\,100}{2.6 \times 2} + \frac{190 + 40 \times 1.2}{1/6 \times 2 \times 2.6^2} = \frac{317.16 \text{ kPa}}{105.92 \text{ kPa}}$$

(2)确定基础高度

初步拟定基础高度 $h=600$ mm,按《建筑地基基础设计规范》要求,铺设垫层时保护层厚度不小于 40 mm,因此假设钢筋重心到混凝土外表面的距离为 50 mm,故基础的有效高度 $h_0=600-50=550$ mm。

基础底面短边长度为 2000 mm,大于柱宽加两倍基础有效高度 400 mm$+2\times550$ mm$=1500$ mm,因此,应按抗冲切破坏来验算基础的有效高度是否满足要求。

抗冲切破坏验算公式为

$$F_L\leqslant0.7\beta_{hp}f_ta_mh_0 \qquad ①$$

首先计算 $F_L=p_jA_L$,如图 3-49 中所示

$$a_b=a_t+2h_0=0.4+2\times0.55=1.5 \text{ m}$$

故

$$A_L=\left(\frac{b}{2}-\frac{b_t}{2}-h_0\right)l-\left(\frac{l}{2}-\frac{a_t}{2}-h_0\right)^2$$

$$=\left(\frac{2.6}{2}-\frac{0.6}{2}-0.55\right)\times2.0-\left(\frac{2.0}{2}-\frac{0.4}{2}-0.55\right)^2=0.8375 \text{ m}^2$$

近似地取 $p_j=p_{jmax}=317.16$ kPa,得到

$$F_L=p_jA_L=317.16\times0.8375=265.62\text{kN}$$

式①的右侧,$h_0=550$ mm<800 mm,故 $\beta_{hp}=1.0$,基础混凝土采用 C20,其 $f_t=1.1$ MPa。

$$a_m=\frac{a_t+a_b}{2}=\frac{0.4+1.5}{2}=0.95 \text{ m}$$

故 $0.7\beta_{hp}f_ta_mh_0=0.7\times1.0\times1.1\times10^3\times0.95\times0.55=402.33$ kN$>F_L=265.62$ kN 即 $h=600$ mm 能够满足抗冲切承载力的要求。

(3)内力计算

基础台阶的宽高比为 $\frac{b-b_c}{2h}=\frac{2.6-0.6}{2\times0.6}=1.67<2.5$ 且偏心距 $e<\frac{b}{6}$(计算从略),故可按式(3-59)及式(3-60)计算弯矩。

显然,控制截面在柱边处(即图 3-49 中的 I-I 及 II-II 截面),此时有

$$a'=a_t=0.4 \text{ m}, \quad b'=b_t=0.6 \text{ m}, \quad a_I=\frac{b-b'}{2}=\frac{2.6-0.6}{2}=1.0 \text{ m}$$

$$p_I=p_{jmin}+\frac{b-a_I}{b}(p_{jmax}-p_{jmin})=105.92+\frac{2.6-1.0}{2.6}\times(317.16-105.92)=235.91 \text{ kPa}$$

$$M_I=\frac{1}{12}a_I^2[(2l+a')(p_{jmax}+p_I)+(p_{jmax}-p_I)l]$$

$$=\frac{1}{12}\times1.0^2\times[(2\times2.0+0.4)\times(317.16+235.91)+(317.16-235.91)\times2.0]=216.33 \text{ kN}\cdot\text{m}$$

$$M_{II}=\frac{1}{48}(l-a')^2(2b+b')(p_{jmax}+p_{jmin})$$

$$=\frac{1}{48}(2.0-0.4)^2\times(2\times2.6+0.6)\times(317.16+105.92)=130.87 \text{ kN}\cdot\text{m}$$

(4)抗弯钢筋的配置

采用 HPB235 级钢筋,其 $f_y=210$ N/mm²。沿长边方向,由 $M_I=216.33$ kN·m,$h_{0I}=550$ mm,宽度 2 000 mm,按梁进行配筋,可得 $A_{sI}=2\,081$ mm²,选用 11ϕ16@190(钢筋总面积

为 2 212 mm²)。故实际的 $h_{0I} = h - a - d_I/2 = 600 - 40 - 8 = 552$ mm，大于原先假定的 550 mm，上述配筋显然是可以的。

沿短边方向的钢筋通常置于长边钢筋之上，并假设采用 $\phi10$ 钢筋，故 $h_{0II} = h - a - d_I - d_{II}/2 = 539$ mm，再由 $M_{II} = 130.87$ kN·m，宽度 2 600 mm，可得 $A_{sII} = 1 285$ mm²，选用 $17\phi10@150$（钢筋总面积为 1 335 mm²）。

基础的配筋图见图 3-50。

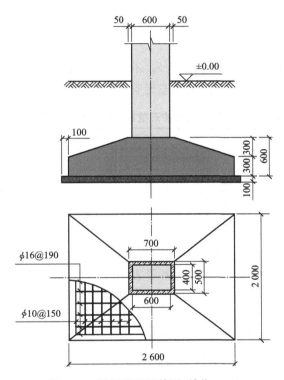

图 3-50 扩展基础配筋图（单位：mm）

3.6 浅埋基础的施工方法

3.6.1 桥梁墩台浅埋基础的施工方法

在陆地上修筑桥梁墩台浅埋基础的施工内容一般包括：测量放线、基坑开挖和支护、地下水控制、基底处理和基础砌筑等；水中修建浅基础，开挖基坑前还需先修筑围堰。下面就桥梁墩台浅埋基础修筑时涉及的主要施工内容作简单叙述。

1. 基坑开挖

基坑开挖前应先做好地面排水系统，在基坑顶外缘四周应向外设置排水坡，在适当距离处设截水沟，应采取防止水沟渗水的措施，避免影响坑壁稳定。

若地质条件好或放坡开挖不受周围条件限制时，基坑可不用支护，直接进行基坑开挖，通常无支护基坑的开挖深度不超过 5 m。

(1)基坑坑壁开挖形式的选择

常见的无支护坑壁形式有垂直坑壁、斜坡和阶梯形坑壁、变坡度坑壁 3 种，如图 3-51 所示。

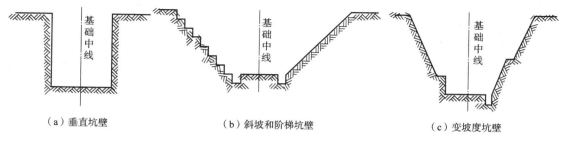

图 3-51　基坑开挖形式示意图

（a）垂直坑壁　　　　（b）斜坡和阶梯坑壁　　　　（c）变坡度坑壁

　　对天然含水率接近最佳含水率、构造均匀、不致发生坍滑、移动或不均匀下沉的土质，基坑开挖可采取垂直坑壁的形式。不同土类状态无支护开挖垂直坑壁容许深度见表 3-24。

表 3-24　无支护开挖垂直坑壁容许深度

土　类	容许深度/m
密实、中密的砂类土和砾类土（充填物为砂类土）	1.00
硬塑、软塑的低液限粉土、低液限黏土	1.25
硬塑、软塑的高液限黏土、高液限黏质土或夹砂砾土	1.50
坚硬的高液限黏土	2.00

　　对附近无重要构筑设施、地下管线及施工场地许可的地区，基坑深度在 5 m 以内，土的湿度正常、土层构造均匀时，基坑坑壁坡度可参考表 3-25，采用斜坡开挖或按相应斜坡高、宽比值挖成阶梯形坑壁，每梯高度以 0.5～1.0 m 为宜。阶梯可兼作人工运土的台阶。

表 3-25　基坑坑壁坡度

坑壁土	坑壁坡度		
	基坑顶缘无载重	基坑顶缘有静载	基坑顶缘有动载
砂类土	1:1	1:1.25	1:1.5
碎石土	1:0.75	1:1	1:1.25
黏性土、粉土	1:0.33	1:0.5	1:0.75
极软岩、软岩	1:0.25	1:0.33	1:0.67
较软岩	1:0	1:0.1	1:0.25
极硬岩、硬岩	1:0	1:0	1:0

　　基坑顶有动载时，坑顶缘与动载间应留有大于 1 m 的护道，如地质、水文条件不良，或动载过大时，应进行基坑开挖边坡检算，根据检算结果确定采用增宽护道或其他加固措施。

　　基坑穿过不同土层时，坑壁边坡可按各层土质采用不同坡度。当下层土质为密实黏性土或岩石时，下层可采用垂直坑壁。在坑壁坡度变化处可视需要设不小于 0.5 m 宽的平台。

　　（2）基坑开挖方法

　　根据地质情况可采用人工、半机械和机械等开挖方法。对于岩石基坑，必要时可进行松动爆破结合人工开挖；对于小桥基础，采用风镐、铁镐等工具开挖，用铁锹向上翻弃土渣或人工接力装车弃土；对于大、中桥基础工程，可采用挖掘机在坑缘上挖土装车。采用机械开挖时，基底应留置 20～30 cm 土层用人工开挖，避免机械施工时扰动基底土层。

2. 基坑支护

对于坑壁土质不良、放坡开挖工程量过大或受施工场地等限制不能放坡的基坑,基坑开挖时通常采用支撑法或喷射混凝土护壁的方法进行支护。

(1)支撑法

支撑方法的选择与地质状况、基坑开挖深度有关,选择适当的支撑方式可以给工程带来较好的效益,可参考表 3-26 选择。

表 3-26 挡板支撑方案的选择

土的类别	地下水情况	基坑深度/m			
		<1.5	1.5~3.0	3.0~6.0	>6.0
		支 撑 方 式			
砂砾土	天然湿度	一般不设支撑,在特殊情况下设间隔板撑	疏撑	疏撑	一般设竖向密撑(即满堂撑板或板桩式支撑)
	少量地下水		密撑	密撑	
黏土、亚黏土	天然湿度		井撑	疏撑	
	高湿度或少量地下水		疏撑	疏撑	
亚砂土	天然湿度		井撑	疏撑	
	高湿度或少量地下水		疏撑	密撑	
	大量地下水		密撑	板桩	
细砂	天然湿度	断续板撑或无	井撑	疏撑	
	少量地下水	连续板撑	板撑	板桩	
淤泥			板撑	板桩	

注:疏撑指间隔板撑、断续板撑;井撑则间距较大,形成纵横撑式的井字形板撑。

挡板支撑有垂直挡板式和水平挡板式两种,图 3-52 就是水平挡板与垂直挡板混合支护的形式,上层按水平挡板连续支护,下层按垂直挡板支护。

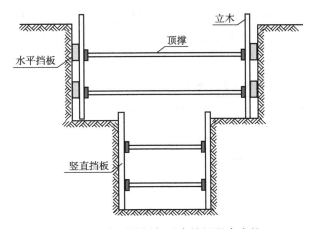

图 3-52 水平挡板与垂直挡板混合支护

挡板支撑坑壁土压力按朗肯土压力公式计算,一般不计坑壁与挡板间的摩擦力。

挡板支撑可采用横、竖向挡板与钢(木)框架。基坑每层开挖深度应根据地质情况确定,一般不宜超过 1.5 m,边挖边支撑。

(2)喷射混凝土护壁法

喷射混凝土护壁法基坑明挖施工适用于坑壁自稳时间较短、渗水量较小的各类岩土和深度不超过 10 m 的基坑。

喷射混凝土厚度可根据坑壁的径向压力和混凝土早期强度通过计算确定,最小厚度不应小于 5 cm;坑壁土含水率较大时不低于 8 cm;最大不宜超过 20 cm,也可参考表 3-27 确定。

表 3-27　喷射混凝土厚度的设计参数

土层类别	基坑涌水情况	
	不渗水/cm	少量渗水/cm
砂土	10～15	15
黏性土、粉土	5～8	8～10
碎石土	3～5	5～8

注:①本表喷射混凝土厚度适用于不大于 10 m 直径的圆形基坑,未考虑基坑顶缘荷载;
②每次喷射混凝土厚度,取决于土层和混凝土的黏结力与渗水量的大小;
③坑内砂层有少量渗水时,可在坑壁打入木桩后再喷混凝土,木桩直径约为 5 cm,长 100 cm,向下与坑壁成 30°打入,一般间距约为 50～100 cm。

3. 基坑降排水

基坑坑底在地下水位以下,随着基坑的下挖,渗水将不断涌集基坑,因此施工过程中必须不断地排水,以保持基坑的干燥,便于基坑挖土和基础的砌筑与养护。目前常用的基坑降排水方法主要有集水明排和井点法降水两种。

(1)集水明排

基坑整个开挖过程及基础砌筑和养护期间,在基坑四周开挖排水沟汇集坑壁及基底的渗水,并引向一个或数个比排水沟挖得更深一些的集水井。排水沟和集水井应设在基础范围以外。集水井井壁宜用混凝土滤水管或其他材料。井底铺一层粗砂或碎石层,以保护井底下的土在抽水时不被带走。

(2)井点法降水

对粉土、粉砂等采用集水明排法易于引起流砂现象的土,可采用井点法降低地下水位。根据降低水位深度和各种土层的渗透系数不同,可采用不同的井点法降水。表 3-28 是各类井点法降水的适用范围。

表 3-28　各类井点法降水的适用范围

井点名称	土层渗透系数/(m·d^{-1})	降低水位深度/m
单层轻型井点	0.1～50	3～6
多层轻型井点	0.1～50	6～12(由井点层数而定)
喷射井点	0.1～1	8～20
电渗井点	<0.1	根据选井点确定
管井井点	20～200	3～5
深井井点	10～250	>15

4. 基底检查和处理

基坑开挖到设计基底高程后,必须进行基底检验,方可进行浅埋基础的砌筑施工。基坑检验合格后应尽快施工基础,缩短基坑暴露时间。基底检查方法可采用直观或触探方法,触探试验包括静力触探和动力触探两种。根据基底土质条件、工程要求和操作经验,可采用不同的触探类型、探头规格和方法。对于特大桥及重要的大、中桥墩台基础等,必要时还应在坑底钻探(至少 4 m)取样进行土工试验,或按设计的特殊要求进行载荷试验。不同土质基底处理应符合下列要求:

(1)岩层。在未风化的岩层上修筑基础时,应先将岩面上松碎石块、淤泥、苔藓等清除干净,凿出新鲜岩面,表面应清洗干净;岩层倾斜时,应将岩面凿平或凿成台阶,以免基础滑动;在风化岩层上建筑基础时,开挖基坑宜尽量不留或少留坑底富余量,将基础圬工填满坑底,封闭岩层。

(2)碎石类或砂类土层。应将其修理平整,砌筑基础时,先铺一层稠水泥砂浆。

(3)黏性土层。在铲平坑底时,应尽量保持其天然状态,不得用回填土夯实。必要时可夯入一层 10 cm 以上厚的碎石层,碎石层顶面应略低于基底设计高程。处理完后,尽快砌筑基础,不得暴露过久,以免土面风化松软,致使土的强度显著降低。

(4)泉眼。应用堵塞或排除的方法处理。对于水流较小的泉眼,可用木塞、圆木包缠麻袋打入泉眼或向泉眼挤速凝水泥砂浆等封堵;对于水流大的泉眼,可用塑料管、钢管等塞入泉眼将水引入集水坑排出,待基础圬工完成后,再用速凝砂浆封堵。

基底检查时如发现土质比设计要求差,认为地基承载力不够时,应改变基础设计,如扩大基础底面积或改为桩基等;也可视具体情况进行人工加强的特殊处理,如换填地基、重锤夯实、强夯、挤密桩、砂桩、碎石桩、粉喷桩和旋喷桩等。

5. 围堰施工

在水中修建桥梁墩台浅埋基础,开挖基坑前还需先修筑围堰。通常采用土石围堰和钢板桩围堰两种方法。

(1)土石围堰

土石围堰法适用于水深小于 5.0 m、流速小于 1.5 m/s 的河道、浅滩或库塘中基础的明挖施工。

土石围堰类型有土围堰、土袋围堰、木(竹)桩土围堰、竹篱土围堰、竹笼土围堰、堆石土围堰等,其技术要求见表 3-29。

表 3-29　各类土石围堰的技术要求

序 号	类 别	填 料	顶宽/m	边 坡	
				内 侧	外 侧
1	土围堰	黏土、亚黏土	1~2	1:1~1:1.5	1:2~1:3
2	土袋围堰	袋装黏性土	2~2.5	1:0.2~1:0.5	1:0.2
3	木(竹)桩土围堰	黏性土	≥水深	1:0	1:0
4	竹篱土围堰	黏性土	≥水深	1:0.2	1:0.2
5	竹笼土围堰	黏性土	≥水深	1:0.2	1:0.2
6	堆石土围堰	片(卵)石黏性土	1:2	1:0~1:0.5	1:0.5~1:1
基本要求	构筑围堰时,堰内坡脚至基坑边缘距离,视河床土质及基坑深度而定,但不得小于 1 m,以保证围堰坡脚稳定。围堰顶面应高出施工期最高水位。围堰填筑应自上游至下游进行合龙,对于土围堰应先清除河床(堰底)上杂物、树根等,以减少渗漏。水中填土应注意分层夯实。				

围堰高度应高于施工期间可能出现的最高水位(包括浪高)0.5~0.7 m。

围堰筑岛从上游开始进行,围堰外侧用土袋堆码 1~1.5 m 高,然后进行填土。填土原则为沿河岸侧或浅水侧,自下游往上游向河中间逐步推进,将填筑料倒在露出水面的堰头上,顺坡送入水中,以免离析,造成渗漏,每层填土高度不宜超过 2m。土岛施工可用推土机就地取土筑岛,用压路机或夯实机压实,或用自卸汽车拉土筑岛。

(2)钢板桩围堰

钢板桩围堰法适用于砂类土、黏性土、碎石土和风化岩石等河床的施工。钢板桩强度大、防水性能好,打入土、砾、卵石层时穿透性能力强,适合水深 10~30 m 的桥墩基础围堰。

钢板桩围堰按平面形式有圆形、矩形等(见图 3-53),其结构有单层和双层之分。单层结构形式由定位桩、导梁(或称导框、围笼)及钢板桩组成。定位桩可采用木桩或钢筋混凝土管桩,导框由多用型钢组成。

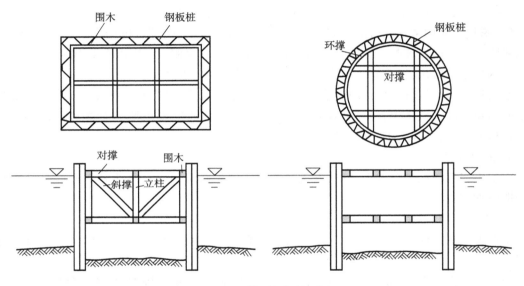

图 3-53　单层钢板桩围堰

钢板桩按横断面分为平直形、槽形、Z 形、箱形等,锁口形式有阴阳、环形、套形三种。

插打钢板桩的次序,对圆形围堰,应自上游开始,经两侧至下游合龙;对矩形围堰,从上游一角开始,至下游合龙。这样不仅可以使围堰内避免淤积泥沙,而且还可以利用水流冲走一部分泥沙,减少开挖工作量,更重要的是可以保证围堰施工的安全。

钢板桩围堰在合龙处往往形成上窄下宽的状态,这就使最后一组钢板桩很难插下。常用的方法是将邻近一段钢板桩墙的上端向外推开,以使上下宽度接近;必要时,可根据实测宽度,制作一块上窄下宽的异形钢板桩,合龙时,先将异形钢板桩插下,再插入最后一块标准钢板桩。从围堰内排水时,若发现锁口漏水,可在堰外投煤灰拌锯末,效果显著。

钢板桩系多次重复使用的设备,基础或墩身筑出水面后即可拔出,拆除围堰。为使拔桩工作顺利进行,可将板桩与水下封底混凝土接触的部位涂以沥青,使其与水下封底混凝土脱离,必要时可用打桩锤击打待拔的钢板桩,再行拔出。

3.6.2　房屋建筑独立基础及条形基础的施工方法

房屋建筑浅埋基础的施工通常不需采用特殊的施工工艺和设备,其中的独立基础及条形基础规模较小,基槽(或基坑)开挖较浅而一般不需降水,且常常不需或仅需设置简单的支护结构,因此施工更为简单,现以现浇(砌筑)基础为例,其施工顺序如下:建筑定位→基础放线(轴线及基槽边线)→基槽开挖→基槽验收→垫层铺设→基础放线→基础浇(砌)筑→基槽回填。

(1)建筑定位

房屋建筑的布置由建筑总平面图确定,定位时一般先确定主轴线,再根据主轴线确定建筑物的细部。建筑物的位置通常可由建筑红线、已有建筑物、建筑方格网、坐标等确定。

(2)基础放线

在不受施工影响的地方设置基线和水准点,布置测量控制网。根据轴线,放出基槽开挖的边线,放坡的基槽还应放出开挖后的宽度。

(3)基槽开挖

基槽开挖前应先计算好挖、填土方量,以根据原地面高程及设计地面高程确定挖土的弃留。

对性质较好的黏性土,可垂直开挖,但深度一般不超过 2 m。当开挖深度较大,或土层较好且地下水位低于基坑底面高程时,可采用放坡的方式,其开挖深度一般在 5 m 以内。当无法放坡(如建筑密集地区)或土质较差使得放坡开挖土方量过大时,可设置坑壁支护,如挡板支护(挡板+立木+对撑)、桩板支护(H 型钢桩+挡板+腰梁+对撑)等。

基槽土方可采用机械(如反铲、抓铲挖土)或人工开挖。机械开挖时,为防止超挖,接近坑底设计高程或边坡面时,应预留 300～500 mm 厚的土层采用人工开挖或修坡。雨季施工或槽挖好后不能及时进行下一工序时,应在基底高程以上保留 150～300 mm 厚的土,待下一工序开始前再予挖除。

当有地下水时,可在槽中设集水井抽除。

(4)基槽验收

基槽开挖完成以后的检验工作称为验槽,由勘察、设计、施工人员共同进行。主要检查槽的平面位置、断面尺寸、底部高程等,还应检查基底土质是否与勘察报告相符,特别注意基底是否存在古墓、洞穴、古河道、防空洞及地基土有无异常等情况,并作好隐蔽工程记录,如有异常应会同设计单位确定处理方法。

(5)基础施工

验槽完成后应及时施做垫层,防止水对基底土的扰动和浸泡,然后在垫层上定出基础的外边线。对钢筋混凝土基础,先支侧模板,再放置钢筋,最后浇注混凝土,浇注前应进行隐蔽工程验收。对砖基础,则应在基础两头或转角处设置皮数杆,然后进行砌筑。如为毛石基础,则应将毛石表面泥垢、水锈等杂质清除干净,并采用铺浆法砌筑。

(6)基槽回填

基础施工完成后,应及时进行回填。回填应与地下管线的埋设工作统筹安排,通常先埋后填,以免二次开挖。回填土应选择好的土料及合适的压实机具,确保填土的密实度。

基础施工完成后,即可进行上部主体结构的施工。

复习思考题

3-1　什么是基础的埋置深度? 基础的埋置深度如何确定?

3-2　桥梁墩台浅埋基础的地基计算包括哪些方面的内容? 其目的是什么?

3-3 房屋建筑浅埋基础的地基计算包括哪些方面的内容？为什么有些丙级建筑物不需进行地基变形验算？

3-4 地基变形主要有哪几种类型？试举例说明它们对上部建筑的影响。

3-5 扩展基础包含哪几种基础形式？柱下条形基础是否属于扩展基础？它与墙下条形基础的受力特点有何不同？

3-6 简要说明无筋扩展基础、扩展基础高度的确定方法有何不同。

3-7 桥梁墩台浅埋基础的施工包括哪些主要内容？

3-8 某混凝土简支梁桥墩基础位于水中，采用矩形浅基础，基础埋深 3.5 m，基底平面尺寸为 3.5 m(顺桥方向)×6.4 m(横桥方向)，地基土层为中密中砂，其饱和重度为 20 kN/m³，基本承载力为 370 kPa，作用在基础底面上的荷载如表 3-30 所示。试检算地基承载力、基底偏心距、基础的稳定性是否满足要求。

表 3-30 作用在基础底面上的荷载(顺桥方向)

活载布置图式	活载情况Ⅰ		活载情况Ⅱ		活载情况Ⅲ		活载情况Ⅳ	
水 位	设计频率水位		常水位		常水位		常水位	
	力/kN	力矩/(kN·m)	力/kN	力矩/(kN·m)	力/kN	力矩/(kN·m)	力/kN	力矩/(kN·m)
竖向恒载	3 911	0	4 007	0	4 007	0	4 007	0
竖向活载	761	213	761	213	1 826	0	1 807	150
制动力或牵引力	193	2 261	193	2 261	193	2 261	193	2 261
风力	12	105	14	117	14	117	14	117

3-9 某客货共线直线平坡单线桥上的圆端形桥墩及其下矩形台阶基础的尺寸、水位线和冲刷线如图 3-54 所示。上部结构为 16 m 长的混凝土等跨简支梁，梁长 16.5 m，梁缝 6 cm，梁重(含橡胶支座)1 030 kN，橡胶支座厚 9 cm；梁上设双侧人行道，其重量与线路上部建筑重量按 36 kN/m 计算；墩身和基础采用 C25 混凝土，顶帽采用 C40 钢筋混凝土。地基土层为中密砾砂，其饱和重度为 20 kN/m³，基本承载力 $\sigma_0 = 430$ kPa。该桥所在地区的基本风压为 800 Pa，桥梁位于平坦空旷区；桥墩处常水位时水流流速为 2.5 m/s，设计频率水位时流速为 3.5 m/s。试采用最不利荷载组合，检算桥墩基础的地基承载力、基底偏心距、基础的稳定性是否满足要求。

3-10 如图 3-55 所示的墙下条形基础，地基土层情况为，杂填土：$\gamma = 15.0$ kN/m³；黏土：$\gamma = 18.0$ kN/m³(水上)，$\gamma = 20.0$ kN/m³(水下)；粉质黏土：$\gamma = 20.5$ kN/m³，$e = 0.8$，$w = 35\%$，$w_P = 22\%$，$w_L = 45\%$，$f_{ak} = 170$ kPa。若材料选用素混凝土，试设计该基础。

3-11 如图 3-56 所示的墙下条形基础：(1)试确定扩展基础的埋深、宽度及高度。(2)分析说明可否采用无筋扩展基础？

3-12 图 3-57 所示为某单层厂房柱下独立基础，柱截面为 700 mm×500 mm，由柱传至基础的荷载如图中所示，地基持力层为粉土，试设计该扩展基础。

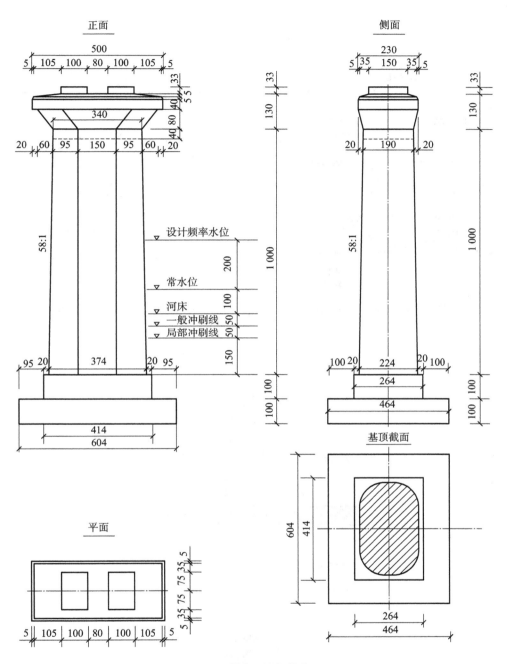

图 3-54　习题 3-9 图(单位:cm)

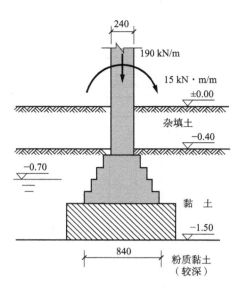

图 3-55　习题 3-10 图(长度:mm,高程:m)

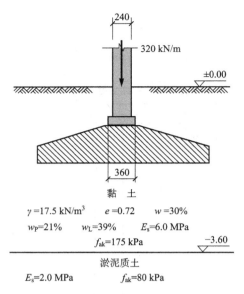

图 3-56　习题 3-11 图(长度:mm,高程:m)

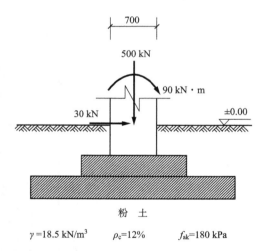

图 3-57　习题 3-12 图(长度:mm,高程:m)

第 3 章复习思考题答案

第 4 章

柱下条形基础、筏形和箱形基础

4.1 概 述

当建筑场地软弱而上部荷载较大,一般的浅基础难以满足要求时,可以使用支承面积更大、抗弯刚度更高的基础结构。工程中常用的该类结构有柱下条形基础、筏形基础和箱形基础。

柱下条形基础是指柱列下的长条形钢筋混凝土扩展基础[图 4-1(a)],也称梁式基础;若平面上纵横两个方向的柱下条形基础交叉连接,则构成了交叉条形基础[图 4-1(b)]。若建筑物的基础为整体式钢筋混凝土板或箱形结构,则分别称为筏形基础(图 4-2)和箱形基础(图 4-3)。筏形基础也叫作筏板、筏式、片筏或满堂基础,简称筏基;箱形基础简称箱基。

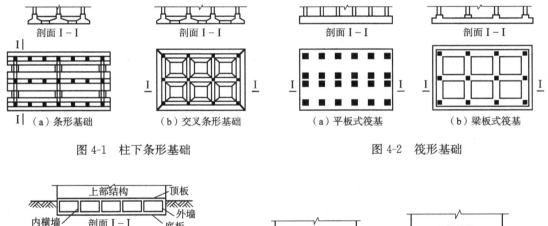

图 4-1 柱下条形基础 · 图 4-2 筏形基础

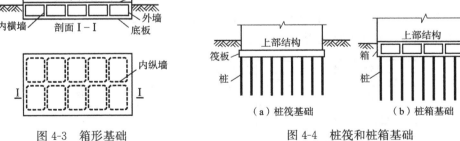

图 4-3 箱形基础 · 图 4-4 桩筏和桩箱基础

上列基础结构一般具有以下特点:有较大的基底面积;可增强基础的连续性和建筑物的整体刚度,减小或消除因上部结构的荷载差异或地基软硬不均导致的基础不均匀沉降,由此可减小地基变形对上部结构的影响。

柱下条形基础常用于支承框架或排架结构。一般来讲,当框架或排架柱下采用单独基础难以满足地基承载力和变形方面的要求,或虽能满足要求但相邻基础间的净距过小时,柱下条形基础可能是较为适宜的基础方案;对于框架结构的高层建筑,为增强其整体性和刚度,可考虑采用交叉条形基础。

　　筏基和箱基常用于各种形式的多层及高层建筑。筏基和箱基当其埋置深度较大时,不仅有利于提高地基的承载力,而且由于基底以上的土被挖除,也可有效地减小地基的沉降。据此人们提出了补偿式基础的概念并在实际工程中应用,取得了良好效果。另外,还可利用筏基和箱基设置地下车库、安置建筑设备或公共设施等。对于多层建筑,在地基软弱或地质条件复杂的情况下,或者为了利用地下空间,也可采用筏基和箱基。在工业建筑中,筏基也常用作设备基础。我国沿海和沿江的一些城市,其建筑场地的土层既软且厚,以至于建在筏基或箱基上的高层建筑仍然会产生较大沉降。这种情况下可将筏基或箱基与桩基础联合应用,构成桩筏基础或桩箱基础(图 4-4)。

　　设计柱下条形基础、筏基和箱基时,同样应遵循浅基础设计的基本原则,即应满足地基的承载力、变形和稳定性要求,且基础自身应有足够的强度。另外,此类基础的底面积较大,其变形会对上部结构的内力及地基的反力和变形产生影响,因而较为合理的设计方法是把地基、基础和上部结构看成一个整体,考虑它们的共同作用。

4.2　地基、基础与上部结构的共同作用

　　建筑上部结构常以墙、柱与基础相连,基础底面又直接与地基相接触,故上部结构、基础和地基三者组成了一个完整的体系,在各部分之间的接触面既传递荷载,又在受力和变形上相互约束和相互作用。这种地基、基础与上部结构的相互作用也称共同作用或共同工作。下面简单介绍一下相关的基本概念及影响共同作用的因素。

1. 基本概念

　　建筑结构的常规简化设计方法(下称简化法)是将上部结构、基础与地基三者分离出来分别作为独立对象进行力学分析。分析上部结构时用固定(或铰接)支座来代替基础[图 4-5(a)、(b)],并假定支座不产生位移,据此求得结构的内力、变形和支座反力;然后将该支座反力作用于基础上,按刚性基础基底压力的简化计算方法求得线性分布的基底反力[图 4-5(c)],进一步求得基础的内力,由此进行基础截面尺寸及配筋等设计;再把基底压力作用于地基上[图 4-5(d)],验算地基的承载力和沉降是否满足相关要求。

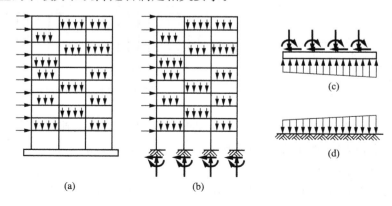

图 4-5　不考虑共同作用的地基基础设计方法

可以看出，上述设计方法把地基、基础和上部结构视为彼此独立的三部分，虽然它们之间满足静力平衡条件，但三者在接触部位的变形不连续、不协调，不符合地基、基础和上部结构的实际工作情况。一般而言，按不考虑共同作用的方法进行设计，对于上部结构偏于不安全，而对于基础则偏于不经济。

地基、基础和上部结构之间既要满足静力平衡，还必须满足变形协调条件。为了简便，也常将上部结构对基础挠曲变形的影响折合成当量刚度叠加到基础的刚度中，然后只根据地基与基础的共同作用进行分析；对于刚度较小的上部结构（例如柱距较大的某些框架结构），也可以忽略其影响而按基础自身的刚度考虑地基与基础的共同作用。

进行地基、基础与上部结构共同作用分析的关键是建立能够反映地基土变形性质的地基模型，也就是需要定量地表示出地基表面上的压力与变形（即沉降）之间的关系。

2. 影响共同作用的因素

共同作用的表现主要与地基、基础和上部结构的刚度有关，也与地基的均匀性及基础上的荷载分布有关。

（1）地基刚度

地基的刚度是指地基抵抗压缩变形的能力。压缩性低时地基刚度大，反之则地基刚度小。若地基不可压缩或压缩性很低（例如岩石地基、密实卵石土地基等），由于其刚度相当大，在荷载作用下地基和基础都几乎不发生变形，其共同作用表现很弱，因而可以采用简化法进行地基基础的设计计算。但在大多数情况下，地基受压后都会产生或大或小的压缩变形。地基土越软弱，基础的相对挠曲和内力越大，共同作用的效应越强烈。

（2）基础刚度

理想化柔性基础的抗弯刚度很小，可以随着地基的变形而任意弯曲。作用在基础上的荷载基本不受基础的约束，就像直接作用在地基上一样。基础上的分布荷载 $q(x,y)$ 将直接传到地基上，产生与荷载分布相同、大小相等的地基反力 $p(x,y)$，如图 4-6 所示。而工程实践表明，当荷载均匀分布时，反力也均匀分布，而地基变形不均匀，呈中间大两侧递减的凹曲变形。显然，如欲使基础沉降均匀，则荷载必须按中间小两侧大的抛物线形分布，如图 4-6（b）所示。

刚性基础的抗弯刚度大，本身不易发生弯曲变形。假定基础绝对刚性，在其上作用一均布荷载，为适应绝对刚性基础不可弯曲的特点，基底反力将向两侧边缘集中，强迫地基表面变形均匀以适应基础的沉降。当把地基土视为完全弹性体时，基底的反力分布将呈图 4-7 的实线分布形式。而实际的地基反力分布呈图 4-7 的虚线即马鞍形分布。刚性基础能将所承受的荷载相对地传至基底边缘的现象叫作基础的"架越作用"。因此当荷载逐步增加时，基础底面边缘处的土体将首先进入塑性且范围不断扩大，反力随之逐步从边缘向中间转移，地基反力的分布变成抛物线形、钟形等。

一般基础是有限刚性体，在均质地基上，地基反力分布曲线的形状决定于基础与地基的相对刚度。基础的刚度愈大，地基的刚度愈小，则基底反力向边缘集中的程度愈高。

（3）上部结构的刚度

上部结构刚度大时结构整体性好，当地基变形时，各柱受上部结构的约束趋向于均匀下沉，基础相当于倒置的梁，与基础接触的各柱相当于支座，在各荷载相差不大的情况下，支座的差异变形较小，故基础梁的受力和变形亦小。上部结构刚度小时，其对基础变形的约束作用小，一般只需考虑基础与地基的相互影响即可。实践中，像烟囱、高炉、剪力墙体系和筒体结构的高层建筑近似绝对刚性，单层排架和静定结构可认为接近柔性结构。

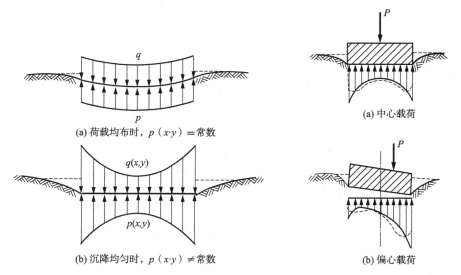

图 4-6　柔性基础的基底反力和沉降　　图 4-7　刚性基础的基底反力和沉降

（4）荷载情况与地基均匀性

在地基与基础的共同作用中，地基的均匀性会影响基础受力。如图 4-8（a）所示上部结构刚度较小的柱下条形基础，在均质地基上，柱荷载使基础向下挠曲。若地基软硬不均，则基础在柱荷载下的变形与地基不均匀的状况关系较大。例如在图 4-8（b）和（c）两种不均匀地基上，基础的变形完全不同，一个向上挠曲，而另一个向下挠曲。

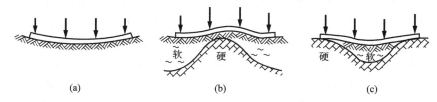

图 4-8　地基均匀性对基础变形的影响

再从图 4-8 来看荷载分布的影响。无论基础以上为框架或排架结构，一般都是中柱的荷载比边柱的大，显然，这种荷载分布对图 4-8（b）基础的受力较为有利；如果边柱传来的荷载比中柱的大，则与上述相反。对基础受力较为有利的是图 4-8（a）和（c）的两种情况。

4.3　地　基　模　型

地基模型是指地基表面上的压力与沉降之间的关系。在地基、基础和上部结构的共同作用分析中，地基模型用于确定地基反力的分布和大小。

地基模型应能较好地反映地基在荷载下的受力变形特性，同时在数学形式上应尽量简单。目前已有不少地基模型，各种模型对地基土的应力应变关系有不同假定，如视之为线性弹性体、非线性弹性体或弹塑性体等。由于地基土情况复杂，各种理想化的假设都只能反映地基土的某些特性，因而各种模型都有一定局限性。下面介绍几种较为常用的地基模型。

4.3.1　文克勒地基模型

该地基模型是由捷克工程师文克勒(E. Winkler)于 1867 年提出的。该模型认为地基表面上任一点的竖向变形 s 与该点的压力 p 成正比[图 4-9(a)]，地基可用一系列相互独立的弹簧来模拟，即

$$p = ks \tag{4-1}$$

式中　k——基床系数或称地基系数，常用单位 kN/m^3 或 MN/m^3。

k 的物理意义为：使地基表面某点产生单位竖向变形时需作用于该点的压力集度。

文克勒地基模型具有下述特点：土体中无剪应力，地基表面任一点的竖向荷载只能沿着竖向传播，不能向两侧扩散，因而作用在地基表面任一点的压力只在该点引起地基变形，而与该点以外的变形无关；在基底压力作用下，地基变形只发生在基底范围以内，基底以外无变形；地基反力分布图的形状与地基表面的竖向变形图(或沉降曲线)相似，如图 4-9 所示。

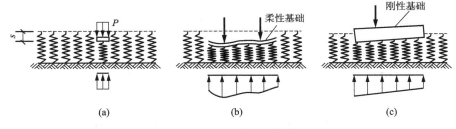

图 4-9　文克勒地基模型

当地基土的抗剪强度相当低(如淤泥、软黏土等)或地基的压缩层厚度比基底尺寸小得多，一般不超过基底短边尺寸的一半时，采用文克勒地基模型可得到比较满意的结果。文克勒模型由于形式简单，便于分析，在国内外都较为常用。

4.3.2　弹性半空间地基模型

弹性半空间地基模型，也称半无限体地基模型。该模型把地基视为均质、连续、各向同性的半空间弹性体，在基底压力作用下，地基表面任一点的变形都与整个基底的压力有关。

由弹性理论的布辛纳斯克(J. Boussinesq，1885 年)解答可知，当地基表面作用一竖向集中力 F 时(图 4-10)，在该表面上与力作用点距离为 r 的 M 点处的竖向变形 s 由下式给出：

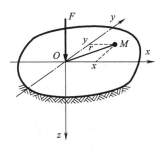

$$s = \frac{F(1-\nu^2)}{\pi E r} = \frac{F(1-\nu^2)}{\pi E \sqrt{x^2+y^2}} \tag{4-2}$$

式中　E, ν——土的变形模量和泊松比；

$\quad\quad x, y$——M 点的 x 和 y 坐标。

利用式(4-2)，可以通过积分求得基底压力在地基表面各点引起的竖向变形。除特殊的情况可以得到解析解外，一般只能用数值方法求解，且计算较为繁杂。为了简化计算，如图 4-11 所示，可将

图 4-10　弹性半无限体受集中力作用

基底划分为若干个矩形网格，以网格中心作为竖向变形的计算点，求出各网格上的压力在某一计算点引起的竖向变形以后，将所得结果叠加，即得整个基底压力在该点引起的竖向变形。这种简化算法，对同一基底划分的网格数量越多，网格越小，计算结果的准确度就越高，但计算工

作量也随之加大。

设将基底划分为 n 个矩形网格,设网格 i 的中点为 i,边长为 a_i 和 b_i(图 4-11)。为简化计算,各网格上的压力均以作用于网格中点的等效集中力代替,例如在网格 j 的中点,该集中力为 F_j。设网格 j 中点受单位集中力作用即 $F_j=1$ 时,在网格 i 中点引起的竖向变形为 $\delta_{ij}(i=1,2,\cdots,n;j=1,2,\cdots,n)$,则各网格中点的竖向变形 S_i 可计算如下:

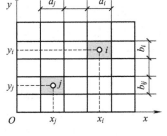

图 4-11　基底网格的划分

$$
\left.\begin{aligned}
S_1 &= F_1\delta_{11}+F_2\delta_{12}+\cdots+F_n\delta_{1n} \\
S_2 &= F_1\delta_{21}+F_2\delta_{22}+\cdots+F_n\delta_{2n} \\
&\vdots \\
S_n &= F_1\delta_{n1}+F_2\delta_{n2}+\cdots+F_n\delta_{nn}
\end{aligned}\right\} \tag{4-3}
$$

上式用矩阵形式写出为

$$\{\boldsymbol{S}\}=[\boldsymbol{\delta}]\{\boldsymbol{F}\} \tag{4-4}$$

式中

$$
\{\boldsymbol{S}\}=\begin{Bmatrix} S_1 \\ S_2 \\ \vdots \\ S_n \end{Bmatrix} \quad
[\boldsymbol{\delta}]=\begin{bmatrix} \delta_{11} & \delta_{12} & \cdots & \delta_{1n} \\ \delta_{21} & \delta_{22} & \cdots & \delta_{2n} \\ \vdots & \vdots & & \vdots \\ \delta_{n1} & \delta_{n2} & \cdots & \delta_{nn} \end{bmatrix} \quad
\{\boldsymbol{F}\}=\begin{Bmatrix} F_1 \\ F_2 \\ \vdots \\ F_n \end{Bmatrix}
$$

$[\boldsymbol{\delta}]$ 称为地基的柔度矩阵,其中的 δ_{ij},当 $i\neq j$ 时可以利用式(4-2)求得,即

$$\delta_{ij}=\frac{1-\nu^2}{\pi E}\frac{1}{\sqrt{(x_i-x_j)^2+(y_i-y_j)^2}} \tag{4-5}$$

当 $i=j$,即 $F_j=1$ 时网格 j 中点的竖向变形,若按式(4-2)计算,将出现奇异解。此时可将 $F_j=1$ 换算成网格 j 上的均布压力 $p_j=F_j/(a_jb_j)=1/(a_jb_j)$,利用式(4-2)通过积分求得

$$\delta_{ij}=\frac{1-\nu^2}{Ea_j}\psi \quad (i=j) \tag{4-6}$$

式中 ψ 取决于网格的边长比 $\lambda=a_j/b_j$,即

$$\psi=\frac{4}{\pi}\left[\lambda\ln\left(\frac{1+\sqrt{\lambda^2+1}}{\lambda}\right)+\ln(\lambda+\sqrt{\lambda^2+1})\right] \tag{4-7}$$

可以看出,当 $i\neq j$ 时,$\delta_{ij}=\delta_{ji}$,因而柔度矩阵 $[\boldsymbol{\delta}]$ 是对称的。

式(4-3)或式(4-4)为弹性半无限体地基模型的表达式,计算时需确定的参数是土的变形模量 E 和泊松比 ν,它们的确定方法已在土力学课程中介绍过。

这种模型能反映地基应力和变形向基底周围扩散的连续性,但扩散的范围和程度往往超过地基的实际情况。由于土体弹性的假设不能反映土的非线性和塑性性质,而且地基土具有不均匀性和成层分布的特征,因此按弹性半空间地基模型计算所得的竖向变形及地表的变形范围常大于实际观测结果。此外,E 和 ν 两个参数,特别是 ν 不容易准确测定。

4.3.3　有限压缩层地基模型

有限压缩层地基模型也称为分层地基模型。这种模型假定在荷载作用下地基土压缩时无侧向膨胀,地基表面的沉降就等于压缩层范围内各计算分层在侧限条件下的压缩量之和。

计算时,首先将基底范围进行网格划分,将基底以内的地基分割成截面与对应网格相同的棱柱体,其下端为地基压缩层的下限或不可压缩层的顶面,如图 4-12 所示;其次,可用分层总和法计算棱柱体的压缩变形并作为网格中点的竖向变形,最后整理各柱体变形与荷载间的关系,即得地基模型表达式。

将棱柱体依照天然土层层面和计算精度要求分为若干分层,以下用 m 表示一个棱柱体的分层数。对棱柱体 i(即与网格 i 对应者)的分层 t[图 4-12(b)],设其厚度为 h_{it},压缩模量为 E_{sit},网格 j 上单位力 $F_j = 1$ 或 $p_j = 1/(a_j b_j)$ 在该分层中引起的竖向附加应力平均值为 $\sigma_{zt}^{(ij)}$,则此时棱柱体 i 的沉降 δ_{ij} 为

$$\delta_{ij} = \sum_{t=1}^{m} \frac{\sigma_{zt}^{(ij)} h_{it}}{E_{sit}} \qquad (4\text{-}8)$$

$\sigma_{zt}^{(ij)}$ 可以按网格 j 上作用均布压力 p_j,$i = j$ 时用角点法求得;当 $i \neq j$ 时,可按集中力 $F_j = 1$,由布辛纳斯克的 σ_z 计算公式,得 $\sigma_{zt}^{(ij)}$ 的计算公式如下:

$$\sigma_{zt}^{(ij)} = \frac{3}{2\pi z_{it}^2} \frac{1}{\left[(r_i/z_{it})^2 + 1\right]^{5/2}} \qquad (i \neq j) \quad (4\text{-}9)$$

式中　z_{it}——$\sigma_{zt}^{(ij)}$ 所在位置在基底下的深度;

　　　r_i——网格 i 中点与 F_j 作用点的距离。

同样可以得到矩阵形式的地基模型如式(4-4),式中

$$\{\boldsymbol{S}\} = \begin{Bmatrix} S_1 \\ S_2 \\ \vdots \\ S_n \end{Bmatrix} \quad [\boldsymbol{\delta}] = \begin{bmatrix} \delta_{11} & \delta_{12} & \cdots & \delta_{1n} \\ \delta_{21} & \delta_{22} & \cdots & \delta_{2n} \\ \vdots & \vdots & & \vdots \\ \delta_{n1} & \delta_{n2} & \cdots & \delta_{mn} \end{bmatrix} \quad \{\boldsymbol{F}\} = \begin{Bmatrix} F_1 \\ F_2 \\ \vdots \\ F_n \end{Bmatrix}$$

分层地基模型的计算参数为土的压缩模量 E_s,可通过土样的压缩试验确定。这种模型能较好地反映地基土的应力扩散和变形特性,可以考虑压缩层内土性沿深度和水平方向的变化对地基竖向变形的影响,适应性较好,计算结果较前两种模型合理。该模型的主要不足在于建立柔度矩阵 $[\boldsymbol{\delta}]$ 时的计算工作量太大。

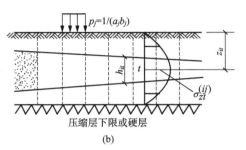

图 4-12　分层地基模型

4.4　文克勒地基上梁的分析

若在弹性地基上有一受外荷载作用的梁,根据所采用的地基模型,分析梁的受力变形可以有多种模式,其中最常用的是文克勒地基模型。

4.4.1　基本微分方程及其通解

若文克勒地基上的一根梁受到位于梁平面内的外荷载作用,则其挠曲线如图 4-13(a)所示。设梁宽为 b,从梁上取出长为 $\mathrm{d}x$ 的一小段梁单元,如图 4-13(b)所示,其上作用有荷载 $q(x)$,基底反力 p,以及截面上的弯矩 M 和剪力 V。考虑梁单元的竖向静力平衡,得:

$$V - (V + \mathrm{d}V) + pb\mathrm{d}x - q\mathrm{d}x = 0$$

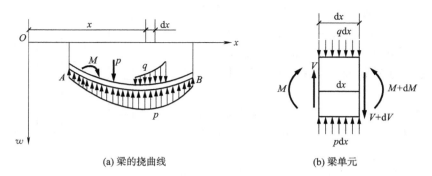

(a) 梁的挠曲线　　　(b) 梁单元

图 4-13　文克勒地基上梁的计算图式

整理得

$$\frac{\mathrm{d}V}{\mathrm{d}x}=bp(x)-q(x) \tag{4-10}$$

根据材料力学,梁的挠度 w 的微分方程式为:

$$E_\mathrm{c}I\frac{\mathrm{d}^2w}{\mathrm{d}x^2}=-M \tag{4-11}$$

式中,$E_\mathrm{c}I$ 是梁的抗弯刚度。

将剪力与弯矩的关系 $V=\mathrm{d}M/\mathrm{d}x$ 代入上式可得:

$$E_\mathrm{c}I\frac{\mathrm{d}^4w}{\mathrm{d}x^4}=-\frac{\mathrm{d}^2M}{\mathrm{d}x^2}=-\frac{\mathrm{d}V}{\mathrm{d}x}=-bp(x)+q(x) \tag{4-12}$$

假定梁与地基间满足变形协调条件,即梁与地基始终保持接触,于是两者在接触面上任意点的竖向位移相等,即 $s=w$,由式(4-1)得:

$$p=ks=kw$$

则

$$E_\mathrm{c}I\frac{\mathrm{d}^4w}{\mathrm{d}x^4}+kbw=q(x) \tag{4-13}$$

式中　w——梁的挠度(m);

$E_\mathrm{c}I$——梁的抗弯刚度(kN·m²);

p——基底反力(kPa);

q——梁上的线荷载(kN/m);

b——梁的宽度(m)。

对无荷载段,$q(x)=0$,式(4-13)可简化为四阶齐次常系数微分方程:

$$E_\mathrm{c}I\frac{\mathrm{d}^4w}{\mathrm{d}x^4}+kbw=0 \tag{4-14}$$

此即为文克勒地基上梁的基本微分方程式。上式还可以写成如下标准形式:

$$\frac{\mathrm{d}^4w}{\mathrm{d}x^4}+4\lambda^4w=0 \tag{4-15}$$

式中

$$\lambda=\sqrt[4]{\frac{kb}{4E_\mathrm{c}I}} \tag{4-16}$$

λ 是综合反映梁土体系抗变形能力的参数,称为柔度系数或特征系数。它与基床系数 k 和梁的抗弯刚度 $E_\mathrm{c}I$ 有关。λ 的量纲为[长度]⁻¹,$1/\lambda$ 称为梁的特征长度。特征长度愈大则梁的相对刚度愈大。由此可见,λ 值是影响梁挠曲线形状的一个重要参数。

微分方程(4-15)是一个四阶齐次常系数线性微分方程,其通解为:

$$w = e^{\lambda x}(C_1 \cos \lambda x + C_2 \sin \lambda x) + e^{-\lambda x}(C_3 \cos \lambda x + C_4 \sin \lambda x) \qquad (4\text{-}17)$$

其中,C_1、C_2、C_3、C_4 为积分常数,一般可以根据梁段两端的边界条件确定。

当 $q(x) \neq 0$ 时,式(4-13)为四阶非齐次常系数微分方程,其通解为(4-13)的一个特解与对应齐次方程的通解(4-17)之和。

4.4.2 简单条件下梁的计算

在理论上,当边界条件确定时,根据公式(4-17)可以计算地基梁的位移,再根据材料力学可以求出地基梁的转角、弯矩和剪力,最后确定地基反力。但梁的尺寸、荷载和地基条件通常较复杂,求得地基梁的解析解一般比较困难。下面讨论几类简单条件下地基梁的解答。

1. 集中力作用下的无限长梁

集中力 F_0 作用在无限长梁上,取荷载作用点为坐标原点 O,因梁和荷载都是对称的(图 4-14),故下面仅讨论梁的右半部。根据梁的边界条件可作如下分析:

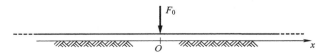

图 4-14 集中力作用下的无限长梁

(1)$x \to \infty$ 时,$w \to 0$,代入式(4-17)得:$C_1 = C_2 = 0$,则

$$w = e^{-\lambda x}(C_3 \cos \lambda x + C_4 \sin \lambda x)$$

(2)因为荷载和地基反力是关于原点对称的,当 $x = 0$ 时,转角 $\theta = \dfrac{\mathrm{d}w}{\mathrm{d}x} = 0$,即:

$$\theta \big|_{x=0} = \lambda e^{-\lambda x} \big[(C_4 - C_3) \cos \lambda x - (C_4 + C_3) \lambda \sin \lambda x \big]_{x=0} = 0$$

得 $C_3 = C_4$。

(3)另外,在 $x = 0 + \varepsilon$(ε 为正的无穷小)处,剪力 $V = -E_c I \dfrac{\mathrm{d}^3 w}{\mathrm{d}x^3} = -\dfrac{F_0}{2}$。将式(4-17)微分后代入上式,整理后得:

$$C_3 = C_4 = \frac{F_0}{8 E_c I \lambda^3} = \frac{F_0 \lambda}{2kb} \qquad (4\text{-}18)$$

于是可求得梁的挠度 w、转角 θ、弯矩 M、剪力 V 和地基反力 p 的表达式,归纳如下:

$$w = \frac{F_0 \lambda}{2kb} e^{-\lambda x}(\cos \lambda x + \sin \lambda x) = \frac{F_0 \lambda}{2kb} A_x \qquad (4\text{-}19\text{a})$$

$$\theta = -\frac{F_0 \lambda^2}{kb} e^{-\lambda x} \sin \lambda x = -\frac{F_0 \lambda^2}{kb} B_x \qquad (4\text{-}19\text{b})$$

$$M = \frac{F_0}{4\lambda} e^{-\lambda x}(\cos \lambda x - \sin \lambda x) = \frac{F_0}{4\lambda} C_x \qquad (4\text{-}19\text{c})$$

$$V = -\frac{F_0}{2} e^{-\lambda x} \cos \lambda x = -\frac{F_0}{2} D_x \qquad (4\text{-}19\text{d})$$

$$p = \frac{F_0 \lambda}{2b} e^{-\lambda x}(\cos \lambda x + \sin \lambda x) = \frac{F_0 \lambda}{2b} A_x \qquad (4\text{-}19\text{e})$$

式中

$$A_x = e^{-\lambda x}(\cos \lambda x + \sin \lambda x) \qquad (4\text{-}20\text{a})$$

$$B_x = e^{-\lambda x} \sin \lambda x \tag{4-20b}$$

$$C_x = e^{-\lambda x} (\cos \lambda x - \sin \lambda x) \tag{4-20c}$$

$$D_x = e^{-\lambda x} \cos \lambda x \tag{4-20d}$$

F_0 作用下无限长梁的变形和内力图如图 4-15 所示。

以上公式适合于无限长梁的右半部分，即适用范围为 $0 \leqslant x < \infty$。对于 $x < 0$ 的情况，仍可按上式计算，但 x 应取绝对值，θ、V 式中右侧的负号应改为正号。

2. 集中力矩作用下的无限长梁

若有集中力矩 M_0 作用于无限长梁上，如图 4-16 所示，因梁是对称的，取力矩的作用点为原点 O，取梁的右半部进行研究，根据梁的边界条件可作如下分析：

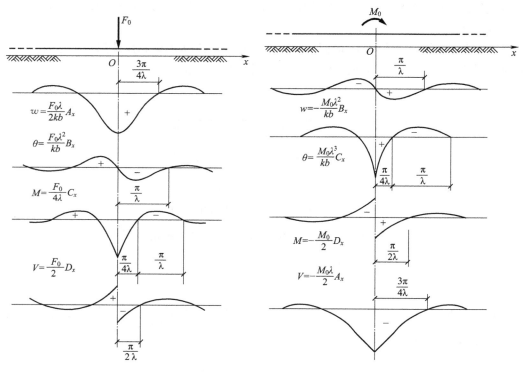

图 4-15　F_0 作用下无限长梁的变形和内力　　　图 4-16　M_0 作用下无限长梁的变形和内力

(1)无穷远处梁已无变形，$x \to \infty$ 时，$w \to 0$，代入式(4-17)得：$C_1 = C_2 = 0$；

(2)因力矩作用下无限长梁的变形为反对称，故 $x = 0$ 时，$w = 0$，代入式(4-17)，得 $C_3 = 0$；

(3)当 $x = 0 + \varepsilon$（ε 为正的无穷小）时，作用于该截面上梁右半部分的弯矩为 $M = M_0/2$，又由 $w = C_4 e^{-\lambda x} \sin \lambda x$ 及式(4-11)，整理可得

$$C_4 = \frac{M_0}{4E_c I \lambda^2}$$

确定了以上四个参数后，则可以求得在力矩 M_0 作用下地基上无限长梁的变形和内力表达式如下：

$$w = \frac{M_0 \lambda^2}{kb} e^{-\lambda x} \sin \lambda x = \frac{M_0 \lambda^2}{kb} B_x \tag{4-21a}$$

$$\theta = \frac{M_0 \lambda^3}{kb} e^{-\lambda x} (\cos \lambda x - \sin \lambda x) = \frac{M_0 \lambda^3}{kb} C_x \tag{4-21b}$$

$$M = \frac{M_0}{2} e^{-\lambda x} \cos \lambda x = \frac{M_0}{2} D_x \qquad (4\text{-}21\text{c})$$

$$V = -\frac{M_0}{2} \lambda e^{-\lambda x} (\cos \lambda x + \sin \lambda x) = -\frac{M_0 \lambda}{2} A_x \qquad (4\text{-}21\text{d})$$

在 M_0 作用下无限长梁的变形和内力如图 4-16 所示。上列式中的 A_x、B_x、C_x、D_x 仍按式 (4-20) 计算。

以上公式适合于无限长梁的右半部分，即适用范围为 $0 \leqslant x < \infty$。当 $x < 0$ 时，即对于无限长梁的左半部分，考虑变形和内力的对称特性，θ 和 V 是对称的，w 和 M 是反对称的，所以仍可按式(4-21)计算，但计算时 x 取绝对值，w 和 M 的计算结果取相反符号。

3. 地基梁的类型划分

由前面文克勒弹性地基上无限长梁的理论可知，梁的位移和内力是指数函数和三角函数的乘积，其量值由参数 λx 控制。工程中通常定义 λ 与梁长 l 的乘积为弹性地基梁的柔度指数，而且为了计算方便将图 4-17 所示的文克勒地基梁按荷载到梁端的距离及柔度指数 λl 划分为如下几类：

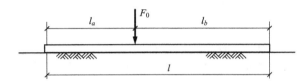

图 4-17　地基梁的类型划分

无限长梁：$\lambda l_a \geqslant \pi$ 且 $\lambda l_b \geqslant \pi$ 的地基梁；

半无限长梁：荷载作用在梁的一端且 $\lambda l \geqslant \pi$ 的地基梁；

有限长梁：荷载至梁一端或两端的距离较小，$\lambda l_a < \pi$ 或 $\lambda l_b < \pi$，而 $\lambda l > \pi/4$ 的地基梁；

短梁：$\lambda l \leqslant \pi/4$ 的地基梁，也称刚性梁，地基反力可按直线分布计算。

4. 集中力作用下的半无限长梁

如图 4-18(a)所示，在半无限长梁的一端作用一集中力 F_0，将坐标系的原点选在梁的端部，梁的边界条件为：

(1)$x \to \pi$ 时，$w = 0$；

(2)$x = 0$ 时，$M = 0$；

(3)$x = 0$ 时，$V = -F_0$。

将上述边界条件代入式(4-17)可以求得 $C_1 = C_2 = C_4 = 0$，$C_3 = 2F_0\lambda/(kb)$，得到相应的解答见式(4-22)。

$$w = \frac{2F_0\lambda}{kb} D_x \qquad (4\text{-}22\text{a})$$

$$\theta = -\frac{2F_0\lambda^2}{kb} A_x \qquad (4\text{-}22\text{b})$$

$$M = -\frac{F_0}{\lambda} B_x \qquad (4\text{-}22\text{c})$$

$$V = -F_0 C_x \qquad (4\text{-}22\text{d})$$

式中的系数 A_x、B_x、C_x、D_x 按式(4-20)计算。

图 4-18　半无限长梁

5. 集中力矩作用下的半无限长梁

如图 4-18(b)，在半无限长梁的一端作用一集中力矩 M_0，坐标系的原点选在梁的端部，梁的边界条件为：

(1) $x \to \infty$ 时，$w=0$；

(2) $x=0$ 时，$M=M_0$；

(3) $x=0$ 时，$V=0$。

将上述边界条件代入式(4-17)，同样可以求得 $C_1=C_2=0$，$C_3=-C_4=-2M_0\lambda^2/(kb)$，得到的解答见式(4-23)。

$$w=-\frac{2M_0\lambda^2}{kb}C_x \tag{4-23a}$$

$$\theta=-\frac{4M_0\lambda^3}{kb}D_x \tag{4-23b}$$

$$M=M_0A_x \tag{4-23c}$$

$$V=-2M_0\lambda B_x \tag{4-23d}$$

式中的系数 A_x、B_x、C_x、D_x 按式(4-20)计算。

6. 有限长梁的计算

求解有限长梁的方法很多，一般均比较繁琐。下面介绍一种以无限长梁的计算公式为基础，利用叠加原理求解有限长梁的方法。

将梁 AB 向两端无限延伸得到一无限长梁，如图 4-19 所示。

将原荷载 P、M 作用于无限长梁上，无限长梁在 A、B 两截面上将分别产生内力 M_a、V_a 和 M_b、V_b。而 A、B 两截面原本为自由端，剪力和弯矩应为零。为保证有限长梁与无限长梁在 AB 间等效，需要在无限长

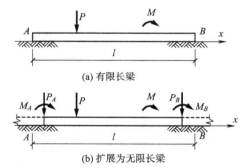

图 4-19　叠加法计算有限长梁

梁的 A、B 两处分别施加两组集中荷载 $[M_A,P_A]$，$[M_B,P_B]$，称为端部条件力，并使这两组力在 A、B 截面产生的弯矩和剪力分别等于外荷载 P、M 在无限长梁上 A、B 截面处所产生内力的负值（即：$-M_a$，$-M_b$，$-V_a$，$-V_b$），以保证原梁 A、B 截面上的弯矩和剪力等于零的自由端条件。以上关系用数学公式表达如下：

$$\left.\begin{array}{l} \dfrac{P_A}{4\lambda}+\dfrac{P_B}{4\lambda}C_l+\dfrac{M_A}{2}-\dfrac{M_B}{2}D_l=-M_a \\[3mm] -\dfrac{P_A}{2}+\dfrac{P_B}{2}D_l-\dfrac{\lambda M_A}{2}-\dfrac{\lambda M_B}{2}A_l=-V_a \\[3mm] \dfrac{P_A}{4\lambda}C_l+\dfrac{P_B}{4\lambda}+\dfrac{M_A}{2}D_l-\dfrac{M_B}{2}=-M_b \\[3mm] -\dfrac{P_A}{2}D_l+\dfrac{P_B}{2}-\dfrac{\lambda M_A}{2}A_l-\dfrac{\lambda M_B}{2}=-V_b \end{array}\right\} \tag{4-24}$$

式中 A_l、C_l、D_l 为 $x=l$ 时由公式(4-20)计算得到的。

求解以上方程组可得端部条件力。将已知的外荷载 P、M 和端部条件力 M_A、P_A、M_B、P_B 共同作用于无限长梁 AB 上，按照无限长梁的计算公式分别计算梁段 AB 在这些力作用下各截面的内力及变形，然后对应叠加，就得到有限长梁在外荷载 P、M 作用下的内力及变形。

另外，如果梁的一端应视为有限长，而另一端可视为无限长，则可将其视为有限长梁的一种特例，求解时只需将梁较近的一端延至无穷远，再在相应于原来的端部位置施加一组（两个）端部条件力，具体计算过程可参照以上有限长梁的方法。

实际工程中经常遇到的基础梁是有限长梁，上述计算较繁冗，Hetenyi 给出了集中荷载 P 作用下有限长梁计算公式，如图 4-20 所示。

$$\begin{cases} w = \dfrac{P\lambda}{kb}\bar{w} \\[2mm] M = \dfrac{P}{2\lambda}\bar{M} \\[2mm] Q = P\bar{Q} \end{cases} \qquad (4\text{-}25)$$

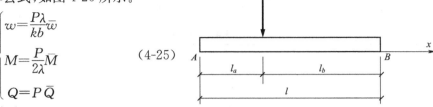

图 4-20　Hetenyi 方法计算简图

式中　b——基础梁宽度（m）；

　　　　P——有限长梁上的集中荷载（kN）；

$\bar{w}$、$\bar{M}$、$\bar{Q}$——梁的挠度、弯矩和剪力系数，可由下式求得：

$$\begin{aligned}
\bar{w} = &\frac{1}{\mathrm{sh}^2\lambda l - \sin^2\lambda l}\{2\mathrm{ch}\lambda x\cos\lambda x(\mathrm{sh}\lambda l\cos\lambda l_a\mathrm{ch}\lambda l_b - \sin\lambda l\mathrm{ch}\lambda l_a\cos\lambda l_b) \\
&+ (\mathrm{ch}\lambda x\sin\lambda x + \mathrm{sh}\lambda x\cos\lambda x)\cdot[\mathrm{sh}\lambda l(\sin\lambda l_a\mathrm{ch}\lambda l_b - \cos\lambda l_a\mathrm{sh}\lambda l_b) \\
&+ \sin\lambda l(\mathrm{sh}\lambda l_a\cos\lambda l_b - \mathrm{ch}\lambda l_a\sin\lambda l_b)]\} \\[2mm]
\bar{M} = &\frac{1}{\mathrm{sh}^2\lambda l - \sin^2\lambda l}\{2\mathrm{sh}\lambda x\sin\lambda x(\mathrm{sh}\lambda l\cos\lambda l_a\mathrm{ch}\lambda l_b - \sin\lambda l\mathrm{ch}\lambda l_a\cos\lambda l_b) \\
&+ (\mathrm{ch}\lambda x\sin\lambda x - \mathrm{sh}\lambda x\cos\lambda x)\cdot[\mathrm{sh}\lambda l(\sin\lambda l_a\mathrm{ch}\lambda l_b - \cos\lambda l_a\mathrm{sh}\lambda l_b) \\
&+ \sin\lambda l(\mathrm{sh}\lambda l_a\cos\lambda l_b - \mathrm{ch}\lambda l_a\sin\lambda l_b)]\} \\[2mm]
\bar{Q} = &\frac{1}{\mathrm{sh}^2\lambda l - \sin^2\lambda l}\{(\mathrm{ch}\lambda x\sin\lambda x + \mathrm{sh}\lambda x\cos\lambda x)(\mathrm{sh}\lambda l\cos\lambda l_a\mathrm{ch}\lambda l_b \\
&- \sin\lambda l\mathrm{ch}\lambda l_a\cos\lambda l_b) + \mathrm{sh}\lambda x\sin\lambda x\cdot[\mathrm{sh}\lambda l(\sin\lambda l_a\mathrm{ch}\lambda l_b - \cos\lambda l_a\mathrm{sh}\lambda l_b) \\
&+ \sin\lambda l(\mathrm{sh}\lambda l_a\cos\lambda l_b - \mathrm{ch}\lambda l_a\sin\lambda l_b)]\}
\end{aligned}$$

$\bar{w}$、$\bar{M}$、$\bar{Q}$ 可制表查阅或编制微机程序计算十分方便。若多个集中荷载作用时，可通过叠加原理求得基础梁内力。利用上式计算时注意，x 值是从梁端 A 向右起算，上式仅适用于计算 $x < l_a$ 截面内力和变形，若要计算 $x > l_a$ 截面的内力和变形时，则上式中的 A、B 位置交换，且 x 从 B 点向左起算。

7. 分布荷载作用下的地基梁计算

设地基梁上作用有分布荷载 $q(x)$，要计算分布荷载作用下无限长梁的位移和内力，可以利用前面集中荷载作用下梁的解答进行积分分析。这里不再叙述，计算时可参考相关文献。

8. 基床系数

计算文克勒地基上的梁或板，首先必须确定基床系数 k 的大小。基床系数受到很多因素，如地基土层压缩性及其分布情况、基底的大小和形状、基础的刚度和埋深、基底压应力大小、计算点在基底平面上的位置等因素影响。下面介绍几种确定基床系数的方法。

（1）平均沉降量计算法

对于特定的地基和基础条件，如已知土层分布情况，经试验已测得土的压缩性指标，可由分层总和法或规范法计算基底范围内若干点的沉降平均值 s_m 和基底的平均附加压力 p_0，按下式估算基床系数：

$$k = \frac{p_0}{s_m} \qquad (4\text{-}26)$$

如果基底范围内的地基土性质变化不大,可以只计算基础中点的沉降 s_0,然后按弹性力学公式或按下式折算成平均沉降:

$$s_m = \frac{\omega_m}{\omega_0} s_0 \qquad (4\text{-}27)$$

式中　ω_m——平均沉降影响系数,可按表 4-1 取值;

　　　ω_0——中心沉降影响系数,可按表 4-1 取值。

表 4-1　沉降影响系数 ω_0 和 ω_m

基础形状	圆形	方形	矩形(l/b)										
			1.5	2	3	4	5	6	7	8	9	10	100
ω_0	1.00	1.12	1.36	1.53	1.78	1.93	2.10	2.22	2.32	2.40	2.48	2.54	4.01
ω_m	0.85	0.95	1.15	1.30	1.52	1.70	1.83	1.96	2.04	2.12	2.19	2.25	3.70

虽然以上方法的计算量较大,但分层总和法能反映土中应力和地基土层的分布、各层土的压缩性以及基础的大小、形状等因素对地基沉降的影响,是比较合理的基床系数计算方法。

对于地基压缩层厚度较小的情况,例如可压缩层厚度 H 不超过基底宽度的 1/2,则薄压缩层范围内的附加压力 σ_z 约等于基底附加压力 p,所以基床系数为:

$$k = \frac{p}{s_m} = \frac{E_s}{H} \qquad (4\text{-}28)$$

式中　E_s——土层的平均压缩模量。

如果压缩层在水平方向可自由变形,则

$$k = \frac{E_0}{H} \qquad (4\text{-}29)$$

式中　E_0——土层的平均变形模量。

（2）魏锡克建议的公式

考虑基础的刚度和弹性地基特性,魏锡克(Vesic,1963 年)得出基床系数的公式如下:

$$k = 0.65 \sqrt[12]{\frac{E_0 b^4}{E_c I}} \frac{E_0}{(1-\nu^2)b} \qquad (4\text{-}30)$$

式中　ν——土的泊松比;

　　　b——基础的底面宽度(m)。

对于一般尺寸的基础,$0.65 \sqrt[12]{\dfrac{E_0 b^4}{E_c I}} \approx 0.9 \sim 1.5$,平均约为 1.2,于是上式可简化为:

$$k = 1.2 \frac{E_0}{(1-\nu^2)b} \qquad (4\text{-}31)$$

（3）载荷试验法

如果地基压缩层范围内的土质比较均匀,则可以利用载荷试验成果估算基床系数。

对于底面长 l、宽 b 的矩形基础(或边宽为 b 的方形基础),当其埋深为 d 时,考虑基底尺寸、长宽比及埋深等因素的影响以后,基床系数 k 按下列公式计算:

黏性土地基　　　$$k = \alpha k_p \frac{b_p}{b} \qquad (4\text{-}32)$$

无黏性土地基　　$$k = \alpha \rho k_p \left(\frac{b_p}{b} \cdot \frac{b+0.305}{b_p+0.305} \right)^2 \qquad (4\text{-}33)$$

式中　α——长为 l、宽为 b 的矩形压板基床系数与边宽同为 b 的方形压板基床系数的比值，是反映 l/b 影响的无量纲系数，按下式计算：

$$\alpha = \frac{2}{3}\left(1 + 0.5\frac{b}{l}\right) \tag{4-34}$$

　　ρ——反映埋深影响的无量纲系数，对于无黏性土地基，按式(4-35)确定，当所得 $\rho > 2.0$ 时，取 $\rho = 2.0$；

$$\rho = 1 + 2\frac{d}{b} \tag{4-35}$$

　　b_p，b——载荷板的宽度，基础的宽度(m)；

　　k_p——载荷板试验计算的基床系数。根据基底压力 p 和对应的地基沉降按下式确定：

$$k_p = \frac{p}{s} \tag{4-36}$$

　　对于没有明显直线段的荷载—沉降曲线，可取割线段估算，即

$$k_p = \frac{\Delta p}{\Delta s} = \frac{p_2 - p_1}{s_2 - s_1} \tag{4-37}$$

式中　p_1，p_2——基底高程处的自重压力和基底压力；

　　s_1，s_2——为 p_1、p_2 对应的荷载板的沉降量。

　　需要注意的是，根据太沙基的研究，对于黏性土地基，如果基底平均压力超过地基极限承载力的一半，则上述公式就不再适用。

　　(4)经验取值法

　　各类岩土的基床系数变化较大，表 4-2 按岩土类名称及其状态给出的经验值可供设计时参考。一般地，k 值取决于许多因素的综合影响，而非单纯表征土的力学性质的计算指标，因而查表计算具有较大的片面性。

表 4-2　基床系数 k 值

土的类别及状态		基床系数/(10^4 kN·m^{-3})	土的类别及状态	基床系数/(10^4 kN·m^{-3})
淤泥质或有机土		0.5～1.0	中密的砾石土	2.5～4.0
黏性土	软塑	1.0～2.0	黄土及黄土状粉质黏土	4.0～5.0
	可塑	2.0～4.0	密实砾石	5.0～10.0
	硬塑	4.0～10.0		
砂土	松散	1.0～1.5	风化岩石、石灰岩或砂岩	20～100
	中密	1.5～2.5	完好的坚硬岩石	100～500
	密实	2.5～4.0		

　　【例 4-1】如图 4-21 所示，承受集中荷载的钢筋混凝土条形基础的抗弯刚度 $E_cI = 2 \times 10^6$ kN·m^2，梁长 $l = 24$ m，底面宽度 $b = 2$ m，基床系数 $k = 21$ MN/m^3，试计算基础中点 C 的挠度、弯矩和基底反力。

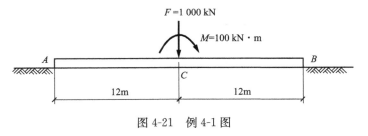

图 4-21　例 4-1 图

【解】(1)判别梁的类型。

$$\lambda = \sqrt[4]{\frac{kb}{4E_cI}} = \sqrt[4]{\frac{21\ 000 \times 2}{4 \times 2 \times 10^6}} = 0.269\ \text{m}^{-1}$$

因为 $\lambda l_1 = \lambda l_2 = 0.269 \times 12 = 3.228 > \pi$，故按无限长梁计算。

(2)按无限长梁分别计算集中力与集中弯矩作用下 C 点的挠度、弯矩和基底反力再相加。

因 C 点是坐标系的原点，故 $x = 0$，得系数

$$A_x = e^{-\lambda x}(\cos \lambda x + \sin \lambda x) = e^0(\cos 0 + \sin 0) = 1, \quad B_x = e^{-\lambda x}\sin \lambda x = 0$$

$$C_x = e^{-\lambda x}(\cos \lambda x - \sin \lambda x) = 1, \quad D_x = e^{-\lambda x}\cos \lambda x = 1$$

所以由公式(4-19)和式(4-21)可得：

$$w = \frac{F_0\lambda}{2kb}A_x + \frac{M_0\lambda^2}{kb}B_x = \frac{1\ 000 \times 0.269}{2 \times 21\ 000 \times 2} = 3.20 \times 10^{-3}\ \text{m}$$

$$M = \frac{F_0}{4\lambda}C_x + \frac{M_0}{2}D_x = \frac{1000}{4 \times 0.269} + \frac{100}{2} = 979.37\ \text{kN·m}$$

$$p = \frac{F_0\lambda}{2b}A_x + \frac{M_0\lambda^2}{b}B_x = \frac{1000 \times 0.269}{2 \times 2} = 67.25\ \text{kPa}$$

4.5 柱下条形基础

4.5.1 柱下条形基础的构造

柱下条形基础的构造如图 4-22 所示。基础的横截面一般设计成倒 T 形，中间高为 H 宽为 b_1 的部分称为肋梁，下部伸出肋梁的部分称为翼板。肋梁的作用是承担弯矩和剪力，翼板的作用是扩大梁的支承面积。柱下条形基础的构造应符合以下要求：

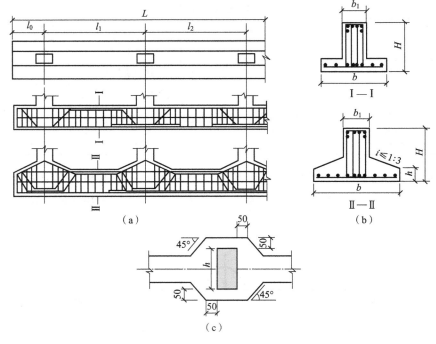

图 4-22 柱下条形基础的构造(单位:mm)

（1）基础梁的高度宜为柱距的 $1/4\sim1/8$，肋宽 b_1 应由截面的抗剪条件确定，且应比该方向的柱或墙截面每边宽出 50 mm，翼板的宽度由地基承载力确定。

（2）翼板厚度 h 不应小于 200 mm，当翼板高度 $h=200\sim250$ mm 时，采用等厚翼板；当 $h>250$ mm 时可做成变厚度翼板，坡度 $i\leqslant1:3$，此时其边缘高度亦不宜小于 200 mm。当柱荷载较大时，可在柱位处纵向加腋，如图 4-22(a)所示。

（3）条形基础两端应伸出柱边，使各柱下弯矩与跨中弯矩均衡以利配筋，也可调整基础底面形心的位置，其悬挑长度宜为相邻边跨跨度的 1/4。

（4）条形基础肋梁的纵向受力钢筋应按计算确定，在柱位处布置于底部，在跨中布置于顶部。肋梁顶部钢筋应全部通长配置，底部通长钢筋不少于底部受力钢筋总面积的 1/3。当肋梁的腹板高度不小于 450 mm 时，应在梁的两侧沿高度配置直径大于 10 mm 的纵向构造腰筋，每侧纵向构造腰筋（不包括梁顶和梁底的受力架立钢筋）的截面面积不应小于梁腹板截面面积的 0.1%，其间距不宜大于 200 mm。翼板的受力钢筋按计算确定，直径不宜小于 10 mm，间距为 100～200 mm。箍筋直径 6～8 mm，在距支座轴线为 0.25～0.30 倍柱距范围内箍筋应加密布置。当梁肋宽 $b_1\leqslant350$ mm 时用双肢箍；当 $350<b_1\leqslant800$ mm 时用四肢箍；当 $b_1>800$ mm 时用六肢箍。

（5）对现浇柱，其与条形基础梁交接处的平面尺寸应符合图 4-22(c)的规定。

（6）柱下条形基础的混凝土强度等级不应低于 C20，垫层混凝土应为 C10，厚度宜为 70～100 mm。

4.5.2　柱下条形基础的计算

1. 基础底面尺寸的确定

基础底面尺寸包括基础长度 l 和宽度 b。基础长度 l 首先要符合柱子的位置和两端外伸的构造要求，此外应尽量使其形心与基础所受外力之合力位置相重合。若二者重合，则地基反力近似按均匀分布考虑，基底面积 lb 应满足以下公式：

$$p_{k}=\frac{\sum F_{k}+G_{k}}{bl}\leqslant f_{a} \qquad (4\text{-}38)$$

若基础所受外合力不通过基础底面形心，即为偏心受载，则基底反力沿长度方向近似按梯形分布考虑（图 4-23），基础两端的反力按式(4-39)计算，它同时应满足式(4-38)、式(4-40)的要求。

$$\begin{matrix}p_{kmax}\\p_{kmin}\end{matrix}=\frac{\sum F_{k}+G_{k}}{bl}\left(1\pm\frac{6e}{l}\right) \qquad (4\text{-}39)$$

$$p_{kmax}\leqslant1.2f_{a} \qquad (4\text{-}40)$$

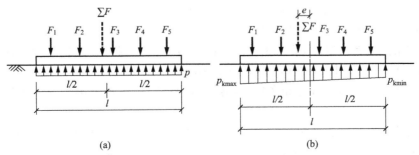

图 4-23　简化计算法的基底反力分布

2. 翼板的计算

翼板可视为肋梁两侧的悬臂板,按墙下钢筋混凝土条形基础的方法计算基底反力、悬臂弯矩和剪力,根据弯矩计算翼板内的横向配筋,由抗剪能力检算翼板的厚度,具体计算方法可参照本教材第 3 章。

3. 基础梁纵向内力的简化分析

柱下条形基础可以看成是地基梁,受上部结构传来的荷载及地基反力的共同作用。若不考虑上部结构与地基基础的共同作用,常用的内力简化计算方法有静力平衡法和倒梁法。

(1)静力平衡法

当柱荷载的大小比较均匀,柱距也相差不大,且基础相对于地基的刚度较大时,可假定基础是绝对刚性的,按刚性基础基底压力的简化计算法计算地基反力,再按静力平衡条件计算基础梁的内力,此即静力平衡法,也称刚性基础法,计算简图如图 4-24 所示。

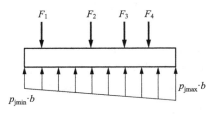

图 4-24　静力平衡法计算简图

本方法计算得到的基础最不利截面上的弯矩一般偏大,只宜用于基础刚度较大的条形基础及联合基础。

(2)倒梁法(连续梁法)

倒梁法认为上部结构是刚性的,各柱之间没有差异沉降,梁没有整体弯曲,只在柱间发生局部弯曲。假设以柱脚作为固定铰支座,以线性分布的基底反力为荷载,则条形基础就是一倒置的连续梁(图 4-25),求解此连续梁的内力方法称为倒梁法。可按普通连续梁的内力计算方法,如力法、位移法、力矩分配法等求解其内力。

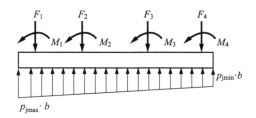
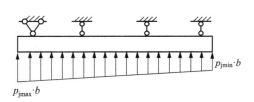

(a) 净反力分布图　　　　　　　　　(b) 计算模型

图 4-25　倒梁法计算简图

由于本计算模型忽略了基础全长范围内的整体弯曲,仅考虑了柱间的局部弯曲,使得最不利截面的弯矩计算结果偏小。一般地,在荷载与地基土层分布比较均匀时,基础将发生正向整体弯曲,中部的柱将发生更大的竖向位移,而由于上部结构的整体刚度通过柱对基础整体弯曲的抑制,使得各柱的竖向位移均匀化,导致柱荷载和地基反力重新分布。研究表明,该方法计算得到的端部柱荷载和端部地基反力均增大。

在应用倒梁法进行计算时,要求上部结构刚度较好,柱荷载比较均匀(相邻柱荷载之差不超过 20%),柱间距不宜过大,并应尽量等间距,基础梁的高度应大于 1/6 柱距,且地基比较均匀。计算时地基反力可按直线分布考虑,计算所得边跨跨中弯矩及第一内支座处的弯矩值宜乘以 1.2 的系数。

用倒梁法计算所得的支座反力与上部柱传来的竖向荷载间一般有较大的差异,该差异值称为不平衡力,这个不平衡力主要是由于未考虑基础梁挠度与地基土的变形协调条件而造成的。为了解决这个问题,实践中提出了反力局部调整法:将支座反力与柱轴力的差值(正或负)

作为地基反力的调整值,将其均匀地分布在相应支座两侧各三分之一跨度范围内,然后再进行一次连续梁分析。如果调整一次后的结果仍不满意,还可继续调整直到满意为止。

倒梁法的计算步骤如下:

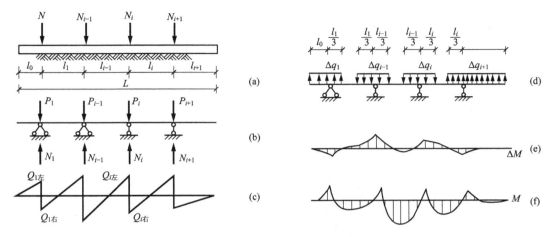

图 4-26　倒梁法计算过程图示

①根据初步选定的柱下条形基础尺寸和作用荷载,确定计算简图[图 4-26(a)、(b)]。

②按刚性基础基底反力的简化计算法计算基底的反力及分布。

③用弯矩分配法或弯矩系数法等方法计算弯矩和剪力。

④调整不平衡力。由于上述假定不能满足支座处的静力平衡条件,因此应通过逐次调整消除不平衡力,如图 4-26(b)、(c)、(d)所示。

首先由支座处柱荷载 N_i 和支座处反力 P_i 求出不平衡力 ΔP_i

$$\Delta P_i = N_i - P_i \tag{4-41}$$

$$P_i = Q_{i左} - Q_{i右} \tag{4-42}$$

式中　ΔP_i——支座 i 处的不平衡力(kN);

$Q_{i左}$、$Q_{i右}$——支座 i 处梁截面左、右边的剪力(kN)。

其次,将各支座的不平衡力均匀分布在相邻两跨的各 1/3 跨度范围内,如图 4-26(d)。需要注意的是 $\Delta P < 0$ 时,Δq 与图式中相反。

对边跨支座

$$\Delta q_i = \frac{\Delta P_i}{\left(l_0 + \dfrac{l_i}{3}\right)} \tag{4-43}$$

对中间支座

$$\Delta q_i = \frac{\Delta P_i}{\left(\dfrac{l_{i-1}}{3} + \dfrac{l_i}{3}\right)} \tag{4-44}$$

式中　Δq_i——不平衡均布力(kN/m);

l_0——边跨长度(m);

l_{i-1}, l_i——i 支座左、右跨长度(m)。

⑤将在不平衡均布力作用下的连续梁继续用弯矩分配法或弯矩系数法计算内力,将该计算内力与前次计算的内力相加,得到最新的内力结果和新的不平衡力,重复步骤④,直至不平

衡力在计算容许精度范围内,一般不超过柱荷载的20%。

⑥逐次调整计算结果,叠加所得即为最终内力分布。

【例4-2】已知柱下条形基础的基础梁宽度为1.0 m,计算简图与柱荷载如图4-27(a)所示,试按倒梁法计算基础梁内力。

【解】(1)按刚性基础的简化方法计算基底的反力及分布。因结构与荷载均对称,故基底反力均匀,为

$$p=\frac{\sum P}{bl}=\frac{2\times500+3\times1\,000}{4\times6.0\times1}=166.67 \text{ kN/m}$$

(2)将基础梁视为以柱脚处为支座的四跨连续梁,基底反力 p 作为均布荷载作用其上,计算简图如图4-27(b)所示。

(3)由弯矩分配法可计算该连续梁内力,求得的弯矩和剪力分别如图4-27(c)、(d)所示。

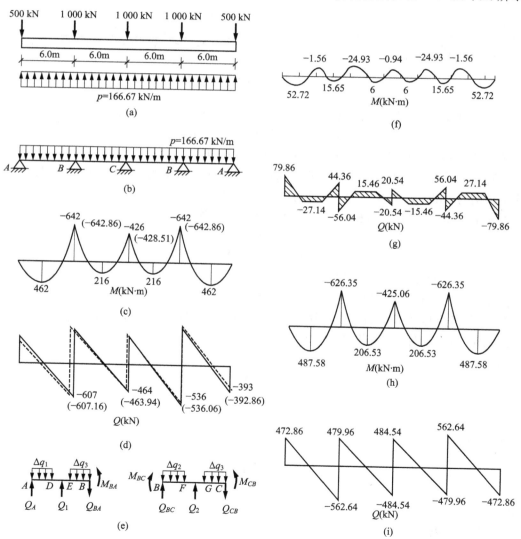

图4-27　例4-2图

(a)荷载和柱距;(b)计算简图;(c)弯矩图;(d)剪力图;(e)调整的荷载分布图;

(f)调整弯矩;(g)调整剪力;(h)最终弯矩图;(i)最终剪力图

(4)调整不平衡力。由于柱被假想的支座代替,前一步连续梁所求得的支座反力与对应的原柱荷载不相等,应进行调整。将柱荷载 N_i 和支座处反力 P_i 的差值折算成该支座对应左右各三分之一跨度内的均布荷载,作用在支座两侧如图 4-27(e)所示。

(5)对只在不平衡力调整方法确定的局部分布荷载作用下的该连续梁,再用弯矩分配法计算梁内力,该调整弯矩和剪力分别如图 4-27(f)、(g)所示。

(6)将两次计算结果[图 4-27(c)、(d)、(f)、(g)]进行叠加,得到图 4-27(h)、(i),叠加后内力图中求得的新支座反力与柱荷载相比,误差不大时(一般不超过柱荷载的 20%),可不再做调整计算,一般进行一次调整后即可满足要求。图 4-27(h)、(i)所示为经调整后的最终弯矩和剪力图。

【例 4-3】某柱下条形基础受力如图 4-28 所示,已知 $N_1=N_2=1500$ kN,$M_1=M_2=60$ kN·m,用 C20 混凝土。地基持力层为粉土,基床系数 $k=3\times10^4$ kN/m³,地基承载力特征值 $f_{ak}=160$ kPa,地基承载力修正系数 $\eta_b=0.5$,$\eta_d=2.2$,基底面以下及以上土的重度均为 18 kN/m³,地下水位很深,对基础设计和施工无影响。基础尺寸如图 4-29 所示。试计算此条形基础的内力。

【解】(1)计算梁的截面惯性矩得 $I=5.92\times10^{-2}$ m⁴。C20 混凝土的弹性模量:$E_c=25.5\times10^3$ N/mm² $=25.5\times10^6$ kN/m²。$E_cI=1.5\times10^6$ kN·m²。

(2)计算地基梁的柔度指数 λl:

$$\lambda=\sqrt[4]{\frac{kb}{4E_cI}}=\sqrt[4]{\frac{3\times10^4\times2.6}{4\times1.5\times10^6}}=0.3377\text{m}^{-1},\quad \lambda l=\lambda\times7=2.36$$

因为 $\pi/4<\lambda l<\pi$,故此地基梁属于有限长梁。

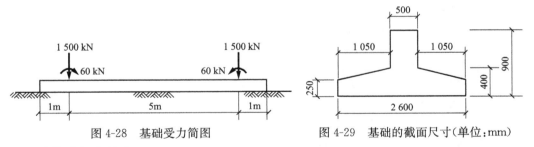

图 4-28　基础受力简图　　　　图 4-29　基础的截面尺寸(单位:mm)

(3)计算端部条件力

根据式(4-20)可得系数:$A_l=-0.001$,$C_l=-0.13299$,$D_l=-0.06698$。

先按叠加法计算相应的无限长梁在 N_1、M_1、N_2、M_2 作用下 A 点的内力 M_a 和 V_a:

$$M_a=\frac{N_1}{4\lambda}C_{x1}-\frac{M_1}{2}D_{x1}+\frac{N_2}{4\lambda}C_{x2}-\frac{M_2}{2}D_{x2}$$

$$V_a=\frac{N_1}{2}D_{x1}-\frac{M_1\lambda}{2}A_{x1}+\frac{N_2}{2}D_{x2}-\frac{M_2\lambda}{2}A_{x2}$$

$x_1=1$ m,$\lambda x_1=0.3377$,$A_{x1}=0.90927$,$C_{x1}=0.43717$,$D_{x1}=0.67322$

$x_2=6$ m,$\lambda x_2=2.0262$,$A_{x2}=0.06053$,$C_{x2}=-0.17635$,$D_{x2}=-0.05791$

将上述已知数据代入公式,得

$$M_a=268 \text{ kN·m},\quad V_a=453 \text{ kN}$$

由对称性和方程组(4-24)解得

$$P_A=P_B=1828 \text{ kN},\quad M_A=-M_B=-2415 \text{ kN·m}$$

(4)计算地基梁在 N_1、N_2 作用点及跨中的弯矩。

由于对称关系,N_1、N_2 作用点的内力大小相同,仅计算 1 点即可。

将 N_1、M_1、N_2、M_2 及 P_A、M_A、P_B、M_B 共同作用于地基梁上,按无限长梁求 1 点及跨中内力,就可得到有限长梁在 N_1、M_1、N_2、M_2 共同作用下的 1 点及跨中内力。

① 跨中内力计算:因对称性,可仅计算左半部分荷载的影响(图 4-30),然后将结果乘 2 即可。

$$M'_c = \frac{P_A}{4\lambda}C_{xA} + \frac{M_A}{2}D_{xA} + \frac{N_1}{4\lambda}C_{x1} + \frac{M_1}{2}D_{x1}$$

$x_A = 3.5\text{ m}$, $\lambda x_A = 0.337\,7 \times 3.5 = 1.181\,95$, $C_{xA} = -0.167\,28$, $D_{xA} = 0.116\,43$

$x_1 = 2.5\text{ m}$, $\lambda x_1 = 0.337\,7 \times 2.5 = 0.844\,25$, $C_{x1} = -0.035\,60$, $D_{x1} = 0.285\,65$

将上述已知数据代入公式,得

$$M'_c = \frac{1\,828}{4 \times 0.337\,7} \times (-0.167\,28) + \frac{1\,500}{4 \times 0.337\,7} \times (-0.035\,60) - \frac{2\,415}{2} \times 0.116\,43$$

$$+ \frac{60}{2} \times 0.285\,65$$

$$= -398\text{ kN} \cdot \text{m}$$

$$M_C = 2M'_c = 2 \times (-398) = -796\text{ kN} \cdot \text{m}$$

② 1 点弯矩计算:将 N_1、M_1、N_2、M_2 及 P_A、M_A、P_B、M_B 共同作用于无限长梁上,计算 1 点的弯矩,计算简图如图 4-31 所示。

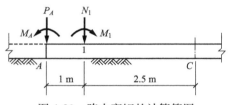

图 4-30　跨中弯矩的计算简图

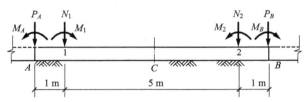

图 4-31　荷载作用点的弯矩计算

$$M_1 = \frac{P_A}{4\lambda}C_{xA} + \frac{M_A}{2}D_{xA} + \frac{N_1}{4\lambda}C_{x1} + \frac{M_1}{2}D_{x1} + \frac{P_B}{4\lambda}C_{xB} - \frac{M_B}{2}D_{xB} + \frac{N_2}{4\lambda}C_{x2} + \frac{M_2}{2}D_{x2}$$

$$= 386\text{ kN} \cdot \text{m}$$

地基梁的弯矩图如图 4-32 所示。

③ 1 点(N_1 作用点之右)剪力计算:

$$V_1^R = -\frac{N_1}{2}D_{x1} - \frac{M_1\lambda}{2}A_{x1} + \frac{N_2}{2}D_{x2} - \frac{M_2\lambda}{2}A_{x2} - \frac{P_A}{2}D_{xA} - \frac{M_A\lambda}{2}A_{xA} + \frac{P_B}{2}D_{xB} - \frac{M_B\lambda}{2}A_{xB}$$

$$= -1104\text{ kN}$$

④ N_1 作用点之左的剪力 V_1^L:

$$V_1^L = N_1 + V_1^R = 1\,500 - 1\,104 = 396\text{ kN}$$

地基梁的剪力图如图 4-33 所示。

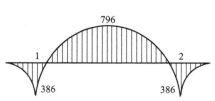

图 4-32　基础梁的弯矩图(单位:kN·m)

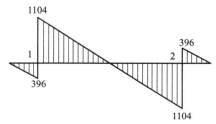

图 4-33　基础梁的剪力图(单位:kN)

4. 弹性地基上梁的计算方法

地基上梁的计算方法是考虑了基础与地基的相互作用，以静力平衡条件和变形协调条件为基础，利用不同的地基土应力—应变关系建立满足上述条件的方程，求得地基反力或近似的地基反力，进而求得基础梁内力或其近似值。具体的计算方法很多，但大体上可分为两种途径。一种是考虑不同地基模型的地基上梁的解法，如文克勒地基模型、弹性半空间地基模型等。另一种是寻求简化的方法求解，做一些假设建立解析关系，采用数值法（例如有限差分法、有限单元法）；也可对计算图式进行简化，例如链杆法等。这类计算方法均没有考虑上部结构刚度的影响，计算结果对基础一般偏于安全。

下面介绍链杆法。链杆法解地基梁的基本思路是：把连续支承于地基上的梁简化为用有限个链杆支承于地基上的梁。这一简化实质上是将无穷个支点的超静定问题变为支承在若干个弹性支座上的连续梁，因而可以用结构力学方法求解。

链杆起连接基础与地基、传递竖向力的作用。每根刚性链杆的作用力代表一段接触面积上地基反力的合力，因此连续分布的地基反力就被简化为阶梯形分布的反力（对梁为集中力，对地基为阶梯形分布反力）。此法计算的精度与所设链杆的数目有关。链杆数越多，简化的阶梯形分布反力就越接近于实际连续分布的反力，所得的解也越接近于理论解。为了保证简化连续梁体系的稳定性，还应设置一水平铰接链杆。将各链杆切断并用待定的反力代替链杆，分别研究地基和基础的受力，则基础梁在外荷载与链杆力作用下发生挠曲，而地基也在链杆力作用下发生变形，且梁的挠曲与地基的变形必须是相协调的。

1) 链杆法求解方程

设链杆数为 n，链杆内力分别为 $x_1, x_2, \cdots, x_n$，将链杆内力、端部转角 φ_0 和竖向变位 s_0 作为未知数，则有 $n+2$ 个未知数。将 n 个链杆切断，并在梁端竖向加链杆，在 φ_0 方向加刚臂，梁左端的两根链杆（一个水平、一个竖向）和一个转角限位刚臂相当于一个固定端，因而基础体系就成为悬臂梁（图 4-34）。第 k 根链杆处梁的挠度为

$$\Delta_{bk} = -x_1 w_{k1} - x_2 w_{k2} - \cdots - x_i w_{ki} - \cdots - x_n w_{kn} + s_0 + a_k \varphi_0 + \Delta_{kp} \tag{4-45}$$

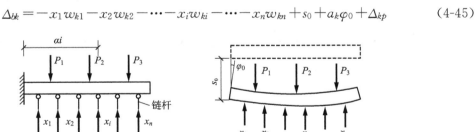

（a）基础梁的作用力　　　　　　　（b）基础梁和地基的变形

图 4-34　链杆法计算条形基础

相应点处地基的变形为

$$\Delta_{sk} = x_1 s_{k1} + x_2 s_{k2} + \cdots + x_i s_{ki} + \cdots + x_n s_{kn} \tag{4-46}$$

考虑共同作用，地基、基础的变形应相协调，即

$$\Delta_{bk} = \Delta_{sk} \tag{4-47}$$

故有

$$x_1(w_{k1}+s_{k1})+x_2(w_{k2}+s_{k2})+\cdots x_i(w_{ki}+s_{ki})+\cdots x_n(w_{kn}+s_{kn})-s_0-a_k\varphi_0-\Delta_{kp}=0 \qquad (4\text{-}48)$$

$$x_1\delta_{k1}+x_2\delta_{k2}+\cdots+x_i\delta_{ki}+\cdots+x_n\delta_{kn}-s_0-a_k\varphi_0-\Delta_{kp}=0 \qquad (4\text{-}49)$$

式中　w_{ki}——链杆 i 处作用有单位力时,在链杆 k 处引起梁的挠度;

　　　s_{ki}——链杆 i 处作用有单位力时,在链杆 k 处引起的地基表面的竖向变形;

　　　a_k——梁的固端距链杆 k 的距离;

　　　Δ_{kp}——外荷载作用下,链杆 k 处的挠度。

式(4-49)中 k 可取 $1\sim n$,故可建立 n 个方程,此外,按竖向力与弯矩的静力平衡条件还可建立两个方程,即

$$-\sum_{i=1}^{n}x_i+\sum P_i=0 \qquad (4\text{-}50)$$

$$-\sum_{i=1}^{n}x_i a_i+\sum M_i=0 \qquad (4\text{-}51)$$

式中　$\sum P_i$——全部竖向荷载之和;

　　　$\sum M_i$——全部外荷载对同端力矩之和。

式(4-49)~式(4-51)共有 $n+2$ 个方程,$n+2$ 个未知数,从而可求出 x_i,将 x_i 除以相应区段的基底面积 $b\cdot c$,则可得该区段单位面积上地基反力值 $p_i=x_i/(b\cdot c)$。利用静力平衡条件即可解得梁的剪力及弯矩。

2)空间问题 δ_{ki} 系数的计算

δ_{ki} 是在第 i 个链杆切口处有一对相反的单位力 $X_i=1$ 作用在该 k 处产生的相对竖向位移,此位移由两部分组成:一部分是由于 $X_i=1$ 作用在 k 链杆处地基的变形 s_{ki},另一部分是由于 $X_i=1$ 作用在 k 链杆处梁的竖向位移 w_{ki},见图 4-35,即 $\delta_{ki}=s_{ki}+w_{ki}$。

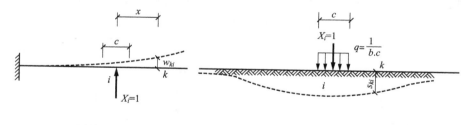

(a) 梁的变化　　　　　　　　　　　　(b) 地基变化

图 4-35　$X_i=1$ 时梁和地基在 x 处产生的变位

(1)地基变形 s_{ki} 的计算

如图 4-35(b)所示,设梁底宽为 b,链杆间距为 c,第 i 个链杆处单位力 $X_i=1$ 分布在 $b\cdot c$ 面积上的均布荷载 $q=1/(b\cdot c)$,地基表面在 $b\cdot c$ 面积上作用着荷载 q,离荷载中心距离 x 处的 k 点的地基变形 s_{ki} 可按布辛奈斯克公式求解:

$$s_{ki}=\frac{(1-\nu^2)}{\pi Ec}\cdot\xi_{ki} \qquad (4\text{-}52)$$

式中　ν——地基的泊松比;

　　　E——地基的变形模量(kPa);

　　　ξ_{ki}——空间问题沉降系数,是与 x/c 及 b/c 有关的函数,可查表 4-3。表中 x 为 i 和 k 点的距离。

表 4-3 弹性半空间沉降系数 ξ_{ki} 值

x/c	c/x	ξ_{ki}					
		$\dfrac{b}{c}=\dfrac{2}{3}$	$\dfrac{b}{c}=1$	$\dfrac{b}{c}=2$	$\dfrac{b}{c}=3$	$\dfrac{b}{c}=4$	$\dfrac{b}{c}=5$
0	∞	4.265	3.525	2.406	1.867	1.542	1.322
1	1	1.069	1.038	0.929	0.829	0.746	0.678
2	0.500	0.508	0.505	0.490	0.469	0.446	0.424
3	0.333	0.336	0.335	0.330	0.323	0.315	0.305
4	0.250	0.251	0.251	0.249	0.246	0.242	0.237
5	0.200	0.200	0.200	0.199	0.197	0.196	0.193
6	0.167	0.167	0.167	0.166	0.165	0.164	0.163
7	0.143	0.143	0.143	0.143	0.142	0.141	0.140
8	0.125	0.125	0.125	0.125	0.124	0.124	0.123
9	0.111	0.111	0.111	0.111	0.111	0.111	0.111
10	0.100	0.100	0.100	0.100	0.100	0.100	0.100
11	0.091			0.091			
12	0.083			0.083			
13	0.077			0.077			
14	0.071			0.071			
15	0.067			0.067			
16	0.063			0.063			
17	0.059			0.059			
18	0.056			0.056			
19	0.053			0.053			
20	0.050			0.050			

（2）静定梁的竖向位移 δ_{ki} 的计算

如图 4-35(a)所示为一静定梁，i 点作用的单位力在 k 点引起的挠度可按图乘法计算，如图 4-36 所示。

$$w_{ki}=\frac{c^3}{6E_c I}\eta_{ki} \qquad (4\text{-}53)$$

式中 E_c——梁的弹性模量（kPa）；

I——梁截面的惯性矩（m⁴）；

η_{ki}——梁的挠度系数，是与 a_i/c 及 a_k/c 有关的函数（a_i 及 a_k 分别代表 i 点和 k 点与固端的距离），可查表 4-4。

由式(4-52)及式(4-53)可得：

$$\delta_{ki}=s_{ki}+w_{ki}=\frac{(1-\nu^2)}{\pi E_c}\cdot\xi_{ki}+\frac{c^3}{6E_c I}\eta_{ki} \qquad (4\text{-}54)$$

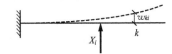
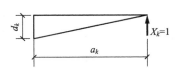
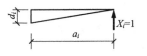

图 4-36 用图乘法计算梁的变位

表 4-4 由单位集中力所产生的梁变位系数 η_{ki}

a_k/c \ a_i/c	0.5	1	1.5	2	2.5	3	3.5	4	4.5	5	5.5	6	6.5	7	7.5	8	8.5	9	9.5	10
0.5	0.25	0.265	1	1.375	1.75	2.125	2.5	2.87	3.25	3.62	4	4.37	4.75	5.12	5.5	5.87	6.25	6.625	7	7.375
1		2	3.5	5	6.5	8	9.5	11	12.5	14	15.5	17	18.5	20	21.5	23	24.5	26	27.5	29
1.5			6.75	10.1	13.5	16.8	20.2	23.6	27	30.3	33.7	37	40.5	43.8	47.2	50.6	54	57.3	60.7	64.1
2				16	22	28	34	40	46	52	58	64	70	76	82	88	94	100	106	112
2.5					31.2	40.6	50	59.3	68.7	78	87.5	96	106	115	125	134	143	153	162	171
3						54	67.5	81	94.5	108	121	135	148	162	175	189	202	216	229	243
3.5							85	104	122	140	159	177	196	214	232	251	269	287	306	324
4								128	152	176	200	224	248	272	296	320	344	368	392	416
4.5									182	212	243	273	303	334	364	394	425	455	486	516
5										250	287	325	362	400	437	475	512	550	587	625
5.5											332	378	423	486	514	559	605	650	695	741
6												432	486	540	594	648	702	756	810	864
6.5													549	612	676	739	802	866	929	992
7														686	759	833	906	980	1053	1127
7.5															843	928	1012	1096	1181	1265
8																1024	1120	1216	1282	1308
8.5																	1228	1336	1445	1553
9																		1458	1579	1701
9.5																			1714	1850
10																				2000

3）方程组求解

对每一根链杆，都列出变形协调方程如式（4-55），并将 w_{ki} 和 s_{ki} 代入方程的 δ_{ki} 中，整理后可得方程组为：

$$\frac{(1-\nu^2)}{\pi E c}\begin{bmatrix} \xi_{11} & \xi_{12} & \cdots & \xi_{1n} \\ \xi_{21} & \xi_{22} & \cdots & \xi_{2n} \\ \vdots & \vdots & & \vdots \\ \xi_{n1} & \xi_{n2} & \cdots & \xi_{nn} \end{bmatrix}\begin{Bmatrix} X_1 \\ X_2 \\ \vdots \\ X_n \end{Bmatrix} + \frac{c^3}{6 E_c I}\begin{bmatrix} \eta_{11} & \eta_{12} & \cdots & \eta_{1n} \\ \eta_{21} & \eta_{22} & \cdots & \eta_{2n} \\ \vdots & \vdots & & \vdots \\ \eta_{n1} & \eta_{n2} & \cdots & \eta_{nn} \end{bmatrix}\begin{Bmatrix} X_1 \\ X_2 \\ \vdots \\ X_n \end{Bmatrix} = s_0 + \varphi_0\begin{Bmatrix} X_1 \\ X_2 \\ \vdots \\ X_n \end{Bmatrix} + \begin{Bmatrix} \Delta_{1P} \\ \Delta_{2P} \\ \vdots \\ \Delta_{nP} \end{Bmatrix} \quad (4\text{-}55)$$

将方程组式（4-55）与式（4-52）、式（4-53）联立求解，可求得 s_0、φ_0 及 X_i。将 X_i 除以相应区段的基底面积 bc，即可得该区段单位面积上地基反力值 $[p_i = X_i/(bc)]$，利用静力平衡条件即可求出梁的内力 M 和 V。

【例 4-4】均匀土层上的基础梁长为 24 m（图 4-37），土层的侧限压缩模量 $E_s = 15\,000$ kN/m²，泊松比 0.3，柱距 6 m，受柱荷载 $P = 800$ kN 作用。试用链杆法求地基反力分布和截面弯矩。

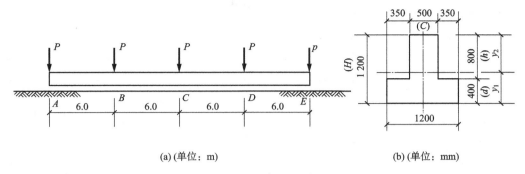

图 4-37　例 4-4 图

【解】(1)布置链杆,为便于计算,在基础梁下设置 8 根链杆,位置见图 4-38,用待定的集中力 $X_1,X_2,X_3,\cdots,X_8$ 代替链杆。同时,解除图 4-37 固定端多余约束,代以角变位 φ_0 和地基变位 s_0。

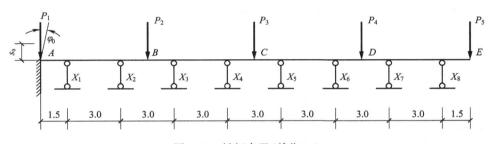

图 4-38　链杆布置(单位:m)

(2)列出基础梁的变形协调方程式与静力平衡条件:

$$X_1\delta_{11}+X_2\delta_{12}+X_3\delta_{13}+X_4\delta_{14}+X_5\delta_{15}+X_6\delta_{16}+X_7\delta_{17}+X_8\delta_{18}-s_0-1.5\tan\varphi_0-\Delta_{1P}=0$$

$$X_1\delta_{21}+X_2\delta_{22}+X_3\delta_{23}+X_4\delta_{24}+X_5\delta_{25}+X_6\delta_{26}+X_7\delta_{27}+X_8\delta_{28}-s_0-4.5\tan\varphi_0-\Delta_{2P}=0$$

$$X_1\delta_{31}+X_2\delta_{32}+X_3\delta_{33}+X_4\delta_{34}+X_5\delta_{35}+X_6\delta_{36}+X_7\delta_{37}+X_8\delta_{38}-s_0-7.5\tan\varphi_0-\Delta_{3P}=0$$

$$X_1\delta_{41}+X_2\delta_{42}+X_3\delta_{43}+X_4\delta_{44}+X_5\delta_{45}+X_6\delta_{46}+X_7\delta_{47}+X_8\delta_{48}-s_0-10.5\tan\varphi_0-\Delta_{4P}=0$$

$$X_1\delta_{51}+X_2\delta_{52}+X_3\delta_{53}+X_4\delta_{54}+X_5\delta_{55}+X_6\delta_{56}+X_7\delta_{57}+X_8\delta_{58}-s_0-13.5\tan\varphi_0-\Delta_{5P}=0$$

$$X_1\delta_{61}+X_2\delta_{62}+X_3\delta_{63}+X_4\delta_{64}+X_5\delta_{65}+X_6\delta_{66}+X_7\delta_{67}+X_8\delta_{68}-s_0-16.5\tan\varphi_0-\Delta_{6P}=0$$

$$X_1\delta_{71}+X_2\delta_{72}+X_3\delta_{73}+X_4\delta_{74}+X_5\delta_{75}+X_6\delta_{76}+X_7\delta_{77}+X_8\delta_{78}-s_0-19.5\tan\varphi_0-\Delta_{7P}=0$$

$$X_1\delta_{81}+X_2\delta_{82}+X_3\delta_{83}+X_4\delta_{84}+X_5\delta_{85}+X_6\delta_{86}+X_7\delta_{87}+X_8\delta_{88}-s_0-22.5\tan\varphi_0-\Delta_{8P}=0$$

$$X_1+X_2+X_3+X_4+X_5+X_6+X_7+X_8=4\,000\ \text{kN}$$

$$1.5X_1+4.5X_2+7.5X_3+10.5X_4+13.5X_5+16.5X_6+19.5X_7+22.5X_8$$
$$=(6+12+18+24)800$$

(3)求 δ_{ki}:

$$\delta_{ki}=s_{ki}+w_{ki}$$

$$s_{ki}=\frac{(1-\nu^2)}{\pi Ec}\cdot\xi_{ki}=\frac{(1-0.3^2)}{\pi\times11\,000\times3}\times\xi_{ki}=8.78\times10^{-6}\xi_{ki}$$

由 b/c 值查表 4-3 求 ξ_{ki},本题 $b/c=1.2/3=0.4$,而表 4-3 中 b/c 最小值为 $2/3$,故按 $b/c=0.667$ 求得 ξ_{ki} 值,见表 4-5。

表 4-5　ξ_{ki} 值

k＼i	1	2	3	4	5	6	7	8
1	4.265							
2	1.069	4.265			对			
3	0.508	1.069	4.265					
4	0.336	0.508	1.069	4.265			称	
5	0.251	0.336	0.508	1.069	4.265			
6	0.200	0.251	0.336	0.508	1.069	4.265		
7	0.167	0.200	0.251	0.336	0.508	1.069	4.265	
8	0.143	0.167	0.200	0.251	0.336	0.508	1.069	4.265

将 ξ_{ki} 值代入 s_{ki} 计算公式，求 s_{ki} 值，见表 4-6。

表 4-6　s_{ki} 值（10^{-6} m）

k＼i	1	2	3	4	5	6	7	8
1	36.96							
2	9.263	36.96			对			
3	4.402	9.263	36.96					
4	2.911	4.402	9.263	36.96			称	
5	2.175	2.911	4.402	9.263	36.96			
6	1.733	2.175	2.911	4.402	9.263	36.96		
7	1.447	1.733	2.175	2.911	4.402	9.263	36.96	
8	1.239	1.447	1.733	2.175	2.911	4.402	9.263	36.96

又

$$w_{ki} = \frac{c^3}{6E_c I}\eta_{ki}$$

钢筋混凝土弹性模量 E_c 取为 $2.55 \times 10^7\ \text{kN/m}^2$，基础梁截面惯性矩 $I = 0.106\ \text{m}^4$，代入上式得：

$$w_{ki} = \frac{3^3}{6 \times 2.55 \times 10^7 \times 0.106} \times \eta_{ki} = 1.67 \times 10^{-6}\eta_{ki}$$

由表 4-4 求 η_{ki} 值，见表 4-7。

表 4-7　η_{ki} 值

k＼i	1	2	3	4	5	6	7	8
1	0.25							
2	1.0	6.75			对			
3	1.75	13.5	31.2					
4	2.5	20.2	50.0	85.0			称	
5	3.25	27.0	68.7	122.0	182.0			
6	4.0	33.7	87.5	159.0	243.0	332.0		
7	4.75	40.5	106.0	196.0	303.0	423.0	549.0	
8	5.50	47.2	125.0	232.0	364.0	514.0	676.0	843.0

将 η_{ki} 值代入上式求 w_{ki}，见表 4-8。

表 4-8　w_{ki} 值（10^{-6} m）

k \ i	1	2	3	4	5	6	7	8
1	0.416							
2	1.665	11.239			对			
3	2.914	22.478	51.948					
4	4.163	33.633	83.250	141.525			称	
5	5.411	44.955	114.386	203.13	303.03			
6	6.660	56.111	145.688	264.735	404.595	552.78		
7	7.909	67.433	176.490	326.34	504.495	704.295	914.085	
8	9.158	78.588	208.125	386.28	606.06	855.81	1125.54	1403.60

将 s_{ki} 与 w_{ki} 相加得 δ_{ki}，见表 4-9。

表 4-9　δ_{ki} 值（10^{-6} m）

k \ i	1	2	3	4	5	6	7	8
1	37.372							
2	10.928	48.195			对			
3	7.316	31.741	88.904					
4	7.047	38.035	92.513	178.481			称	
5	7.586	47.866	118.788	212.393	339.986			
6	8.393	58.286	148.599	269.137	413.858	589.736		
7	9.356	69.166	178.665	329.251	508.897	713.558	951.041	
8	10.397	80.035	209.858	388.455	608.971	860.212	1134.803	1440.551

（4）求荷载 P 在各链杆处引起的变位 Δ_{kP}：

把基础梁当成 A 端固支的悬臂梁求外荷载 P_n（$n=1,2,3,4,5$）在链杆 k 处（$k=1,2,3,4,5,6,7,8$）引起梁的挠度 Δ_{kP}，是静定梁的计算问题，可直接用材料力学公式求解，本题不写出计算过程，只列出结果如下：

$$\Delta_{1P}=1.9312\times10^{-2}\ \text{m} \qquad \Delta_{2P}=1.6182\times10^{-1}\ \text{m}$$

$$\Delta_{3P}=4.1637\times10^{-1}\text{m} \qquad \Delta_{4P}=7.545\times10^{-1}\ \text{m}$$

$$\Delta_{5P}=1.1537\ \text{m} \qquad \Delta_{6P}=1.59256\ \text{m}$$

$$\Delta_{7P}=2.0555\ \text{m} \qquad \Delta_{8P}=2.5307\ \text{m}$$

（5）求解变形协调方程组：

把 δ_{ki} 和 Δ_{kP} 代入变形协调方程组得：

$37.372X_1+10.928X_2+7.316X_3+7.047X_4+7.586X_5+8.393X_6+9.356X_7$

$\qquad+10.397X_8-s_0-1.5\tan\varphi_0-1.9312\times10^{-2}=0$

$10.928X_1+48.195X_2+31.741X_3+38.035X_4+47.866X_5+58.286X_6+69.166X_7$

$\qquad+80.035X_8-s_0-4.5\tan\varphi_0-0.16182=0$

$7.316X_1+31.741X_2+88.904X_3+92.513X_4+118.788X_5+148.599X_6+178.665X_7$

$\qquad+209.858X_8-s_0-7.5\tan\varphi_0-0.41637=0$

$7.047X_1 + 38.035X_2 + 92.513X_3 + 178.481X_4 + 212.393X_5 + 269.137X_6 + 329.251X_7$
$+ 388.455X_8 - s_0 - 10.5\tan\varphi_0 - 0.7545 = 0$

$7.586X_1 + 47.866X_2 + 118.788X_3 + 212.393X_4 + 339.986X_5 + 413.858X_6 + 508.89X_7$
$+ 608.971X_8 - s_0 - 13.5\tan\varphi_0 - 1.1537 = 0$

$8.393X_1 + 58.286X_2 + 148.599X_3 + 269.137X_4 + 413.858X_5 + 589.736X_6 + 713.558X_7$
$+ 860.212X_8 - s_0 - 16.5\tan\varphi_0 - 1.59256 = 0$

$9.356X_1 + 69.166X_2 + 178.665X_3 + 329.251X_4 + 508.897X_5 + 713.558X_6 + 951.041X_7$
$+ 1134.803X_8 - s_0 - 19.5\tan\varphi_0 - 2.0555 = 0$

$10.397X_1 + 80.035X_2 + 209.858X_3 + 388.455X_4 + 608.971X_5 + 860.212X_6$
$+ 1134.803X_7 + 1440.551X_8 - s_0 - 22.5\tan\varphi_0 - 2.5307 = 0$

解线性方程组得

$$X_1 = 832.81 \text{ kN}, \quad X_2 = 464.97 \text{ kN}, \quad X_3 = 354.80 \text{ kN}, \quad X_4 = 345.99 \text{ kN}$$
$$X_5 = 340.43 \text{ kN}, \quad X_6 = 377.79 \text{ kN}, \quad X_7 = 445.67 \text{ kN}, \quad X_8 = 837.54 \text{ kN}$$
$$s_0 = 0.0457, \quad \tan\varphi_0 = -0.00343(\varphi_0 = -196°)$$

由于荷载的对称性，应有 $X_1 = X_8$，$X_2 = X_7$，取其平均值，最后得：

$$X_1 = X_8 = 835.2 \text{ kN}, \quad X_2 = X_7 = 455.3 \text{ kN}$$
$$X_3 = X_6 = 366.3 \text{ kN}, \quad X_4 = X_5 = 343.2 \text{ kN}$$

每延米长地基均布反力为

$$p_1 = p_8 = \frac{835.2}{3} = 278.4 \text{ kN/m}, \quad p_2 = p_7 = \frac{455.3}{3} = 151.8 \text{ kN/m}$$

$$p_3 = p_6 = \frac{366.3}{3} = 122.1 \text{ kN/m}, \quad p_4 = p_5 = \frac{343.2}{3} = 114.4 \text{ kN/m}$$

基础梁下地基反力分布见图 4-39(a)所示。

(6)根据柱荷载 P 和地基反力 p 求基础梁截面弯矩分布如图 4-39(b)所示。

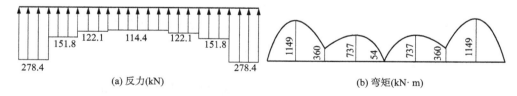

图 4-39　例 4-4 反力图及弯矩图

5. 考虑上部结构刚度的计算方法

这类方法由于考虑了上部结构与地基基础的相互作用，符合基础实际受力性状，其计算结果更符合实际。但是，计算复杂，工作量很大。通常可对上部结构的影响用简化的方法进行考虑，能节省很多时间，也能得到满足工程需要的计算结果。

4.5.3　柱下十字交叉基础的计算

十字交叉基础梁是具有较大抗弯刚度的高次超静定结构，精确的分析计算较为复杂，工程中常采用简化方法，将柱底荷载按一定假设条件分配到纵横两个方向的条形基础上并分别计算基础的内力。

1. 节点荷载的分配原则

为了简化计算,假定纵横向的条形基础在节点处为铰接,一个方向的基础发生转动时不在另一方向的基础中引起内力,即条形基础不受扭矩作用;节点上两个方向的弯矩分别由相应的纵梁和横梁承担。此外,当十字交叉梁的节点间距较大时,为简化节点荷载分配计算,可不考虑荷载的相互影响。

根据这些假定,纵梁和横梁在节点处应满足两个条件:静力平衡条件和竖向变形协调条件,可用公式表达如下:

$$F_i = F_{ix} + F_{iy} \tag{4-56}$$

$$w_{ix} = w_{iy} \tag{4-57}$$

式中　F_i——纵梁和横梁节点 i 处的竖向外荷载;

　　　F_{ix}——x 方向基础梁分担的节点 i 处的荷载;

　　　F_{iy}——y 方向基础梁分担的节点 i 处的荷载;

　　　w_{ix}——节点 i 处在 F_{ix} 作用下 x 向地基梁的竖向变形;

　　　w_{iy}——节点 i 处在 F_{iy} 作用下 y 向地基梁的竖向变形。

2. 节点荷载的分配方法

十字交叉条形基础的节点形式可归纳为图 4-40 所示的几种情况,包括在一个方向带有悬臂的边柱节点和在两个方向带有悬臂的角柱节点以及内柱节点和不带悬臂的边柱节点和角柱节点。

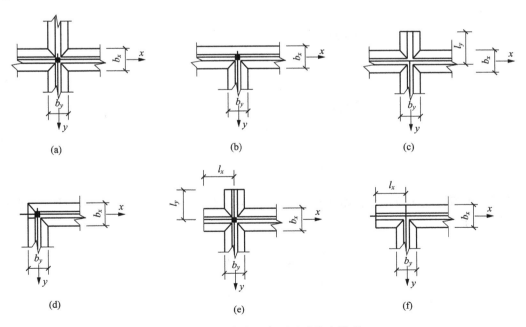

图 4-40　十字交叉条形基础节点类型

（1）内柱节点（十字节点）

节点形状如图 4-40(a)。根据前面的假定,节点受力情况如图 4-41 所示。如果用文克勒假设求解此问题,当节点间距较大时,可将纵梁和横梁都看成受单个集中力作用的无限长梁,由式(4-56)得:

$$\frac{F_{ix}}{2kb_xL_x}=\frac{F_{iy}}{2kb_yL_y} \tag{4-58}$$

式中　k——地基土的基床系数；

　b_x、b_y——x 向、y 向梁的基底宽度；

　L_x、L_y——x 向、y 向梁的特征长度，$L_x=1/\lambda_x$，$L_y=1/\lambda_y$。

由式(4-55)和式(4-57)求得：

$$F_{ix}=\frac{b_xL_x}{b_xL_x+b_yL_y}F_i \tag{4-59}$$

$$F_{iy}=\frac{b_yL_y}{b_xL_x+b_yL_y}F_i \tag{4-60}$$

(2)边柱节点(T 字节点)

节点形状如图 4-40(b)所示。根据前面的假定,节点的受力情况如图 4-42 所示。可将 x 方向视为无限长梁,将 y 方向视为半无限长梁,由式(4-57)得：

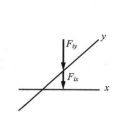

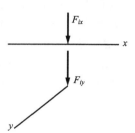

图 4-41　内柱节点受力　　　　　图 4-42　边柱节点受力

$$\frac{F_{ix}}{2kb_xL_x}=\frac{2F_{iy}}{kb_yL_y} \tag{4-61}$$

由式(4-56)和式(4-61)可求得：

$$F_{ix}=\frac{4b_xL_x}{4b_xL_x+b_yL_y}F_i \tag{4-62}$$

$$F_{iy}=\frac{b_yL_y}{4b_xL_x+b_yL_y}F_i \tag{4-63}$$

对于边柱带有悬挑的情况,如图 4-40(c)所示,如悬挑长度 $l_y=(0.6\sim0.7)L_y$,节点荷载分配可按以下公式计算：

$$F_{ix}=\frac{\alpha b_xL_x}{\alpha b_xL_x+b_yL_y}F_i \tag{4-64}$$

$$F_{iy}=\frac{b_yL_y}{\alpha b_xL_x+b_yL_y}F_i \tag{4-65}$$

式中系数 α 由表 4-10 查取。

表 4-10　α、β 值表

l/L	0.60	0.62	0.64	0.65	0.66	0.67	0.68	0.69	0.70	0.71	0.73	0.75
α	1.43	1.41	1.38	1.36	1.35	1.34	1.32	1.31	1.30	1.29	1.26	1.24
β	2.80	2.84	2.91	2.94	2.97	3.00	3.03	3.05	3.08	3.10	3.18	3.23

注:l 为 x 或 y 方向的悬挑长度;L 为 x 或 y 方向的特征长度。

（3）角柱节点（L 字节点）

角柱节点的形状如图 4-40（d）所示。节点受力如图 4-43 所示。柱荷载可分解为作用在两个半无限长梁上的荷载 F_{ix} 和 F_{iy}，则公式（4-57）可写为：

$$\frac{2F_{ix}}{kb_xL_x} = \frac{2F_{iy}}{kb_yL_y} \qquad (4\text{-}66)$$

由式（4-56）和式（4-66）可解得

$$F_{ix} = \frac{\alpha b_xL_x}{\alpha b_xL_x + b_yL_y}F_i \qquad (4\text{-}67)$$

$$F_{iy} = \frac{b_yL_y}{\alpha b_xL_x + b_yL_y}F_i \qquad (4\text{-}68)$$

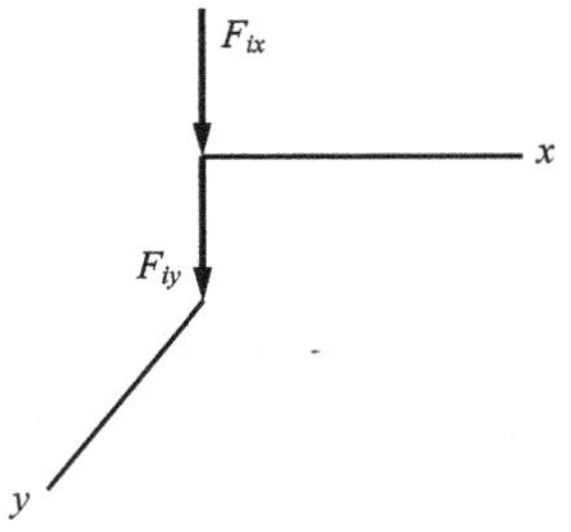

图 4-43　节点受力

当角柱节点在两个方向的梁均无外伸时，式中 α 取 1。

为了减缓角柱节点处地基反力过于集中，在两个方向设置悬挑，如图 4-40（e）所示。当 $l_x = \xi L_x, l_y = \xi L_y, \xi = 0.60 \sim 0.75$ 时，节点荷载的分配亦按以上两式计算，α 可查表 4-10。

当角柱节点仅在一个方向伸出悬臂时，如图 4-40（f）所示，节点荷载分配计算公式为：

$$F_{ix} = \frac{\beta b_xL_x}{\beta b_xL_x + b_yL_y}F_i \qquad (4\text{-}69)$$

$$F_{iy} = \frac{b_yL_y}{\beta b_xL_x + b_yL_y}F_i \qquad (4\text{-}70)$$

式中的系数 β 可查表 4-10。

3. 节点分配荷载的调整

按照上述方法进行柱荷载分配时，是假定荷载由纵向和横向两个方向上的梁同时承担的，梁交叉处的矩形面积被利用了两次，即分别作为了纵梁和横梁的底面积，因此人为地扩大了承载面积。交叉点下的基底面积之和有时在总面积中占有很大比例，甚至达到 20%，计算结果可能有较大误差，并偏于不安全，故在节点荷载分配中还需要调整，方法如下。

调整前的地基平均反力为

$$p = \frac{\sum F}{\sum A + \sum \Delta A} \qquad (4\text{-}71)$$

式中　$\sum F$——交叉条形基础上竖向荷载的总和（kN）；

$\sum A$——交叉条形基础支承总面积（m²）；

$\sum \Delta A$——交叉条形基础节点处重叠面积之和（m²）。

调整后的地基平均反力为

$$p' = \frac{\sum F}{\sum A} \qquad (4\text{-}72)$$

或将 p' 表达为

$$p' = mp \qquad (4\text{-}73)$$

式中　m——修正系数。

将式（4-71）和式（4-72）代入式（4-73），得

$$m = 1 + \frac{\sum \Delta A}{\sum A}$$

于是式（4-73）可写成

$$p' = \left(1 + \frac{\sum \Delta A}{\sum A}\right)p = p + \frac{\sum \Delta A}{\sum A}p = p + \Delta p$$

其中
$$\Delta p = \frac{\sum \Delta A}{\sum A}p \tag{4-74}$$

式中 Δp 为地基反力增量,将 Δp 按纵横梁上分配的节点荷载和总节点荷载的比例折算成分配荷载增量,对于任一节点 i,分配荷载增量为:

$$\left.\begin{aligned}\Delta F_{ix} &= \frac{F_{ix}}{F_i} \cdot \Delta A_i \cdot \Delta p \\ \Delta F_{iy} &= \frac{F_{iy}}{F_i} \cdot \Delta A_i \cdot \Delta p\end{aligned}\right\} \tag{4-75}$$

式中 $\Delta F_{ix}, \Delta F_{iy}$ —— i 节点 x 轴向和 y 轴向的分配荷载增量(kN);

ΔA_i —— i 节点基础重叠面积(m^2)。

基础板带重叠面积 ΔA_i 按如下方法计算。

(1)对中柱和带悬臂的板带:

$$\Delta A_i = b_{ix} \times b_{iy} \tag{4-76}$$

(2)对边柱的无悬臂板带,由于其与边缘横向板带交叉,故可认为只到后者宽度的一半,如图 4-44 所示的节点 1,可用下式计算:

$$\Delta A_1 = \frac{b_{1x} \times b_{1y}}{2} \tag{4-77}$$

其余符号同前。

于是,调整后节点荷载在 x、y 两方向的分配荷载分别为:

$$\left.\begin{aligned}F_{ix} &= F_{ix} + \Delta F_{ix} \\ F_{iy} &= F_{iy} + \Delta F_{iy}\end{aligned}\right\} \tag{4-78}$$

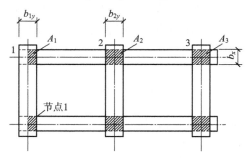

图 4-44　交叉面积计算简图

4.6　筏　形　基　础

筏形基础按其构造特点可分为柱下或墙下连续的平板式(图 4-45)或梁板式(图 4-46)钢筋混凝土基础。筏板基础的形式应根据地基土质、上部结构体系、柱距、荷载大小以及施工等条件确定。平板式筏基对于柱荷载比较小,柱网较均匀且柱距较小的情况最为适宜。梁板式筏基具有整体刚度大、变形小、受力明确的优点,能够更为有效地减少不均匀沉降对上部结构的不利影响,适合柱距较大或柱荷载相差较大的结构。

筏形基础的结构与钢筋混凝土楼盖结构相似,由柱子或墙传来的荷载,经主、次梁及板传给地基。若将地基反力看作作用于筏基底板上的荷载,则筏形基础相当于一倒置的钢筋混凝

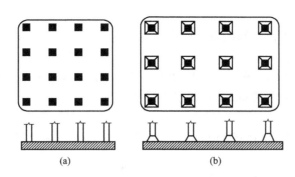

图 4-45　平板式筏基

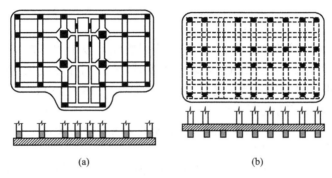

图 4-46　梁板式筏基

土平面楼盖。

　　梁板式筏形基础中凸出的梁称为基础梁或肋梁,可有效增大基础的刚度,如图 4-47 所示,布置纵向和横向的肋梁时,应使其交点位于柱下。肋梁向下凸出时在板的下方可形成暗梁,其断面可作成梯形的,施工时可利用土模浇注混凝土,以节省模板,且底板上部是平整的混凝土地坪,使用方便,但施工质量不易检查。通常采用的还是肋梁向上凸出的形式,为使其形成平整的室内地面,可在肋梁间填土或填筑低强度混凝土。如果肋梁的间距不大时,也可以铺设预制钢筋混凝土板[图 4-47(b)]。

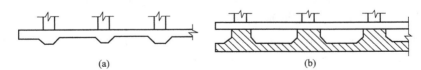

图 4-47　梁板式筏基的肋梁位置

4.6.1　筏形基础的构造

　　筏板式钢筋混凝土基础的结构构造与一般钢筋混凝土基础的构造要求基本相同。

1. 平面尺寸

　　筏基及箱基的平面尺寸,应根据地基土的承载力、上部结构的布置及荷载分布等因素确定。

　　对单幢建筑物,在地基土比较均匀的条件下,基础的底面形心宜与结构的竖向永久荷载重心重合。当不能重合时,在永久荷载和楼(屋)面荷载长期效应组合下,偏心距宜符合下式要求:

$$e \leqslant 0.1\,W/A \tag{4-79}$$

式中　W——与偏心距方向一致的基础底面边缘抵抗矩；

　　　A——基础底面积。

如果偏心较大，或者不能满足上式要求时，为减小偏心距，可采用扩大基底面积的方法，扩大部位宜设在建筑物的宽度方向；也可将筏板外伸悬挑。

2. 筏板厚度

平板筏基的板厚不宜小于 400 mm。初步可按楼层数每层增加厚度 50 mm 确定，然后验算抗冲切强度。

梁板式筏基底板厚度应满足抗冲切承载力的要求。板厚与计算区段的最小跨度之比不宜小于 1/20，且不宜小于 300 mm。悬挑出的筏板可做成斜坡，挑出长度不宜大于 1 m，其边缘厚度不小于 200 mm。

3. 筏板配筋

(1)筏板配筋应由计算确定。平板式筏基，分别按柱上板带的弯矩计算板内下面配筋，按跨中板带的负弯矩计算板内上面配筋；对梁板式筏基，可分别计算底板与肋梁配筋，底板以肋梁为嵌固边按双向板计算跨中和支座弯矩，但由于高估了肋梁的约束作用，应作适当折减后作为配筋依据。肋梁取板带宽度等于柱距，按 T 形梁计算，肋板也应适当地挑出 1/6～1/3 柱距。当地基比较均匀，上部结构刚度较好，且柱荷载及柱间距的变化不超过 20% 时，筏形基础可仅考虑局部弯曲作用，按倒置楼盖法进行计算。

(2)筏板配筋除按计算要求外，考虑到整体弯曲的影响，筏基的底板和基础梁的配筋除满足计算要求外，纵横方向的底部钢筋尚应有不少于 1/3 贯通全跨，顶部钢筋按计算配筋全部连通，底板上下贯通钢筋的配筋率不应小于 0.15%。跨中钢筋按实际配筋全部贯通。若考虑上部结构与地基基础相互作用引起的拱架作用，可在筏板端部的 1～2 个开间范围适当将受力钢筋的面积增加 15%～20%。筏板边缘的外伸部分应上下配置钢筋；对于双向悬臂挑出，但基础梁不外伸的筏板，应在筏基底板转角处布置放射状附加钢筋，附加钢筋直径与边跨主筋相同，间距不大于 200 mm，一般为 5～7 根。

(3)梁板式筏基的基础梁除满足正截面及斜截面承载力外，尚应验算底层柱下基础梁顶面的局部受压承载力。基础梁梁高宜为跨度的 1/4～1/8。梁宽不宜过大，也可小于柱宽。

(4)当基础梁高出基础底板大于 700 mm 时，在基础梁两侧沿高度每 300～400 mm 应各设一根直径不小于 10 mm 的构造钢筋，并加拉筋钩住。

(5)平板筏基配筋率一般在 0.5%～1.0%。受力钢筋的直径一般不小于 12 mm，间距 100～200 mm。分布钢筋直径为 8～10 mm，间距 200～300 mm。

(6)筏基的混凝土强度等级不应低于 C30。箱基的混凝土强度等级不应低于 C20。垫层通常采用 C10 的混凝土，厚度为 100 mm。钢筋保护层厚度为 35 mm。当有地下室时应采用防水混凝土。当有防水要求时，防水混凝土的抗渗等级应按表 4-11 选用。对重要建筑，宜采用自防水并设置架空排水层。

表 4-11　箱形和筏形基础防水混凝土抗渗等级

埋置深度 d /m	设计抗渗等级	埋置深度 d /m	设计抗渗等级
$d<10$	P6	$20\leqslant d<30$	P10
$10\leqslant d<20$	P8	$30\leqslant d$	P12

(7)采用筏形基础的地下室,钢筋混凝土外墙厚度不应小于 250 mm,内墙厚度不宜小于 200 mm。墙的截面设计除满足承载力要求外,尚应考虑变形、抗裂及外墙防渗等要求。墙体内应设置双面钢筋,钢筋不宜采用光面圆钢筋,水平钢筋的直径不应小于 12 mm,竖向钢筋的直径不应小于 10 mm,间距不应大于 200 mm。

(8)当梁板式筏基长度超过 40 m 时,宜沿长度每隔 20～40 m 预留贯通的后浇带,带宽可取 800 mm,位置宜设在柱距三等分的中间范围内,后浇带处钢筋不断,后浇带内的混凝土应于两侧混凝土浇筑完毕至少一个月后再浇筑,其强度等级应提高一级,并宜采用无收缩混凝土。后浇带兼作沉降缝时,带宽可适当增加,后浇带混凝土应在沉降基本完成后浇筑。

4. 地下室底层柱、剪力墙与梁板式筏形基础的基础梁连接

交叉基础梁的宽度小于柱截面的边长时,交叉基础梁连接处应设置八字角,柱角和八字角之间的净距不宜小于 50 mm,见图 4-48(a);当单向基础梁与柱连接,且柱截面边长大于 400 mm 时,可采用图 4-48(b)的形式;柱截面边长小于 400 mm 时,可采用图 4-48(c)的形式。基础梁与剪力墙连接时,基础梁边至剪力墙边的距离不宜小于 50 mm,如图 4-48(d)所示。

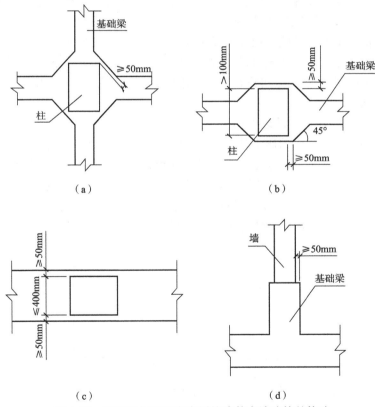

图 4-48　基础梁与地下室底层柱或剪力墙连接的构造

当柱荷载较大时,为满足剪压比及承载力要求,可在基础梁的支座处加腋(水平加腋或竖直加腋或两者同时采用),如图 4-49 所示。

5. 基础埋深

在抗震设防区天然土质地基上的筏基及箱基,其埋深不宜小于建筑物高度的 1/15;当桩与筏板或箱基底板连接符合相关规范后,桩筏或桩箱基础的埋置深度(不计桩长)不宜小于建筑物高度的 1/18。

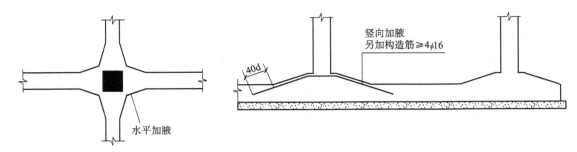

图 4-49　基础梁的支座处加腋

6. 高层建筑筏形基础与裙房基础之间的构造

当高层建筑设有裙房时,高层建筑筏形基础与裙房基础之间的构造应符合下列要求:

(1)当高层建筑与相连的裙房之间设置沉降缝时,高层建筑的基础埋深应大于裙房基础的埋深至少 2 m。当不满足要求时必须采取有效措施。地面以下沉降缝应用粗砂填实。

(2)当高层建筑与相连的裙房之间不设置沉降缝时,宜在裙房一侧设置用于控制沉降差的后浇带,当沉降实测值和计算确定的后期沉降差满足设计要求后,方可进行后浇带混凝土浇筑。当高层建筑基础面积满足地基承载力和变形要求时,后浇带宜设在与高层建筑相邻裙房的第一跨内。当需要满足高层建筑地基承载力、降低高层建筑沉降量,减小高层建筑与裙房间的沉降差而增大高层建筑基础面积时,后浇带可设在距主楼边柱的第二跨内,此时应满足以下条件:

①地基土质较均匀;

②裙房结构刚度较好且基础以上的地下室和裙房结构层数不少于两层;

③后浇带一侧与主楼连接的裙房基础底板厚度与高层建筑的基础底板厚度相同(图 4-50)。

(3)当高层建筑与相连的裙房之间不设沉降缝和后浇带时,高层建筑及与其紧邻一跨裙房的筏板应采用相同厚度,裙房筏板的厚度宜从第二跨裙房开始逐渐变化,应同时满足主 、裙楼基础整体性和基础板的变形要求;应进行地基变形和基础内力的验算,验算时应分析地基与结构间变形的相互影响,并采取有效措施防止产生有不利影响的差异沉降。

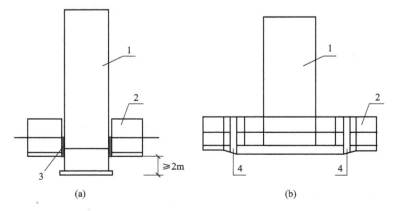

图 4-50　高层建筑与裙房间的沉降缝、后浇带处理示意图

1—高层;2—裙房及地下室;3—室外地坪以下用粗砂填实;4—后浇带

(4)筏板与地下室外墙的接缝、地下室外墙沿高度处的水平接缝应严格按施工缝要求施工,必要时可设通长止水带。

（5）筏形基础地下室施工完毕后，应及时进行回填工作。回填基坑时，应先清除基坑中的杂物，并应在相对的两侧或四周同时回填并分层夯实。

4.6.2　筏形基础的地基计算

筏形及箱形基础的地基应进行承载力和变形的计算，必要时应验算地基的稳定性。

1. **承载力计算**

对于天然地基上的筏形基础，应验算持力层的地基承载力，并应满足下列要求：

（1）对于非抗震设防结构

$$p_k \leqslant f_a \tag{4-80a}$$

$$p_{kmax} \leqslant 1.2 f_a \tag{4-80b}$$

$$p_{kmin} \geqslant 0 \tag{4-80c}$$

式中　f_a——修正后的地基承载力特征值，按《建筑地基基础设计规范》确定；

p_k——基础底面平均压应力，计算方法同浅基础，只是当基底在地下水位以下时，基础的重量应当扣除水对基础的浮力；

p_{kmax}——基础底面的最大压应力；

p_{kmin}——基础底面的最小压应力。

式（4-80c）是根据高层建筑的特点对倾斜提出的限制。

（2）对于抗震设防结构，除应符合公式（4-80）外，还应符合下式要求：

$$p_E \leqslant f_{SE} \tag{4-81}$$

$$p_{Emax} \leqslant 1.2 f_{SE} \tag{4-82}$$

$$f_{SE} = \xi_s f_a \tag{4-83}$$

式中　p_E——基础底面地震效应标准组合的平均压力设计值；

p_{Emax}——基础底面地震效应标准组合的边缘最大压力；

f_{SE}——调整后的地基土抗震承载力；

ξ_s——地基抗震承载力调整系数，按表（4-12）确定。

表 4-12　地基土抗震承载力调整系数 ξ_s

岩土名称和性状	ξ_s
岩石，密实的碎石土，密实的砾、粗、中砂，$f_{ak} \geqslant 300$ kPa 的黏性土和粉土	1.5
中密、稍密的碎石土，中密和稍密的砾、粗、中砂，密实和中密的细、粉砂，150 kPa$\leqslant f_{ak} < 300$ kPa 的黏性土和粉土，坚硬黄土	1.3
稍密的细砂、粉砂，100 kPa$\leqslant f_{ak} < 150$ kPa 的黏性土和粉土，可塑黄土	1.1
淤泥，淤泥质土，松散的砂，杂填土，新近堆积黄土及流塑黄土	1.0

注：f_{ak} 为地基承载力的特征值。

高宽比大于 4 的高层建筑，在地震作用下基础底面不宜出现拉应力；其他建筑，基础底面与地基土之间零应力区的面积不应超过基础底面面积的 15%。

如有软弱下卧层，应验算其下卧层强度，验算方法与天然地基上的浅基础相同。

2. **地基的变形计算**

天然地基上的建筑基础施工时均须先开挖基坑。因开挖卸除该深度土体的自重压力 p_c 后，地基将发生回弹变形。在建筑物从砌筑基础至建成投入使用期间，地基处于逐步加载受荷的过程中。当外荷载小于或等于 p_c 时,地基沉降变形 s_1 是由地基回弹转化为再压缩的变形。当外荷载大于 p_c 时,除上述回弹再压缩的地基沉降变形外,还由于附加压力 $p_0 = p - p_c$ 的作用而产生地基的新增沉降变形 s_2。对基础埋置较深的地基最终沉降变形皆应由 $s = s_1 + s_2$ 组成,按分层总和法计算地基最终沉降量时,可根据《高层建筑箱形与筏形基础技术规范》(以下简称《箱基规范》)推荐的沉降量公式计算:

(1)当采用土的压缩模量 E_s 计算箱形和筏形基础的最终沉降量 s 时,可按下式计算:

$$s = \sum_{i=1}^{n} \left(\psi' \frac{p_c}{E'_{si}} + \psi_s \frac{p_0}{E_{si}} \right)(z_i \bar{\alpha}_i - z_{i-1} \bar{\alpha}_{i-1}) \tag{4-84}$$

式中 s——箱基和筏基的最终沉降量;

ψ'——考虑回弹影响的沉降计算经验系数,可按地区经验确定,无经验时取 $\psi' = 1$;

ψ_s——沉降计算经验系数,按地区经验采用;当缺乏地区经验时可按《建筑地基基础设计规范》的有关规定采用;

p_c——基础底面处地基土的自重应力标准值;

p_0——长期效应组合下的基础底面处的附加压力标准值;

E'_{si}, E_{si}——基础底面下第 i 层土的回弹再压缩模量和压缩模量,按《箱基规范》的规定取值;

n——沉降计算深度范围内所划分的地基土层数;

z_i, z_{i-1}——基础底面至第 i 层、第 $i-1$ 层底面的距离;

$\bar{\alpha}_i, \bar{\alpha}_{i-1}$——基础底面计算点至第 i 层、第 $i-1$ 层底面范围内平均附加应力系数,按《箱基规范》附录 A 的规定取值。

沉降计算深度可按《建筑地基基础设计规范》的有关规定确定。

(2)当采用土的变形模量 E_0 计算箱形和筏形基础的最终沉降量 s 时,可按下式计算:

$$s = p_k b \eta \sum_{i=1}^{n} \frac{\delta_i - \delta_{i-1}}{E_{0i}} \tag{4-85}$$

式中 p_k——长期效应组合下的基础底面处的平均压力标准值;

b——基础底面宽度;

E_{0i}——基础底面下第 i 层土的变形模量,可通过试验或地区经验确定;

δ_i, δ_{i-1}——与基础长宽比 l/b 及基础底面至第 i 层土和第 $i-1$ 层土底面的距离深度 z 有关的无因次系数,可按《箱基规范》附录 B 采用。

η——修正系数,可按表 4-13 确定。

表 4-13   修正系数 η

$m = 2z_n/b$	$0 < m \leqslant 0.5$	$0.5 < m \leqslant 1$	$1 < m \leqslant 2$	$2 < m \leqslant 3$	$3 < m \leqslant 5$	$5 < m \leqslant \infty$
η	1.00	0.95	0.9	0.8	0.75	0.7

按公式(4-84)计算沉降时,沉降计算深度 z_n,应按下式计算:

$$z_n = (z_m + \xi b)\beta \tag{4-86}$$

式中 z_m——与基础长宽比有关的经验值,按表 4-14 确定;

ξ——折减系数,按表 4-14 确定;

β——调整系数,按表 4-15 确定。

表 4-14　z_m值和折减系数 ξ

l/b	$\leqslant 1$	2	3	4	$\geqslant 5$
z_m	11.6	12.4	12.5	12.7	13.2
ξ	0.42	0.49	0.53	0.6	1.00

表 4-15　调整系数 β

土类	碎石	砂土	粉土	黏性土	软土
β	0.3	0.5	0.6	0.75	0.1

设计人员可根据具体情况在式(4-84)、式(4-85)中选用一种方法进行沉降计算。

(3)地基变形验算

高层建筑筏基的沉降量和整体倾斜是其地基变形的主要特征。其中整体倾斜可根据荷载的偏心、地基的不均匀性、相邻荷载的影响等因素,结合地区经验分别对基础横向和纵向进行计算。

上部结构通过筏基或箱基连成一体,因而对基础的整体倾斜很敏感,尤其是横向倾斜。一些研究者指出,整体倾斜达 1/250 就可凭肉眼察觉,达 1/150 则可能出现结构损坏现象。在分析研究上述意见和工程经验的基础上,规范建议,对非抗震设防的高层建筑,筏基横向整体倾斜的计算值 α_T 最好符合下式要求:

$$\alpha_T = \frac{B}{100 H_g} \tag{4-87}$$

式中　B——筏基或箱形基础的宽度;

H_g——自室外地面至檐口的建筑物高度(不包括突出屋面的电梯间、水箱间等局部附属建筑)。

在抗震设防的情况下,一般来说对整体倾斜的限制可根据地区经验适当放宽。高层建筑筏基的容许沉降量可根据地区经验或参照建筑相关规范的有关规定确定。

4.6.3　筏形基础的内力分析

筏形基础可看作一置于地基上的板,在荷载量级不太大时可视为一空间弹性问题,但应用弹性力学精确求解时计算比较复杂。工程设计中,大多根据实际情况采用简化计算方法。在荷载作用下,筏基的挠曲变形可分为两种情况:其一,多出现在上部结构刚度和基础的刚度大的时候,整体弯曲受到抑制,变形以柱间或肋梁间筏板在地基反力作用下发生局部挠曲为主,整体挠曲可以忽略,常用刚性板带法、倒梁法求解;另一为出现于上部结构和基础刚度不太大的情形,地基沉降引起筏板产生整体弯曲,整体挠曲明显大于局部挠曲,则常用地基板分析法。

当上部结构和基础的刚度足够大时,可假设基础为绝对刚性,基础底反力呈直线分布,并按静力学方法确定反力。当相邻柱荷载和柱距变化不大时,可将筏板划分为互相垂直的板带,板带的分界线就是相邻柱列间的中线,然后再分别按独立的条形基础计算内力,可采用倒梁法或刚性板带法等方法,这种分析方法计算简单方便,但忽略了板带间剪力的影响。

当地基比较均匀、上部结构刚度较好,框架的柱网在纵横两个方向上尺寸的比值小于 2,且在柱网单元内不再布置次梁时,可将筏形基础近似地视为一倒置的楼盖,以地基反力作为荷载,筏板按双向多跨连续板、肋梁按多跨连续梁计算,即所谓"倒楼盖法"。

如果地基比较复杂、上部结构刚度较差，或柱荷载及柱间距变化较大时，筏形基础属于有限刚度板，上部结构、基础和地基是共同作用的，应按共同作用原理分析，如按弹性地基板理论计算，求解时可以采用有限差分法、有限元法或简化法等。

1. 刚性板法

若上部结构和基础的刚度足够大时，可认为基础绝对刚性，筏板基础可按刚性板条法计算基础内力。将坐标原点定位于底板形心处，基底反力 p 成直线分布，则有

$$\begin{matrix} p_{\max} \\ p_{\min} \end{matrix} = \frac{\sum F_i}{A} \pm \left(\sum F_i\right)\frac{e_x x}{I_y} \pm \left(\sum F_i\right)\frac{e_y y}{I_x} \tag{4-88}$$

$$\begin{matrix} p_{\max} \\ p_{\min} \end{matrix} = \frac{\sum F_i}{A} \pm \frac{\sum F_i e_x}{W_y} \pm \frac{\sum F_i e_y}{W_x} \tag{4-89}$$

式中　$\sum F_i$——上部结构作用在筏板基础上的总荷载设计值；

e_x, e_y——$\sum F_i$ 的合力作用在 x、y 方向上距底板形心的距离；

I_x, I_y——底板对 x 轴、y 轴的惯性矩；

W_x, W_y——底板对 x、y 轴的截面抵抗矩。

先将筏基在 x、y 方向从一跨跨中到相邻跨中分成若干条带(图 4-51)，然后取出每一条板带进行分析，设某条带的宽度为 b，长度为 L，条带内柱的总荷载为 $\sum P$，条带内地基反力平均值为 $\bar{p}_j$，总反力与总荷载的平均值为：

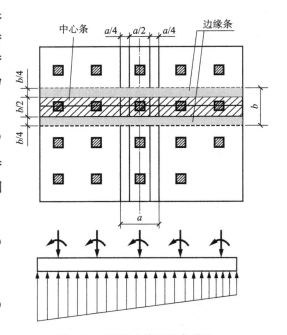

$$\bar{P} = \frac{\sum P + \bar{p}_j bL}{2} \tag{4-90}$$

因没有考虑条带之间的剪力，因此每一条带柱荷载的总和与基底反力总和不平衡，需进行调整。柱荷载的修正系数：

$$\alpha = \frac{\bar{P}}{\sum P} \tag{4-91}$$

修正后的基底平均反力为：

$$\bar{p}_j' = \frac{\bar{P}}{bL} \tag{4-92}$$

最后采用调整后的柱荷载 αP_i 及基底反力 $\bar{p}_j'$，按独立的柱下条形基础计算基础内力。

图 4-51　平板式筏基的条带法

2. 倒楼盖法

当地基土比较均匀、地基压缩层范围内无软弱土层或可液化土层、上部结构刚度较好，柱网和荷载较均匀、相邻柱荷载及柱间距的变化不超过 20%，且梁板式筏基梁的高跨比或平板式筏基板的厚跨比不小于 $1/6$ 时，筏形基础可仅考虑局部弯曲作用，按倒楼盖法计算基础内力。基底反力按直线分布进行计算，且应扣除底板自重及其上填土的自重计算基底反力。

（1）平板式筏基的计算

倒楼盖法类似于计算柱下条形基础的倒梁法，按该法计算平板式筏基的内力时，可把筏基

看成倒置的无梁楼盖。计算时在平面上把基础划分为如图 4-52 所示的柱下板带和跨中板带。边排柱下的板带宽度取为相邻柱间距的 1/4 与柱轴线至基底边缘距离之和,其余带宽为柱距的 1/2;若柱距不相等,则取为相邻柱距平均值的 1/2。然后根据柱荷载和均匀分布的地基反力,按无梁楼盖计算基础的内力。

柱下板带中,柱宽及其两侧各 0.5 倍板厚且不大于 1/4 板跨的有效宽度范围内,其钢筋配置量不应小于柱下板带钢筋数量的一半,且应能承受板与柱之间部分不平衡弯距 M_P,以保证板柱之间的弯矩传递,并使筏板在地震作用过程中处于弹性状态,保证柱根处能实现预期的塑性铰。有效宽度范围如图 4-52 所示。

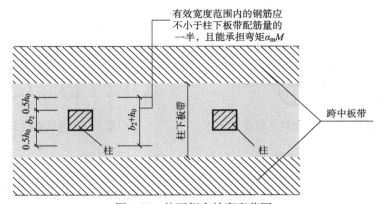

图 4-52　柱两侧有效宽度范围

$$M_P = \alpha_m M_{unb} \tag{4-93}$$

$$\alpha_m = 1 - \alpha_s \tag{4-94}$$

式中　α_m——不平衡弯矩通过弯曲来传递的分配系数;

α_s——按后面的公式(4-102)计算。

$$M_{unb} = N e_N - P e_P \pm M_c \tag{4-95}$$

M_{unb} 为板与柱之间的不平衡弯矩,作用在柱边 $h_0/2$ 处冲切临界截面重心上,对边柱它包括有柱根处轴力设计值 N 和该处筏板冲切临界截面范围内的地基反力设计值 P 对临界截面重心产生的弯矩。因筏板与上部结构是分别计算的,因此计算中还应包括柱子根部的弯矩 M_c,如图 4-53 所示。

对于内柱,由于对称的关系,柱截面形心与冲切临界截面重心重合,N、P 的偏心距为零,因此冲切临界截面重心上的弯矩,可取柱下板带板端不平衡弯矩和柱根弯矩之和。

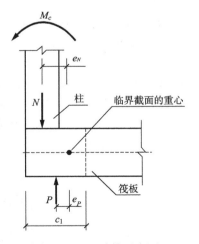

图 4-53　M_{unb} 计算示意图

(2)梁板式筏基的计算

若梁板式筏基的基础梁只沿着柱网轴线设置,纵横向柱间距的长宽比小于 2,则可按下述方法分别对梁和板进行计算。

地基反力仍为均匀分布的反力,各梁承担的反力按图 4-54 所划分的范围确定。图中每一板格内,由通过柱中心的 45°线及其交点的连线分为两个梯形和两个三角形,其区域内的地基反力即认为分别由相应的纵向和横向基础梁所承担。由此得该图情况下($l_x > l_y$)梁上分布的地基反力如图中所示。基础梁上的荷载确定以后即可用倒梁法计算梁的内力。

至于筏板,可按周边支承的双向板分别对每一板格进行计算。板边支承条件可按下述采用:当板边与边排柱下的基础梁连接时,假定为简支;当与中间的基础梁连接时,假定为固定支承。各板格所受的荷载都为均匀分布的地基净反力。图 4-55 所示的筏板被分割为多列连续板。各板块的支承条件可分为 3 种情况:①二邻边固定、二邻边简支;②三边固定、一边简支;③四边固定。根据计算简图查阅弹性板计算公式或计算手册即可求得各板块的内力。

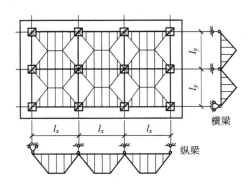

图 4-54　梁板式筏基基础梁上的反力分配

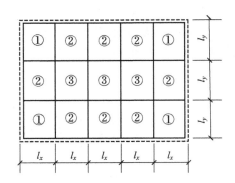

图 4-55　连续板的支承条件

3. 弹性地基上板的简化计算法

筏形基础若严格按弹性地基上的板计算时,需根据弹性薄板的挠曲微分方程求解,一般只能求得数值解,计算比较复杂。下面介绍一种较为常用的简化算法,其要点是把筏基当作弹性地基上的梁来分析,以确定地基反力分布,然后按梁、板计算基础内力。

如图 4-56(a)的梁板式筏基,先将其看作该图(b)所示的梁,其长度为 l,宽度为 b,截面形状如图(c)所示,梁上的荷载 F_i 等均为基础横向同一排的柱底竖向力之和。此时忽略横向(y 方向)基础梁的影响,采用某种地基模型,按弹性地基梁求地基反力 $p(x)$,其分布如图(b)所示。所得 $p(x)$ 在基础横向是均匀分布的,与实际情况不符,需通过筏基横向的计算来调整。为此,如图(a)阴影部分所示,在基础横向取一单位宽度的截条并视之为梁,其截面高度取为横向基础梁高度与筏板厚度的平均值,以 $p(x)$ 在截条处的均布反力 p_i 作为梁上的荷载,如图(d)所示。此时忽略纵向基础梁的影响,用同样的地基模型按弹性地基梁计算,可求得截条下的地基反力 $p(y)$,其分布示意如图(d)所示。再取若干个截条进行同样的计算,便可求得整个基底下的地基反力。然后可分别按梁、板计算基础内力。

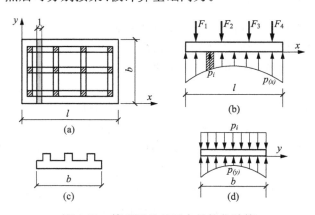

图 4-56　筏基下地基反力的简化计算

4.6.4　筏基的强度验算与配筋计算

使用合适的方法计算出筏板基础内力后,可按《混凝土结构设计规范》中的抗剪和抗冲切强度验算方法确定筏板厚度,由抗弯强度验算确定筏板的纵向与横向配筋量,对含基础梁的筏板基础,其基础梁的计算及配筋可采用与条形基础梁相同的方法进行。

平板式筏基的筏板厚度通常由冲切控制,包括柱下冲切和内筒冲切。平板式筏基内筒、柱边缘处以及筏板变厚度处剪力较大,应进行抗剪承载力验算。梁板式筏基底板应计算正截面受弯承载力,其厚度尚应满足冲切承载力、受剪承载力的要求。梁板式筏基基础梁和平板式筏基的顶面应满足底层柱下局部受压承载力的要求。

1. 底板斜截面抗剪

(1)平板式筏基受剪承载力应按式(4-96)验算,当筏板的厚度大于 2000 mm 时,宜在板厚中间部位设置直径不小于 12 mm、间距不大于 300 mm 的双向钢筋网。

$$V_s \leqslant 0.7\beta_{hs}f_t b_w h_0 \tag{4-96}$$

式中　V_s——相应于作用的基本组合时,基底净反力平均值产生的距内筒或柱边缘 h_0 处筏板单位宽度的剪力设计值(kN);

　　　b_w——筏板计算截面单位宽度(m);

　　　h_0——距内筒或柱边缘 h_0 处筏板的截面有效高度(m)。

β_{hs}、f_t 定义与扩展基础抗剪相同。

(2)梁板式筏基底板受剪切承载力计算应符合下列规定:

梁板式筏基双向底板斜截面受剪承载力应按下式进行计算。

$$V_s \leqslant 0.7\beta_{hs}f_t(l_{n2} - 2h_0)h_0 \tag{4-97}$$

式中　V_s——距梁边缘 h_0 处,作用在图 4-57(b)中阴影部分面积上的基底平均净反力产生的剪力设计值(kN)。

当底板板格为单向板时,其斜截面受剪承载力应按《建筑地基基础设计规范》墙下条形基础底板的验算要求进行,其底板厚度不应小于 400 mm。

2. 底板抗冲切承载力

(1)梁板式筏基抗冲切验算:

①梁板式筏基底板受冲切承载力应按下式进行计算:

$$F_L \leqslant 0.7\beta_{hp}f_t u_m h_0 \tag{4-98}$$

式中　F_L——作用的基本组合时,图 4-57(a)中阴影部分面积上的基底平均净反力设计值(kN);

　　　u_m——距基础梁边 $h_0/2$ 处冲切临界截面的周长(m)。

②当底板区格为矩形双向板时,底板受冲切所需的厚度 h_0 应按式(4-99)进行计算,其底板厚度与最大双向板格的短边净跨之比不应小于 1/14,且板厚不应小于 400 mm。

$$h_0 = \frac{(l_{n1} + l_{n2}) - \sqrt{(l_{n1} + l_{n2})^2 - \dfrac{4p_n l_{n1} l_{n2}}{p_n + 0.7\beta_{hp}f_t}}}{4} \tag{4-99}$$

式中　l_{n1}, l_{n2}——计算板格的短边和长边的净长度(m);

　　　p_n——扣除底板及其上填土自重后,相应于作用的基本组合时的基底平均净反力设计值(kPa)。

(2)平板式筏基抗冲切验算时应考虑作用在冲切临界面重心上的不平衡弯矩产生的附加

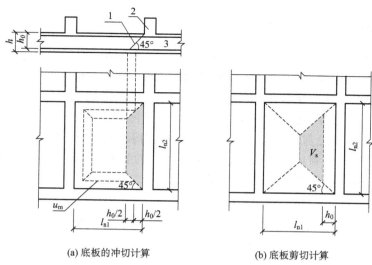

(a) 底板的冲切计算　　　(b) 底板剪切计算

图 4-57　底板冲切及剪切计算示意图

1—冲切破坏锥体的斜截面；2—梁；3—底板

剪力。对基础的边柱和角柱进行冲切验算时，其冲切力应分别乘以 1.1 和 1.2 的增大系数。距柱边 $h_0/2$ 处冲切临界截面的最大剪应力 τ_{max} 应按式(4-100)、式(4-101)进行计算(图 4-58)，且板的最小厚度不应小于 500 mm。

$$\tau_{max} = \frac{F_L}{u_m h_0} + \alpha_s \frac{M_{unb} c_{AB}}{I_s} \tag{4-100}$$

$$\tau_{max} \leqslant 0.7(0.4 + 1.2/\beta_s)\beta_{hp} f_t \tag{4-101}$$

$$\alpha_s = 1 - \frac{1}{1 + \frac{2}{3}\sqrt{\frac{c_1}{c_2}}} \tag{4-102}$$

式中　F_L——相应于作用的基本组合时的冲切力(kN)，对内柱取轴力设计值减去筏板冲切破坏锥体内的基底净反力设计值；对边柱和角柱，取轴力设计值减去筏板冲切临界截面范围内的基底净反力设计值；

u_m——距柱边缘不小于 $h_0/2$ 处冲切临界截面的最小周长(m)；

h_0——筏板的有效高度(m)；

M_{unb}——作用在冲切临界截面重心上的不平衡弯矩设计值(kN·m)，见式(4-95)；

c_{AB}——沿弯矩作用方向，冲切临界截面重心至冲切临界截面最大剪应力点的距离(m)；

I_s——冲切临界截面对其重心的极惯性矩(m⁴)；

β_s——柱截面长边与短边的比值，当 $\beta_s<2$ 时，β_s 取 2，当 $\beta_s>4$ 时，β_s 取 4；

β_{hp}——受冲切承载力截面高度影响系数，当 $h\leqslant800$ mm 时，取 $\beta_{hp}=1.0$；当 $h\geqslant2\,000$ mm 时，取 $\beta_{hp}=0.9$，其间按线性内插法取值；

f_t——混凝土轴心抗拉强度设计值(kPa)；

c_1——与弯矩作用方向一致的冲切临界截面的边长(m)；

c_2——垂直于 c_1 的冲切临界截面的边长(m)；

α_s——不平衡弯矩通过冲切临界截面上的偏心剪力来传递的分配系数。

冲切临界截面的周长 u_m 以及冲切临界截面对其重心的极惯性矩 I_s，应根据柱所处的部位分别按表 4-16 中公式进行计算。

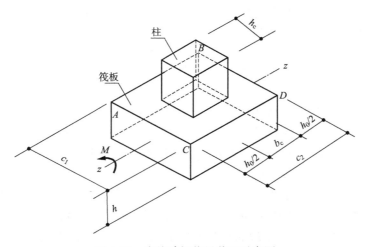

图 4-58　内柱冲切临界截面示意图

表 4-16　柱冲切临界截面周长 u_m 和极惯性矩 I_s

内　　柱	边　　柱	角　　柱
<td colspan="3">

$u_m = 2c_1 + 2c_2$

$I_s = \dfrac{c_1 h_0^3}{6} + \dfrac{c_1^3 h_0}{6} + \dfrac{c_2 h_0 c_1^2}{2}$

$c_1 = h_c + h_0$

$c_2 = b_c + h_0$

$c_{AB} = \dfrac{c_1}{2}$

$u_m = 2c_1 + c_2$

$I_s = \dfrac{c_1 h_0^3}{6} + \dfrac{c_1^3 h_0}{6}$

$\quad + 2h_0 c_1 \left(\dfrac{c_1}{2} - \bar{x}\right)^2 + c_2 h_0 \bar{x}^2$

$c_1 = h_c + \dfrac{h_0}{2}$

$c_2 = b_c + h_0$

$c_{AB} = c_1 - \bar{x}$

$\bar{x} = \dfrac{c_1^2}{2c_1 + c_2}$

$u_m = c_1 + c_2$

$I_s = \dfrac{c_1 h_0^3}{6} + \dfrac{c_1^3 h_0}{6}$

$\quad + c_1 h_0 \left(\dfrac{c_1}{2} - \bar{x}\right)^2 + c_2 h_0 \bar{x}^2$

$c_1 = h_c + \dfrac{h_0}{2}$

$c_2 = b_c + \dfrac{h_0}{2}$

$c_{AB} = c_1 - \bar{x}$

$\bar{x} = \dfrac{c_1^2}{2c_1 + 2c_2}$
</td> | | |
| 式中：h_c——与弯矩作用方向一致的柱截面的边长（m）；
　　　b_c——垂直于 h_c 的柱截面边长（m） | 式中：$\bar{x}$——冲切临界截面重心位置（m）；
　　　h_0——筏板的有效高度（m） | |

注意：(1) 对外伸式筏板，边柱柱下筏板冲切临界截面的计算模式应根据边柱外侧筏板的悬挑长度和柱子的边长确定。当边柱外侧悬挑长度小于或等于 $h_0 + 0.5b_c$ 时，冲切临界截面可计算至垂直于自由边的板端，计算 c_1 及 I_s 值时应计及边柱外侧的悬挑长度；当边柱外侧筏板的悬挑长度大于 $h_0 + 0.5b_c$ 时，边柱柱下筏板冲切临界截面的计算模式同内柱。

　　　(2) 对于角柱，注意公式适用于柱两相邻外侧齐筏板边缘的角柱。对外伸式筏板，角柱柱下筏板冲切临界截面的计算模式应根据角柱外侧筏板的悬挑长度和柱子的边长确定。当角柱两相邻外侧筏板的悬挑长度分别小于或等于 $h_0 + 0.5b_c$ 和 $h_0 + 0.5h_c$ 时，冲切临界截面可计算至垂直于自由边的板端，计算 c_1、c_2 及 I_s 值应计及角柱外侧筏板的悬挑长度；当角柱两相邻外侧筏板的悬挑长度大于 $h_0 + 0.5b_c$ 和 $h_0 + 0.5h_c$ 时，角柱柱下筏板冲切临界截面的计算模式同内柱。

对有抗震设防要求的平板式筏基,尚应验算地震作用组合的临界面的最大剪应力 τ_{Emax},此时式(4-100)、式(4-101)可改写为:

$$\tau_{Emax} = \frac{V_{SE}}{A_s} + \alpha_s \frac{M_E \cdot c_{AB}}{I_s} \qquad (4\text{-}103)$$

$$\tau_{max} \leqslant 0.7(0.4 + 1.2/\beta_s)\beta_{hp} f_t/\gamma_{RE} \qquad (4\text{-}104)$$

式中　V_{SE}——地震作用组合的集中反力设计值(kN);

　　　M_E——地震作用组合的冲切临界截面重心上的弯矩设计值(kN·m);

　　　A_s——距柱边 $h_0/2$ 处的冲切临界截面的筏板有效面积(m²);

　　　γ_{RE}——抗震调整系数,取 0.85。

(3)当柱荷载较大,等厚度筏板的受冲切承载力不能满足要求时,可在筏板上面增设柱墩或在筏板下局部增加板厚或采用抗冲切钢筋等措施满足受冲切承载能力要求。

(4)平板式筏基内筒下的板厚应满足受冲切承载力的要求,并应符合下列规定:

① 受冲切承载力应按下式进行计算:

$$F_L/u_m h_0 \leqslant 0.7\beta_{hp} f_t/\eta \qquad (4\text{-}105)$$

式中　F_L——相应于作用的基本组合时,内筒所承受的轴力设计值减去内筒下筏板冲切破坏
　　　　　　锥体内的基底净反力设计值(kN);

　　　u_m——距内筒外表面 $h_0/2$ 处冲切临界截面的周长(m)(图4-59);

　　　h_0——距内筒外表面 $h_0/2$ 处筏板的截面有效高度(m);

　　　η——内筒冲切临界截面周长影响系数,取 1.25。

② 当需要考虑内筒根部弯矩的影响时,距内筒外表面 $h_0/2$ 处冲切临界截面的最大剪应力可按公式(4-100)计算,此时 $\tau_{max} \leqslant 0.7\beta_{hp} f_t/\eta$。

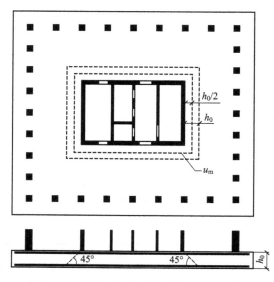

图 4-59　筏板受内筒冲切的临界截面位置

3. 局部抗压

梁板式筏基基础梁和平板式筏基的顶面应满足底层柱下局部受压承载力的要求。对抗震设防烈度为9度的高层建筑,验算柱下基础梁、筏板局部受压承载力时,应计入竖向地震作用对柱轴力的影响。

4. 筏板抗弯

筏板及基础梁抗弯由前面结构内力计算得到的弯矩,按结构设计原理方法及相应规范要求配筋。

4.7　箱　形　基　础

箱形基础是由钢筋混凝土顶板、底板、外侧墙及一定数量的纵横内隔墙组成的空间整体性的单层或多层钢筋混凝土基础(图 4-60)。其空间部分形成的地下室可设计成商店、库房、设备层和人防工程等,是一种多、高层建筑常用的基础形式。当上部结构荷载较大,地基承载力偏低时,选用具有较大整体刚度的箱形基础,能有效地调整由于软弱地基在较大荷载作用下的不均匀沉降。

箱形基础的底面积及埋置深度比一般实体基础(扩展基础和柱下条形基础)要大得多,因此基底附加应力减小,从而减少了基础的沉降,同时可降低整体建筑物的重心,是一种理想的补偿性基础。

箱形基础的上部结构多采用钢筋混凝土框架、剪力墙、框剪及筒体结构,这些结构自重较大,风荷载及地震荷载也随着建筑物的增高而增大,因此在设计时,除考虑地基的承载力之外,还要考虑建筑物的允许变形及倾斜要求,以及地下水对箱形基础的影响(如水的浮力、侧壁水压力、水的侵蚀性、施工时的排水等问题)。

箱形基础设计一般包括如下内容:确定基础埋置深度;初步拟定箱基各部分尺寸;进行地基验算,包括地基承载力、地基变形、整体倾斜、地基稳定性验算;基础结构设计;绘制基础施工图。

箱形基础一般用于高层建筑,在基础埋置深度的确定、平面尺寸布置、地基承载力和变形验算及沉降计算方法等方面,都与上一节所述高层建筑的筏形基础相同。故下面只对箱基构造、地基反力及内力分析等作一介绍。

4.7.1　箱形基础的构造

箱形基础由底板、顶板、外墙及按结构需要和使用要求设置的内纵墙和内横墙构成(图 4-60),可为单层或多层。其主要构造要求如下:

(1)箱形基础的平面形式和尺寸应符合下列要求:

箱形基础的平面布置应根据上部结构使用功能来决定,力求简单,并根据结构的布局,荷载的分布,地基承载力等条件确定箱基的平面尺寸。结构的静荷载、活荷载的布置应力求均匀。当单幢建筑物地基土均匀时,应尽量使基底平面的形心位于结构竖向静荷载的合力作用线上。当地基承载力较低,且偏心较大时,可使箱基底板四周伸出不等长的短悬臂以调整基础底面形心位置。也可增大埋置深度或改变荷载分布以达到控制偏心或进行地基处理,使地基的承载力、沉降、倾斜能达到设计要求。

如不可避免偏心,与筏板基础的情况相同,偏心距 e 宜符合式(4-79)的要求。

根据设计经验,也可控制偏心距不大于偏心方向基础边长的1/60。

当为满足地基承载力需要而扩大基底面积时,宜向宽度方向扩展。

(2)箱基高度指基础底面到顶板顶面的外包尺寸,箱基高度一般取建筑物高度的1/8~1/12,也不宜小于箱基长度的1/20(箱基长度不包括底板悬挑部分),并不宜小于 3 m,如图 4-61 所示。

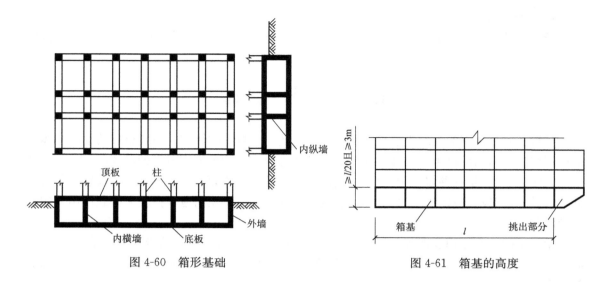

图 4-60　箱形基础

图 4-61　箱基的高度

(3)在高层建筑同一单元内,不应局部采用箱形基础。同一结构单元的箱基,埋置深度最好相同。

(4)箱基的外墙沿建筑物四周布置,内墙一般沿上部结构的柱网或剪力墙纵横向均匀布置。平均每 $1m^2$ 基础面积分摊的墙体长度不得小于 40 cm 或墙体水平面积不小于基底总面积的 1/10,其中纵墙配置量不得小于墙体总配置量的 3/5(基底面积不包括底部挑出部分,墙体长度或水平面积不扣除洞口的长度或面积),纵墙不少于 3 道贯通全长,且墙间距不宜大于 10 m。

(5)箱基的墙体厚度应根据实际受力情况及防水要求确定,但外墙不应小于 250 mm,一般用 250~400 mm,内墙不应小于 200 mm,一般用 200~300 mm。墙体一般采用双面配筋,钢筋不宜使用光面圆钢筋,水平向钢筋的直径均不应小于 12 mm,竖向钢筋的直径均不应小于 10 mm,间距不应大于 200 mm。除上部为剪力墙外,内、外墙的墙顶处宜配置两根直径不小于 20 mm 的通长构造筋以增强墙体的抗剪能力。

(6)箱基外墙不允许设置连续窗井。纵、横墙由于使用要求门洞较多,当外墙设置窗井时,窗井的分隔墙应与内墙连成整体。窗井的分隔墙可视作由箱形基础内墙伸出的挑梁。窗井底板应按支承在箱基外墙、窗井外墙和分隔墙上的单向板或双向板计算。窗井洞口不宜过大,窗口宜采用钢筋混凝土与箱基整体连结以保证有足够的刚度。

纵、横墙和外墙开洞时,当上部结构为框架体系时宜设在两柱轴线的居中位置;当上部结构为剪力墙时宜位于两剪力墙轴线的中央。洞高不宜大于 2 m,洞边至上层柱中轴线(或剪力墙轴线)距离不宜小于 1.2 m(图 4-62)。开口系数 γ 宜符合下式的要求:

$$\gamma = \sqrt{\frac{开口面积}{墙面积}} \leqslant 0.4$$

$$墙面积 = 柱距 \times 箱基全高 \qquad (4-106)$$

墙体洞口周围应按规范要求配置附加的加强钢筋。

(7)箱基顶板厚度根据顶板荷载大小、跨度长短、允许挠度等条件按单向板或双向板计算。但顶板厚度不小于 200 mm,

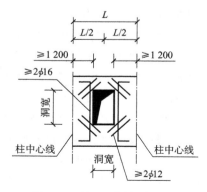

图 4-62　墙上开洞的布置

一般常取 200～300 m。为了保证箱基有足够的刚度,楼梯部位应加强。

底板厚度根据工程实践经验,当混凝土在 C20～C25,配筋率在 0.17％～1.17％时,底板厚度可参照表 4-17 选用。用表中尺寸可不进行抗剪强度计算,否则需作抗剪计算。底板厚度应不小于 300 mm,通常取 400～500 mm。

当箱基的整体挠曲可以忽略而只需考虑局部挠曲变形时,底板和顶板的配筋除满足局部挠曲的计算要求外,纵横两个方向的支座钢筋均应有 1/3～1/2 贯通全跨,其配筋率对纵向应不小于 0.15 ％,横向应不小于 0.10％;跨中按实际需要配置的钢筋应全部连通,以从构造上考虑整体挠曲的影响。若箱基在计算上应同时考虑整体和局部挠曲,配筋时应综合考虑底板和顶板上承受两种挠曲的钢筋的配置部位,以尽可能充分发挥各钢筋的作用。

表 4-17　箱形基础底板厚度参考值

基底平均压力/kPa	底板厚度
150～200	$(1/4～1/10)L_0$
200～300	$(1/10～1/8)L_0$
300～400	$(1/8～1/6)L_0$
400～500	$(1/7～1/5)L_0$

注:L_0 为底板最大区格的短向净跨尺寸。

(8)箱基与上部结构连接。在底层柱与箱基交接处,墙边与柱边或柱角与八字角之间的净距不宜小于 50 mm(图 4-63),并应验算底层柱下墙体的局部受压承载力。底层柱主筋伸入箱基长度:三面或四面与箱基墙相连的内柱,除四角钢筋直通基底外,其余钢筋伸入顶板底面以下 40 倍钢筋直径处。外柱、与剪力墙相连的柱及其他内柱的主筋应直通到基底。

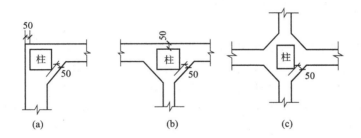

图 4-63　墙边柱边构造(单位:mm)

当上部结构为框架时,若框架柱为预制柱,箱基顶部应预留与柱连接的杯口,杯壁的厚度,当四面与预制板连接时不应小于 150 mm;对于两面或三面与顶板连接的杯口其临空面的杯口壁顶厚度,应符合高杯口的要求,且不应小于 200 mm。杯口深度取 $(L/20+50)$ mm(L 为预制柱的长度),同时杯口深度要大于柱子主筋直径的 35 倍,且不小于 500 mm。

(9)箱基长度大于 40 m 时,应设置贯通后浇施工缝,并应设在柱距三等分的中间范围内,缝宽不宜小于 800 mm,施工缝处的钢筋必须贯通,并适当加强,待施工缝以外的箱基顶板浇完后至少相隔两周,用比设计强度等级提高一级的混凝土将施工缝补齐,并加强养护。

(10)箱基是否需要防水以及敷设防水层的高度,主要取决于地下水的情况及箱基周围土质组成情况。

4.7.2　箱形基础的地基计算

箱形基础一般用于高层建筑。除了要进行与高层建筑的筏形基础相同的地基计算以外,尚应注意箱基的抗滑移稳定和抗倾覆稳定问题,此外在地基反力的确定方面有一些特殊性。

1. 箱基稳定计算

在地震区、风荷载较大的地区、地下水位较高的地区,且箱基埋深不太深时,应对箱基进行抗滑移稳定性验算:

$$K_h = \frac{\mu(\sum N + G)}{\sum T_i} \geqslant 1.2 \qquad (4\text{-}107)$$

式中　K_h——沿基底平面抗滑移稳定安全系数;

　　　　μ——基础底面与地基土接触面间的摩擦系数;

　　　$\sum N$——上部结构传给箱基的总竖向荷载;

　　　　G——箱基及其以上覆土的自重;

　　　$\sum T_i$——地震荷载组合中各水平力的总和。

在软土地基,抗倾覆稳定安全系数按下式计算:

$$K_F = \frac{抗滑力矩}{滑动力矩} \geqslant 1.1 \qquad (4\text{-}108)$$

$$K_F = \frac{y}{e} \qquad (4\text{-}109)$$

式中　K_F——抗倾覆稳定系数;

　　　　e——作用在基底平面上全部竖向荷载对基底形心的偏心距;

　　　　y——基底截面形心到截面最大受压区边缘的距离。

2. 地基反力

在箱形基础的结构设计中,上部荷载和基底反力是作用在箱基上的主要外荷载,因此箱基的设计首先要合理地确定基底反力。箱基的地基反力有简化计算方法和实用地基反力系数法。

当箱基的整体挠曲可以忽略时,基础相对较为刚性,可按地基反力均匀分布计算;对平面形状为矩形的单层箱基,地基、基础有一定的相互作用,可将箱基简化为工字形截面的梁,截面的上、下翼缘分别为箱基的顶、底板,腹板厚度为挠曲方向上箱基墙体的厚度之和,截面高度即箱基高度,然后按弹性地基上的梁分析地基反力。这些方法对上部结构的刚度考虑较少。

我国建筑科学研究院地基研究所根据北京、上海、西安、沈阳等地的工程实测数据,结合对共同作用问题的研究,提出了地基反力的实用计算方法,编制了多种情况的地基反力系数表,并被纳入《箱基规范》。此方法适用于矩形基础和形状较为简单的异形基础。

将基底(包括底板悬挑部分)划分为若干区格,该法分别给出了每一区格的地基反力系数。每个区格(i)的地基反力按下式计算:

$$p_i = \frac{\sum P}{BL} \alpha_i \qquad (4\text{-}110)$$

式中　$\sum P$——上部结构竖向荷载($\sum N$)加箱基的自重和挑出部分台阶上土的自重(G),
　　　　　　　$\sum P = \sum N + G$;

　　　B,L——箱基的宽度和长度,包括底板悬挑部分(m);

　　　　α_i——i 区格的基底反力系数,由《箱基规范》确定。

计算分析表明,由地基反力系数法计算箱基整体弯矩的结果比较符合实际。

4.7.3　箱形基础的内力分析

箱形基础的内力分析主要包括顶底板的弯曲、纵横墙体受剪及外墙受弯计算。

对于箱形基础,合理的内力分析方法应考虑上部结构、基础和地基的共同作用,可用有限元等方法进行计算,但比较复杂。工程实用中一般也可按简化方法计算。与筏基一样,在荷载作用下,箱基顶板和底板一般也会发生整体和局部挠曲。一方面,从整体来看,箱基承受着上部结构荷载和地基反力的作用,在基础内产生整体弯曲应力,可以将箱基当作一空心厚板,用静定分析法计算任一截面的弯矩和剪力。另一方面,箱形基础的顶板、底板还分别在顶板荷载和地基反力的作用下产生局部弯曲,可将顶板、底板视为周边固定的连续板计算内力。最后将整体弯曲及局部弯曲的计算结果叠加后进行配筋。

根据理论研究和实测结果,上部结构的刚度对基础内力有较大影响,由于上部结构参与共同作用,分担了整个体系的整体弯曲应力,基础内力将随上部结构刚度的增加而减少。目前工程中常用等效刚度来考虑上部结构刚度的影响,将上部结构分为框架、剪力墙、框剪和筒体四种结构体系,据之选择不同的计算方法。

1. 局部弯曲计算

当地基压缩层深度范围内的土层在竖向和水平方向较均匀且上部结构为平、立面布置均较规则的剪力墙、框架、框架—剪力墙体系时,箱基的墙体与上部结构有良好的连接,此时箱形基础的整体抗弯刚度很大,相应的整体弯曲很小。为简化计算,此时可以不考虑箱基的整体弯曲而仅按局部弯曲计算。对于顶板和底板,按其尺寸的比值,可分别按单向板或双向板计算局部弯曲所产生的弯矩。顶板按实际荷载计算,底板按均布基底反力计算,底板反力应扣除板的自重。考虑到整体弯曲的影响,配筋除按局部弯曲计算所需的配筋量外,在构造上再予以加强:纵横方向的支座钢筋中应有 $1/2 \sim 1/3$ 贯通全跨,且贯通钢筋的配筋率分别不应小于 0.15%、0.10%;跨中钢筋应按实际配筋率全部连通。

2. 同时考虑整体弯曲和局部弯曲的计算方法

对不符合上述按局部弯曲计算的箱形基础,内力分析时应同时考虑整体弯曲和局部弯曲的作用。首先根据上部结构的荷载和不同的地基反力系数求出箱形基础的基底反力,再根据上部结构的折算刚度和箱形基础的刚度按刚度分配法求出箱形基础应承担的弯矩,然后计算在使用荷载作用下顶板的局部弯矩、底板在基底反力作用下的局部弯矩。由于实测结果证明跨中的地基反力低于墙下,故底板局部挠曲产生的弯矩应乘折减系数 0.8。最后,顶板、底板按整体弯矩算出的配筋与局部弯矩的配筋叠加。其具体方法如下。

(1)上部结构的等效抗弯刚度

1953 年梅耶霍夫(Meyerhof)首次提出了框架结构等效抗弯刚度的计算公式,后经过修改列入我国《箱基规范》中,对于如图 4-64 所示的框架结构,等效抗弯刚度的计算公式如下:

$$E_B I_B = \sum_{i=1}^{n} \left[E_b I_{bi} \left(1 + \frac{K_{ui} + K_{li}}{2K_{bi} + K_{ui} + K_{li}} m^2 \right) \right] + E_w I_w$$

$$(4\text{-}111)$$

式中　$E_B I_B$——上部结构折算的等效抗弯刚度;

　　　E_b——梁、柱的混凝土弹性模量;

　　　I_{bi}——第 i 层梁的截面惯性矩;

K_{ui}, K_{li}, K_{bi}——第 i 层上柱、下柱和梁的线刚度;

　　　n——建筑物层数;

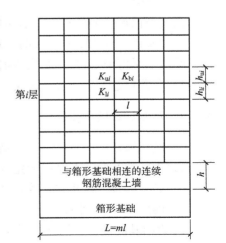

图 4-64　上部结构等效刚度的计算参数

m——上部结构在弯曲方向的节间数，$m=L/l$，L 为上部结构弯曲方向的总长度；

E_w，I_w——在弯曲方向与箱形基础相连的连续钢筋混凝土墙的弹性模量和惯性矩，$I_w=b_w h_w^3/12$（b_w、h_w 分别为墙的厚度总和和高度）。

上柱、下柱和梁的线刚度分别按下列各式计算：

$$K_{ui}=I_{ui}/h_{ui}$$
$$K_{li}=I_{li}/h_{li} \qquad (4\text{-}112)$$
$$K_{bi}=I_{bi}/l$$

式中 I_{ui}，I_{li}，I_{bi}——第 i 层上柱、下柱和梁的截面惯性矩；

h_{ui}，h_{li}——分别为上柱、下柱的高度；

l——框架结构的柱距。

式(4-112)适用于等柱距的框架结构，对柱距相差不超过20%的框架结构也可适用，此时，l 取柱距的平均值。

（2）箱形基础的整体弯曲计算

进行箱基的整体受弯分析时，如果箱基处于双向弯曲的状态，计算时可将箱基简化成沿纵横两个方向产生单向受弯构件进行计算，并将荷载和基底反力重复使用一次，即把箱基沿纵向（x 方向）看成一根静定梁，用静力平衡法求出任一截面的总弯矩 M_x 和总剪力 V_x；同样将箱基沿横向（y 方向）也看成一根静定梁，求出任一截面的总弯矩 M_y 和总剪力 V_y。

从整个体系来看，上部结构和基础是共同作用的，因此，箱基所承担的弯矩 M_F 可以将整体弯曲产生的弯矩 M 按基础刚度占总刚度的比例分配，即

$$M_F=\frac{E_F I_F}{E_F I_F+E_B I_B}M \qquad (4\text{-}113)$$

式中 M_F——箱形基础承担的整体弯曲弯矩；

M——由整体弯曲产生的弯矩，可按上述的静定分析法或采用其他有效方法计算；

E_F——箱形基础的混凝土弹性模量；

I_F——箱形基础横截面的惯性矩，按工字形截面计算，上、下翼缘宽度分别为箱形基础顶、底板全宽，腹板厚度为箱基在弯曲方向墙体厚度总和；

$E_B I_B$——框架结构的等效抗弯刚度，按式(4-111)计算。

（3）局部弯曲计算

局部弯曲产生的弯矩可按前述方法和规定计算。

箱形基础不仅承受着巨大的弯曲内力，同时还主要通过墙体承受巨大的剪力和压力，外墙还承受着水平弯曲，需要进行底板的抗剪切和抗冲切、纵横墙体的抗剪、外墙及受水平力的内墙的抗弯、洞口过梁等计算。相关计算请参考有关规范或手册。

4.7.4　箱基设计验算步骤

（1）按照箱基的构造要求初定箱基的结构尺寸。

（2）进行地基验算及基础稳定性验算。

（3）必要时按下述步骤计算箱基的整体弯曲内力：

①计算箱基抗弯刚度 $E_F I_F$：

E_F 为箱基混凝土弹性模量，I_F 为箱基惯性矩，将箱基简化成等效工字形截面，如图 4-65 所示。箱基顶、底板尺寸作为工字形截面上、下翼缘尺寸，箱基各墙体宽度总和作为工字形截面

腹板的厚度:

$$b = b_1 + b_2 + b_3 + \cdots + b_n = \sum b_i$$

然后求出等效截面的水平形心轴位置,再根据惯性矩的移轴定理求 I_F。

②求上部结构总折算刚度 $E_B I_B$:

上部结构总折算刚度由连续混凝土墙、上部结构的柱、梁等的刚度组成。

求弯曲方向与箱基相连接的连续混凝土墙的抗弯刚度 $E_w I_w$;求各层梁的线刚度 K_{bi};求各层上、下柱的线刚度 K_{ui}、K_{li};将上述结果代入式(4-111)求 $E_B I_B$。

③用静力平衡法求总整体弯矩 M,按式(4-113)求箱基实际承受的整体弯矩 M_F。

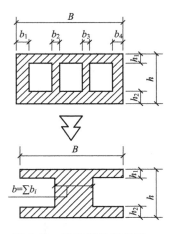

图 4-65　箱基等效截面图

(4)根据外荷载及反力系数表计算箱基受局部弯曲时的弯矩和剪力。

(5)计算各构件的强度。箱基的构件有顶板、底板和内、外墙。按各构件的受力情况分别计算其抗弯、抗剪、抗冲切和抗拉所需的钢筋。并按《箱基规范》的要求进行构造配筋。

(6)绘制箱基施工图。

 复习思考题

4-1　地基、基础与上部结构共同作用的分析方法有什么特点? 共同作用分析所用的地基模型描述了地基的什么规律?

4-2　文克勒地基模型、弹性半无限体地基模型和分层地基模型各有什么优缺点?

4-3　文克勒地基上梁的挠曲线微分方程是怎样建立的?

4-4　用静定分析法与倒梁法分析柱下条形基础纵向内力时有何差异,各适用什么条件?

4-5　按倒梁法计算柱下条形基础的要点是什么?

4-6　柱下条形基础的适用范围是什么?

4-7　柱下十字交叉基础节点荷载怎样分配,为什么要进行调整?

4-8　筏形基础与箱形基础有哪些构造要求? 如何进行内力及结构计算?

4-9　按倒楼盖法计算筏基的要点是什么?

4-10　如图 4-66 所示文克勒弹性地基梁,已知梁的底面宽度为 1.0 m,抗弯刚度 $E_c I = 120$ MN·m^2,基床系数 $k = 60$ MN/m^3。试计算截面 A 的弯矩和剪力。

(参考答案: -194.42 kN·m,62.13 kN)

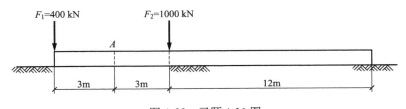

图 4-66　习题 4-10 图

4-11　如图 4-67 所示,承受集中荷载的钢筋混凝土条形基础的抗弯刚度 $EI=2\times10^6$ kN·m², 梁长 $l=10$ m,底面宽度 $b=2$m,基床系数 $k=4$ 199 kN/m³,试计算基础中心 C 右侧的挠度、弯矩和地基反力。

(参考答案: $w_c=13.4$ mm, $M=1$ 232.7 kN·m, $p_c=56.3$ kPa)

4-12　如图 4-68 所示,承受对称柱荷载的钢筋混凝土条形基础,长 $l=17$ m,底宽 $b=2.5$ m,基础抗弯刚度 $E_cI=4.3\times10^3$ kN·m²。地基土层厚 5 m,压缩模量 $E_s=10$ MPa。试计算基础的基底净反力和基础梁内力及中点挠度。($k=E_s/H$,求得变形系数,判断有限与无限长梁,对不同荷载分别进行计算。)

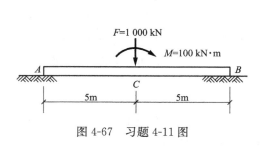

图 4-67　习题 4-11 图

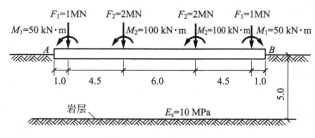

图 4-68　习题 4-12 图

第 4 章复习思考题答案

第 5 章

桩 基 础

第5章知识图谱

5.1 概　　述

对浅埋基础,为提高地基承载力,降低沉降,可采用的方法主要有两种:一是加大基础的底面尺寸,二是加大基础的埋深。显然,为与上部结构平面尺寸相适应,基础的平面尺寸不可能任意增大;而过大的基础埋深,会使施工时基坑开挖深度增大,从而导致施工成本的剧增。也就是说,当荷载较大或地基土层较差时,浅埋基础可能会无法满足承载力、变形等方面的要求;另外,开挖深度过大,会产生施工困难、造价过高等问题。

提高地基承载力,降低沉降的另一个思路是加大基础的竖向尺寸,即采用深埋基础。其作用有二:一是不需进行深基坑开挖,就可将基础置于更好的土层甚至基岩上,而从底部获得较高的承载力;二是增大基础侧面与周围土层之间的接触面积,使摩擦力成为基础承载力的重要组成部分。桩基础就是目前应用最为广泛的一种深基础形式。

5.1.1 桩基发展简史

"桩"是一个耳熟能详的词,其本意是指一端插入土中的木棍或石柱。土木工程中,桩的应用十分普遍,其功能也不尽相同:①以钢材、钢筋混凝土等材料制成的桩作为基础,可用于支承上部结构;②以素混凝土、水泥土、碎石等强度相对较低的材料形成的桩,可与土形成复合地基,共同承担上部荷载;③在基坑工程、边坡或滑坡工程中,则以桩作为挡土结构,承受土压力或滑坡推力。其中,作为基础的桩,有着非常悠久的历史。

我国浙江余姚河姆渡遗址的考古发掘结果表明,在距今7000年的新石器时代,我们的先民将木桩打入土中,再于其上建造简易的房屋,桩在起到支承作用的同时,还可使地板高于水面或地面,起到隔水或防潮的作用,这就是干栏式建筑。其中的桩有圆形、方形和板状三种,桩的下端均被削尖,最大入土深度有1 m多,这可视作最原始的桩基。

木桩具有取材、加工及施工方便的优点,一直到19世纪之前,它基本是唯一的桩基形式。在国内,汉朝时已用木桩修桥。而到宋朝,其建造技术已比较成熟,位于上海的龙华塔、山西太原的晋祠圣母殿,都是现存的建于北宋的木桩建筑物。在英国,也保存着一些罗马时代修建的木桩桥梁和房屋建筑。但木桩的承载能力有限,特别是在水、旱交替变换的环境中容易腐烂。

到20世纪初期,随着炼钢技术的发展和钢产量的迅速提高,美国出现了各种形式的型钢,在密西西比河上修建钢桥时大量采用了钢桩基础。到20世纪30年代,欧洲也开始广泛采用。第二次世界大战之后,则开始将无缝钢管用作桩基础。目前,钢桩仍是一种重要的桩基形式。

同样,20世纪初,随着钢筋混凝土结构的大量应用,也出现了钢筋混凝土预制桩,到20世纪20年代,现场灌注的钢筋混凝土桩开始应用。与钢桩相比,钢筋混凝土的耐腐蚀性好,更为经济,尤其是大直径的灌注桩能够提供很高的承载力。在我国,钢筋混凝土桩是目前应用最为广泛的桩。

1955 年修建武汉长江大桥时,我国首创了管柱基础,在此后的很长时间内,成为大型桥梁的重要基础形式,并在国外多个国家得到推广应用。

改革开放以来,随着经济和技术的飞速发展,各类大型建筑和桥梁不断涌现,相应的桩基础的规模也随之在不断地加大。

建于 1999 年的上海金茂大厦,高 420.5 m,是当时国内最高的建筑,采用桩—筏基础,其中的桩为直径 914.4 mm 的钢管桩,总长度 88 m,分 3 节打入。

建于 2016 年的上海中心大厦,高 632 m,是目前国内最高的建筑,同样采用了桩—筏基础,其中的桩为直径 1000 mm、长 52~56 m 的灌注桩。

建于 2008 年的苏通长江公路大桥,主跨跨径 1 088 m,居世界第二,其主墩基础为 131 根直径 2.5~2.8 m、长 120 m 的灌注桩,是世界上最大规模的桥梁群桩基础。

5.1.2　桩基础的构造和基本形式

在大多数情况下,多个桩通过承台连成一个整体,形成桩基础,如图 5-1 所示的桥梁桩基础,以及图 5-2 所示的房建结构中的柱下桩基础。其中,承台的作用是将桥墩或柱传来的荷载分配给各桩,并使各桩都能充分发挥作用,为此,承台应具有足够的刚度。当桩支承于基岩之上,具有较高承载力时,有时也采用一柱一桩的形式。

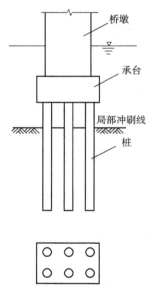

图 5-1　桥梁桩基础(高承台)

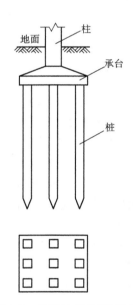

图 5-2　建筑桩基础(低承台)

(1)高承台桩基和低承台桩基

当承台的底面处在地面或局部冲刷线以上时,称为高承台桩基,常见于修建于水中的桥墩、港口码头、海洋工程结构等,如图 5-1 所示。反之,当承台的底面处在地面或局部冲刷线以下时,称为低承台桩基,绝大多数房建基础、建于陆地的桥墩(台)下的基础属于此类形式,如图 5-2 所示。低承台桩基的承台能够分担一部分上部荷载。

图 5-3 所示为苏通长江大桥的桩基础,其承台的平面尺寸为 113.75 m×48.1 m,厚度由边缘的 6 m 变化到中间最厚处的 13.32 m。由于承台底面高于局部(最大)冲刷线,故为高承台桩基。

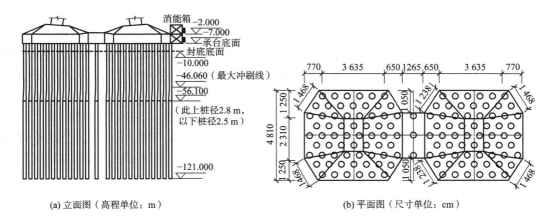

(a) 立面图（高程单位：m）　　　　　　　(b) 平面图（尺寸单位：cm）

图 5-3　苏通公路长江大桥桩基础

　　建于软弱土层上的高层建筑,桩的数量通常很多,因此一般采用满堂布置的方式,此时,需通过筏基或箱基将其联为整体,成为桩—筏基础或桩—箱基础,其中的筏、箱实际就是一个大的承台。因箱基的结构形式比较复杂,所以现在应用更多的是桩—筏基础。图 5-4 所示为上海中心大厦的桩基础,其筏板的厚度达到 6 m。此外,它属于低"承台"基础。

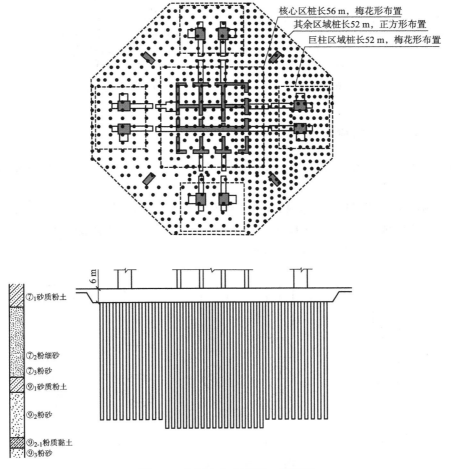

图 5-4　上海中心大厦桩—筏基础

(2)竖直桩和斜桩

铅垂设置的桩称为竖直桩;反之,则为斜桩。无论是何种类型的桩,竖直桩的施工均比斜桩容易,因此,工程中的桩多为竖直桩。但当桩所受的水平荷载较大时,为更好地承担水平荷载,可采用斜桩的形式。斜桩基础可采用图 5-5 中(a)所示的扇形结构形式,或(b)所示的交叉布置。当基础所受的竖向力与水平力的合力,与铅垂方向的夹角介于 $5°\sim15°$ 时,采用扇形结构较为合理;大于 $15°$ 或上部结构对基础的水平位移要求较严时,则可采用交叉型布置。

图 5-6 所示为挪威马萨湖(Lake Mjösa)桥的桩基础。这是一座跨度为 69 m 的公路桥,桥墩处水深约 100 m,最终用 8 根交叉的钢管桩做成高承台桩基,成功地解决了这一深水基础问题。

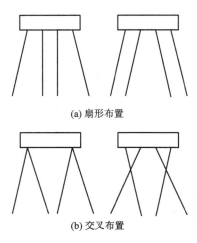

(a) 扇形布置

(b) 交叉布置

图 5-5 斜桩的布置形式

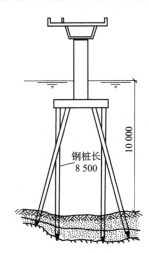

图 5-6 马萨湖桥的斜桩基础(单位:cm)

5.1.3 桩的材料及沉桩(成桩)方式

目前,木桩在工程中的应用已很少,以下主要介绍在工程中广泛应用的钢桩和钢筋混凝土桩。

1. 钢桩

钢桩多由圆形钢管、H 型钢等制成,通过打入等方式沉至设计深度。根据需要,钢管桩的下端可采用开口型或闭口型。其中,开口型可分为不带隔板的和带隔板的,闭口型的下端完全封闭,可分为平底、锥底两种,如图 5-7 所示。

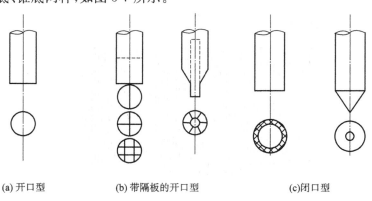

(a) 开口型　　(b) 带隔板的开口型　　(c)闭口型

图 5-7 钢管桩的桩端形式

钢桩的优点是强度高,施工方便,但造价较高,在国外发达国家的应用较多。在国内,目前应用最为普遍的还是钢筋混凝土桩。

2. 钢筋混凝土预制桩和灌注桩

按施工方法的不同,钢筋混凝土桩可分为预制桩和现场灌注桩,前者在预制厂制作,然后运至设计位置下沉。后者则先在设计桩位成孔,然后下钢筋笼,灌注混凝土成桩。

预制桩的形式有很多种。其截面可做成圆形的、方形的或正多边形;可做成实心的,也可做成空心的(以减轻重量,其中,空心圆桩称为管桩);可以是普通钢筋混凝土桩(RC 桩),也可以是预应力钢筋混凝土桩(PC 桩)或预应力高强度混凝土桩(PHC 桩)。其中,管桩多为 PC 桩或 PHC 桩。

预制桩多采用分节制作,以便于运输和打设。此外,为使桩更易穿透土层,实心桩、方桩等的底节下端通常做成锥形;管桩通常是等截面的,沉桩时需在最下端安置钢或混凝土制的桩尖(亦称桩靴)。

预制桩可采用动力打入、振入、静力压入等方式下沉。

对灌注桩来说,成孔方法是其关键。根据地层情况、桩的尺寸、施工环境、工期要求、施工队伍水平等条件,可采用机械钻(冲)孔、人工挖孔,甚至爆破成孔等多种方式。

此外,在机械成孔的过程中,常会用特制的泥浆充满桩孔,以防止塌孔(泥浆护壁),并便于土(岩)屑的排出。

图 5-8 和图 5-9 所示分别为预制桩打入施工现场,以及灌注桩的旋挖成孔及钢筋笼置放施工现场,其详细内容将在 5.14 中介绍。

图 5-8　预制桩的打入　　　　　　图 5-9　旋挖灌注桩的施工

3. 管柱基础

如前所述,管柱基础是我国 1955 年修建武汉长江大桥首创的一种基础形式,其结构如图 5-10 所示。

其施工方法是,通过振动等方法将大直径的预应力混凝土管桩或钢管桩分节沉入土中,下沉时在管内进行钻、挖或吸泥,以减少下沉阻力。落于基岩后,继续向下凿岩钻孔,然后下入钢筋笼,灌注混凝土,底端嵌入于岩石中。实际上,管柱也可看作是由预制桩与灌注桩组合形成的特殊形式的桩。同其他桩一样,多根管柱通常由承台联结为一个整体,成为管柱基础。

武汉长江大桥的管柱直径为 1.55 m,嵌岩深度 2～7 m;1962 年建成的赣江大桥的基础管柱直径达 5.8 m。1968 年建成的南京长江大桥 9 号墩的管柱穿过覆盖层约 44 m,锚固于基岩约 3.5 m 深,总长 47.5 m。这种基础形式在国外也得到了较为广泛的应用,例如,日本某大桥的管柱直径达到 7 m。

管柱多用于大型深水桥梁基础,大直径使其可提供很高的承载力;而管壁在施工时可挡水、挡土,方便管内土、岩开挖及混凝土的灌注。在地基土层性质较好、桥墩不高的条件下,甚至可把承台提高到墩帽位置,从而省去墩身。

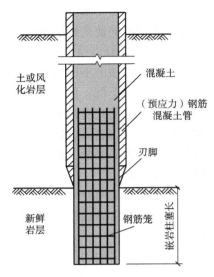

图 5-10 管柱基础示意图

4. 桩型及成桩(沉桩)方式对桩承载及变形特性的影响

钢桩和预制桩下沉时会对周围土层产生挤压,而灌注桩的开挖成孔则会造成周围土体的松弛,上述扰动使桩周(底)土性质、应力状态发生改变,从而影响桩的承载力和变形性质,这些影响统称为桩的设置效应。按影响程度的大小,可分为下列 3 类:

(1)挤土桩。钢筋混凝土预制桩、底端封闭的钢管桩等在下沉的过程中会强行排开桩位处的土体,使周围土体受到强烈扰动。对黏性土,这种扰动会破坏土的结构,降低桩的承载力;对较松散砂土,则会起到挤密作用,提高桩的承载力。这类桩称为挤土桩。

(2)非挤土桩。钻(挖)孔灌注桩等通过开挖形成桩孔,桩周土基本不受挤压作用,但土体会因应力释放而向孔内发生位移,产生松弛效应,使土的抗剪强度有所降低,影响桩的承载能力,且孔径越大,影响越显著。这类桩称为非挤土桩。

(3)部分挤土桩。H 型钢桩、开口钢管桩和开口预应力混凝土管桩沉桩及冲孔灌注桩施工时,都会对桩周土体产生一定的挤压作用,但影响相对较小。这类桩称为部分挤土桩。

5.1.4 桩基础的承载力和沉降变形特点

同其他基础一样,桩基础应该满足地基在承载力、沉降变形、稳定性方面的要求。

1. 竖向抗压承载力

图 5-11(a)所示为竖向荷载作用下桩基的受力情况。荷载主要由基础中的各桩承担(低承台桩基的承台虽可承担一部分,但通常所占比例较小),而各桩的承载力则来源于桩侧的摩擦阻力和桩端(即桩底)阻力。

与浅埋基础相比,桩基增加了由侧摩阻力提供的承载能力;同时,深度的增大,也提高了基底土层单位面积的承载能力,因此,桩基承载能力必然优于浅埋基础。

与同为深基础的沉井基础相比,由于桩底的总面积相对较小,故在深度相同的情况下,桩基的总端阻力显然较小。但只要桩的间距不是太大,桩基础就具有相对较大的侧面积,从而能提供较大的总侧摩阻力。因此,在基础平面尺寸相同的情况下,沉井基础在总端阻力方面占优势,而桩基础在总侧阻力方面占优势。整体上看,随着基础深度的增大,侧阻力在基础的承载力中比例将提高,桩基础的优势也将越来越显著。

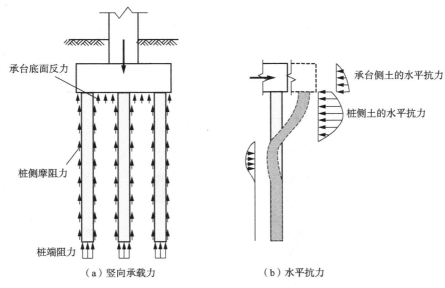

图 5-11　桩基础的承载力

2. 水平承载力

除竖向荷载外,基础还要承受上部结构传来的水平荷载,如作用于结构的风荷载、地震作用,铁路桥梁中的制动力和牵引力,作用于桥墩上的水流压力甚至船只的碰撞力,海洋结构中的海浪作用力等。

桩基的水平力承载力主要由桩侧土的水平抗力提供(对低承台桩基,承台侧面的土也可提供一部分抗力),如图 5-11(b)所示。

桩的水平极限承载力通常远小于其竖向极限承载力,这是因为在地表以下一定深度范围内,土层受水平力作用时远较受竖向压力时易发生变形和破坏;另一方面,钢筋混凝土桩的抗弯强度远小于抗压强度。当桩侧土或桩身发生破坏时,桩基所能承受的荷载就达到了极限。

浅埋基础的水平承载力主要来源于基底的摩擦阻力与基础侧面的土抗力,不难看出,其承受水平荷载的能力通常会远低于桩基础。

与沉井基础相比,由于桩基中的各桩都要受到土抗力的作用,所以在总土抗力方面并不处于劣势。但沉井的截面相比较大,因而具有更大的强度和刚度,所以,通常认为沉井基础较桩基础具有更好的水平承载特性。例如,悬索桥锚碇的基础往往多用沉井基础,而极少采用桩基础。

3. 抗拔承载力

桩基在大多数情况下是用于承担压力的,但有时也会承受上拔力。例如,图 5-12 所示的泸州长江二桥,因两侧结构不对称,故在一端设置了锚碇桥台,以台下 18 根锚桩承担桥台所受的巨大的上拔力。

通常,桩基受到上拔力的原因大致可归结为以下两大类:

(1)整个结构受到向上的作用力,并传给桩基。例如,埋深较浅、地下水位较高时的地下结构常会设置抗浮桩抵抗浮力,此时桩所承受的就是上拔力。另外,处在膨胀土和冻土中的结构,其桩基也会受到上拔力的作用。

(2)上部结构较高但较轻,所受的水平力较大,而竖向压力较小,此时水平力会产生较大的力矩,使其中的部分桩受到上拔力的作用。如图 5-13 所示的高压输电线塔,当一侧断线时,另一侧线的拉力就会产生很大的力矩,并使断线侧的基础受到上拔力的作用。此外,海洋上的钻井平台、风力发电机所受的强大风力会在基础上产生很大的力矩,并使其中的部分桩受到上拔力的作用。

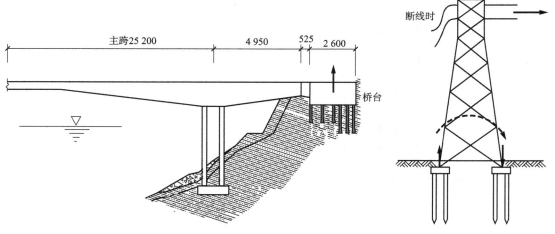

图 5-12　泸州长江二桥锚碇桥台(单位:cm)

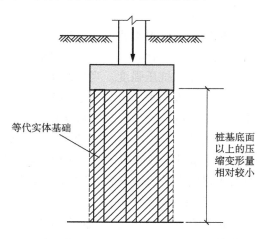

图 5-13　高压输电塔基础的受力

对等截面的桩,其抗拔承载力来源于桩侧的摩阻力,且受上拔力作用时,桩周土层向上位移,向松散的状态发展,故桩在受拉时的极限侧摩阻力小于受压时。而且,受拉时,桩底没有抗力,因此,其抗拔承载力远小于抗压承载力。

为提高抗拔承载力,可将桩底做成扩大端,以利用土或岩的抗剪强度抵抗上拔力。

4. 桩基的沉降变形

如图 5-14 所示,桩基的沉降由两部分组成:一是桩土复合体(图中阴影部分)的压缩量,二是桩底以下土层的沉降量。由于桩身材料的刚度远高于土,故一般情况下,桩土复合体的压缩量在总沉降中所占的比例很小,也就是说,桩的沉降主要取决于桩底以下土的沉降。因此,若将桩土复合体看作一个等代实体基础,一方面,克服了实体基础侧面的摩擦阻力后,传到基础底部的压力将显著减小;另一方面,该等代基础的埋深远大于浅埋基础的埋深。综合上述两个因素不难看出,桩基的沉降较浅埋基础的沉降要小得多。

等代实体基础

桩基底面以上的压缩变形量相对较小

桩底以下土层的压缩变形量较大

图 5-14　桩基沉降的组成

5.1.5　桩基设计的基本原则及要求

桩基础广泛应用于各类结构中。虽然上部结构的具体形式对桩基的作用机理并无太大影响,但在实际设计计算时,不同工程领域中的桩基所依据的规范却往往不同,相应的计算方法也有差异。例如,铁路桥梁桩基的设计依据为《铁路桥涵地基和基础设计规范》《铁路桥涵混凝土结构设计规范》等,而房屋建筑的桩基的设计则主要依据《建筑桩基技术规范》《混凝土结构设计规范》等。

(1)铁路桥梁的桩基础

目前,铁路桥梁基础设计依据的是容许应力法。

与前述浅基础相同,桩基所受的荷载需分别考虑主力、主力＋附加力以及主力＋特殊力3种组合,且主力＋附加力组合时,应分别考虑主力与顺桥或横桥方向的荷载的组合。

设计时需检算单桩及桩基础的承载力,以及桩基的沉降、墩台顶部的水平位移等。

(2)建筑桩基础

①基本准则

建筑桩基则采用以概率理论为基础的极限状态设计法。与浅基础相似,桩基应考虑以下两种极限状态:

a. 承载能力极限状态。桩基达到最大承载能力、发生整体失稳或产生不适于继续承载的变形。

b. 正常使用极限状态。桩基达到为保证建筑物正常使用所规定的限值或达到耐久性要求的限值。

②桩基设计等级

设计时,首先根据建筑物的规模、功能要求、对差异变形的适应性、场地地基和建筑物体形的复杂性等因素,将桩基础分为表 5-1 所列的甲、乙、丙三个安全等级,然后按等级的不同进行相应的验算。

③验算内容

a. 承载力。

ⓐ各等级的桩基均应按使用功能和受力特征分别进行竖向承载力和水平承载力的验算。

ⓑ桩端平面以下存在软弱下卧层时,应进行软弱下卧层承载力验算。

表 5-1 建筑桩基的安全等级

设计等级	建 筑 物 类 型
甲 级	(1)重要的建筑; (2) 30 层以上或高度超过 100 m 的高层建筑; (3)体型复杂且层数相差超过 10 层的高低层(含纯地下室)连体建筑; (4) 20 层以上框架—核心筒结构及其他对差异沉降有特殊要求的建筑; (5)场地和地基条件复杂的 7 层以上的一般建筑及坡地、岸边建筑; (6)对相邻既有工程影响较大的建筑
乙 级	除甲级、丙级以外的建筑
丙 级	场地和地基条件简单、荷载分布均匀的 7 层及 7 层以下的一般建筑

b. 稳定性。位于坡地、岸边的桩基应进行整体稳定性验算。

c. 沉降。非嵌岩或不具有深厚坚硬持力层的甲级桩基,上部结构体形复杂、荷载分布显著不均匀、有软弱下卧层的乙级桩基等,应进行沉降验算。

d. 水平位移。承受较大水平荷载或对水平变位有严格限制时,应验算水平位移。

e. 裂缝。应根据桩基所处的环境类别和裂缝控制要求,验算桩和承台正截面的抗裂和裂缝宽度。

其他要求可参见规范。

④荷载效应组合及评价指标

对不同的验算项目,应按表 5-2 所列,采用不同的荷载作用效应组合及抗力。

表 5-2　荷载效应组合及评价指标

验算(计算)项目	荷载效应组合	评价指标
承载力	标准组合	基桩或复合基桩承载力特征值
沉降	准永久组合	沉降容许值
水平位移(地震、风载)	标准组合(地震、风载)	水平位移容许值
整体稳定性	标准组合	安全系数
桩基结构强度	基本组合	设计强度
承台、桩身裂缝	标准组合、准永久组合	容许宽度

在后面的各节中,将依次介绍桩基础的基本理论和计算方法、设计方法以及施工方法。

1. 基本理论和计算方法

承载力、沉降、桩基结构的受力及变形,是桩基设计中的主要计算内容。

(1)承载力

桩基的承载力包括轴向抗压承载力、抗拔承载力以及横向承载力。轴向受压通常是桩的主要受力状态,因此,以下将首先分析单桩轴向受压时的荷载传递机理,在此基础上,介绍采用理论计算、现场试验、经验公式法确定抗压承载力的方法。之后,简要介绍抗拔承载力及横向承载力的确定方法。

基础通常由多根桩组成。由于基础中各桩的相互影响,即所谓的群桩效应,以及承台对荷载的分担作用,桩基础的承载力通常并不是单桩承载力的简单叠加。因此,在单桩的承载力确定后,将进一步讨论群桩基础承载力的计算方法。

(2)沉降

基础的沉降问题较承载力问题复杂,而桩基的沉降问题较浅埋基础的沉降复杂。总的来说,桩基的沉降计算方法并不十分成熟。本章中将简要介绍规范中推荐的几个相对简单的计算方法。

(3)桩基结构的受力变形

作用在桩基上的荷载有竖向力、水平力和力矩,它们使基础产生水平、竖向位移和转动,并在桩身内产生轴力、弯矩和剪力。本章中将介绍基于"m 法"模型的桩基结构受力变形的计算方法。

2. 桩基础的设计

掌握上述基本理论及计算方法后,即可学习桩基础的设计方法,这里将以建筑桩基及铁路桥梁桩基为例进行介绍。

3. 桩基础的施工

主要介绍钢筋混凝土预制桩和灌注桩基础的施工方法,并简要介绍桩身质量检测的基本原理和方法。

5.2　轴向压力作用下单桩的工作特性

为掌握桩基础的承载特性,首先应了解单桩的承载特性。

如前所述,单桩的受力包括轴向受压、轴向受拉、横向受力 3 种情况。这里,所谓"轴向"是指沿桩长的方向,"横向"是指与轴向垂直的方向。显然,对直桩来说,轴向力就是其竖向力,横向力就是其水平力。

上述 3 种受力状态中,轴向受压是大多数桩最基本、最重要的受力状态,故以下先分析桩的轴向受压特性。

5.2.1　轴向压力作用下的荷载传递机理

1. 侧阻力和端阻力

如图 5-15 所示,当桩受到竖向荷载 Q 作用时,通过桩侧与桩底将力传给周围土层,使土层产生向下的位移,并带动桩下沉。对桩而言,其侧面受到的是桩侧土体产生的摩擦阻力,称为桩侧摩阻力,用 q_s 表示,其合力为 Q_s;桩底受到的是下方土体或岩体产生的抗力,即桩端阻力,用 q_p 表示,其合力为 Q_p,故有

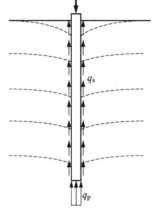

图 5-15　桩及土层受力变形图

$$Q=Q_s+Q_p \tag{5-1}$$

当侧阻力 Q_s 达到其极限值 Q_{su},端阻力 Q_p 达到其极限值 Q_{pu} 时,对应的 Q 也相应地达到极限值 Q_u,即

$$Q_u=Q_{su}+Q_{pu} \tag{5-2}$$

不难看出,侧摩阻力和端阻力的性质是不同的。其中,侧阻力本质上属桩周土在桩—土接触面上产生的剪应力,其大小与桩、土之间的相对沉降有关,而端阻力则是桩底以下的土(岩)因压缩变形产生的压应力。

图 5-16 所示为加载过程中,侧阻 Q_s 与端阻 Q_p 随外荷载 Q 的变化过程。

可以看出,当荷载 Q 增加时,侧阻 Q_s 即随 Q 迅速增长,并在桩土相对沉降值较小时,即达到极限值。一般来说,桩、土的相对沉降不到 10 mm 时,侧阻力即可达极限值,与桩的直径、长度、土的种类关系不大。

端阻的发挥通常较侧阻晚,且充分发挥所需的相对沉降与桩底土(岩)的性质、桩的施工方法等因素有关。

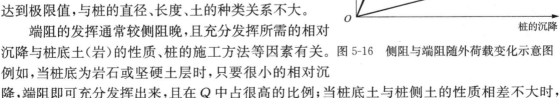

图 5-16　侧阻与端阻随外荷载变化示意图

例如,当桩底为岩石或坚硬土层时,只要很小的相对沉降,端阻即可充分发挥出来,且在 Q 中占很高的比例;当桩底土与桩侧土的性质相差不大时,以钻孔灌注桩为例,端阻达到极限值所需的相对沉降可达桩径的 30%。

上述分析表明,在加载过程中,侧摩阻力和端阻力并不是同步发挥作用的,即 Q_s 与 Q_p 在 Q 中所占的比例是在变化的。此外,这一比例还与桩周、桩底土(岩)的性质、桩的尺寸等因素有密切的关系。

2. 按承载特性对桩进行分类

在实际工程中,常根据侧阻力、端阻力承担荷载比例的大小对桩进行分类,以反映其承载特性。

《建筑桩基技术规范》中,定义:①摩擦型桩——在承载力极限状态下,轴向荷载主要由桩侧摩阻力承担的桩。当荷载全部由侧阻承担时,称为摩擦桩。桩底承担少部分时,为端承摩擦桩。②端承型桩——在承载力极限状态下,轴向荷载主要由桩端阻力承担的桩。全部由端阻承担时,称为端承桩;桩侧承担少部分时,为摩擦端承桩。

需要注意的是,上述定义中侧阻及端阻所占比例的大小对应于桩已达到承载力极限状态时,因为如前所述,在达到极限状态前,侧阻及端阻在总阻力(荷载)中所占的比例是随荷载的增大而不断变化的。

《公路桥涵地基及基础设计规范》中,定义:①摩擦桩——桩顶荷载主要由桩侧摩阻力承受,并考虑桩端阻力。②端承桩——桩顶荷载主要由桩端阻力承受,并考虑桩侧摩阻力。

上述定义中虽然没有直接写出"承载力极限状态",但实际也是针对承载力极限状态的。

《铁路桥涵地基和基础设计规范》中未直接给出类似的定义。但在实际应用中,将其划分为:①摩擦桩——在承载力极限状态下,荷载由侧阻和端阻共同承担的桩。其中,荷载几乎完全由侧阻承担时,称为纯摩擦桩。②柱桩——在承载力极限状态下,荷载几乎全由端阻承担的桩。也就是说,此时桩像柱子一样,只在两端受力,而桩侧没有竖向作用力。

可以看出,具有同样受力特性的桩,在不同的规范里可能有不同的名称。更应注意的是,相同名称的桩,在不同的规范中可能会有不同的含义,如摩擦桩。

3. 桩身受力分析及桩侧摩阻力分布形式

桩的端阻 q_p 分布在桩底一个相对较小的范围内,将其视作均匀分布的荷载,通常能够满足工程设计的要求。而侧阻力则分布在桩的侧面这样一个轴向尺寸较大的范围内,因此还需进一步确定它沿轴向或深度方向的分布形式。

了解桩的承载特性的最好方法是进行现场试验。由于侧阻力的直接测定比较困难,故通常先确定截面的轴力,再由轴力计算侧阻力。通常,可在桩的主筋上安装钢筋计,由钢筋应力确定截面的轴力。

以下建立侧阻力与轴力之间的关系式。

如图 5-17(a) 所示的长度为 l 的桩,设已测得如图 5-17(c) 所示的轴力分布形式,其中桩顶的轴力为 N_0,等于桩所受的荷载 Q;桩底的轴力为 N_l,实际就是总的端阻力 Q_p,因此,单位面积的端阻力:

$$q_p = \frac{N_l}{A_p} \tag{5-3}$$

式中 A_p 为桩底的面积。

为建立侧阻 q_s 与轴力之间的关系,从桩身取微段 dz 进行受力分析。

如图 5-17(b) 所示,作用在其上的竖向力包括上截面的轴力为 N,下截面的轴力为 $N+dN$,侧面的侧阻力为 $q_s u dz$,u 为桩身截面周长。建立其平衡方程,有

$$q_s u dz + (N+dN) - N = 0 \tag{5-4}$$

显然,式中未计桩的自重。整理后得到:

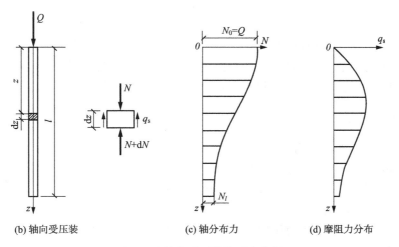

(b) 轴向受压装　　　　(c) 轴分布力　　　　(d) 摩阻力分布

图 5-17　轴向受压桩的受力分析

$$q_s = -\frac{1}{u}\frac{dN}{dz} \tag{5-5}$$

因此,桩的轴力确定后,由上式即可得到侧摩阻力的分布形式。在静载试验时,测得的是各量测截面的轴力 N_i,可将上式改写为

$$q_{si} = \frac{1}{u}\frac{N_i - N_{i+1}}{\Delta z_i} \tag{5-6}$$

得到的是各段侧摩阻力的平均值。式中 Δz_i 为截面 $i \sim i+1$ 段的长度。

图 5-18(a)所示为某桥梁工程试桩在不同级别荷载作用下的轴力图。由式(5-6)可进一步确定出图 5-18(b)所示的侧摩阻力分布图。绘制侧阻分布图时,应注意到以下两点:

(1)由轴力得到的侧摩阻力是各段的平均值,绘图时可将其作为该段中点处的值。

(2)地面处的侧摩阻力为 0。实际上,侧摩阻力即桩周土体在桩—土界面上的剪应力,由于地表为自由面,即该面上的剪应力为 0,所以,只要是直桩(即桩与地表面垂直),由剪力互等定理知,地面处的剪应力(桩侧摩阻力)就必然为 0。

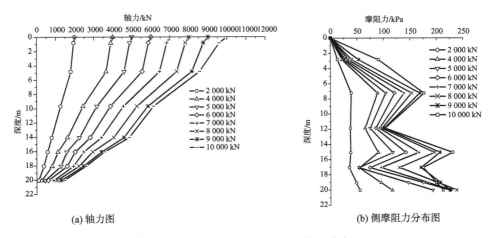

(a) 轴力图　　　　　　　　　(b) 侧摩阻力分布图

图 5-18　单桩静载试验的轴力及侧阻分布图

顺便说明,由桩身轴力和桩顶位移 s_0,可按下式计算出桩身任意截面的沉降:

$$s(z) = s_0 - \frac{1}{AE} \int_0^z N(z) \mathrm{d}z \tag{5-7}$$

式中的 A 为桩身截面的面积，E 为桩身的弹性模量。很显然，右式中的第二项就是 $0 \sim z$ 范围内桩身的压缩量，基于静载试验结果计算时，可假设轴力在每段内线性分布，然后分段积分，求和后得到整个桩身的压缩量；甚至可用每段的轴力的平均值直接计算其压缩量，然后求和。

5.2.2 桩侧负摩阻力

1. 负摩阻力及其产生原因

在通常的情况下，受压桩的桩侧摩擦力是向上的，是桩的承载力的组成部分，称为正摩阻力。但有时会出现相反的情况，即摩擦力向下，称为负摩阻力。

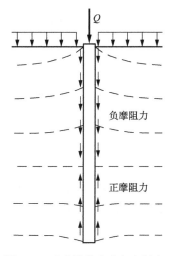

图 5-19 地表堆载产生负摩阻力

在前文图 5-15 中，桩受压力作用向下沉降，并带动周围土体向下位移，桩相对于侧面土体发生向下的沉降，而土对桩形成向上的阻力，即正摩阻力。

若桩周地表受到大范围荷载(如填土)的作用，使地表以下一定深度内的土层产生较大的沉降，则桩周土带动桩向下沉降，并在桩的侧面产生向下的作用力，即负摩阻力(图 5-19)。

也就是说，在一定的深度范围内，当桩的沉降大于桩侧土的沉降时，产生正摩阻力；当桩侧土的沉降大于桩的沉降时，则产生负摩阻力。通常，有以下情况时会引起负摩阻力：

(1)桩侧地面大范围堆载；

(2)地下水位下降，使土中的有效应力增大，产生新的沉降；

(3)桩处在欠固结的软土或新填土中；

(4)黄土湿陷或冻土融沉。

2. 负摩擦桩的受力特点

有负摩阻力作用的桩称为负摩擦桩。如图 5-20 所示，在 l_n 范围内，土的沉降大于桩的沉降，产生负摩阻力，为负摩擦区。再向下，桩的沉降大于土的沉降，桩侧为正摩擦力，该范围为正摩擦区。

正、负摩擦区的交界，即侧阻力为 0 处，称为中性点，通常认为它与桩、土沉降相等的位置相对应。

由于在中性点以上，桩侧摩擦力是向下的，故轴力随深度增加，在中性点处达到最大值。之后，随深度衰减。显然，负摩擦桩的轴力分布与无负摩阻时轴力随深度增加而减小(图 5-17)的特征是不同的。

图 5-21 所示为某厂房基础中一根试桩的轴力量测结果。该厂房的基础采用"一柱一桩"的形式，桩的直径为 1.2 m，长度 27 m，上部在厚约 20 m 的由黏土及砂岩碎块组成的填土层中，桩端置于中风化的砂岩上。从图中可以看出，该桩在 22 m 左右的深度内受负摩阻力作用，这是由于填土层的形成时间尚短，其沉降导致了负摩阻力的产生。

可以看出，正摩阻力是桩的承载力的组成部分，而负摩阻力的存在不但没有提高桩的承载力，反而成为作用在桩上的附加荷载。因此，负摩阻力的存在会降低桩的承载力，加大桩的沉降，对工程是不利的。实际工程中，可采取适当的工程措施消除或减小负摩阻力。例如，对填土建筑场地,应保证填土有足够的密实度,并尽量在填土沉降稳定后进行桩的施工。另一类方法是对桩表面进行处理,例如,可在预制桩表面涂沥青,钢桩表面加塑料薄膜等,以减小负摩阻力。

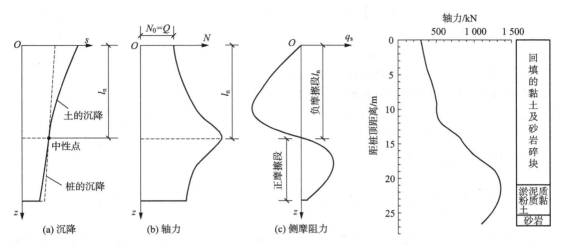

图 5-20　负摩擦桩的沉降及受力　　　　图 5-21　深厚填土中试桩轴力的量测结果

3. 负摩阻力的计算方法

在工程应用中,负摩阻力的确定包括其分布深度(即中性点的位置)及极限负摩阻力值的计算这两个问题。

(1)中性点的位置

不难想到,在桩、土的沉降过程中,中性点的位置是在不断变化的。因此,这里所指的是沉降变形稳定后的中性点的位置。

从理论上讲,可按桩、土沉降相等的条件确定中性点的位置,但相应的计算非常复杂,因此,在实际工程的设计中,多按经验方法确定。

例如,《建筑桩基技术规范》中,针对不同的持力层,给出了中性点深度 l_n 与桩周土层厚度 l_0 之间的比例关系,如表 5-3 所列。此外:①对自重湿陷性黄土,可将表中黏性土、粉土所对应的值增大 10%(持力层为基岩时除外);②桩周土固结与桩基固结沉降同时完成时,取 $l_n = 0$;③桩周土层计算沉降量小于 20 mm 时,表中的值应乘以 $0.4 \sim 0.8$ 进行折减。

表 5-3　中性点的深度比 l_n / l_0

持力层	黏性土、粉土	中密以上的砂	砾石、卵石	基岩
l_n / l_0	$0.5 \sim 0.6$	$0.7 \sim 0.8$	0.9	1.0

(2)极限负摩阻力

一般认为,负摩阻力的大小与桩周土的竖向有效应力相关。例如,L. Bjerrum 提出的计算公式为

$$q_s^n = K_0 \tan \varphi' \cdot \sigma' = \xi_n \sigma' \tag{5-8}$$

式中　σ'——桩周土的竖向有效应力;

　　　K_0——土的侧压力系数;

　　　φ'——土的有效内摩擦角;

　　　ξ_n——负摩阻力系数。

不难看出,上式相当于将竖向应力 σ' 乘以 K_0 后转化为作用于桩侧的法向应力,再乘以摩擦系数 $\tan\varphi'$,得到负摩阻力的极限值。

《建筑桩基技术规范》中采用了类似的方法,将第 i 层土中的平均负摩阻力表示为

$$q_{si}^n = \xi_{ni}\sigma'_i \qquad (5\text{-}9)$$

式中的 σ'_i 为第 i 层土竖向有效应力的平均值,地表无大面积荷载时,按土的自重计算;有大面积荷载时,则计入地表荷载。负摩阻力系数 ξ_n 则可根据桩周土的类型,按表5-4取值。按上述公式得到的是单位面积的负摩阻力,再乘以对应的桩侧表面积,即可得到总的负摩阻力。

表 5-4　负摩阻力系数 ξ_n

桩周土	ξ_n
软 土	0.15～0.25
黏性土、粉土	0.25～0.40
砂 土	0.35～0.50
自重湿陷性黄土	0.20～0.35

5.3　利用现场试验确定单桩抗压极限承载力

当桩所受的荷载不断增大时,可能会发生以下情况:①土(岩)层对桩的支承能力达到极限;②桩身材料发生破坏;③桩的位移过大,超过容许值。桩的极限承载力是指不出现上述情况时,所能承受的最大荷载。

对受压桩来说,土(岩)层对桩的支承力来自侧阻力及端阻力,当二者都达到极限时,桩的沉降将急剧增大,且无法稳定(即桩的承载力达到极限)。支承于土层上的桩多发生此种形式的破坏,这也是本节将要重点介绍的内容。而支承于坚硬岩石上的桩、长径比很大的桩,以及质量有缺陷的桩,桩的强度也可能成为控制承载力的因素。

确定单桩抗压承载力的方法有竖向抗压静载试验法、自平衡法等静载试验方法,高应变法等动载试验方法,以及理论法、经验公式法等计算方法。

5.3.1　单桩竖向抗压静载试验

单桩竖向抗压静载试验在工程现场进行,且多采用与工程桩尺寸、施工方法相同的试桩,是确定承载力最直接、最可靠的方法。

1. 试验装置和方法

试验装置由加载系统、反力系统、量测系统3部分组成,如图5-22所示。其中,桩顶压力施加多采用油压千斤顶;反力系统则由主梁、次梁、传力锚索(钢筋)、锚桩等组成,其作用是抵抗千斤顶产生的向上的反力。图5-23为试验实景。也可在主梁上设置压重平台,然后堆放重物以提供反力,从而省去锚桩,对承载力不是很高的试桩,这种做法比较经济。

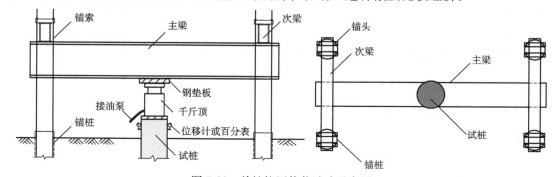

图 5-22　单桩抗压静载试验示意图

图 5-23 静载试验实景

试验时,通过油泵加压,并由油压表指示所施加的压力。在桩顶周边等间距设置 4 个百分表或电子位移计,以其平均值作为桩顶的沉降量。除此之外,还可在桩的主筋上安装钢筋计,量测钢筋中的应力,由此得到桩的轴力,并进一步得到侧摩阻力的分布情况。

试验前,需预估极限荷载的大小,并按预估值的 1/8～1/10 分级加载,直至破坏,再分级卸载到 0。

2. 极限承载力的确定

由试验可得到桩的荷载—沉降(Q-s)关系曲线,它是桩、土及其相互作用特性的综合反映,由此可确定桩的承载力。图 5-24 所示是 2 根桩的试验结果,其直径均为 800 mm,1、2 号桩的长度分别为 6 m、9 m,其中的实线部分代表加载过程,虚线代表卸载过程。

图中的两条 Q-s 曲线代表了两种不同的荷载—沉降特征。分析如下:

(1)陡变型:当荷载加至某级时,沉降急剧增大且无法稳定,曲线会发生明显的下降,此时荷载无法加至该级的预定值,说明桩已达到极限承载能力。以《建筑地基基础设计规范》中的规定为例,应取上一级荷载的最终荷载值作为其极限承载力。如上述 1 号桩,当第 9 级荷载施加后,沉降迅速发展,无法稳定,故取第 8 级荷载 2 237 kN 作为桩的极限承载力。

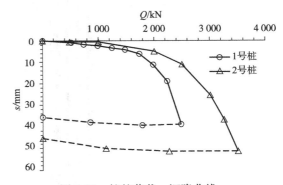

图 5-24 桩的荷载—沉降曲线

(2)缓变型:在加载过程中,虽然桩的沉降仍可稳定,但已达到很大的值。如前所述,过大的沉降是桩达到极限状态的另外一种表现。所以,对这种缓变型曲线,《建筑地基基础设计规范》规定:取 $s=40$ mm 对应的荷载值作为极限承载力(当桩长大于 40 m 时,s 为桩顶沉降量测值减去桩身压缩量)。如上述 2 号桩,当第 7 级荷载施加后,稳定后的沉降已达 51 mm,故停止加载,取 $s=40$ mm 所对应的荷载 3 320 kN 为其极限承载力。

实际工程中,为保证试验结果具有足够的代表性,通常需取多根桩(例如,工程总桩数的 1%)进行试验。由于各试桩所对应的土层不可能完全相同,土的性质、桩的特性都具有一定的随机性,试验也不可避免地会有一些误差,故各试桩的极限承载力不可能完全相同。《建筑地基基础设计规范》规定:对所有试桩的结果进行统计分析,当承载力的极差(即承载力最大值与最小值的差)不超过平均值的 30% 时,取平均值作为桩的极限承载力的值;若极差超过平均值的 30%,则应分析极差偏大的原因,结合具体情况确定极限承载力,必要时需再选试桩,进行试验。

5.3.2　自平衡法简介

抗压静载试验的技术成熟,操作也比较简单,因此得到了广泛的应用,但有时也会遇到困难。例如,在一些超高层建筑、特大桥工程中,单桩的承载力可达数万 kN,进行静载试验时,需设置能够提供巨大反力的锚固系统,花费高额的费用。此外,对设在深水中的桩以及斜桩等,采用该法进行试验也存在较多的困难。

早在 1969 年,日本的中山和藤关就提出将加载装置放在桩底,以上面的桩身作为反力系统,用以确定桩端极限阻力的方法。到 20 世纪 80 年代,美国的 Osterberg 等将此法付诸实践,并在世界各地推广应用,被称为 Osterberg-Cell 法,简称为 O-Cell 法。该法在 20 世纪 90 年代被引入到国内,经过几年的探索和努力,解决了相关的技术问题,得到越来越广泛的应用,并被称为自平衡法。

图 5-25(a)所示为自平衡法的试验装置。与传统静载法所不同的是,荷载的施加通过预先埋置于桩中的特制的液压荷载箱(O-Cell)实现,并由此将桩分为上、下两段,加载时,它们互为反力系统。根据需要,荷载箱可置于桩底或桩身某一位置。

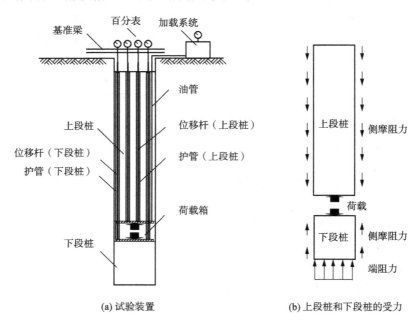

(a) 试验装置　　　　　　　(b) 上段桩和下段桩的受力

图 5-25　自平衡法示意图

试验时,通过荷载箱同时向上段桩体及下段桩体(或桩底)逐级施加荷载,并量测上段桩底面的上抬量和下段桩顶面的沉降量,由此可得到上段桩及下段桩的 $Q\text{-}s$ 曲线。参照前述静载试验的规则,可得到上、下段桩的极限承载力 Q_{uu} 和 Q_{ud},其中 Q_{uu} 反映的是上段的侧摩阻力,Q_{ud} 则是下段侧阻及端阻之和。

显然,试验时上段桩的侧摩阻力 Q_{uu} 是向下的,相当于桩受上拔力时的摩阻力,如前所述,它小于桩受压时的侧摩阻力。为此,将 Q_{uu} 除以系数 $\gamma(\gamma \leqslant 1)$ 后,可得到桩在受压时上段桩的极限侧摩阻力。最终,桩的抗压极限承载力可按下式计算:

$$Q_u = \frac{Q_{uu} - W}{\gamma} + Q_{ud} \qquad (5\text{-}10)$$

式中　W——上段桩的自重,在由 Q_{uu} 计算上段桩的极限摩阻力时,显然应扣除上段桩的自重;

　　　γ——侧摩阻力修正系数。黏土和粉土取 0.8;砂土取 0.7;岩石取 1.0。

图 5-26 所示为苏通长江大桥的一根试桩由自平衡法得到的 Q-s 曲线。试桩直径 2.5 m,桩长 125 m,采用后压浆法提高桩的承载力。可以看出,当荷载加至 51 000 kN 时,其上段桩的上抬量突然增至 80.12 mm,下段桩的沉降增至 81.14 mm,同时超过 40 mm,并发生剧增,故上段桩及下段桩的极限承载力均取为前一级荷载 48 000 kN。利用式(5-10),可进一步估算出桩的抗压极限承载力。

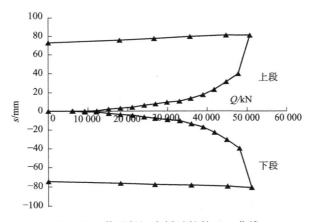

图 5-26　苏通长江大桥试桩的 Q-s 曲线

可以看出,荷载箱的位置是能否确定出桩的抗压极限承载力的一个关键问题:为使上、下段的桩都能够达到极限状态,就需准确地估算出桩侧摩阻力和端阻力的大小,但这往往很困难(实际上,试验的目的正是要确定极限侧摩阻力和端阻力)。当上段或下段的桩未达极限状态时,最终能够得到的是低于极限承载力的一个下限值。有时,上述平衡位置本身就不存在,例如当桩的极限端阻大于整个桩身的极限侧阻时,为获得桩的极限端阻,就需通过在桩顶设置反力系统等措施来提高上段桩的承载能力。

5.4　单桩抗压承载力的计算方法

5.4.1　概　述

由现场试验获得的承载力最为可靠,但其成本较高,周期较长。计算是确定桩的承载力的另一个重要手段。

承载力的计算主要涉及两个问题:一是所采用的计算模型及方法,二是计算所涉及的材料参数或指标的确定。

1. 理论计算方法和经验公式法

工程设计中的计算方法可分为两大类：一类是理论计算方法，一类是经验公式法。

(1)理论法

理论计算方法依据相关的岩土力学理论建立承载力的计算公式。该类方法理论上较为严谨，逻辑性较强，计算所需的材料参数通常是土(岩)的物理、力学指标，如黏聚力 c、内摩擦角 φ 等，通过不太复杂的试验即可获得，应用比较方便，在美国等国家有较为普遍的应用。但土(岩)性质的复杂性、施工方法的影响等因素，在理论计算模型中往往难以充分反映，从而直接影响了计算结果的准确性。

(2)经验公式法

通过对大量现场试验数据的统计回归，并结合理论分析，建立桩的承载力(极限侧摩阻力、端阻力)与桩的基本尺寸、施工方法、土(岩)的类型及状态等因素之间的关系，即为经验公式法。其中，现场试验数据可分为两类：一类是直接进行桩的现场试验，这是获得侧摩阻力和端阻力最直接、最可靠的方法。另一类方法是通过静力触探法、动力触探法、旁压试验等获得反映现场土层特性的相关指标，然后建立极限侧摩阻力、端阻力与这些指标间的关系。

经验公式法是我国房建、桥梁、港口等各类结构的桩基设计中所普遍采用的方法。

2. 材料参数及指标

不同的计算方法需要不同的材料参数或指标，大致可分为以下几类：

(1)土的物理及力学指标

例如，采用理论方法计算桩的极限端阻时，需要土的重度及强度指标 c、φ 等；当考虑土层压缩变形对端阻的影响时，还会需要变形模量 E、泊松比 ν 等变形指标。此外，还可通过物理状态指标如相对密实度 D_r、液性指数 I_L 等指标反映土的性质。上述指标可通过室内试验或现场试验获得。

(2)现场测试法获得的指标

主要包括由静力触探法、动力触探法、旁压试验获得的指标。其中，由静力触探法获得的极限侧摩阻力及端阻力与预制桩的极限侧摩阻力及端阻力相似，因此被广泛用于确定该类桩的承载力。

(3)桩的静载试验获得的指标

由极限端阻力和极限侧摩阻力确定承载力，是目前国内桩基设计中应用最为广泛的方法。通过对大量静载试验结果的统计分析，可得到不同施工方法时，各种类型、不同物理状态土的极限端阻力和侧摩阻力的经验值，为承载力的确定提供所需的参数。

(4)施工方法对指标的影响

施工方法会对桩周及桩底土(岩)的状态和桩—土界面的特性等产生较大的影响，进而影响到桩的极限侧摩阻力、端阻力。下面以钢筋混凝土桩为例进行说明。

对预制桩来说，在沉桩的过程中，桩对周围及桩底端的土层产生挤压作用；对非密实状态的砂土类，这会使其变得更为密实，极限侧阻及端阻提高；而对黏性土，则属不良扰动，会降低土的强度，进而减小极限侧摩阻力及端阻力。

对灌注桩来说，桩孔的开挖会使周围土层产生松弛效应，并影响极限摩侧阻力及端阻力，这对大直径桩尤为明显。此外，为保证桩孔稳定，施工时常会采用泥浆护壁，因此成桩后会在桩、土之间留下泥皮，而降低桩的侧摩阻力。同时，桩孔开挖完成后，底部常会残留未清除干净的土屑，厚度较大时，会对桩的极限端阻力产生很大的影响。

　　因此,在下面的 5.4.3 节及 5.4.4 节中将会看到,规范中给出的桩侧摩阻力及端阻力的极限值,甚至承载力的计算公式都与其施工方法及技术密切相关。

　　3. 嵌岩桩的计算

　　为提高桩的承载力,降低沉降,设计时会尽可能地将桩置于基岩上,甚至嵌入基岩较大的深度,形成嵌岩桩。

　　由于桩、土的强度及刚度相差很大,而桩、岩之间的强度和刚度较为接近,故岩、桩与土、桩的作用机理有很大的区别且更为复杂。目前,不同规范中的嵌岩桩承载力的计算方法存在着较大的差别。

　　以下首先介绍单桩抗压承载力的理论计算方法,然后介绍《建筑桩基技术规范》和《铁路桥涵地基和基础设计规范》中的计算方法。

5.4.2　单桩承载力的理论计算方法

　　单桩的抗压承载力等于其极限总侧摩阻力和总端阻力之和,当桩的长度、截面形状及尺寸等确定后,关键问题就是单位面积上极限摩阻力和极限端阻力的确定,这主要涉及两个问题:一是所采用的计算模型及方法,二是材料参数及指标的确定。

　　1. 极限端阻力

　　初期的计算多以刚塑体理论为基础,通过假设桩底及桩周土体破坏时的滑移面形式,建立相应计算公式。Terzaghi(1943)、Meyerhof(1951)、Березанцев(1961)、Vesic(1963)等先后提出了不同的计算模型,其计算公式可统一表示为

$$q_{pu} = cN_c^* + b\gamma_1 N_\gamma^* + \gamma h N_q^* \tag{5-11}$$

式中　N_c^*, N_γ^*, N_q^*——承载力系数,取决于有效内摩擦角 φ',由于破坏模式与浅埋基础不
　　　　　　　　　　　同,故承载力系数的计算公式也不同,这里略去其具体表达式;

　　　　γ, γ_1——桩周土、桩底持力层土的重度,水位以下取浮重度;

　　　　　c——持力层土的黏聚力;

　　　　b, h——桩底的宽度(直径)以及桩的入土深度。

　　上述计算模型及方法也在不断改进。例如,Kulhawy(1983)针对置于砂土中的预制桩,提出以下计算公式:

$$q_{pu} = d\gamma_1 N_\gamma^* + \gamma h N_q^* \tag{5-12}$$

式中 d 为桩的直径。从形式上看,式(5-12)就是式(5-11)在黏聚力 $c=0$ 时的特殊情况,但承载力系数 N_γ^*、N_q^* 的表达式与前述公式不同,它考虑了持力层土的压缩性对承载力的影响。为此,引入 Vesic(1977)定义的刚度指数:

$$I_r = \frac{E}{2(1+\nu)\sigma' \tan \varphi'} \tag{5-13}$$

式中　E, ν——持力层土的变形模量及泊松比。

　　承载力系数的计算公式:

$$N_q^* = \frac{(1+2K_0)N_\sigma}{3} \tag{5-14}$$

$$N_\gamma^* = 0.6(N_q^* - 1)\tan \varphi' \tag{5-15}$$

$$N_\sigma = \frac{3}{3-\sin \varphi} e^{\frac{\pi}{2}-\varphi'} \tan^2\left(\frac{\pi}{4}+\frac{\varphi'}{2}\right) I_r^{\frac{4\sin \varphi}{3(1+\sin \varphi)}} \tag{5-16}$$

式中　K_0——静止土压力系数。

2. 侧摩阻力

侧摩阻力计算方法有 β 法、α 法、λ 法等。

(1)β 法

该法最早由 Chandler(1968)提出,其出发点是:桩侧的极限摩阻力来自于桩、土之间的滑动摩擦,因此,其大小与作用在桩表面的有效法向应力 σ'_x 以及桩—土界面的摩擦系数 $\tan\varphi_f$ 成正比。根据 σ'_x 与竖向应力 σ'_z 的关系,以及 φ_f 与土的有效内摩擦角 φ' 之间的关系,最终可将极限侧摩阻力以简单的形式表示为

$$q_{su} = \beta\sigma'_z \tag{5-17}$$

显然,式中的系数 β 与 φ' 有关。在实际工程设计中,β 可通过一些简便的经验公式计算。例如,对置于砂中且位移较大的预制桩,有

$$\beta = 0.18 + 0.65D_r \tag{5-18}$$

式中的 D_r 为砂的相对密实度。对黏土,则取 $\beta = 0.25 \sim 0.35$。

(2)α 法

该法最早由 Tomlinson(1971)提出,用于饱和黏性土的侧阻力计算,其公式为

$$q_{su} = \alpha c_u \tag{5-19}$$

式中的 c_u 为饱和黏性土的不排水抗剪强度。α 称为黏结因子,有不同的经验取值方法。例如,对预制桩有

$$\alpha = \begin{cases} 1.0 & c_u < 25 \text{ kPa 时} \\ 1.0 - \dfrac{c_u - 25}{100} & 25 \text{ kPa} \leqslant c_u < 75 \text{ kPa 时} \\ 0.5 & c_u \geqslant 75 \text{ kPa 时} \end{cases} \tag{5-20}$$

(3)λ 法

综合 α 法及 β 法的特点,Vijayvergiya 和 Focht(1972)提出以下适用于黏性土的计算公式:

$$q_{su} = \lambda(\sigma'_z + 2c_u) \tag{5-21}$$

式中的系数 λ 与桩的入土深度有关,可通过对大量静载试验资料回归得出,此处不再详细介绍。

上述三个方法在美国等一些国家有较为广泛的应用。

5.4.3 《铁路桥涵地基和基础设计规范》中桩的容许承载力

该规范中,分别按桩的受力特性(摩擦桩、柱桩)并同时考虑施工方法(如预制桩、灌注桩)给出相应的单桩竖向容许承载力的计算公式。同时,根据土(岩)性质,并结合桩的尺寸、施工方法等因素给出其中的极限摩阻力、极限端阻力的经验值或计算公式。

1. 摩擦桩

(1)打入、振动下沉和桩底爆扩桩

这类桩属挤土桩,其计算公式为

$$[P] = \frac{1}{2}\left(U\sum a_i f_i l_i + \lambda A Ra\right) \tag{5-22}$$

式中　$[P]$——桩的容许承载力(kN),由极限承载力除以安全系数 2 得到。

　　　　U——桩身截面周长(m)。

l_i——桩穿过的各土层的厚度(m)。其中,最上面一层土的厚度:高承台时,从地面或局部冲刷线算起;低承台时,从承台底面算起。

A——桩底支承面积(m^2)。

a_i, a——振动沉桩对各土层桩周摩阻力和桩底承压力的影响系数,按表5-5确定,打入桩则均取1.0。

λ——按表5-6确定,表中的D_p为桩底爆扩体的直径,d为桩身直径。

f_i, R——桩周土的极限摩阻力(kPa)和桩底持力层土的极限承载力(kPa),可根据土的类型和物理状态分别查表5-7和表5-8确定,或采用静力触探试验确定。表5-8中的h'为桩端进入持力层的深度(不包括桩靴),d为桩的直径或边长。

表 5-5 振动下沉桩系数 a_i, a

土的类型 桩径或边宽	砂类土	粉 土	粉质黏土	黏 土
$d \leqslant 0.8$ m	1.1	0.9	0.7	0.6
0.8 m$<d \leqslant 2.0$ m	1.0	0.9	0.7	0.6
$d>2.0$ m	0.9	0.7	0.6	0.5

表 5-6 系数 λ

桩底爆扩体处土的种类 D_p/d	砂类土	粉 土	粉质黏土 $I_L=0.5$	黏 土 $I_L=0.5$
1.0	1.0	1.0	1.0	1.0
1.5	0.95	0.85	0.75	0.70
2.0	0.90	0.80	0.65	0.50
2.5	0.85	0.75	0.50	0.40
3.0	0.80	0.60	0.40	0.30

表 5-7 桩周土的极限摩擦阻力 f_i(kPa)

土 类	状 态	极限摩擦阻力 f_i	土 类	状 态	极限摩擦阻力 f_i
黏性土	$1 \leqslant I_L<1.5$	15~30	粉、细砂	稍松	20~35
	$0.75 \leqslant I_L<1$	30~45		稍、中密	35~65
	$0.5 \leqslant I_L<0.75$	45~60		密实	65~80
	$0.25 \leqslant I_L<0.5$	60~75	中 砂	稍、中密	55~75
	$0 \leqslant I_L<0.25$	75~85		密实	75~90
	$I_L<0$	85~95	粗 砂	稍、中密	70~90
粉 土	稍密	20~35		密实	90~105
	中密	35~65			
	密实	65~80			

表 5-8　桩底土的极限承载力 R(kPa)

土　类	状　态	桩底土的极限承载力		
黏性土	$1{\leqslant}I_L$	1 000		
	$0.65{\leqslant}I_L{<}1$	1 600		
	$0.35{\leqslant}I_L{<}0.65$	2 200		
	$I_L{<}0.35$	3 000		
		桩端进入持力层的相对深度		
		$h'/d{<}1$	$1{\leqslant}h'/d{<}4$	$h'/d{\geqslant}4$
粉土	中密	1 700	2 000	2 300
	密实	2 500	3 000	3 500
粉砂	中密	2 500	3 000	3 500
	密实	5 000	6 000	7 000
细砂	中密	3 000	3 500	4 000
	密实	5 500	6 500	7 500
中、粗砂	中密	3 500	4 000	4 500
	密实	6 000	7 000	8 000
圆砾土	中密	4 000	4 500	5 000
	密实	7 000	8 000	9 000

上述的桩底爆扩是指利用炸药爆炸进行扩底,以增加底面积,挤密土层,提高桩的端阻力。实际上,桩身的孔也可通过爆扩形成,即先通过钻、挖等方式形成直径较小的孔,再通过爆扩达到所需的孔径。爆扩桩具有成桩工艺简单、土石方量小、节省劳力、施工速度快、造价低的特点,多用于短桩。

(2) 钻(挖)孔灌注桩

这类桩属非挤土桩,其计算公式为

$$[P]=\frac{1}{2}U\sum f_i l_i+m_0 A[\sigma]$$ (5-23)

式中　$[P]$——桩的容许承载力(kN),其中等式右边第一项中的 2 为安全系数;

U——桩身截面周长(m);

l_i——各土层的厚度(m),确定方法同式(5-22);

A——桩底支承面积(m^2),按设计桩径计算;

f_i——各土层的极限摩阻力(kPa),按表 5-9 采用;

$[\sigma]$——桩底地基土的容许承载力(kPa),其值按表 5-10 中的公式计算;

m_0——桩底支承力折减系数。对钻孔灌注桩,可按表 5-11 采用;对挖孔灌注,一般可取 $m_0=1.0$。

表 5-9　钻孔灌注桩极限摩阻力 f_i（kPa）

土的名称	土性状态	极限摩阻力	土的名称	土性状态	极限摩阻力
软 土		12～22	中 砂	中密 密实	45～70 70～90
黏性土	流塑 软塑 硬塑	20～35 35～55 55～75	粗砂、砾砂	中密 密实	70～90 90～150
粉 土	中密 密实	30～55 55～70	圆砾土、角砾土	中密 密实	90～150 150～220
粉砂、细砂	中密 密实	30～55 55～70	碎石土、卵石土	中密 密实	150～220 220～420
			漂石土、块石土		400～600

表 5-10　桩底地基土的容许承载力（kPa）

条 件	计 算 公 式
当 $h \leqslant 4d$ 时	$[\sigma] = \sigma_0 + k_2 \gamma_2 (h-3)$
当 $4d < h \leqslant 10d$ 时	$[\sigma] = \sigma_0 + k_2 \gamma_2 (4d-3) + k_2' \gamma_2 (h-4d)$
当 $h > 10d$ 时	$[\sigma] = \sigma_0 + k_2 \gamma_2 (4d-3) + k_2' \gamma_2 (6d)$

注：h 为桩端的埋深，从地面或一般冲刷线算起；d 为桩径或桩的宽度（m）；σ_0、k_2、γ_2 的意义与公式（3-6）相同；对于黏性土、粉土和黄土，$k_2'=1$；对于其他土，$k_2'=k_2/2$。

表 5-11　钻孔灌注桩桩底支承力折减系数 m_0

土质及清底情况	m_0		
	$5d < h \leqslant 10d$	$10d < h \leqslant 25d$	$25d < h \leqslant 50d$
土质较好，不易坍塌，清底良好	0.9～0.7	0.7～0.5	0.5～0.4
土质较差，易坍塌，清底稍差	0.7～0.5	0.5～0.4	0.4～0.3
土质差，难以清底	0.5～0.4	0.4～0.3	0.3～0.1

2. 柱桩

（1）支承于岩石层上的打入桩、振动下沉桩

$$[P] = CRA \tag{5-24}$$

式中　$[P]$——桩的容许承载力（kN）；

　　　R——岩石单轴抗压强度（kPa）；

　　　C——系数，匀质无裂缝的岩石层采用 $C=0.45$；有严重裂缝的、风化的或易软化的岩石层采用 $C=0.30$；

　　　A——桩底面积（m²）。

（2）支承于岩层上与嵌入岩层内的钻（挖）孔灌注桩及管柱

$$[P] = R(C_1 A + C_2 U h) \tag{5-25}$$

表 5-12　系数 C_1 及 C_2

岩层及清底情况	C_1	C_2
良好	0.5	0.04
一般	0.4	0.03
较差	0.3	0.02

式中　$[P]$——桩（管柱）的容许承载力（kN）；

　　　U——嵌入岩层内的桩（管柱）的钻孔周长（m）；

　　　h——自新鲜岩面（平均高程）算起的嵌入深度（m）；

C_1，C_2——系数，根据岩层破碎程度和清底情况按表 5-12 选取。当 $h \leqslant 0.05$ m 时，查表得到的 C_1 应乘以 0.7，C_2 采取为 0。从直观上理解，可认为 $C_1 R$、$C_2 R$ 分别对应于嵌岩段的端阻和侧阻。

可以看出,对此类桩,《铁路桥涵地基和基础设计规范》中没有将土层的侧摩阻力计入桩的承载力中,而是将其作为安全储备。

5.4.4 《建筑桩基技术规范》中桩的承载力

1. 基于静力触探法的量测结果确定预制桩的极限承载力

静力触探法是地基勘察中一种常用的现场试验方法,它将金属探头用静力压入土中,并测得探头经过不同土层及深度时受到的阻力,以掌握土层的特性。其探头可分为单桥式及双桥式,前者可测得探头所受的总阻力,而后者可分别得到探头所受到的侧阻力及端阻力。

预制桩的沉桩过程与探头压入土层的过程很相似,其极限侧摩阻力及端阻力与探头的阻力之间存在着一定的联系。因此,若通过大量的试验数据建立桩的极限摩阻力、端阻力与探头阻力之间的关系,即可通过探头阻力预测桩的极限承载力。这一方法在《铁路桥涵地基和基础设计规范》及《建筑桩基技术规范》中均有应用。下面以《建筑桩基技术规范》中的双桥法为例做简要的介绍。

对于黏性土、粉土和砂土,有

$$Q_{uk} = u\sum \beta_i l_i f_{si} + \alpha q_c A_p \tag{5-26}$$

式中　Q_{uk}——单桩极限承载力的标准值;

u,A_p——桩的周长和桩底的面积;

l_i——第 i 层土的厚度;

q_c——桩底端附近土层探头阻力的综合值(kPa),取桩端平面以上 $4d$ 范围内探头阻力的加权平均值,再与桩端平面以下 $1d$ 范围内的探头阻力进行算术平均;

α——桩端阻力修正系数,黏性土、粉土取 2/3,饱和砂土取 1/2;

f_{si}——第 i 层土的探头平均侧阻力(kPa);

β_i——第 i 层土桩侧摩阻力综合修正系数,对黏性土和粉土可按式(5-27a)计算,对砂土可按式(5-27b)计算。

$$\beta_i = 10.04(f_{si})^{-0.55} \tag{5-27a}$$

$$\beta_i = 5.05(f_{si})^{-0.45} \tag{5-27b}$$

2. 经验参数法确定桩的极限承载力

与《铁路桥涵地基和基础设计规范》不同的是,《建筑桩基技术规范》中未针对不同的施工方法给出相应的承载力计算公式,而是按承载特性(即桩底是支承于土层,还是支承于或嵌入岩层)、桩径大小等因素给出不同的计算公式。但实际上,在给出各类土、岩的侧摩阻力及端阻力极限值时,同样考虑了施工方法等因素的影响。

(1)预制桩及中小直径的灌注桩

对预制桩和直径 $d < 800$ mm 的灌注桩,单桩竖向极限承载力标准值 Q_{uk} 按下式计算:

$$Q_{uk} = Q_{sk} + Q_{pk} = u\sum q_{sik} l_i + q_{pk} A_p \tag{5-28}$$

式中　Q_{sk}——单桩总极限侧阻力标准值(kN);

Q_{pk}——单桩总极限端阻力标准值(kN);

q_{sik}——桩侧第 i 层土的极限侧阻力标准值(kPa),按当地经验取值,无当地经验值时,可根据成桩方法与工艺按表 5-13 取值;

q_{pk}——极限端阻力标准值(kPa),无当地经验值时,根据桩型或成桩方法与工艺按表 5-14 取值。

其余符号的意义同式(5-26)。

表 5-13　桩的极限侧阻力标准值 q_{sik}(kPa)

土的名称	土的状态		混凝土预制桩	水下钻(冲)孔桩	干作业钻孔桩
填　土	—		22～30	20～28	20～28
淤　泥	—		14～20	12～18	12～18
淤泥质土	—		22～30	20～28	20～28
黏性土	流塑	$I_L>1$	24～40	21～38	21～38
	软塑	$0.75<I_L\leqslant1$	40～55	38～53	38～53
	可塑	$0.50<I_L\leqslant0.75$	55～70	53～68	53～66
	硬可塑	$0.25<I_L\leqslant0.5$	70～86	68～84	66～82
	硬塑	$0<I_L\leqslant0.25$	86～98	84～96	82～94
	坚硬	$I_L\leqslant0$	98～105	96～102	94～104
红黏土	$0.7<a_w\leqslant1$		13～32	12～30	12～30
	$0.5<a_w\leqslant0.7$		32～74	30～70	30～70
粉　土	稍密	$e>0.9$	26～46	24～42	24～42
	中密	$0.75\leqslant e\leqslant0.9$	48～66	42～62	42～62
	密实	$e<0.75$	66～88	62～82	62～82
粉细砂	稍密	$10<N\leqslant15$	24～48	22～46	22～46
	中密	$15<N\leqslant30$	48～66	46～64	46～64
	密实	$N>30$	66～88	64～86	64～86
中　砂	中密	$15<N\leqslant30$	54～74	53～72	53～72
	密实	$N>30$	74～95	72～94	72～94
粗　砂	中密	$15<N\leqslant30$	74～95	74～95	76～98
	密实	$N>30$	95～116	95～116	98～120
砾　砂	稍密	$5<N_{63.5}\leqslant15$	70～110	50～90	60～100
	中密(密实)	$N_{63.5}>15$	116～138	116～130	112～130
圆砾、角砾	中密、密实	$N_{63.5}>10$	160～200	135～150	135～150
碎石、卵石	中密、密实	$N_{63.5}>10$	200～300	140～170	150～170
全风化软质岩	—	$30<N\leqslant50$	100～120	80～100	80～100
全风化硬质岩	—	$30<N\leqslant50$	140～160	120～140	120～150
强风化软质岩	—	$N_{63.5}>10$	160～240	140～200	140～220
强风化硬质岩	—	$N_{63.5}>10$	220～300	160～240	160～260

表 5-13 中，a_w 为红黏土的含水比，$a_w=w/w_L$，其中 w、w_L 分别为土的天然含水率、液限；N 为标准贯入击数；$N_{63.5}$ 为重型圆锥动力触探击数；软质岩是指单轴抗压强度标准值 $f_{rk}\leqslant15$ MPa 的岩石；硬质岩是指 $f_{rk}>30$ MPa 的岩石。此外，尚未完成自重固结的填土和以生活垃圾为主的杂填土的侧摩阻力取 0。

表 5-14　桩的极限端阻力标准值 q_{pk} (kPa)

土的名称	土的物理状态	混凝土预制桩				泥浆护壁钻（冲）孔桩				干作业钻孔桩		
		$l\leq9$	$9<l\leq16$	$16<l\leq30$	$l>30$	$5\leq l<10$	$10\leq l<15$	$15\leq l<30$	$l\geq30$	$5\leq l<10$	$10\leq l<15$	$l\geq15$
黏性土	软塑 $0.75<I_L\leq1$	210~850	650~950	1200~1800	1300~1900	150~250	250~300	300~450	300~450	200~400	400~700	700~950
	可塑 $0.50<I_L\leq0.75$	850~1700	1400~2200	1900~2800	2300~3600	350~450	450~600	600~750	750~800	500~700	800~1100	1000~1600
	硬可塑 $0.25<I_L\leq0.5$	1500~2300	2300~3300	2700~3600	3600~4400	800~900	900~1000	1000~1200	1200~1400	850~1100	1500~1700	1700~1900
	硬塑 $0<I_L\leq0.25$	2500~3800	3800~5500	5500~6000	6000~6800	1100~1200	1200~1400	1400~1600	1600~1800	1600~1800	2200~2400	2600~2800
粉土	中密 $0.75\leq e\leq0.9$	950~1700	1400~2100	1900~2700	2500~3400	300~500	500~650	650~750	750~850	800~1200	1200~1400	1400~1600
	密实 $e<0.75$	1500~2600	2100~3000	2700~3600	3600~4400	650~900	750~950	900~1100	1100~1200	1200~1700	1400~1900	1600~2100
粉砂	稍密 $10<N\leq15$	1000~1600	1500~2300	1900~2700	2100~3000	350~500	450~600	600~700	650~750	500~950	1300~1600	1500~1700
	中密、密实 $N>15$	1400~2200	2100~3000	3000~4500	3800~5500	600~750	750~900	900~1100	1100~1200	900~1000	1700~1900	1700~1900
细砂	中密、密实 $N>15$	2500~4000	3600~5000	4400~6000	5300~7000	650~850	900~1200	1200~1500	1500~1800	1200~1600	2000~2400	2400~2700
中砂	中密、密实 $N>15$	4000~6000	5500~7000	6500~8000	7500~9000	850~1050	1100~1500	1500~1900	1900~2100	1800~2400	2800~3800	3600~4400
粗砂	中密、密实 $N>15$	5700~7500	7500~8500	8500~10000	9500~11000	1500~1800	2100~2400	2400~2600	2600~2800	2900~3600	4000~4600	4600~5200
砾砂	中密、密实 $N>15$	6000~9500	6000~9500	9000~10500	9000~10500	1400~2000	1400~2000	2000~3200	2000~3200	3500~5000	3500~5000	
角砾、圆砾	中密、密实 $N_{63.5}>10$	7000~10000	7000~10000	9500~11500	9500~11500	1800~2200	1800~2200	2200~3600	2200~3600	4000~5500	4000~5500	
碎石、卵石	中密、密实 $N_{63.5}>10$	8000~11000	8000~11000	10500~13000	10500~13000	2000~3000	2000~3000	3000~4000	3000~4000	4500~6500	4500~6500	
全风化软质岩	$30\leq N\leq50$	4000~6000	4000~6000	4000~6000	4000~6000	1000~1600	1000~1600	1000~1600	1000~1600	1200~2000	1200~2000	
全风化硬质岩	$30\leq N\leq50$	5000~8000	5000~8000	5000~8000	5000~8000	1200~2000	1200~2000	1200~2000	1200~2000	1400~2400	1400~2400	
强风化软质岩	$N_{63.5}>10$	6000~9000	6000~9000	6000~9000	6000~9000	1400~2200	1400~2200	1400~2200	1400~2200	1600~2600	1600~2600	
强风化硬质岩	$N_{63.5}>10$	7000~11000	7000~11000	7000~11000	7000~11000	1800~2800	1800~2800	1800~2800	1800~2800	2000~3000	2000~3000	

注：l 为桩的入土深度（m）。选取砂土和碎石类土的极限端阻力标准值时，应综合考虑土的密实度，桩端进入持力层的深径比 h_b/d，土愈密实，h_b/d 愈大，取值愈高。

（2）大直径灌注桩

大直径桩一般为钻、挖、冲孔灌注桩，在成孔过程中，孔壁土会出现松弛效应，从而导致极限侧阻力的降低。同时，其端阻也存在着随桩径增大而下降的现象。因此，对于桩径不小于0.8 m 的大直径桩，确定极限侧阻及端阻时需考虑尺寸效应，相应的承载力的计算公式为

$$Q_{uk}=Q_{sk}+Q_{pk}=u\sum\psi_{si}q_{sik}l_{si}+\psi_{p}q_{pk}A_{p} \tag{5-29}$$

式中　　u——桩身周长。对人工挖孔桩，其护壁为振捣密实的混凝土时，可按护壁外直径计算。

　　　　q_{sik}——桩侧第 i 层土的极限侧阻力标准值。无当地经验值时，可按表 5-13 取值。对于扩底桩，变截面以下不计侧阻力。

　　　　q_{pk}——桩底直径 $D=0.8$ m 时的极限端阻力标准值，可按表 5-14 取值。对于干作业挖孔（清底干净）可采用深层平板试验确定；当不能进行试验时，可按表 5-15 取值。

　　　　ψ_{si}，ψ_{p}——大直径桩侧摩阻力、端阻力尺寸效应系数，按表 5-16 取值。

表 5-15　干作业桩（清底干净，$D=0.8$ m）极限端阻力标准值 q_{pk}（kPa）

土 名 称		状 态		
黏性土		$0.25<I_L\leqslant0.75$	$0<I_L\leqslant0.25$	$I_L\leqslant0$
		$800\sim1800$	$1800\sim2400$	$2400\sim3000$
粉 土		$0.75<e\leqslant0.9$	$e\leqslant0.75$	
		$1000\sim1500$	$1500\sim2000$	
砂土和碎石类土		稍密	中密	密实
	粉砂	$500\sim700$	$800\sim1100$	$1200\sim2000$
	细砂	$700\sim1100$	$1200\sim1800$	$2000\sim2500$
	中砂	$1000\sim2000$	$2200\sim3200$	$3500\sim5000$
	粗砂	$1200\sim2200$	$2500\sim3500$	$4000\sim5500$
	砾砂	$1400\sim2400$	$2600\sim4000$	$5000\sim7000$
	圆砾、角砾	$1600\sim3000$	$3200\sim5000$	$6000\sim9000$
	卵石、碎石	$2000\sim3000$	$3300\sim5000$	$7000\sim11000$

表 5-16　大直径桩的侧阻尺寸效应系数 ψ_{si} 和端阻尺寸效应系数 ψ_{p}

土的类别	黏性土、粉土	砂土、碎石类土
ψ_{si}	$(0.8/d)^{1/5}$	$(0.8/d)^{1/3}$
ψ_{p}	$(0.8/D)^{1/4}$	$(0.8/D)^{1/3}$

q_{pk} 在取值时应遵循以下原则：

① 应考虑桩进入持力层的深度效应，当进入持力层深度 $h_b\leqslant$ 桩底端直径 D，$D<h_b<4D$，$h_b\geqslant4D$ 时，q_{pk} 可分别取低值、中值、高值；

② 砂土密实度可根据标贯击数 N 判断，$N\leqslant10$ 为松散，$10<N\leqslant15$ 为稍密，$15<N\leqslant30$ 为中密，$N>30$ 为密实；

③ 当桩的长径比 $l/d\leqslant8$ 时，q_{pk} 宜取较低值；

④ 对沉降要求不严时，q_{pk} 可取高值。

（3）嵌岩桩

嵌岩桩的极限承载力由桩周土的侧阻力、嵌岩段的侧阻力和端阻力组成。由于岩石的刚

度和强度远高于土,所以岩中桩与土中桩的作用机理有较大的不同:桩周为土层时,由于桩的刚度远高于土,所以轴力可沿桩身一直向下传递到较大的深度;桩周为岩层时,由于桩、岩的相对刚度接近,故轴力会随深度的增加迅速衰减,特别是硬岩。通常,当嵌岩深度超过 $5d$ 后,桩身轴力及桩底压力已基本衰减为 0,故过长的嵌岩深度对提高桩的承载力并无明显的效果。

为简化计算,规范中将嵌岩段的侧阻力和端阻力合并为嵌岩段总极限阻力 Q_{rk},并按下式计算嵌岩桩的承载力:

$$Q_{uk} = Q_{sk} + Q_{rk} = u_p \sum q_{sik} l_i + \zeta_r f_{rk} A_p \qquad (5\text{-}30)$$

式中　Q_{sk}, Q_{rk}——土的总极限侧阻力标准值和嵌岩段总极限阻力标准值;

　　　　q_{sik}——桩周第 i 层土的极限侧阻力标准值,无经验值时可按表 5-13 取值;

　　　　f_{rk}——对非黏土质岩,取饱和单轴抗压强度的标准值;对于黏土质岩,取天然湿度单轴抗压强度标准值;

　　　　ζ_r——嵌岩段侧阻和端阻综合系数,与嵌岩深径比 h_r/d、岩石软硬程度和成桩工艺有关,可按表 5-17 确定。

表 5-17　嵌岩段侧阻和端阻综合系数 ζ_r

嵌岩深径比 h_r/d	0.0	0.5	1	2	3	4	5	6	7	8
极软岩、软岩	0.60	0.80	0.95	1.18	1.35	1.48	1.57	1.63	1.66	1.70
较硬岩、坚硬岩	0.45	0.65	0.81	0.90	1.00	1.04	—	—	—	—

注:(1) h_r 为桩身嵌岩深度($h_r=0$ 相当于桩底置于岩面上;当岩面倾斜时,以坡下方的嵌岩深度为准)。

　　(2)表中数值适用于成孔时采用泥浆护壁的桩,对于清底干净的干作业成孔桩,以及虽采用泥浆护壁但通过桩底端后注浆的桩,应取表列数值的 1.2 倍。

　　(3)表中的极软岩、软岩指 $f_{rk} \leqslant 15$ MPa 的岩石,较硬岩、坚硬岩指 $f_{rk} > 30$ MPa 的岩石,介于两者之间可内插取值。

可以看出,上述计算中考虑了土的侧阻力对承载力的贡献,与《铁路桥涵地基和基础设计规范》忽略土层侧阻力的处理方法是不同的。

3. 桩的承载力特征值

在通过上述计算方法或静载试验确定出单桩极限承载力的标准值 Q_{uk} 后,单桩竖向承载力的特征值 R_a 可由下式确定:

$$R_a = \frac{Q_{uk}}{K} \qquad (5\text{-}31)$$

式中的 K 为安全系数,取为 2。

5.4.5　桩身轴向承载力的验算

以上介绍了按土(岩)对桩的支承能力确定单桩承载力的方法,但有时也会出现桩身强度控制桩的承载力的情况,如支承或嵌固于坚硬岩石的桩、长径比很大的桩等。下面以钢筋混凝土桩为例,介绍《建筑桩基技术规范》中桩身承载力的验算方法:①根据桩的受力情况,可将桩作为轴心受压或偏心受压杆计算;②对高承台桩基以及当桩周土层较差时,轴心受压计算应考虑压屈影响,偏心受压杆应考虑偏心距增大的影响。

(1)按轴心受压杆件计算

① 不考虑压屈影响

当桩顶以下 $5d$ 范围内桩身箍筋间距不大于 100 mm 且符合规范中构造配筋的要求(见

5.12.1)时,桩所受压力应满足条件

$$N \leqslant \psi_c f_c A_{ps} + 0.9 f_y' A_g \tag{5-32}$$

式中　N——荷载效应基本组合下的桩顶轴向压力设计值(kN);

　　　　f_c——混凝土轴心抗压强度设计值(kPa);

　　　　f_y'——纵向主筋抗压强度设计值(kPa);

　　　　A_{ps}——桩身横截面面积(m^2);

　　　　A_g——纵向主筋面积(m^2);

　　　　ψ_c——成桩工艺系数:混凝土预制桩、预应力混凝土空心桩取 0.85;干作业非挤土灌注桩取 0.9;泥浆护壁和套管护壁非挤土灌注桩、部分挤土灌注桩及挤土灌注桩取 0.7~0.8;软土区挤土灌注桩取 0.6。

桩身配筋不符合上述条件时,应有

$$N \leqslant \psi_c f_c A_{ps} \tag{5-33}$$

即不考虑钢筋对抗压承载力的贡献。

②考虑压屈影响

对高承台桩基、穿过可液化土层、软弱层(不排水抗剪强度<10 kPa)的桩,应考虑压屈的影响,即在式(5-32)和式(5-33)的右端乘以桩身稳定系数 φ,其值由压屈计算长度 l_c 与圆桩的直径 d(或矩形桩的短边 b)之比,按表 5-18 确定;l_c 按表 5-19 确定,其中 l_0 为桩露出地面的长度,h 则为桩在土层中的长度,α 为桩的变形系数(其定义见 5.11.3)。

表 5-18　桩身稳定系数 φ

l_c/d	≤7	8.5	10.5	12	14	15.5	17	19	21	22.5	24
l_c/b	≤8	10	12	14	16	18	20	22	24	26	28
φ	1.00	0.98	0.95	0.92	0.87	0.81	0.75	0.70	0.65	0.60	0.56
l_c/d	26	28	29.5	31	33	34.5	36.5	38	40	41.5	43
l_c/b	30	32	34	36	38	40	42	44	46	48	50
φ	0.52	0.48	0.44	0.40	0.36	0.32	0.29	0.26	0.23	0.21	0.19

表 5-19　桩身压屈计算长度 l_c

	桩底支承于土层		桩底嵌于岩石内	
	$h<4.0/\alpha$	$h\geqslant4.0/\alpha$	$h<4.0/\alpha$	$h\geqslant4.0/\alpha$
桩顶铰接	l_0+h	$0.7(l_0+4.0/\alpha)$	$0.7(l_0+h)$	$0.7(l_0+4.0/\alpha)$
桩顶固接	$0.7(l_0+h)$	$0.5(l_0+4.0/\alpha)$	$0.5(l_0+h)$	$0.5(l_0+4.0/\alpha)$

(2)按偏心受压杆件计算

对高承台桩基、穿过可液化土层、软弱层(不排水抗剪强度小于 10 kPa)的桩,应考虑桩身挠曲对偏心距的增大效应,并按《混凝土结构设计规范》中偏心受压构件进行验算。

铁路桥梁的桩在设计时一般也按受压杆件进行桩身承载力的验算,这里不再详细介绍。

5.5　单桩抗拔承载力

如前所述,桩多以承担压力为主,但有时也会受到拉力的作用,因此需确定其抗拔承载力。同样,单桩的抗拔承载力可通过现场试验、理论方法、经验公式法等计算。以下主要介绍现场试验法及经验公式法。

5.5.1　现场抗拔静载试验

图 5-27 所示为抗拔静载试验的装置图。其中的反力梁支在两侧的支墩上,千斤顶可放在反力梁之上,通过锚索对试桩施加拉力;也可将支墩换为桩,千斤顶置于两侧的桩上,从下方通过梁对试桩施加拉力。

由试验可得到图 5-28 所示的荷载 Q 与桩顶上拔量 δ 之间的关系曲线。显然上拔量的陡升表明桩的受力已达极限状态。

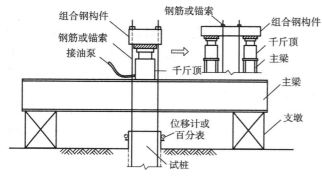

图 5-27　抗拔静载试验示意图

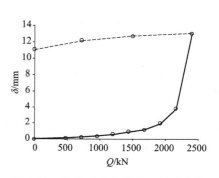

图 5-28　荷载 Q 与上抬量 δ 关系曲线

5.5.2　经验公式法

1.《铁路桥涵地基和基础设计规范》中的抗拔承载力计算

与受压桩不同,桩的抗拔承载力只来自于桩侧的摩擦阻力。桩轴向受拉的容许承载力为

$$[P'] = 0.30U\sum a_i l_i f_i \tag{5-34}$$

式中各量的意义同式(5-22)。如前所述,桩在被上拔时的极限侧阻小于受压时的侧阻,将式(5-22)中的 f_i 乘以 0.6 进行折减,并令端阻为 0,即可得到上式。

2.《建筑桩基技术规范》中的抗拔承载力计算

单桩抗拔承载力的计算公式为

$$T_{uk} = \sum \lambda_i q_{sik} u_i l_i \tag{5-35}$$

式中　T_{uk}——单桩抗拔极限承载力标准值。

q_{sik}——意义同式(5-29)。

λ_i——抗拔系数,实际就是将受压时的极限侧阻转化为抗拉时的极限侧阻的折减系数:对砂土,取 0.50～0.70;对黏性土、粉土,取 0.70～0.80。当 $l/d<20$ 时取小值。

u_i——桩身周长。如为扩底桩,其直径的取法为:自桩底起算$(4～10)d$ 范围内取桩底的直径 D,其余部分仍取桩身直径 d。其中,土层为软土时,在上述范围中取低值,土层为卵石、砾石时则取高值。

5.6　单桩的横向承载力

由于桩侧土能够提供的横向阻力远小于受压时的竖向阻力,同时钢筋混凝土桩的抗弯强度远低于抗压强度,所以桩的横向承载力通常远低于竖向承载力。与抗压承载力通常取决于土的极限阻力而非桩身强度不同,横向受力桩既可能会因桩周土抗力达到极限状态而发生破坏,也可能由于桩身应力达到材料强度而发生破坏。

同样,现场试验是确定横向承载力的最可靠的方法。

5.6.1　单桩水平静载试验

为便于试验的开展,无论工程桩是直桩还是斜桩,通常多以直桩水平加载方式确定横向承载力。如图 5-29 所示,采用千斤顶施加水平荷载,通过百分表量测桩顶的水平位移,还可在桩内的钢筋上安装钢筋计,量测钢筋应力,辅助水平承载力的确定。

试验时,可以预估水平极限承载力的 1/10 作为荷载增量进行分级,但与竖向承载力试验不同的是,水平静载试验通常采用单向多级循环加卸载法:在同一级荷载内,加载→卸载到 0→加载→卸载到 0→……如此重复 5～6 次,并记录每次加载、卸载后桩顶的水平位移,然后施加下一级荷载。采用这种加载方式的主要原因是由于结构所受的水平荷载如风力、动力基础水平力、列车制动力等都具有反复作用的特点。

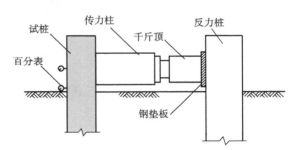

图 5-29　单桩水平静载试验

由试验结果,可绘出桩顶水平荷载—时间—桩顶水平位移(H_0-Δt-x_0)(图 5-30)、水平荷载—位移梯度(H_0-$\Delta x_0/\Delta H_0$)[图 5-31(a)]、水平荷载与最大弯矩截面的钢筋应力(H_0-σ_g)[图 5-31(b)]等曲线。

由上述曲线,可得到桩的临界荷载 H_{cr} 和极限荷载 H_u。其中:H_{cr} 对应于桩身开裂、受拉区混凝土退出工作时的桩顶水平力,在上述图中,分别对应于:①H_0-t-x_0 曲线出现突变点(即相同荷载增量时,位移增量明显加大)的前一级荷载;②H_0-$\Delta x_0/\Delta H_0$ 曲线的第一段直线的终点所对应的荷载;③H_0-σ_g 曲线第一突变点对应的荷载。H_u 则是桩身应力达到强度极限时的桩顶水平力,一般可取:①H_0-t-x_0 曲线明显陡降或水平位移包络线向下凹时的前一级荷载;②H_0-$\Delta x_0/\Delta H_0$ 曲线第二段直线的终点所对应的荷载;③桩身折断或钢筋应力达到流限的前一级荷载。

《建筑桩基技术规范》中规定,对于预制桩、钢桩、桩身配筋率不小于 0.65％ 的灌注桩,可根据静载试验结果,取地面处水平位移 10 mm(对水平位移敏感的建筑物取 6 mm)时所对应荷载的 75％ 作为单桩水平承载力的特征值 R_{ha};桩身配筋率小于 0.65％ 的灌注桩,则取临界荷载的 75％ 作为 R_{ha}。

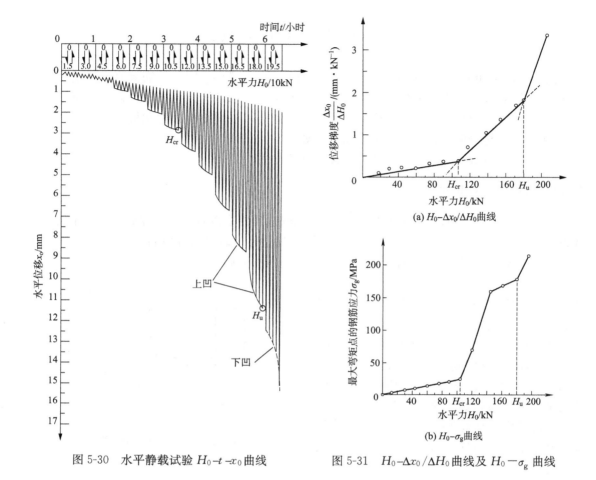

图 5-30　水平静载试验 H_0–t–x_0 曲线　　　　图 5-31　H_0–$\Delta x_0/\Delta H_0$ 曲线及 H_0–σ_g 曲线

5.6.2　水平承载力的计算方法

1.《建筑桩基技术规范》中水平承载力计算

如前所述,桩的横向承载力与桩身强度密切相关,在《建筑桩基技术规范》中,给出以下按强度控制确定钢筋混凝土桩水平承载力的计算公式。

(1)桩身配筋率小于 0.65% 的灌注桩

$$R_{ha} = \frac{0.75\alpha\gamma_m f_t W_0}{\nu_m}(1.25 + 22\rho_g)\left(1 \pm \frac{\xi_N N_k}{\gamma_m f_t A_n}\right) \tag{5-36}$$

式中　R_{ha}——单桩水平承载力特征值。当桩顶的竖向力为压力时,式中的"±"号取"+",拉力时则取"−"。

γ_m——桩截面模量塑性系数,圆形截面取 2,矩形截面取 1.75。

f_t——桩身混凝土抗拉强度设计值。

ν_m——桩顶(桩顶固接时)或桩身(桩顶铰接或自由时)的最大弯矩系数,按表 5-20 取值。对于单桩基础和单排桩基纵向轴线与水平力方向相垂直的情况,按桩顶铰接考虑。表中的 h 为桩的入土深度。当 $\alpha h > 4$ 时取 $\alpha h = 4.0$。

ρ_g——桩身配筋率。

ζ_N——桩顶竖向力影响系数,竖向受压时取为 0.5,受拉时取为 1.0。

N_k——荷载效应标准组合下桩顶的竖向力。

W_0——桩身换算截面受拉边缘的弹性抵抗矩,见表 5-21。表中的 A_n 为桩身换算截面面积,$d_0(b_0)$ 为扣除保护层后的桩直径(边长),α_E 为钢筋弹性模量与混凝土弹性模量的比值。

表 5-20 桩顶(身)最大弯矩系数和水平位移系数

桩顶约束情况	桩的换算埋深 αh	ν_m	ν_x	桩顶约束情况	桩的换算埋深 αh	ν_m	ν_x
铰接、自由	4.0	0.768	2.441	固 接	4.0	0.926	0.940
	3.5	0.750	2.502		3.5	0.934	0.970
	3.0	0.703	2.727		3.0	0.967	1.028
	2.8	0.675	2.905		2.8	0.990	1.055
	2.6	0.639	3.163		2.6	1.018	1.079
	2.4	0.601	3.526		2.4	1.045	1.095

表 5-21 W_0 的计算

	A_n	W_0		A_n	W_0
圆截面	$\frac{\pi d^2}{4}[1+(\alpha_E-1)\rho_g]$	$\frac{\pi d}{32}[d^2+2(\alpha_E-1)\rho_g d_0^2]$	矩形截面	$b^2[1+(\alpha_E-1)\rho_g]$	$\frac{b}{6}[b^2+2(\alpha_E-1)\rho_g d_0^2]$

(2)预制桩、钢桩、桩身配筋率不小于 0.65% 的灌注桩

$$R_{ha}=0.75\frac{\alpha^3 EI}{\nu_x}\chi_{0a} \tag{5-37}$$

式中　EI——桩身抗弯刚度,可取为 $0.85E_c I_0$;

χ_{0a}——桩顶容许水平位移;

ν_x——桩顶水平位移系数,按表 5-20 取值,取值方法同 ν_m。

2.《铁路桥涵地基和基础设计规范》中水平承载力计算

与上述方法不同,《铁路桥涵地基和基础设计规范》按桩侧土的极限抗力进行横向承载力的验算。详见 5.9.2 节中的介绍。

5.7 群桩基础的抗压承载力

实际工程中,桩基础通常由多根桩组成,并通过承台连接为一个整体,称为群桩基础。与单桩不同的是,确定群桩基础的承载力及沉降变形时,需考虑桩与桩之间的相互影响以及桩的施工造成土的物理状态变化所带来的影响。对低承台桩基,还需考虑承台的影响。

5.7.1 受压桩基的群桩效应和承台的影响

1. 群桩效应

对底端置于土层上的桩来说,与单根桩相比,多根桩可能带来的影响是:①各桩在土层中产生的应力场及位移场产生叠加效应,使得土层中的应力水平及位移高于单桩;②施工造成土的物理状态的显著变化,进而影响其强度及变形特性。

(1)叠加效应

图 5-32 所示为底部支承于土层上的群桩,各桩所受的荷载通过桩传至土层。当桩间距 s_a 较大($>6d$)时,各桩之间的相互影响很小。当桩间距较小时,叠加效应将会造成群桩底部的最大压力高于单桩时的压力,沉降大于单桩时的沉降。也就是说,与单个桩相比,群桩中各桩

能够承受的荷载降低了。

对图 5-33 所示的底部支承于岩石上的桩,各桩所受的荷载将通过桩直接传至基岩,即没有经过桩周土层向周围扩散,因而桩底的压力不存在叠加效应,各桩能够承受的荷载与单桩相同,沉降也与单桩相同。

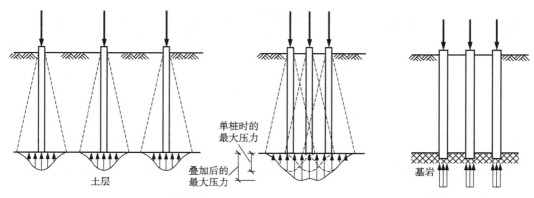

图 5-32　置于土层上的桩　　　　　图 5-33　置于坚硬岩石上的桩

(2)土状态变化的影响

群桩的施工还会使桩周土的状态发生较大变化,进而影响到桩基的承载特性及沉降。

例如,砂土和粉土中的预制桩,沉桩时的挤密作用会使桩的承载能力提高,而群桩施工时的挤密作用较单桩时更为显著,这使得群桩中一根桩的承载力高于单独一根桩的承载力。对黏性土来说,沉桩的扰动会降低土的强度,导致承载力的下降。

由于各桩产生的应力场及位移场的叠加,以及施工对桩间、桩底土状态的改变,而最终造成的对群桩承载力及沉降的影响,称为群桩效应。

为体现群桩效应,将群桩中的各桩称为"基桩",以区别于单独的一根桩。

早期的《建筑桩基技术规范》中,曾通过引进群桩效应系数来反映群桩效应,例如,将侧阻群桩效应系数定义为群桩中基桩平均极限侧阻力与单桩平均极限侧阻力之比。但在后来的应用中发现,对群桩效应的定量反映还存在一些问题,同时相应的计算也比较繁琐,故现行规范中未再考虑群桩效应对桩基承载力的影响。

2. 承台的影响

低承台桩基的承台就像一个浅埋的扩大基础,因此必然对基础承受的荷载具有一定的分担作用,其大小与承台底面下土的性质、承台尺寸、桩尺寸、荷载水平等因素有关。

若以桩群外围包络线为界,将台底面积分为内外两区,则内区的反力比外区小而且比较均匀,承台底面下土的反力呈马鞍形分布,如图 5-34 所示。

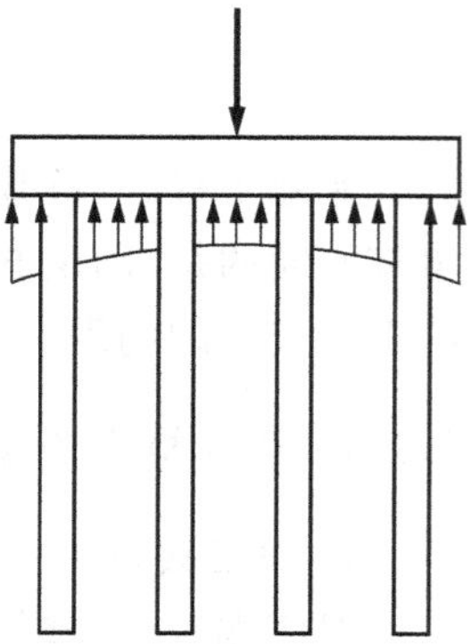

图 5-34　承台底面
土的反力分布

为反映承台的承载作用,《建筑桩基技术规范》中定义由桩和承台底面下土共同承担荷载的桩基为复合桩基。

不难看出,承台下的土要充分发挥承担竖向荷载的所用,就需要发生足够大的竖向压缩量,即基础应该有足够大的沉降。因此:

（1）底端置于完整或较完整岩石上的桩基础不考虑承台的荷载分担效应。

（2）在下列情况下：①承受经常出现的动力作用；②承台下存在可能产生负摩阻力的土层，如湿陷性黄土、欠固结土、新填土、高灵敏度软土以及可液化土，或由于降水使地基土产生固结而与承台脱开；③在饱和软土中沉入密集桩群，引起超静孔隙水压力和土体隆起，随着时间推移，桩间土逐渐固结下沉而与承台脱离等，承台底面可能与其下土面发生脱离时，不考虑承台的荷载分担效应。

5.7.2 《建筑桩基技术规范》中桩基承载力计算方法

如前所述，现行的《建筑桩基技术规范》中，计算桩基承载力时不考虑群桩效应。而承台的影响，则遵循以下规定：

（1）对于端承型桩基、桩数少于 4 根的摩擦型桩基，或由于地层土性、使用条件等因素不宜考虑承台效应时，基桩竖向承载力特征值取单桩竖向承载力特征值，即 $R = R_a$。

（2）对于符合下列条件之一的摩擦型桩基，宜考虑承台效应：

①上部结构整体刚度较好、体型简单的建（构）筑物；

②对差异沉降适应性较强的排架结构和柔性构筑物。

考虑承台效应的基桩称为复合基桩，其承载力包括基桩的承载力及基桩所对应的承台下土的竖向抗力，按下式确定：

不考虑地震作用时 $$R = R_a + \eta_c f_{ak} A_c \tag{5-38}$$

考虑地震作用时 $$R = R_a + \frac{\zeta_a}{1.25} \eta_c f_{ak} A_c \tag{5-39}$$

式中 R——复合基桩竖向承载力特征值。

    η_c——承台效应系数，可按表 5-22 取值。

    f_{ak}——承台下土的承载力特征值，取 1/2 承台宽度（底面）的深度范围（且不大于 5 m）内各层土的承载力特征值按厚度加权的平均值。

    A_c——承台底面土的净面积。$A_c = (A - n A_{ps})/n$，其中 A_{ps} 为桩身截面积，A 为承台计算域的面积：对于柱下独立桩基，取承台底的总面积；对其他形式的桩基，可参见规范。

    ζ_a——地基抗震承载力调整系数，按现行《建筑抗震设计规范》（GB 50011）取值，这里不再具体列出。

表 5-22   承台效应系数 η_c

B_c/l ＼ s_a/d	3	4	5	6	＞6
≤0.4	0.06～0.08	0.14～0.17	0.22～0.26	0.32～0.38	0.50～0.80
0.4～0.8	0.08～0.10	0.17～0.20	0.26～0.30	0.38～0.44	
＞0.8	0.10～0.12	0.20～0.22	0.30～0.34	0.44～0.50	
单排桩条形承台	0.15～0.18	0.25～0.30	0.38～0.45	0.50～0.60	

注：（1）s_a 为桩中心距，对非正方形排列基桩，$s_a = \sqrt{A/n}$，A 为承台计算域面积，n 为总桩数；

    （2）B_c 为承台宽度，取承台较短的边长；

    （3）对饱和黏性土中的挤土桩基、软土地基上的桩基承台，η_c 宜取低值的 0.8 倍。

可以看出,这里给出的 R 实际是将整个桩基础的承载力平均到了每根桩,也就是说,整个桩基能构承担的竖向荷载应为 nR。

《铁路桥涵地基和基础设计规范》中的计算方法与上述方法不同,将在 5.9.2 中详细介绍。

5.8 群桩基础的抗拔承载力及水平承载力

5.8.1 抗拔承载力

1.《建筑桩基技术规范》中的抗拔承载力计算

如图 5-35 所示,在竖向拉力作用下,桩基破坏的计算模式有两种:一种是桩基被从土中拔出,称为非整体破坏;另一种是桩及桩间土被整体拔出,称为整体破坏。

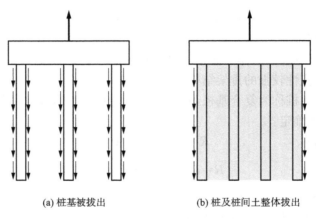

(a) 桩基被拔出   (b) 桩及桩间土整体拔出

图 5-35 桩基抗拔承载力计算简图

(1)非整体破坏时

此种情况在桩间距较大时易发生,若不考虑类似于基础受压时的群桩效应,基桩的抗拔承载力实际就是式(5-35)单桩的抗拔承载力,即其抗拔极限承载力标准值为

$$T_{uk} = \sum \lambda_i q_{sik} u_i l_i \tag{5-40}$$

(2)整体破坏时

此种情况在桩间距较小时易发生。基桩抗拔极限承载力标准值为

$$T_{gk} = \frac{1}{n} u_l \sum \lambda_i q_{sik} l_i \tag{5-41}$$

式中 u_l——群桩外围周长;

　　　 n——桩的根数。

显然,上述 T_{uk} 及 T_{gk} 是每根桩的平均抗拔承载力。

2.《铁路桥涵地基和基础设计规范》中的抗拔承载力计算

以单桩抗拔承载力式(5-34)作为基桩的承载力,不考虑整体破坏形式。

5.8.2 水平承载力

与单桩相比,群桩基础的水平承载力还应考虑:①群桩之间的相互影响,即群桩效应;②承台侧面土抗力的贡献;③承台底面摩擦力的贡献。

《建筑桩基技术规范》中规定,对群桩基础(不含水平力垂直于单排桩基纵向轴线和力矩较大的情况),基桩的水平承载力按下式计算:

$$R_h = \eta_h R_{ha} \tag{5-42}$$

式中,R_h 为水平承载力特征值;η_h 为群桩效应综合系数,这里略去其具体的计算公式。

此外,如前所述,桥梁桩基设计计算中,没有与轴向容许承载力对应的"横向容许承载力",其验算方法见 5.9.2 节。

5.9 桩基承载力的验算

下面以《建筑桩基技术规范》及《铁路桥涵地基和基础设计规范》为例,介绍桩基承载力的验算方法。

5.9.1 按《建筑桩基技术规范》验算承载力

1. 桩基竖向抗压承载力

(1)荷载效应标准组合下

与浅埋基础相似,应同时满足

$$N_k \leqslant R \tag{5-43}$$

及
$$N_{kmax} \leqslant 1.2R \tag{5-44}$$

式中　N_k,N_{kmax}——荷载效应标准组合下,基桩的平均竖向压力及最大竖向压力,其计算方法详见 5.11.7 节;

　　　　R——基桩或复合基桩竖向承载力特征值。

(2)荷载效应标准组合和地震作用效应下

由于地震作用的时间很短,故考虑地震作用效应时,可将承载力适当提高,规范中将基桩竖向承载力提高 25%,承载力应满足:

$$N_{Ek} \leqslant 1.25R \tag{5-45}$$

及
$$N_{Ekmax} \leqslant 1.5R \tag{5-46}$$

式中　N_{Ek},N_{Ekmax}——荷载效应标准组合和地震作用效应下,基桩的平均竖向压力及最大竖向压力;

　　　　R——考虑地震作用时,基桩或复合基桩竖向承载力特征值。

2. 桩基软弱下卧层抗压承载力验算

在设计时,通常都会尽可能地将桩的底端置于较好的土层或基岩上,以获得较高的承载力。但有时也会出现如图 5-36 中所示的桩底置于软弱下卧层之上的情况。例如,下部的软弱层较厚,需大幅增加桩长才能穿过,由此会导致造价的剧增;或者,预制桩沉桩设备的能力不够,无法使桩穿过软弱层进入下面的土层。在此种情况下,若由桩底传至软弱下卧层顶面的压力过大,将会导致软弱下卧层乃至整个地基的破坏。

按规范要求,对桩距不超过 $6d$ 的群桩基础,当软弱下卧层的承载力低于桩端持力层承载力的 1/3 时,应按下式验算其承载力:

$$\sigma_z + \gamma_m z \leqslant f_{az} \tag{5-47}$$

$$\sigma_z = \frac{F_k + G_k - 3/2(A_0 + B_0)\sum q_{sik}l_i}{(A_0 + 2t \cdot \tan\theta)(B_0 + 2t \cdot \tan\theta)} \tag{5-48}$$

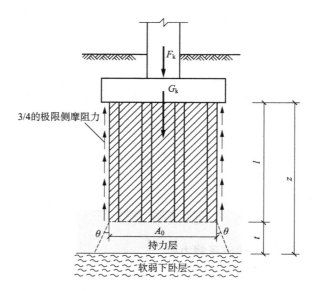

图 5-36　软弱下卧层承载力验算

式中　σ_z——作用于软弱下卧层顶面的竖向附加应力;

γ_m——软弱层顶面以上各土层重度的加权平均值(水位下取浮重度);

z——承台底面至软弱层顶面的深度;

f_{az}——软弱下卧层经深度修正(深度修正系数取 1.0)的地基承载力特征值;

F_k——荷载效应标准组合下,上部结构传至承台顶面的竖向力;

G_k——荷载效应标准组合下,桩基承台和承台上土的自重标准值,稳定的地下水位以下部分应扣除浮力;

t——桩的底面至软弱层顶面的深度;

A_0,B_0——桩群外围桩的包络体(图 5-36 中阴影范围)的横截面矩形边长;

θ——桩端持力层压力扩散角,按表 5-23 取值。

其余符号同前。

式(5-48)的含义是:从荷载 $F_k + G_k$(向下)中扣除 3/4 的总的极限侧摩阻力(向上),剩余的力传至软弱下卧层的顶面,并分布在以 θ 角扩散后的范围内,得到 σ_z。

3. 竖向抗拔承载力验算

对非整体性破坏,应满足:

$$N_k \leqslant T_{uk}/2 + G_p \qquad (5\text{-}49)$$

式中　N_k——由荷载效应标准组合计算的基桩上拔力的平均值;

G_p——基桩自重,地下水位以下取浮重度,对于扩底桩应按式(5-35)中的方法确定桩、土柱体周长后计算桩、土自重;

T_{uk}——非整体性破坏时的抗拔极限承载力标准值;

2——安全系数。

对整体性破坏,应满足:

$$N_k \leqslant T_{gk}/2 + G_{gp} \qquad (5\text{-}50)$$

表 5-23　桩端持力层压力扩散角 θ

E_{s1}/E_{s2}	$t=0.25B_0$	$t \geqslant 0.50B_0$
1	4°	12°
3	6°	23°
5	10°	25°
10	20°	30°

注:(1)E_{s1}、E_{s2} 分别为持力层、软弱下卧层的压缩模量;

(2)当 $t < 0.25B_0$ 时,θ 降低取值;当 $0.25B_0 < t < 0.50B_0$ 时,可内插取值。

式中　G_{gp}——群桩基础所包围体积的桩土总自重除以总桩数,地下水位以下取浮重度;

　　　　T_{gk}——整体性破坏时的抗拔极限承载力标准值;

　　　　2——安全系数。

此外,还应按《混凝土结构设计规范》验算桩身的抗拉承载力,并按规定进行裂缝宽度或抗裂性验算,这里不再详细介绍。

4. 水平承载力的验算

受水平荷载作用的单桩基础和基桩应满足:

$$H_{ik} \leqslant R_h \tag{5-51}$$

式中 H_{ik} 为荷载效应标准组合下,桩 i 顶端所受的水平力,其计算方法见 5.11.7;R_h 为水平承载力特征值。

5.9.2　按《铁路桥涵地基和基础设计规范》验算承载力

整体上看,桥梁桩基的验算方法与上述建筑桩基有较大的差别。

1. 竖向承载力验算

需分别进行基桩承载力及群桩基础承载力的验算。

(1)基桩承载力

① 摩擦桩

$$N_i + G_{pi} - G_{si} \leqslant [P] \tag{5-52}$$

式中　N_i——桩 i 的桩顶轴向压力,计算方法见 5.11;

　　　G_{pi}——桩 i 的重量;

　　　G_{si}——被桩 i 入土部分替换的土的重量;

　　　$[P]$——单桩容许承载力。

② 柱桩

$$N_i + G_{pi} \leqslant [P] \tag{5-53}$$

上述验算中,当主力＋附加力作用时,$[P]$ 可提高 20%;当主力＋特殊荷载(地震力除外)作用时,柱桩可提高 40%,摩擦桩可提高 20%～40%。

(2)作为实体基础的承载力验算

除对基桩进行验算外,规范中还要求将整个基础及桩间土视为一个实体,采用类似于前述浅埋基础的方法进行验算。

如图 5-37 所示,将桩基础视作 1234 所围的等代实体基础。其中,实体基础底面的确定方法是:对直桩,从承台底面(对低承台)、地面或局部冲刷线(对高承台)处以角度 $\bar{\varphi}/4$ 向下扩展至基础底面的高程,其中 $\bar{\varphi}$ 为桩所穿过土层的内摩擦角对土层厚度的加权平均值。若周边为斜桩,则为斜桩底端所围范围。要求:

$$\sigma_{max} = \frac{N}{A} + \frac{M}{W} \leqslant [\sigma] \tag{5-54}$$

式中　N——作用于实体基础底面的竖向力,包括承台底面以上的竖向力、桩基的重量以及
　　　　　　 1234 范围内土的重力;

　　　M——外力对实体基础底面中心的力矩;

　　　A,W——实体基础底面的面积和截面模量;

$[\sigma]$——实体基础的容许承载力,按浅埋基础承载力的公式计算。

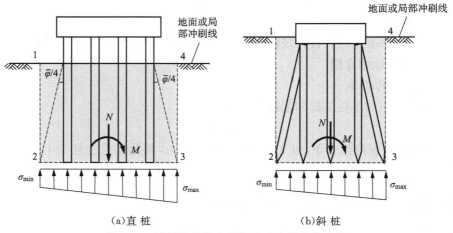

图 5-37　桥梁桩基作为整体基础的承载力验算

2. 抗拔承载力

规范要求:

(1)仅在主力作用时,桥梁基础的基桩不得承受轴向拉力。

(2)主力+附加荷载(或特殊荷载)作用时,桩顶承受的拉力 T_i 与桩身自重 G_{pi} 之差不得大于单桩受拉容许承载力 $[P']$,即

$$T_i - G_{pi} \leqslant [P'] \tag{5-55}$$

3. 横向承载力

铁路桥梁桩基横向承载力的验算方法与《建筑桩基技术规范》中的方法完全不同。

横向荷载作用下,桩前方(位移方向)的土压力随位移逐渐增大,最大值为被动土压力;桩后的压力则逐渐减小,最小值为主动土压力;桩前、桩后土压力之差即为横向抗力 σ_y,显然,其值不能超过该截面所对应的被动土压力与主动土压力之差。规范中要求对 $y=h/3$ 处及 $y=h$ 处的横向抗力进行验算,并应满足:

$$\sigma_{h/3} \leqslant \eta_1 \eta_2 \left[\frac{1}{3} \gamma h (\eta K_p - K_a) + 2c(\eta \sqrt{K_p} + \sqrt{K_a}) \right] \tag{5-56}$$

$$\sigma_h \leqslant \eta_1 \eta_2 [\gamma h (\eta K_p - K_a) + 2c(\eta \sqrt{K_p} + \sqrt{K_a})] \tag{5-57}$$

式中　$\sigma_{h/3}, \sigma_h$——深度 $y=h/3$ 处及 $y=h$ 处土的横向抗力,其计算方法见 5.11;

　　　　γ——土的重度(地下水位以下采用浮重度);

　　　　c——土的黏聚力;

　　　　K_a, K_p——Rankine(朗肯)主动土压力系数及被动土压力系数;

　　　　M_n——恒载对承台底面中心的力矩;

　　　　M_m——全部外力对承台底面中心的总力矩;

　　　　η——系数,$\eta = b_0 / b$,b_0 为基础侧面土抗力的计算宽度(见 5.11),b 为基础的实际宽度;

　　　　η_1——系数,对于超静定推力拱桥的墩台 $\eta_1 = 0.7$,其他结构体系的墩台 $\eta_1 = 1.0$;

　　　　η_2——考虑总荷载中恒载所占比例的系数,当 $\alpha h \leqslant 2.5$ 时,$\eta_2 = 1 - 0.8 M_n / M_m$;当 $\alpha h \geqslant 4.0$ 时,$\eta_2 = 1 - 0.5 M_n / M_m$;当 $2.5 < \alpha h < 4.0$ 时,η_2 通过线性插值确定。

5.10 桩基础的沉降计算

5.10.1 概 述

整体上看,基础的沉降问题较承载力问题复杂,而桩基础的沉降较浅埋基础复杂。

如 5.1.4 节中所述,桩基的沉降由两部分组成,一是桩底高程以上桩土复合体的压缩量,二是桩底以下土层的沉降量。由于桩的刚度远高于土,而桩与桩间土是共同变形的,故桩土复合体的压缩量很小。所以,除非地基的总沉降量很小,否则,在一般情况下,桩土复合体的压缩量在总的沉降量中所占的比例很小,可以忽略不计,桩基沉降的确定,实际就是计算桩底以下土层的沉降,可分为以下 3 方面内容:

(1)确定桩基所受荷载在桩底平面上产生的压力。

(2)确定上述压力在基底以下土层中产生的竖向应力。当然,如下文的介绍,也可应用其他方法,不经(1)而直接计算基底以下土层中的竖向应力。

(3)应用分层总和法计算基底以下土层的压缩量,即桩基础的沉降。

整体上看,桩基沉降的思路与浅埋基础相似,所不同的是地基应力计算方法:

浅埋基础的地基应力计算基于 Boussinesq 解(图 5-38),其竖向集中力作用于弹性半无限体表面。虽实际的基础都有一定的埋深,其基底压力作用在地表以下一定的深度处,但对浅埋基础而言,因埋深相对较小,故可近似地将基底处的平面作为弹性半无限体的表面,即计算地基应力时不考虑底面以上土层的影响。以 Boussinesq 解为基础的地基应力计算公式在土力学中已有详细的介绍。

而对桩基础来说,桩底面的深度通常较大,所产生的基底压力作用在地表以下较大的深度处,此时若仍采用 Boussinesq 解(即忽略底面以上土层的影响)计算

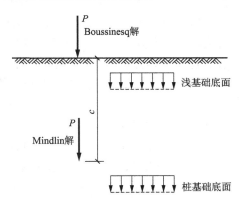

图 5-38 Boussinesq 解与 Mindlin 解及其应用

地基应力,就会带来较大的误差。因此,对桩及其他类别的深基础,依据 Mindlin 解建立基底以下土层的应力计算公式更为合理。如图 5-38 中所示,它与 Boussinesq 解的区别是,集中力作用于弹性半无限体以下某一深度 c 处。因此,基于 Mindlin 解的计算方法考虑了基础底面以上的土层对应力场、位移场的影响,显然,这较基于 Boussinesq 解的求解方法更为合理,但计算也要复杂得多。在目前的相关规范中,基于两种解的计算方法均有应用。

5.10.2 《铁路桥涵地基和基础设计规范》中的沉降计算方法

采用图 5-37 所示的计算模型,即将其作为一个埋深很大的等代实体基础,按浅埋基础的方法计算沉降,相应的计算公式为

$$S = m_s \sum_{i=1}^{n} \frac{\sigma_{z(0)}}{E_{si}} (z_i C_i - z_{i-1} C_{i-1}) \tag{5-58}$$

式中各量的意义见式(3-13)的说明。其中,基底以下土层中的竖向附加应力 $\sigma_{z(0)}$ 按 Boussinesq 解确定。

这里需要注意的是,计算 $\sigma_{z(0)}$ 时所采用的竖向压力的分布范围是等代实体基础的底面而不是桩基础的底面范围。对实际基础来说,由于桩侧摩擦力的影响,竖向荷载由桩的顶部传至底部时,会向周围扩散到一定范围(图 5-37),从这点看,计算模型与实际情况在定性上吻合,这在一定程度上可以弥补以 Boussinesq 解代替 Mindlin 解计算竖向应力所带来的误差。理论上讲,如果 $\overline{\varphi}/4$ 扩散角的假设比较准确,则这种计算方法也具有其合理性。

《建筑地基基础设计规范》中也推荐了与此相似的桩基沉降计算方法。

5.10.3 《建筑桩基技术规范》中的沉降计算方法

针对非疏桩基础及疏桩基础等,推荐了两种不同的计算方法。所谓疏桩基础,是指桩间距大于 6 倍桩径的桩基;反之,则为非疏桩基础。

1. 非疏桩基础的沉降计算

如图 5-39 所示,虽然也采用了等代实体基础,但其底面并未向外扩展,并按 Boussinesq 解计算桩底以下土层的附加应力,这当然会带来较大的误差。对这一问题,采用以下方法解决:针对不同的桩基设计参数,分别基于 Boussinesq 解和 Mindlin 解计算沉降,得到 s_B 和 s_M,定义其比值 $s_M/s_B=\psi_e$ 为桩基等效沉降系数。通过大量计算和回归分析,可得到 ψ_e 与基础承台尺寸、桩的尺寸等设计参数的关系。在实际工程设计中,可先按 Boussinesq 解计算沉降,然后用系数 ψ_e 进行修正,这样既保证了计算的简便性,又可得到相对合理的计算结果。非疏桩基础的沉降计算公式为

$$s=\psi \cdot \psi_e \cdot s' \tag{5-58}$$

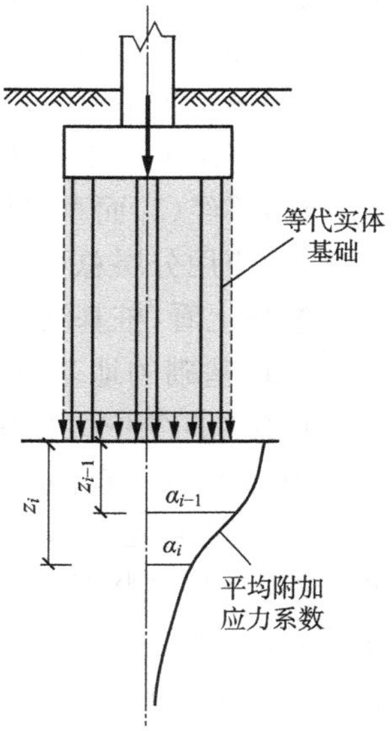

式中　s——桩基最终沉降量;

　　　s'——采用 Boussinesq 解,由分层总和法得到的桩基沉降;

　　　ψ——桩基沉降计算经验系数,按经验或表 5-24 选取,表中的 $\overline{E}_s$ 为沉降计算深度范围内压缩模量的当量值,计算方法同浅埋基础;

　　　ψ_e——桩基等效沉降系数,可按式(5-59)计算。

$$\psi_e=C_0+\frac{n_b-1}{C_1(n_b-1)+C_2} \tag{5-59}$$

$$n_b=\sqrt{nB_c/L_c} \tag{5-60}$$

图 5-39　非疏桩基础计算模型

表 5-24　桩基沉降计算经验系数 ψ

$\overline{E}_s$(MPa)	≤10	15	20	35	≥50
ψ	1.2	0.9	0.65	0.50	0.40

式中　C_0,C_1,C_2——与群桩中各基桩的距径比 s_a/d,长径比 l/d,及承台长宽比 L_c/B_c 有关的系数,详见《建筑桩基技术规范》;

　　　L_c,B_c,n——矩形承台的长、宽及总桩数。

2. 单桩、单排桩、疏桩基础的沉降计算

单桩、单排桩显然不能按上述方法计算,对桩中心距很大($>6d$)的桩基,若仍将桩、土合为一个整体进行计算,显然也不合理。对这类基础,其沉降由两部分组成:桩底以下土层的压缩量以及桩身的压缩量(现场实测结果表明,此类桩基的桩身变形在总沉降中会占有一定的比例),此外,在计算土层的压缩量时,桩所产生的附加应力由 Mindlin 解计算。对此问题,这里不做详细介绍。

5.11 桩基结构的变形和内力计算

5.11.1 概 述

房屋建筑、桥梁等结构通过柱、桥墩等将竖向力、水平力和力矩等荷载传给承台,再由承台传递到各桩,在桩顶产生轴向力、横向力和力矩,并进一步在基桩内产生轴力、弯矩和剪力。在桩基础的设计中,需确定基桩的受力及承台的位移,然后:

(1)由各基桩顶部所受的作用力,判断基桩的承载力是否满足要求。

(2)由各基桩的内力,验算桩的抗弯、抗剪强度是否满足要求,或进行相应的配筋。

(3)对建筑桩基,确定承台的厚度及配筋。

(4)对铁路桥梁桩基,由承台的水平位移及转角验算桥墩顶部的水平位移是否满足要求。

为计算桩基础的变形和内力,首先需进行单桩的计算分析,其主要工作包括:

(1)建立考虑桩侧土抗力作用的桩的计算模型。

(2)推导横向荷载作用下桩身位移和内力与桩顶荷载、位移的关系。

(3)由上述关系式推导出单桩柔度系数的计算公式,并进一步得到以柔度系数表示的刚度系数的计算式。

然后进行整个桩基础的分析,所采用的方法实际属结构力学中的位移法:

(1)建立基桩顶部位移(轴向位移、横向位移、转角)与承台位移(竖向位移、水平位移、转角)之间的关系。

(2)由各基桩的刚度系数确定承台的刚度系数。

(3)应用位移法原理,建立以承台竖向位移、水平位移、转角为未知量的 3 个平衡方程式,并求解。

上述工作完成后,进一步:

(1)由承台位移求得各基桩顶部的轴向位移、横向位移和转角。

(2)由桩顶位移计算各桩顶部的轴向力、横向力和弯矩,并进一步求得桩身的轴力、弯矩和剪力。

5.11.2 横向荷载作用下单桩的计算模型

这里的横向荷载泛指作用在桩顶的横向力和力矩。

1. 桩侧土的横向抗力

所谓横向抗力,是指基础在外力作用下发生横向位移并挤压土体时,土体对基础产生的抵抗力,与基础对土体的挤压力相对应。

对浅埋基础来说,横向抗力对结构受力变形的影响较小,所以在计算时一般不考虑。而对桩及其他深基础的计算来说,横向抗力在其中显然发挥着重要的作用。

在柱下条形基础、筏形基础的内力计算中,曾以 Winkler 地基模型、弹性半无限体模型模拟地基。在桩的横向受力计算中,也采用类似的计算模型,即将土体以一系列独立的弹簧或弹性半无限体模拟。其中,弹性半无限体模型能较好地反映出土体中剪力的传递作用及连续变形的特点,20 世纪 60~80 年代,澳大利亚学者 Poulos 等在此方面做了大量的研究工作,但其相应的计算较为复杂。在实际工程计算时,应用更为广泛的还是弹簧模型。

在弹簧模型中,弹簧的特性应反映出土体横向抗力与土体横向位移(桩的位移)之间的关系。当位移较小时,可假设桩及土体均处于线弹性状态,抗力与位移之间呈线性关系,弹簧的刚度系数与位移无关。当位移较大时,土及桩都会呈现出显著的非线性特性,此时则需采用非线性模型,其相应的计算会复杂得多。在实际工程中,对基础的水平位移通常都有较为严格的控制,因此通常采用线性模型即能满足工程计算精度的要求,且计算更为简单方便。图 5-40 所示为其相应的计算模型。

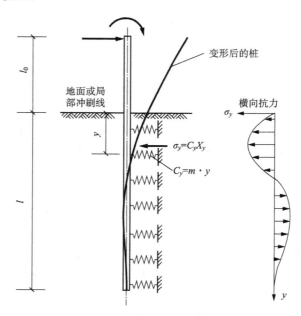

图 5-40 横向受力桩的计算模型

采用线性模型时,横向抗力 σ_y 与横向位移 X_y 之间的关系可表示为

$$\sigma_y = C_y X_y \tag{5-61}$$

将桩视作梁,并将单位面积上的抗力 σ_y 乘以计算宽度后转为单位长度上的抗力

$$P_y = \sigma_y b_0 = C_y X_y b_0 \tag{5-62}$$

式中 C_y——横向(水平)地基系数,反映土抵抗横向(水平)位移的能力;

b_0——桩侧土抗力的计算宽度。

式中各量中的下标 y 表示该量与深度 y 有关。

2. 桩的计算宽度的确定

在式(5-62)中,采用计算宽度 b_0 而不是桩的实际宽度 b 计算桩所受的抗力,以下介绍 b_0 的计算方法。

(1)《铁路桥涵地基和基础设计规范》

该规范中,计算宽度的确定方法基于以下原则:

① 桩—土的相互作用本为空间问题,但为计算方便,通常将其简化为平面问题,这样,计算模型与桩、土的实际受力变形特性之间存在一定的差距,因此需要进行修正。

② 应考虑截面形状的影响。例如,试验结果表明,在同样的荷载作用下,直径为 d 的圆桩与边宽 $b = 0.9d$ 的矩形桩的抗力相当。

③ 当平行于荷载作用平面的一排桩共同受力时,各桩之间有相互影响,其结果使横向抗力降低。

综合考虑上述影响因素后,规范给出了桩及其他深基础计算宽度 b_0 的确定方法,如表 5-25 所列,其中的尺寸单位为 m。表中各量的意义见图 5-41,其中 H 为基础所受的水平力,桩的布置以沿 H 方向为排,图中的排数 $l=3$;与 H 相垂直的方向为列,图中的列数 $n=4$。

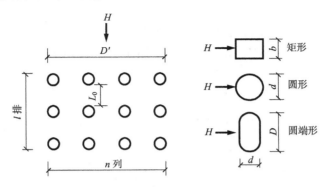

图 5-41　计算宽度 b_0 的确定(铁路桥基)

表 5-25　计算宽度 b_0（《铁路桥涵地基和基础设计规范》）

		矩　形	圆　形	圆 端 形
b(或 d,或 D)≥1 m	$n=1$	$b+1$	$0.9(d+1)$	$(1-0.1d/D)(D+1)$
	$n>1$	$n(b+1)$ 且 $\leq D'+1$	$0.9n(d+1)$ 且 $\leq D'+1$	$n(1-0.1d/D)(D+1)$ 且 $\leq D'+1$
b(或 d,或 D)<1 m	$n=1$	$1.5b+0.5$	$0.9(1.5d+0.5)$	$(1-0.1d/D)(1.5D+0.5)$
	$n>1$	$n(1.5d+0.5)$ 且 $\leq D'+1$	$0.9n(1.5d+0.5)$ 且 $\leq D'+1$	$n(1-0.1d/D)(1.5D+0.5)$ 且 $\leq D'+1$

实际上,计算宽度只是一个虚拟的量,土抗力在桩上的作用宽度还是 b(或 d、D),因此,从另一个角度看,也可认为上述修正是对单位面积上抗力计算值的修正。美国等一些国家在计算时就直接应用桩的实际宽度而不进行修正,而我国及另外一些国家则对实际的宽度 b 进行修正。

(2)《建筑桩基技术规范》

相比之下,其计算方法较为简单,如表 5-26 中所列。尺寸的单位为 m。

3. 横向地基系数

横向地基系数 C_y 对桩的受力变形有重要的影响,其沿深度的变化规律一直为国内外学者所关注,并提出了各种模型。实际上,将本来具有连续变形特性的土体转化为一系列相互独立的弹簧就已是一个较大的简化,在此基础上,再去采用复

表 5-26　桩身截面计算宽度 b_0

（《建筑桩基技术规范》）

截面宽度 b 或直径 d	圆桩	方桩
>1 m	$0.9(d+1)$	$b+1$
≤1 m	$0.9(1.5d+0.5)$	$1.5b+0.5$

杂的地基系数模型并无很大意义。因此,在实际工程中,目前广为采用的还是相对较为简单的"K法"和"m法"。

"K法"中假设 C_y 为常数而不随深度变化。但定性地看,对同一种土,深度越大,土的性质就越好,最终 C_y 的值就越高,因此该模型用于土并不合适。但它是最简单的地基系数模型,以此为基础可很方便地推得桩的变形及内力计算公式,所以在工程中也有应用,特别是在日本和美国应用较多。此外,岩石的性质通常不随深度而变,因此该模型用于岩层是比较合理的。

"m 法"中则假定地基横向抗力系数 C_y 随深度呈线性增加，即

$$C_y = m \cdot y \tag{5-63}$$

显然，式中的 m 为 C_y 随深度增加的比例系数。"m 法"是目前我国铁路、公路、房屋建筑等基础设计计算时所采用的计算方法。

比例系数 m 可通过水平静载试验确定，无试验资料时可按经验值取值。表 5-27 为《铁路桥涵地基和基础设计规范》中给出的参考值，适用于基础在地面处水平位移最大值不超过 6 mm 的情况，否则应适当降低；当基础侧面设有斜坡或台阶，且其坡度或台阶总宽度与地面以下或局部冲刷线以下深度之比大于 1∶20 时，m 值应减小一半。

表 5-27 比例系数 m 值（《铁路桥涵地基和基础设计规范》）

土 的 类 别	m 和 m_0 值/(MPa·m^{-2})	土 的 类 别	m 和 m_0 值/(MPa·m^{-2})
流塑黏性土、淤泥	3～5	坚硬黏性土、粗砂	20～30
软塑黏性土、粉砂、粉土	5～10	角砾土、圆砾土、碎石土、卵石土	30～80
硬塑黏性土、细砂、中砂	10～20	块石土、漂石土	80～120

此外，对图 5-41 中所示的由 l 排群桩组成的基础，还需将单桩的 m 值乘以桩的相互影响系数 k 进行修正：当 $L_0 \geqslant 0.6h_0$ 时，$k=1.0$；当 $L_0 < 0.6h_0$ 时，$k<1$，并按下式确定：

$$k = C + \frac{1-C}{0.6} \cdot \frac{L_0}{h_0} \tag{5-64}$$

式中 h_0——构件埋入局部冲刷线以下的计算深度(m)，$h_0 = 3(d+1)$，且不大于入土全长 h；

C——随排数 l 而变的系数，当 $l=1$ 时，$C=1.0$；当 $l=2$ 时，$C=0.6$；当 $l=3$ 时，$C=0.5$；当 $l \geqslant 4$ 时，$C=0.45$；

L_0——两排桩之间的净距离。

表 5-28 所列为《建筑桩基技术规范》提供的 m 参考值，同时：

①当桩顶水平位移大于表列数值或当灌注桩配筋率较高(≥0.65%)时，m 值应适当降低；当预制桩的横向位移小于 10 mm 时，m 值可适当提高。

②当横向荷载为长期或经常出现的荷载时，应将表中数值乘以 0.4。

③当地基为可液化土层时，表列数值应乘以相应的土层液化折减系数。

表 5-28 比例系数 m 值（《建筑桩基技术规范》）

序号	地基土类别	预制桩、钢桩		灌注桩	
		m /(MN·m^{-4})	相应单桩在地面处水平位移/mm	m /(MN·m^{-4})	相应单桩在地面处水平位移/mm
1	淤泥，淤泥质土，饱和湿陷性黄土	2～4.5	10	2.5～6	6～12
2	流塑($I_L>1$)，软塑($0.75<I_L \leqslant 1$)状黏性土，$e>0.9$ 的粉土，松散粉细砂，松散、稍密填土	4.5～6.0	10	6～14	4～8
3	可塑($0.25<I_L \leqslant 0.75$)状黏性土，$e=0.7$～0.9 的粉土，湿陷性黄土，中密填土，稍密细砂	6.0～10	10	14～35	3～6
4	硬塑($0<I_L<0.25$)、坚硬($I_L \leqslant 0$)状黏性土，湿陷性黄土，$e<0.75$ 的粉土，中密的中粗砂，密实老填土	10～22	10	35～100	2～5
5	中密、密实的砾砂，碎石类土			100～300	1.5～3

多层土时,需换算为等效均质土,以便于计算。通常采用对厚度的加权平均值。在横向荷载作用下,桩及土的受力变形通常主要发生在地表(或局部冲刷线)以下一定范围,即主要影响深度 h_m 内。以桥梁桩基为例,对于刚性桩,h_m 取桩的入土深度;对于弹性桩,取 $h_m = 2(d+1)$。计算时可取 h_m 范围内各层土的 C_y 线所围面积的加权平均值。相应的计算公式可表示为

$$m = \frac{1}{h_m^2} \sum_{i=1}^{n} m_i h_i \left(2 \sum_{j=1}^{i-1} h_j + h_i \right) \tag{5-65}$$

式中的 n 为该范围内的土层数,h_i 为第 i 层土的厚度。例如 3 层土时,式(5-65)可展开为

$$m = \frac{m_1 h_1^2 + m_2(2h_1 + h_2)h_2 + m_3(2h_1 + 2h_2 + h_3)h_3}{(h_1 + h_2 + h_3)^2} \tag{5-66}$$

令式中的 $h_3 = 0$,可得到 2 层土时的表达式。

5.11.3 横向荷载作用下单桩的计算公式

1. 桩顶荷载及位移的正负号规定

将桩视作梁,由材料力学中梁的计算理论知,任一截面上的横向位移 X_y、转角 φ_y、弯矩 M_y、剪力 Q_y 应满足以下关系

$$\left. \begin{array}{l} \dfrac{dX_y}{dy} = \varphi_y \\[2mm] EI \dfrac{d\varphi_y}{dy} = M_y \\[2mm] \dfrac{dM_y}{dy} = Q_y \end{array} \right\} \tag{5-67}$$

如图 5-42 所示,在桩顶横向力 Q_0 和力矩 M_0 作用下,桩发生变形,并在顶部产生横向位移 X_0 和转角 φ_0。定义桩在 x 正向的面为内侧,反向的面为外侧,则与式(5-67)相对应的正向规定为:Q_0 与 x 轴正向同方向,M_0 使桩身外侧纤维受拉,X_0 与 x 轴正向同方向,φ_0 转向外侧。按照上述规定,图中桩顶的 Q_0、M_0 和 X_0 均为正向,φ_0 为负向(加负号使其量值变为正值)。

2. 桩的微分方程及其求解

与 Winkler 地基梁相似,在桩身取微单元,然后建立水平方向的平衡方程式,可得

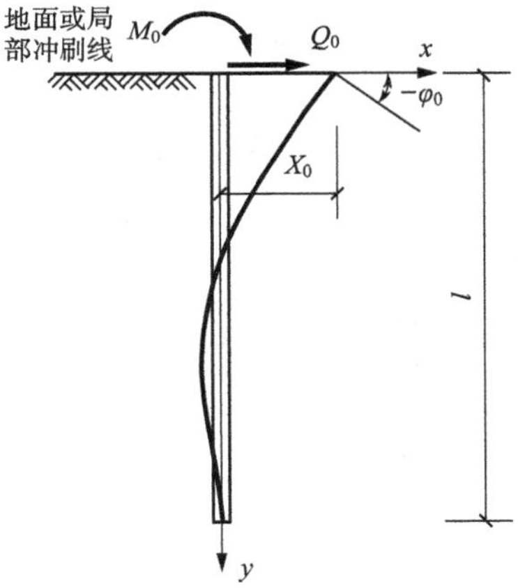

图 5-42 单桩计算模型(低承台)

$$\frac{dQ_y}{dy} = -P_y = -b_0 m y X_y \tag{5-68}$$

由式(5-67)及式(5-68),进一步得到关系式

$$EI \frac{d^4 X_y}{dy^4} = -b_0 m y X_y \tag{5-69}$$

式中 EI 为桩的抗弯刚度。对钢筋混凝土桩,《铁路桥涵地基和基础设计规范》中取 $EI = 0.8E_h I$,其中 E_h 为桩身混凝土受压时的弹性模量,I 为换算截面惯性矩;《建筑桩基技术规范》中则取 $EI = 0.85E_c I_0$,其中 E_c 为混凝土弹性模量,I_0 为换算截面惯性矩。

式(5-69)可进一步表示为

$$\frac{d^4 X_y}{dy^4} + \alpha^5 y X_y = 0 \tag{5-70}$$

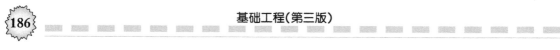
其中 $\alpha=\sqrt[5]{\dfrac{mb_0}{EI}}$ 为桩的横向变形系数,单位是 m^{-1},$\alpha \cdot l$ 反映了桩、土之间的相对刚度。

虽然与式(4-15)Winkler 地基梁的微分方程同为四阶常微分方程,但由于假设横向地基系数随深度线性增长,使式(5-70)中 X_y 项的系数中多了自变量 y,这也使得该方程无法得到类似于式(4-15)的以普通函数表示的解,通常采用幂级数进行求解。以下简要介绍其求解过程。

将桩的水平位移以幂级数的形式表达为

$$X_y = \sum_{i=0}^{\infty} c_i y^i \tag{5-71}$$

式中 c_i 为待定系数。将上式代入式(5-70),由于等式右侧恒为 0,故左侧 y 的各幂次的系数项亦必然为 0,整理后最终可解得

$$X_y = \sum_{k=0}^{3} \left[\frac{(\alpha y)^k}{k!} + \sum_{j=1}^{\infty} (-1)^j \frac{\prod\limits_{i=1}^{j}(5i+k-4)}{(5j+k)!} \cdot (\alpha y)^{5j+k} \right] \cdot c_k \tag{5-72a}$$

通过以上工作,式(5-71)中位移 X_y 表达式中的无限多个待定系数已缩减为 c_0、c_1、c_2、c_3 共 4 个系数,再由式(5-67)可相继得到转角 φ_y、弯矩 M_y、剪力 Q_y 等变量的表达式:

$$\varphi_y = \sum_{k=1}^{3} \frac{(\alpha y)^{k-1}}{(k-1)!} \cdot c_k + \sum_{k=0}^{3} \left[\sum_{j=1}^{\infty} (-1)^j \frac{\prod\limits_{i=1}^{j}(5i+k-4)}{(5j+k-1)!} \cdot (\alpha y)^{5j+k-1} \right] \cdot c_k \tag{5-72b}$$

$$M_y = EI \sum_{k=2}^{3} \frac{(\alpha y)^{k-2}}{(k-2)!} \cdot c_k + EI \sum_{k=0}^{3} \left[\sum_{j=1}^{\infty} (-1)^j \frac{\prod\limits_{i=1}^{j}(5i+k-4)}{(5j+k-2)!} \cdot (\alpha y)^{5j+k-2} \right] \cdot c_k$$

$$\tag{5-72c}$$

$$Q_y = EI \cdot (\alpha y) \cdot c_3 + EI \sum_{k=0}^{3} \left[\sum_{j=1}^{\infty} (-1)^j \frac{\prod\limits_{i=1}^{j}(5i+k-4)}{(5j+k-3)!} \cdot (\alpha y)^{5j+k-3} \right] \cdot c_k \tag{5-72d}$$

将 $y=0$ 代入上述表达式,可得到桩顶的位移 X_0、转角 φ_0、弯矩 M_0 及剪力 Q_0 与 c_0、c_1、c_2、c_3 之间的关系为

$$\begin{cases} c_0 = X_0 \\ c_1 = \dfrac{\varphi_0}{\alpha} \\ c_2 = \dfrac{M_0}{\alpha^2 EI} \\ c_3 = \dfrac{Q_0}{\alpha^3 EI} \end{cases} \tag{5-73}$$

将式(5-73)代入式(5-72),整理后得到

$$X_y = X_0 A_1 + \frac{\varphi_0}{\alpha} B_1 + \frac{M_0}{\alpha^2 EI} C_1 + \frac{Q_0}{\alpha^3 EI} D_1 \tag{5-74a}$$

$$\frac{\varphi_y}{\alpha} = X_0 A_2 + \frac{\varphi_0}{\alpha} B_2 + \frac{M_0}{\alpha^2 EI} C_2 + \frac{Q_0}{\alpha^3 EI} D_2 \tag{5-74b}$$

$$\frac{M_y}{\alpha^2 EI} = X_0 A_3 + \frac{\varphi_0}{\alpha} B_3 + \frac{M_0}{\alpha^2 EI} C_3 + \frac{Q_0}{\alpha^3 EI} D_3 \tag{5-74c}$$

$$\frac{Q_y}{\alpha^3 EI} = X_0 A_4 + \frac{\varphi_0}{\alpha} B_4 + \frac{M_0}{\alpha^2 EI} C_4 + \frac{Q_0}{\alpha^3 EI} D_4 \tag{5-74d}$$

进一步还可得到桩侧抗力的计算公式：

$$\sigma_y = my X_y = my \left(X_0 A_1 + \frac{\varphi_0}{\alpha} B_1 + \frac{M_0}{\alpha^2 EI} C_1 + \frac{Q_0}{\alpha^3 EI} D_1 \right) \tag{5-74e}$$

显然，式中的系数 A_1、$A_2 \cdots D_3$、D_4 均为 αy（称为换算深度，无量纲）的函数。为便于编程计算，可统一表示为

$$[G] = \begin{bmatrix} A_1 & B_1 & C_1 & D_1 \\ A_2 & B_2 & C_2 & D_2 \\ A_3 & B_3 & C_3 & D_3 \\ A_4 & B_4 & C_4 & D_4 \end{bmatrix} \tag{5-75}$$

并有

$$G_{IJ} = \frac{(\alpha y)^{J-I}}{(J-I)!} + \sum_{j=1}^{\infty} (-1)^j \frac{\prod_{i=1}^{j} (5i+J-5)}{(5j+J-I)!} \cdot (\alpha y)^{5j+J-I} \tag{5-76}$$

实际上，式(5-74a)就是四阶常微分方程式(5-70)的通解，其中的 X_0、φ_0、M_0 及 Q_0 可视作其 4 个待定系数，应由桩顶及桩底的边界条件确定。若桩顶的 M_0 及 Q_0 是已知的（相当于 2 个边界条件），则需利用桩底的 2 个边界条件消去待定量 X_0、φ_0，最终建立 X_y、φ_y、M_y、Q_y、σ_y 等与 M_0、Q_0 之间的关系。

3. X_0 和 φ_0 与 M_0 及 Q_0 之间的关系式

显然，即使桩顶同样受 M_0 及 Q_0 的作用，若桩底的约束条件不同，例如嵌固于岩层中，或支承于土层或岩面上时，桩顶产生的 X_0 和 φ_0 也就不同，也就是说，需要考虑桩底端的受力及约束条件。

以桩端嵌固于岩层中的情况为例，此时桩底的横向位移和转角为 0，即 $X_l = 0$ 和 $\varphi_l = 0$，其中的下标"l"表示对应于 $y = l$（即桩底）的量。利用这两个条件，由式(5-74a)和式(5-74b)可得

$$X_l = X_0 A_{1l} + \frac{\varphi_0}{\alpha} B_{1l} + \frac{M_0}{\alpha^2 EI} C_{1l} + \frac{Q_0}{\alpha^3 EI} D_{1l} = 0 \tag{5-77}$$

$$\frac{\varphi_l}{\alpha} = X_0 A_{2l} + \frac{\varphi_0}{\alpha} B_{2l} + \frac{M_0}{\alpha^2 EI} C_{2l} + \frac{Q_0}{\alpha^3 EI} D_{2l} = 0 \tag{5-78}$$

上两式联立，解得

$$X_0 = \frac{Q_0}{\alpha^3 EI} \bar{\delta}_{QQ} + \frac{M_0}{\alpha^2 EI} \bar{\delta}_{QM} = Q_0 \delta_{QQ} + M_0 \delta_{QM} \tag{5-79}$$

$$\varphi_0 = \frac{Q_0}{\alpha^2 EI} \bar{\delta}_{MQ} + \frac{M_0}{\alpha EI} \bar{\delta}_{MM} = -Q_0 \delta_{MQ} - M_0 \delta_{MM} \tag{5-80}$$

式中的 δ_{QQ}、δ_{MQ}、δ_{QM}、δ_{MM} 为柔度系数，即桩顶作用单位横向力或力矩时产生的横向位移或转角，如图 5-43 所示，且有 $\delta_{MQ} = \delta_{QM}$。由于当桩顶受正的横向力或正的力矩作用时，产生的转角为负，为保证柔度系数取正值，故在式(5-80)中添加了负号。上述柔度系数的表达式为

$$\left.\begin{aligned}
\delta_{QQ} &= \frac{1}{\alpha^3 EI}\bar{\delta}_{QQ} = \frac{1}{\alpha^3 EI}\frac{(D_{1l}B_{2l}-D_{2l}B_{1l})}{(A_{2l}B_{1l}-A_{1l}B_{2l})} \\
\delta_{QM} &= \frac{1}{\alpha^2 EI}\bar{\delta}_{QM} = \frac{1}{\alpha^2 EI}\frac{(C_{1l}B_{2l}-C_{2l}B_{1l})}{(A_{2l}B_{1l}-A_{1l}B_{2l})} \\
\delta_{MQ} &= \frac{1}{\alpha^2 EI}\bar{\delta}_{MQ} = \frac{1}{\alpha^2 EI}\frac{(-D_{2l}A_{1l}-D_{1l}A_{2l})}{(A_{2l}B_{1l}-A_{1l}B_{2l})} \\
\delta_{MM} &= \frac{1}{\alpha EI}\bar{\delta}_{MM} = \frac{1}{\alpha EI}\frac{(-C_{2l}A_{1l}+C_{1l}A_{2l})}{(A_{2l}B_{1l}-A_{1l}B_{2l})}
\end{aligned}\right\}\tag{5-81}$$

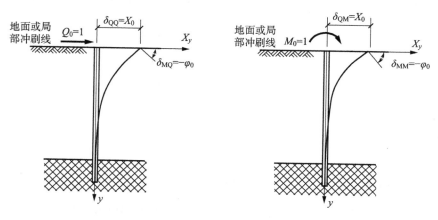

图 5-43　单桩的柔度系数（嵌岩桩）

　　桩底支承于土层或岩面上时的计算公式也可通过类似的方法推导，但过程更为复杂，这里不再详细介绍。

　　4. 桩身内力和位移与 M_0 及 Q_0 的关系

　　将式(5-79)及式(5-80)代入式(5-74)，整理后得到

$$X_y = \frac{Q_0}{\alpha^3 EI}A_X + \frac{M_0}{\alpha^2 EI}B_X \tag{5-82a}$$

$$\varphi_y = \frac{Q_0}{\alpha^2 EI}A_\varphi + \frac{M_0}{\alpha EI}B_\varphi \tag{5-82b}$$

$$M_y = \frac{Q_0}{\alpha}A_M + M_0 B_M \tag{5-82c}$$

$$Q_y = Q_0 A_Q + \alpha M_0 B_Q \tag{5-82d}$$

$$\sigma_y = \frac{\alpha Q_0}{b_0}A_\sigma + \frac{\alpha^2 M_0}{b_0}B_\sigma \tag{5-82e}$$

即不需经过上述计算 X_0 和 φ_0 的过程，直接由 M_0 及 Q_0 求解桩身的变形和内力，故称为简捷法。各式中的系数 A 和 B 均为无量纲且是 αy、αl 的函数，其表达式与桩底的约束条件有关，可能会很复杂而不便于应用。但如前所述，αl 所反映的是桩的相对刚度：αl 越大，桩就相对越柔软，而桩底的约束情况（边界条件）对桩身的位移变形及内力的影响就越小。计算分析结果表明，当 $\alpha l \geqslant 4$ 时（实际工程中的桩大多数满足此条件），桩底的约束情况对桩身的变形和受力的影响已可忽略不计，表 5-29 给出了 $\alpha l \geqslant 4$ 时式(5-82)中各系数的计算值。

表 5-29　简捷法的系数表（$\alpha l \geqslant 4$ 时）

αy	A_X	B_X	A_φ	B_φ	A_M	B_M	A_Q	B_Q	A_σ	B_σ
0.0	2.441	1.621	−1.621	−1.751	0	1.000	1.000	0	0	0
0.1	2.279	1.451	−1.616	−1.651	0.100	1.000	0.988	−0.008	0.228	0.145
0.2	2.118	1.291	−1.601	−1.551	0.197	0.998	0.956	−0.028	0.424	0.258
0.3	1.959	1.141	−1.577	−1.451	0.290	0.994	0.905	−0.058	0.588	0.342
0.4	1.803	1.001	−1.543	−1.352	0.377	0.986	0.839	−0.096	0.721	0.400
0.5	1.650	0.870	−1.502	−1.254	0.458	0.975	0.761	−0.137	0.825	0.435
0.6	1.503	0.750	−1.452	−1.157	0.529	0.959	0.675	−0.182	0.902	0.450
0.7	1.360	0.639	−1.396	−1.062	0.592	0.938	0.582	−0.227	0.952	0.447
0.8	1.224	0.537	−1.334	−0.970	0.646	0.913	0.458	−0.271	0.979	0.430
0.9	1.094	0.445	−1.267	−0.880	0.689	0.884	0.387	−0.312	0.984	0.400
1.0	0.970	0.361	−1.196	−0.793	0.723	0.851	0.289	−0.351	0.970	0.361
1.1	0.854	0.286	−1.123	−0.710	0.747	0.814	0.193	−0.384	0.940	0.315
1.2	0.746	0.219	−1.047	−0.630	0.762	0.774	0.102	−0.413	0.895	0.263
1.3	0.645	0.160	−0.971	−0.555	0.768	0.732	0.015	−0.437	0.838	0.208
1.4	0.552	0.108	−0.894	−0.484	0.765	0.687	−0.066	−0.455	0.772	0.151
1.5	0.466	0.063	−0.818	−0.418	0.755	0.641	−0.140	−0.467	0.699	0.094
1.6	0.338	0.024	−0.743	−0.356	0.737	0.594	−0.206	−0.474	0.621	0.039
1.7	0.317	−0.008	−0.671	−0.258	0.714	0.546	−0.264	−0.475	0.540	−0.014
1.8	0.254	−0.036	−0.601	−0.178	0.685	0.499	−0.313	−0.471	0.457	−0.064
1.9	0.197	−0.058	−0.534	−0.116	0.651	0.452	−0.355	−0.462	0.375	−0.110
2.0	0.147	−0.076	−0.471	−0.070	0.614	0.407	−0.388	−0.449	0.294	−0.151
2.2	0.065	−0.099	−0.356	−0.084	0.532	0.320	−0.432	−0.412	0.142	−0.219
2.4	0.003	−0.110	−0.258	−0.028	0.443	0.243	−0.446	−0.363	0.008	−0.265
2.6	−0.040	−0.111	−0.178	0.014	0.355	0.175	−0.437	−0.307	−0.104	−0.290
2.8	−0.069	−0.105	−0.116	0.044	0.270	0.120	−0.406	−0.249	−0.193	−0.295
3.0	−0.087	−0.095	−0.070	0.063	0.193	0.076	−0.361	−0.191	−0.262	−0.284
3.5	−0.105	−0.057	−0.012	0.083	0.051	0.014	−0.200	−0.067	−0.367	−0.199
4.0	−0.108	−0.015	−0.003	0.085	0	0	−0.001	0	−0.432	−0.059

5. 高承台桩的计算公式

对如图 5-44 所示的高承台桩基础的桩，计算时可将其分为两段：地上段（或称悬出段）的长度为 l_0，地下段（或称入土段）的长度为 l。

桩顶处的横向位移和转角可表示为

$$X'_0 = X_0 - \varphi_0 l_0 + X'_Q + X'_M \tag{5-83a}$$

$$\varphi'_0 = \varphi_0 + \varphi'_Q + \varphi'_M \tag{5-83b}$$

根据定义，图 5-44 中桩在地面（局部冲刷线）处的转角为负，但由此引起的桩水平位移为正，故式（5-83a）中的 $\varphi_0 l_0$ 前加有负号。上两式还可写成：

$$X_0 = X'_0 + \varphi_0 l_0 - X'_Q - X'_M \tag{5-84a}$$

$$\varphi_0 = \varphi'_0 - \varphi'_Q - \varphi'_M \tag{5-84b}$$

式中的 X'_Q、X'_M、φ'_Q、φ'_M 为地上段的下端固定时，分别由 Q'_0 和 M'_0 引起的桩顶水平位移和转角。由材料力学中悬臂梁的计算公式知：

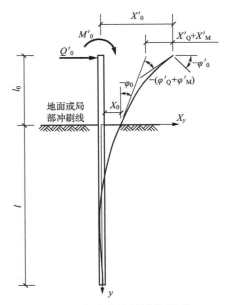

图 5-44　高承台桩的计算模型

$$X'_Q = \frac{Q'_0 l_0^3}{3EI} \tag{5-85a}$$

$$X'_M = \frac{M'_0 l_0^2}{2EI} \tag{5-85b}$$

$$\varphi'_Q = -\frac{Q'_0 l_0^2}{2EI} \tag{5-85c}$$

$$\varphi'_M = -\frac{M'_0 l^0}{EI} \tag{5-85d}$$

同时,地面处桩的弯矩和剪力为

$$M_0 = M'_0 + Q'_0 l_0 \tag{5-86a}$$

$$Q_0 = Q'_0 \tag{5-86b}$$

与低承台相同,在地面处,截面弯矩 M_0 和剪力 Q_0 与横向位移 X_0 和转角 φ_0 也应满足式 (5-79) 和式 (5-80),将式 (5-84)～式 (5-86) 代入式 (5-79) 和式 (5-80) 并整理后可得到

$$X'_0 = \frac{Q'_0}{\alpha^3 EI} \bar{\delta}_1 + \frac{M'_0}{\alpha^2 EI} \bar{\delta}_3 = Q'_0 \delta_1 + M'_0 \delta_3 \tag{5-87}$$

$$\varphi'_0 = -\left(\frac{Q'_0}{\alpha^2 EI} \bar{\delta}_3 + \frac{M'_0}{\alpha EI} \bar{\delta}_2\right) = -(Q'_0 \delta_3 + M'_0 \delta_2) \tag{5-88}$$

式中

$$\bar{\delta}_1 = \alpha^3 EI \cdot \delta_1 = \bar{\delta}_{QQ} + 2\alpha l_0 \bar{\delta}_{QM} + (\alpha l_0)^2 \bar{\delta}_{MM} + \frac{1}{3}(\alpha l_0)^3 \tag{5-88a}$$

$$\bar{\delta}_2 = \alpha EI \cdot \delta_2 = -\bar{\delta}_{MM} + \alpha l_0 \tag{5-88b}$$

$$\bar{\delta}_3 = \alpha^2 EI \delta_3 = \bar{\delta}_{QM} + \alpha l_0 \bar{\delta}_{MM} + \frac{1}{2}(\alpha l_0)^2 \tag{5-88c}$$

表 5-30 列出了 $\alpha l \geqslant 4$ 时 $\bar{\delta}_1$、$\bar{\delta}_2$ 和 $\bar{\delta}_3$ 的值。

表 5-30　系数 $\bar{\delta}_1$、$\bar{\delta}_2$ 和 $\bar{\delta}_3$ 表($\alpha l \geqslant 4.0$ 时)

αl_0	$\bar{\delta}_1$	$\bar{\delta}_2$	$\bar{\delta}_3$	αl_0	$\bar{\delta}_1$	$\bar{\delta}_2$	$\bar{\delta}_3$	αl_0	$\bar{\delta}_1$	$\bar{\delta}_2$	$\bar{\delta}_3$
0.0	2.44	1.75	1.62								
0.2	3.16	1.95	1.99	3.2	41.66	4.95	12.34	6.4	182.27	8.15	33.30
0.4	4.04	2.15	2.40	3.4	46.80	5.15	13.35	6.8	210.24	8.55	36.64
0.6	5.09	2.35	2.85	3.6	52.35	5.35	14.40	7.2	240.95	8.95	40.15
0.8	6.33	2.55	3.34	3.8	58.33	5.55	15.49	7.6	274.52	9.35	43.81
1.0	7.77	2.75	3.87	4.0	64.75	5.75	16.62	8.0	311.08	9.75	47.63
1.2	9.43	2.95	4.44	4.2	71.63	5.95	17.79				
1.4	11.32	3.15	5.05	4.4	78.99	6.15	19.00	8.5	361.19	10.25	52.63
1.6	13.47	3.35	5.70	4.6	86.84	6.35	20.25	9.0	416.42	10.75	52.88
1.8	15.89	3.55	6.39	4.8	95.20	6.55	21.54	9.5	477.02	11.25	63.78
2.0	18.59	3.75	7.12	5.0	104.08	6.75	22.87	10.0	543.25	11.75	69.13
2.2	21.60	3.95	7.89	5.2	113.50	6.95	24.24				
2.4	24.91	4.15	8.70	5.4	123.48	7.15	25.65				
2.6	28.56	4.35	9.55	5.6	134.03	7.35	27.10				
2.8	32.56	4.55	10.44	5.8	145.17	7.55	28.59				
3.0	36.92	4.75	11.37	6.0	156.91	7.75	30.12				

5.11.4 单桩的刚度系数

如前所述,采用位移法求解桩基的变形及内力时,关键的工作是建立承台刚度系数的计算公式,为此,首先需确定单桩的刚度系数。

1. 定义

刚度系数是指构件或结构发生单位位移时所产生的力。由此,单桩刚度系数 ρ_{AB} 的定义为:当桩顶在 B 方向(且仅在 B 方向)发生单位位移时,在桩顶 A 方向产生的力。因此,对平面问题,单桩的刚度系数可有 ρ_{NN}、ρ_{NQ}、ρ_{NM} $\cdots$ ρ_{MM} 共 9 个系数,其中下标 N、Q、M 分别对应于桩顶轴向力或轴向位移、横向力或横向位移、弯矩或转角。不难看出,其中不为 0 的、独立的刚度系数共有 4 个,分别以 ρ_1、ρ_2、ρ_3 和 ρ_4 表示,如图 5-45 所示,其意义为:

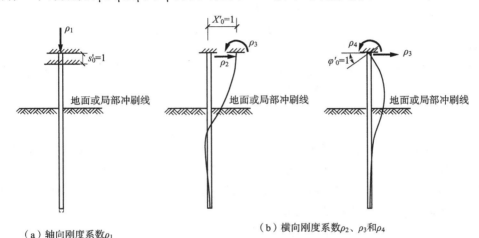

（a）轴向刚度系数 ρ_1　　　　（b）横向刚度系数 ρ_2、ρ_3 和 ρ_4

图 5-45　单桩刚度系数的定义

ρ_1——当桩顶仅发生轴向单位位移时,在桩顶产生的轴向力,即 ρ_{NN};

ρ_2——当桩顶仅发生单位横向位移时,在桩顶产生的横向力,即 ρ_{QQ};

ρ_3——当桩顶仅发生单位横向位移时,在桩顶产生的弯矩,即 ρ_{MQ};或当桩顶仅发生单位转角时,在桩顶产生的横向力,即 ρ_{QM};由结构力学中的互等定理知,$\rho_{MQ}=\rho_{QM}$;

ρ_4——当桩顶仅发生单位转角时,在桩顶产生的弯矩,即 ρ_{MM}。

下面建立单桩刚度系数的计算公式。其中,ρ_1 将按其定义直接推导,而 ρ_2、ρ_3 和 ρ_4 则由前面已确定的柔度系数计算。

2. ρ_1 的计算公式

图 5-46 为 ρ_1 的计算模型,其计算公式为

$$\rho_1 = \frac{1}{\dfrac{l_0+\xi l}{EA}+\dfrac{1}{C_0 A_0}} \tag{5-89}$$

式中　E——桩身材料的弹性模量;

　　　A——桩身的截面面积;

　　　C_0——桩端土的竖向地基系数;

　　　A_0——桩端的换算支承面积;

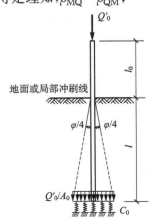

图 5-46　ρ_1 的计算模型

ξ——与桩的类型有关的系数,端承桩取 1.0,摩擦型预制桩取 2/3,摩擦型灌注桩取 1/2。

上式的推导过程如下。

桩顶的轴向位移 s_0' 为桩身的压缩量 s_e 与桩底土层的压缩量 s_b 之和:

$$s_0' = s_e + s_b \tag{5-90}$$

(1)桩身的压缩量 s_e

桩身压缩量可分为两部分计算:一是地面(局部冲刷线)以上部分,该段无侧摩阻力作用,桩身轴力均匀分布。二是地面(局部冲刷线)以下部分,对端承桩(柱桩)来说,该段轴力均匀分布;而对其他类型的桩,则因摩阻力的作用,桩身轴向力随深度衰减,为简化计算,对灌注桩,假设其侧摩阻力均匀分布,对预制桩,则假设为三角形分布。由此,桩身压缩量最终可表示为

$$s_e = \frac{Q_0' l_0}{EA} + \frac{\xi Q_0' l}{EA} = \frac{Q_0'(l_0 + \xi l)}{EA} \tag{5-91}$$

其中,系数 ξ 所反映的就是桩侧摩阻力的分布形式,其取值见式(5-89)中的注释。

(2)桩底以下土层的压缩量 s_b

同样,为简化计算,假设桩顶荷载以角度 $\varphi/4$ 向下扩散,且桩底以下土层的压缩符合 Winkler 地基的假设,如图 5-46 所示,因此有

$$s_b = \frac{Q_0'}{C_0 A_0} \tag{5-92}$$

式中的 A_0 为考虑应力扩散后的桩端土承压面积,对应于直径为 $d + 2l\tan(\varphi/4)$ 的圆,但当该直径大于相邻桩的中心距 s_a 时,则以 s_a 为直径计算承压面积。C_0 为桩端土(岩)的竖向地基系数,对土质地基,一般取竖向地基系数 $C_0 = m_0 l$,且不小于 $10m_0$,式中的 m_0 为桩端土的竖向地基系数的比例系数,可通过静载试验确定。如缺乏试验资料,也可取 $m_0 = m$,按表 5-27 或表 5-28 查取。对岩石地基,当其单轴极限抗压强度 $R = 1$ MPa 时,$C_0 = 300$ MPa/m;当 $R \geqslant 25$ MPa 时,$C_0 = 15\ 000$ MPa/m;当 1 MPa $< R < 25$ MPa 时,C_0 用线性内插法确定。

(3)刚度系数计算

将式(5-91)和式(5-92)代入式(5-90),得到

$$s_0' = \frac{Q_0'(l_0 + \xi l)}{EA} + \frac{Q_0'}{C_0 A_0}$$

令上式的 $s_0' = 1$,对应的 Q_0' 即为 ρ_1,由此得到公式(5-89)。

3. 刚度系数 ρ_2、ρ_3、ρ_4

刚度系数 ρ_2、ρ_3、ρ_4 可分别按下式计算:

$$\rho_2 = \alpha^3 EI Y_Q \tag{5-93}$$

$$\rho_3 = \alpha^2 EI Y_M \tag{5-94}$$

$$\rho_4 = \alpha EI \varphi_M \tag{5-95}$$

式中的 Y_Q、Y_M 和 φ_M 为无量纲系数。上述计算公式的推导过程如下:

由前述式(5-87)和式(5-88),在横向力 Q_0' 和力矩 M_0' 作用下,桩顶的横向位移 X_0' 和转角 φ_0' 为

$$X_0' = Q_0' \delta_1 + M_0' \delta_3 \tag{5-96}$$

$$\varphi_0' = -Q_0' \delta_3 - M_0' \delta_2 \tag{5-97}$$

由上两式可得到

$$Q_0' = \frac{X_0' \delta_2 + \varphi_0' \delta_3}{\delta_1 \delta_2 - \delta_3^2} \tag{5-98}$$

$$M_0' = \frac{\varphi_0' \delta_1 + X_0' \delta_3}{\delta_1 \delta_2 - \delta_3^2} \tag{5-99}$$

根据 ρ_2、ρ_3 和 ρ_4 的定义,有

$$\rho_2 = Q_0' \mid_{X_0'=1, \varphi_0'=0} = \frac{\delta_2}{\delta_1 \delta_2 - \delta_3^2} \tag{5-100}$$

$$\rho_3 = Q_0' \mid_{X_0'=0, \varphi_0'=1} = M_0' \mid_{X_0'=1, \varphi_0'=0} = \frac{\delta_3}{\delta_1 \delta_2 - \delta_3^2} \tag{5-101}$$

$$\rho_4 = M_0' \mid_{X_0'=0, \varphi_0'=1} = \frac{\delta_1}{\delta_1 \delta_2 - \delta_3^2} \tag{5-102}$$

式中柔度系数 δ_1、δ_2、δ_3 的表达式见式(5-88),代入并整理后可写成式(5-93)～式(5-95),其中的系数

$$Y_Q = \frac{\overline{\delta}_2}{\overline{\delta}_1 \overline{\delta}_2 - \overline{\delta}_3^2} \tag{5-103}$$

$$Y_M = \frac{\overline{\delta}_3}{\overline{\delta}_1 \overline{\delta}_2 - \overline{\delta}_3^2} \tag{5-104}$$

$$\varphi_M = \frac{\overline{\delta}_1}{\overline{\delta}_1 \overline{\delta}_2 - \overline{\delta}_3^2} \tag{5-105}$$

当 $\alpha l \geqslant 4.0$ 时,上述系数可按表 5-31 确定。

表 5-31　Y_Q、Y_M、和 φ_M 的值($\alpha l \geqslant 4.0$)

αl_0	Y_Q	Y_M	φ_M	αl_0	Y_Q	Y_M	φ_M	αl_0	Y_Q	Y_M	φ_M
0.0	1.064	0.985	1.484	3.2	0.092	0.229	0.773	6.4	0.022	0.088	0.484
0.2	0.886	0.904	1.435	3.4	0.082	0.213	0.746	6.8	0.019	0.081	0.462
0.4	0.736	0.822	1.383	3.6	0.074	0.198	0.720	7.2	0.016	0.074	0.442
0.6	0.614	0.745	1.329	3.8	0.066	0.185	0.697	7.6	0.014	0.068	0.424
0.8	0.513	0.673	1.273	4.0	0.060	0.173	0.674	8.0	0.013	0.062	0.407
1.0	0.432	0.607	1.219	4.2	0.054	0.162	0.653	8.5	0.011	0.056	0.387
1.2	0.365	0.549	1.166	4.4	0.049	0.152	0.633	9.0	0.010	0.051	0.369
1.4	0.311	0.499	1.117	4.6	0.045	0.143	0.615	9.5	0.008	0.047	0.353
1.6	0.265	0.451	1.066	4.8	0.041	0.135	0.597	10.0	0.007	0.043	0.338
1.8	0.228	0.411	1.021	5.0	0.038	0.128	0.580				
2.0	0.197	0.375	0.978	5.2	0.035	0.121	0.564				
2.2	0.172	0.343	0.938	5.4	0.032	0.114	0.549				
2.4	0.150	0.315	0.900	5.6	0.029	0.108	0.535				
2.6	0.132	0.289	0.865	5.8	0.027	0.103	0.521				
2.8	0.116	0.267	0.823	6.0	0.025	0.098	0.508				
3.0	0.103	0.247	0.802								

5.11.5 高承台桩基础的平面问题

1. 用位移法求解承台的位移及转角

图 5-47 所示为高承台桩基础平面计算的简图。所谓平面问题,是指:①作用在承台上的力只有竖向力、沿 x 方向的水平力,以及 x-y 平面内的弯矩;②桩群以 x-y 平面为对称面(同时考虑桩的尺寸、材料及桩周土等因素)。满足上述条件时,承台和基桩顶部只发生 y 方向、x 方向的位移,以及在 x-y 平面内的转动,且自动满足 z 方向(与 x-y 平面垂直)力的平衡方程条件,以及 x-z 平面内、y-z 平面内的力矩平衡方程。

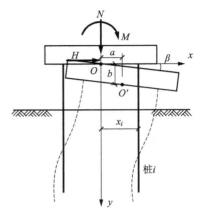

图 5-47 高承台群桩基础计算简图

计算时各变量的正负值规定如下:如图 5-47 中所示,水平力、竖向力以与 x、y 轴同向为正,弯矩以顺时针方向为正。相应地,承台的水平位移、竖向位移以与 x、y 轴同向为正,转角以顺时针旋转时为正。

假设在竖向力 N、水平力 H 及弯矩 M 作用下,承台在 x 方向的位移为 a,在 y 方向的位移为 b,转角为 β,则由此引起的第 i 根桩的水平、竖向位移及转角为

$$a_i = a \tag{5-106a}$$
$$b_i = b + x_i\beta \tag{5-106b}$$
$$\beta_i = -\beta \tag{5-106c}$$

取承台为脱离体,应用结构力学中的位移法,可得到承台的静力平衡方程为

$$\left.\begin{array}{l} a\gamma_{ba} + b\gamma_{bb} + \beta\gamma_{b\beta} = N \\ a\gamma_{aa} + b\gamma_{ab} + \beta\gamma_{a\beta} = H \\ a\gamma_{\beta a} + b\gamma_{\beta b} + \beta\gamma_{\beta\beta} = M \end{array}\right\} \tag{5-107}$$

式中的 γ_{ij} 为承台的刚度系数,其意义是承台仅在 j 方向(竖向、水平、转动)产生单位位移或转角时,承台在 i 方向所受到的各桩的作用力(竖向力、水平力、力矩)的合力。显然,对平面问题,整体刚度系数共有 9 个。

如图 5-48 所示,为计算上述刚度系数,可令承台发生单位位移(转角),然后根据桩顶位移及各基桩的单桩刚度系数,确定各桩作用于承台的竖向力、水平力、力矩的合力。

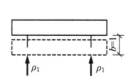
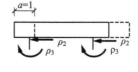
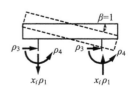

图 5-48 承台刚度系数的计算

在下面的公式推导过程中,假设:①各桩均为竖直桩;②各桩的尺寸、材料及桩周土均相同,因此其刚度系数也相等;③桩群除前述以 x-y 平面为对称面外,y-z 平面亦为其对称面。此外应注意,图中 ρ_1、ρ_2、ρ_3、ρ_4 的方向与外荷载 N、H、M 的正向相反者取正值,相同者取

负值。

(1)当承台仅发生单位竖向位移时,即 $b=1$,$a=0$ 和 $\beta=0$,由式(5-106)知,各桩顶部相应的位移和转角为 $b_i=1$,$a_i=0$ 和 $\beta_i=0$,此时各桩顶部由 $b_i=1$ 引起轴向力 ρ_1,横向力及力矩为 0。同时,注意到 y-z 平面为桩群的对称面,故所有桩的竖向力对 O 点产生的合力矩刚好抵消为 0。最终,可得到总刚度系数为

$$\gamma_{bb} = \sum_{i=1}^{n} \rho_1 = n\rho_1 \tag{5-108a}$$

$$\gamma_{ab} = 0 \tag{5-108b}$$

$$\gamma_{\beta b} = 0 \tag{5-108c}$$

式中的 n 为桩的总数。

(2)当承台仅发生单位水平位移时,即 $a=1$,$b=0$ 和 $\beta=0$,由式(5-106)知,各桩顶部相应的位移和转角为 $a_i=1$,$b_i=0$,和 $\beta_i=0$,此时各桩顶部由 $a_i=1$ 引起横向力 ρ_2 和力矩$-\rho_3$,轴向力为 0,相应的总刚度系数为

$$\gamma_{ba} = 0 \tag{5-109a}$$

$$\gamma_{aa} = \sum_{i=1}^{n} \rho_2 = n\rho_2 \tag{5-109b}$$

$$\gamma_{\beta a} = -\sum_{i=1}^{n} \rho_3 = -n\rho_3 \tag{5-109c}$$

(3)当承台底面仅发生单位转角时,即 $\beta=1$,$a=0$ 和 $b=0$,由式(5-106)知,各桩顶部相应的位移和转角为 $\beta_i=-1$,$b_i \approx \beta_i x_i = x_i$,$a_i=0$。其中,由 β_i 产生的力矩为 ρ_4,横向力为$-\rho_3$,轴向力为 0。由 b_i 产生的轴向力为 $x_i\rho_1$,对 O 点产生的力矩为 $\rho_1 x_i^2$;同时,由于 y-z 平面为桩群的对称面,故所有桩的竖向力的合力刚好抵消为 0,最终得到相应的总刚度系数为

$$\gamma_{b\beta} = \sum_{i=1}^{n} x_i \rho_1 = 0 \tag{5-110a}$$

$$\gamma_{a\beta} = -\sum_{i=1}^{n} \rho_3 = -n\rho_3 \tag{5-110b}$$

$$\gamma_{\beta\beta} = \sum_{i=1}^{n} \rho_4 + \rho_1 \sum_{i=1}^{n} x_i^2 = n\rho_4 + \rho_1 \sum_{i=1}^{n} x_i^2 \tag{5-110c}$$

注意到,$\gamma_{a\beta}=\gamma_{\beta a}$,符合结构力学中的互等定律。最终,式(5-107)可简化为

$$\left. \begin{array}{l} b\gamma_{bb} = N \\ a\gamma_{aa} + \beta\gamma_{a\beta} = H \\ a\gamma_{\beta a} + \beta\gamma_{\beta\beta} = M \end{array} \right\} \tag{5-111}$$

求解后得到

$$\left. \begin{array}{l} b = \dfrac{N}{\gamma_{bb}} \\[2mm] a = \dfrac{\gamma_{\beta\beta}H - \gamma_{a\beta}M}{\gamma_{aa}\gamma_{\beta\beta} - \gamma_{a\beta}^2} \\[2mm] \beta = \dfrac{\gamma_{aa}M - \gamma_{a\beta}H}{\gamma_{aa}\gamma_{\beta\beta} - \gamma_{a\beta}^2} \end{array} \right\} \tag{5-112}$$

2. 桩顶位移及作用力的计算

求得承台的位移和转角后,由式(5-106)可求得第 i 根桩顶部的横向位移 a_i、轴向位移 b_i

和转角 β_i，并进一步求得桩顶的作用力。由图 5-49 可得到轴向力 N_i、横向力 Q_i 和力矩 M_i 的计算公式为

$$N_i = \rho_1 b_i = (b + x_i\beta)\rho_1 = \frac{N}{n} + x_i\beta\rho_1 \tag{5-113a}$$

$$Q_i = a_i\rho_2 + \beta_i\rho_3 = a\rho_2 - \beta\rho_3 \tag{5-113b}$$

$$M_i = -\beta_i\rho_4 - a_i\rho_3 = \beta\rho_4 - a\rho_3 \tag{5-113c}$$

由式(5-113)可以看出，各桩顶部的水平力 Q_i、力矩 M_i 是相等的，且稍加分析即不难发现，$Q_i = H/n$。

当基础中有斜桩，或桩群平面布置不对称、各桩的尺寸不等、各桩周围或底部土层不同等情况，以及承台在 x、z 方向均有水平力及力矩作用时，其计算公式的建立更为复杂，这里不再具体介绍。

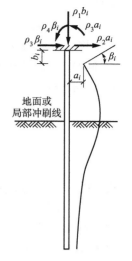

图 5-49　基桩
内力计算

5.11.6　低承台桩基础的平面问题

低承台桩基计算时，各桩对承台总刚度系数贡献的计算方法与高承台桩基相同，但同时还需考虑侧面、底面的土抗力对承台刚度系数的贡献。与式(5-107)相对应，低承台桩基的平衡方程可写为

$$\left.\begin{array}{l} a\gamma_{ba} + b\gamma_{bb} + \beta\gamma_{b\beta} = N - N_R \\ a\gamma_{aa} + b\gamma_{ab} + \beta\gamma_{a\beta} = H - H_R \\ a\gamma_{\beta a} + b\gamma_{\beta b} + \beta\gamma_{\beta\beta} = M - M_R \end{array}\right\} \tag{5-114}$$

式中的 N_R、H_R 及 M_R 为承台底面、侧面的土对承台产生的竖向、水平抗力及力矩。在具体计算时，《建筑桩基技术规范》要考虑承台底面土的竖向抗力，而《铁路桥涵地基和基础设计规范》则不考虑。下面以《铁路桥涵地基和基础设计规范》为例进行说明。

如图 5-50 所示，当承台产生水平位移 a、竖向位移 b、转角 β 时，承台侧面一点的水平位移可表示 $u(y) = a - \beta y$，相应的水平抗力为 $\sigma_y = m(h + y)u(y)$，对应的水平合力为

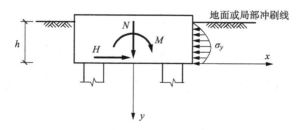

图 5-50　低承台侧面的土抗力

$$H_R = B_0 \int_{-h}^{0} \sigma_y \mathrm{d}y = B_0 \int_{-h}^{0} m(h + y)(a - \beta y)\mathrm{d}y = B_0 \frac{mh^2}{2} \cdot a + B_0 \frac{mh^3}{6} \cdot \beta \tag{5-115}$$

式中的 B_0 为承台的计算宽度。对应的力矩为

$$M_R = B_0 \int_{-h}^{0} \sigma_y \cdot y\mathrm{d}y = B_0 \frac{mh^3}{6} \cdot a + B_0 \frac{mh^4}{12} \cdot \beta \tag{5-116}$$

将 $N_R = 0$ 以及式(5-115)、式(5-116)代入式(5-114)，整理后可得到

$$\left.\begin{array}{l} a\gamma_{ba} + b\gamma_{bb} + \beta\gamma_{b\beta} = N \\[2mm] a\left(\gamma_{aa} + B_0\,\dfrac{mh^2}{2}\right) + b\gamma_{ab} + \beta\left(\gamma_{a\beta} + B_0\,\dfrac{mh^3}{6}\right) = H \\[2mm] a\left(\gamma_{\beta a} + B_0\,\dfrac{mh^3}{6}\right) + b\gamma_{\beta b} + \beta\left(\gamma_{\beta\beta} + B_0\,\dfrac{mh^4}{12}\right) = M \end{array}\right\} \tag{5-117}$$

令

$$\left.\begin{array}{l} \gamma'_{aa} = \gamma_{aa} + \dfrac{mB_0h^2}{2} \\[3mm] \gamma'_{a\beta} = \gamma_{a\beta} + \dfrac{mB_0h^3}{6} \\[3mm] \gamma'_{\beta a} = \gamma_{\beta a} + \dfrac{mB_0h^3}{6} \\[3mm] \gamma'_{\beta\beta} = \gamma_{\beta\beta} + \dfrac{mB_0h^4}{12} \end{array}\right\} \tag{5-118}$$

同时注意到：与高承台桩基相似，对低承台桩，其 $\gamma'_{a\beta} = \gamma'_{ba} = \gamma'_{b\beta} = \gamma'_{\beta b} = 0$，且有 $\gamma'_{a\beta} = \gamma'_{\beta a}$，最终得到

$$\left.\begin{array}{l} b\gamma_{bb} = N \\[2mm] a\gamma'_{aa} + \beta\gamma'_{a\beta} = H \\[2mm] a\gamma'_{\beta a} + \beta\gamma'_{\beta\beta} = M \end{array}\right\} \tag{5-119}$$

其形式与(5-111)完全相似，求解后得承台的竖向位移 b、水平位移 a、转角 β，进一步可求出各桩的位移和内力。

5.11.7　桩顶压力的简化算法

上述计算过程比较复杂。在实际设计中，有时基桩(特别是房建工程中的桩)并不需按内力配筋，而只进行基桩轴向和横向承载力的验算，此时可采用相对简单的方法。例如，《铁路桥涵地基和基础设计规范》认为，当承台所受的水平荷载不大于承台侧面被动土压力的 2 倍，即满足条件式(5-120)时，水平荷载由承台侧面的土承担，可采用下述简化方法计算各基桩承受的竖向力。

$$h \geqslant \tan\left(45° - \frac{\varphi}{2}\right)\sqrt{\frac{H}{B\gamma}} \tag{5-120}$$

式中　h——承台底面的埋深；

B——承台侧面宽度；

H——桩基所受的水平荷载；

γ,φ——承台底面以上土的重度和内摩擦角。

《建筑桩基技术规范》中对埋深无类似要求，主要用简化法求解基桩顶部的竖向压力，并进行竖向承载力的验算。如图 5-51 所示，作用于承台底面、群桩重心 O 处的竖向荷载为 $F_k + G_k$，弯矩为 M_{xk} 和 M_{zk}。若各桩尺寸及周围土层情况相同，假设基桩顶部只有竖向力，而竖向力与桩的下沉量成正比，则通过建立承台竖向力及 x、z 方向的力矩平衡方程式，不难推出桩顶竖向压力的计算公式为

$$N_{ik} = \frac{F_k + G_k}{n} \pm \frac{M_{xk}z_i}{\displaystyle\sum_{j=1}^{n} z_j^2} \pm \frac{M_{zk}x_i}{\displaystyle\sum_{j=1}^{n} x_j^2} \tag{5-121}$$

式中　n——桩的总数；

　　　F_k——荷载效应标准组合下，作用于承台顶面的竖
　　　　　　向力；

　　　G_k——承台及其上土的自重标准值，对稳定的地下
　　　　　　水位以下部分应扣除水的浮力；

M_{xk},M_{zk}——荷载效应标准组合下，对承台底面群桩形心
　　　　　　x、z 轴的力矩；

　　　x_i,z_i——桩 i 的中心到 z、x 轴的距离。

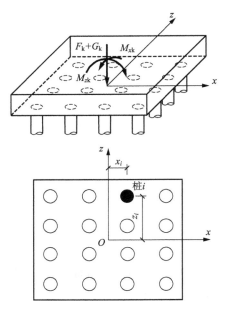

　　铁路桥梁桩基的简化算法与此完全相同。此外，《建
筑桩基技术规范》中还采用以下公式计算基桩所受的水
平力：

$$H_{ik}=\frac{H_k}{n} \qquad (5\text{-}122)$$

式中　H_k——荷载效应标准组合下，作用于承台顶面的
　　　　　　水平力。

5.11.8　桩基结构位移及内力计算方法小结

图 5-51　低承台桩基简化算法模型

　　用本节介绍的方法，可求出承台的竖向、水平位移和转角，以及各桩的弯矩、剪力等内力，
其中承台的水平位移及转角可用于桥墩顶部水平位移的验算，而桩的内力则用于桩身强度的
验算。

　　不难发现，本节的计算模型无法反映基桩之间通过土体传递的
相互作用和影响，或者说，若没有承台的联结，各基桩就是孤立而互
不影响的，显然这与实际情况并不相符。以图 5-52 所示的一个 3×
3 的高承台桩基为例，若承台刚性，则在中心荷载作用下，各桩的沉
降相同，其分担的竖向压力是否也相等？按本节的算法，显然各桩
所受的压力也应相等，但事实是否如此呢？

　　显然，任一根基桩的沉降量既有本桩所受压力产生的贡献，也
包含其他各桩产生的影响，且距离越近，他桩影响（即对该桩沉降的
贡献）越大。图 5-52 中的桩可分为中心桩、边桩、角桩 3 种类型，整
体上看，中心桩距其他桩的距离最近，因此所接受的他桩的贡献最

图 5-52　3×3 桩基础

大；与之相反，角桩距其他桩的距离最远，接受的贡献最小。因此，本桩接受他桩贡献的大小依
次为：中心桩＞边桩＞角桩。最终，为保证各桩的沉降相等，各桩对自身沉降的贡献应为：中心
桩＜边桩＜角桩，相应地，其桩顶压力的大小为：中心桩＜边桩＜角桩，这一结论也为实测结果
所证实。而只有采用连续模型（如弹性半无限体模型）模拟土体，才能反映出基桩之间的相互
作用，得到这样的计算结果。

　　同样，由于计算模型中对土层的过度简化，故虽然用本节方法计算时也求出了承台的竖向
位移，但并不能以此作为桩基的沉降。

5.12 桩基础的结构设计

如前所述,桩基的设计应满足两大方面的要求:其一是地基的承载力、沉降、稳定性,这是前文的主要内容,由此可基本确定桩的截面尺寸及长度、桩间距等设计参数;其二是基础结构自身在强度、刚度、耐久性等方面的要求,由此可进一步确定桩的配筋、承台的尺寸及配筋等,这是本节将要介绍的内容。

5.12.1 桩基础的结构要求

1. 构造要求

《建筑桩基技术规范》中对基桩的构造要求见表 5-32。

表 5-32 对基桩的构造要求(《建筑桩基技术规范》)

	灌 注 桩	预 制 桩
混凝土	桩身强度不小于 C25,桩尖强度不小于 C30	非预应力桩强度不小于 C30;预应力实心桩强度不小于 C40
主筋配筋率	桩径 300～2 000 mm 时,取 0.56%～0.2%(小直径取高值)	锤击法:不小于 0.8%;静压法:不小于 0.6%
主筋直径及间距	纵向主筋沿桩身周边均匀布置,其净距不小于 60 mm;抗压桩和抗拔桩≥6φ10;水平受荷桩≥8φ12	静压法时,主筋直径不小于 14 mm
主筋长度	端承桩或位于坡地、岸边时通长配筋;摩擦型不应小于 2/3 桩长;受水平荷载时,不宜小于 $4.0/\alpha$(α 为桩的水平变形系数)	
箍筋	采用螺旋式时,直径不小于 6 mm,间距 200～300 mm。钢筋笼长度超过 4 m 时,每隔 2 m 设一道直径不小于 12 mm 的焊接加劲箍筋	
保护层	水上不小于 35 mm,水下 50 mm	不小于 30 mm

《铁路桥涵地基和基础设计规范》中则要求:

(1)桩身混凝土强度不小于 C30。

(2)对灌注桩,主筋直径不宜小于 14 mm;净距不宜小于 120 mm,且不应小于 80 mm。箍筋直径可采用 8 mm,间距可采用 200 mm,摩擦桩的下部可增大至 400 mm。每隔 2.0～2.5 m 加一道直径为 16 mm～22 mm 的骨架箍筋。

按计算不需配筋的桩,应在桩顶 4 m～6 m 范围内设置构造联结钢筋,并伸入承台内。钢筋直径可采用 14 mm,间距 250 mm～350 mm。

(3)钢筋保护层的厚度与其所处的环境有关,按《铁路混凝土结构耐久性设计规范》中的要求确定。一般环境下可取 65～75 mm。

2. 主筋的配置

钢筋的配置需满足桩在施工、使用等阶段的受力要求。

(1)使用阶段

在使用阶段,钢筋的配置主要应满足基桩抗压及抗弯强度的要求。当桩顶所受的横向力及弯矩相对较小即桩以承压为主时,可按抗压强度的要求进行配筋;反之,则应根据桩身弯矩的计算结果,作为偏心受压构件进行配筋,其具体过程这里不再详述。

(2)其他阶段

该验算主要针对预制桩,包括起吊和沉桩施工时两个阶段。

预制桩在吊运时,一般采用双点吊,而将桩吊立到打桩机的导向架时采用单点吊。在吊桩的过程中,桩的自重会在桩身产生弯矩,故应选择合理的起吊点,并进行抗弯验算。

预制桩的截面通常为圆形或正多边形,主筋沿周长均匀布置。故对圆形及正方形桩,其合理的起吊点位置应使桩的最大正弯矩与最大负弯矩相等,如图 5-53 所示。其中的 q 为桩单位长度的重量,K 为考虑在吊运过程中桩可能受到的冲击和振动而取的动力系数,可取 1.3。

而在施工阶段,当采用打入法沉桩时,按波动理论,桩锤产生的压力波会沿桩身向下传播,当桩底为土层时,压力波经桩底反射后,形成向上传播的拉力波,如图 5-54 所示。为防止桩受拉破坏,需配置相应的受拉钢筋,或采用预应力钢筋混凝土桩。因此,打入桩的配筋率通常高于灌注桩。在 20 世纪五六十年代,为节约钢筋,国内曾出现过所谓的"抽筋桩",即打桩完成后,设法将桩中的后张法预应力钢筋抽出,并重复利用。

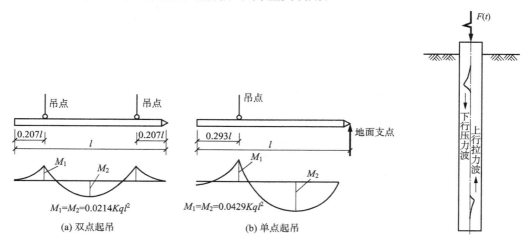

图 5-53 预制桩的吊点位置和弯矩图

图 5-54 打桩产生的拉应力

以《建筑桩基技术规范》中的要求为例,对于裂缝控制等级为一级、二级的混凝土预制桩、预应力混凝土管桩,需确定锤击所产生的最大拉、压应力值,并要求其不能超过混凝土的轴心抗拉、抗压强度设计值。

设计时,可按上述的强度要求进行配筋并制桩。事实上,目前已有多种形式及尺寸的标准配置的预制桩,如图5-55 所示。应用时,可先根据承载力、沉降等要求选择,再进行桩身强度及其他方面的验算。

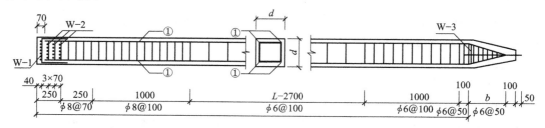

图 5-55 预制方桩配筋实例

5. 12. 2 铁路桥梁桩基承台的结构设计

承台将上部结构传来的荷载分配给各桩,并使群桩协调工作,因此,承台应有足够的强度和刚度。

显然,承台的平面形状及尺寸取决于群桩的分布范围,也取决于桥墩、桥台(对桥梁桩基)或柱、墙等(对建筑桩基)的形状和尺寸,而厚度及配筋则应满足强度及刚度等方面的要求。

铁路桥梁桩基承台与建筑桩基承台所采取的设计计算方法有较大的不同,本节介绍铁路桥梁桩基承台的设计方法。

1. 承台的材料及厚度的确定

承台的混凝土强度等级不应低于 C30。

承台厚度的确定与浅埋刚性基础厚度的确定方法相似,即以足够大的厚度,使混凝土处于受压状态,从而不需配置相应的抗弯钢筋。为此,要求其刚性角,即墩底外边界与群桩外边界之间的夹角不小于 45°,如图 5-56 所示。此外,承台厚度不宜小于 1.5 m,较大时,可做成台阶形。

2. 钢筋网的设置(图 5-57)

在满足上述刚性角要求的同时,还应在承台的底部设置一层钢筋网,其配筋量可采用每 1 m 宽度 1 500 mm² ~2 000 mm²。当钻孔桩直径为 1.0 m 时,钢筋的直径不应小于 16 mm;桩径为 1.25 m 或 1.5 m 时,直径不应小于 20 mm。钢筋间距宜为 100 mm。当桩顶主筋伸入承台板进行联结时,钢筋网在越过桩顶处不得截断。

当桩顶直接伸入承台内,且桩顶作用于承台板的压应力超过承台板混凝土的容许局部承压应力时,应在每一根桩的顶面以上设置 1~2 层直径不小 12 mm 的钢筋网,钢筋网的每边长度不得小于桩径的 2.5 倍,其网孔为 100 mm×100 mm~150 mm×150 mm。

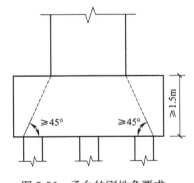

图 5-56 承台的刚性角要求

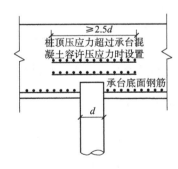

图 5-57 承台钢筋网

3. 桩与承台的联结

桩与承台之间应有良好的联结,使联结处有足够的刚度,保证基础的整体性。联结的方式有两种,一种是桩顶直接伸入承台,如图 5-58(a) 所示,多用于预应力混凝土桩,也可用于普通钢筋混凝土预制桩。另一种是将桩的主筋伸入承台,如图 5-58(b)、(c) 所示,适用于现场灌注桩及普通钢筋混凝土预制桩,伸入的主筋可采用喇叭形或竖直形,前者有利于桩承受拉力,而后者便于施工。图 5-59 所示为某大桥桩基喇叭形伸入的主筋。

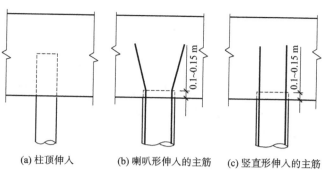

(a) 柱顶伸入　　　(b) 喇叭形伸入的主筋　　(c) 竖直形伸入的主筋

图 5-58　桩与承台板的联结方式

图 5-59　喇叭形伸入的主筋

采用桩顶直接伸入承台的方式时，其伸入长度应满足下列要求：桩径 d 小于 0.6 m 时，不应小于 $2d$；桩径 d 为 0.6～1.2 m 时，不应小于 1.2 m；桩径 d 大于 1.2 m 时，不应小于 d。

采用桩顶主筋伸入承台板联结时，应满足下列要求：

（1）管柱伸入承台内的长度宜为 0.1～0.15 m，其他钢筋混凝土桩则宜为 0.1 m。

（2）桩顶伸入承台内的主筋的最小长度（即最小锚固长度，自桩顶面算起）应满足表 5-33 的要求（表中的 d 为主筋的直径）。其箍筋的直径不应小于 8 mm，箍筋间距可采用 150～200 mm。

表 5-33　伸入承台内的主筋的最小锚固长度

钢筋种类	HPB300			HRB400			HRB500		
混凝土等级	C25	C30、C35	≥C40	C25	C30、C35	≥C40	C25	C30、C35	≥C40
受压钢筋（直端）	$30d$	$25d$	$20d$	$35d$	$30d$	$25d$	$40d$	$35d$	$30d$
受拉钢筋　直端	－	－	－	$45d$	$40d$	$35d$	$50d$	$45d$	$40d$
受拉钢筋　弯钩端	$25d$	$20d$	$20d$	$30d$	$25d$	$20d$	$35d$	$30d$	$25d$

5.12.3　建筑桩基承台的结构设计

建筑桩基的承台可分为柱下独立承台、柱下或墙下条形承台（梁式承台）等。此外，桩—筏基础、桩—箱基础中的筏和箱实际就是起承台的作用。

通常，柱下桩基采用板式承台（平面形状为矩形、三角形或其他形状），可做成等厚度、锥形或台阶形；墙下桩基采用条形承台。

1. 构造要求

（1）厚度及平面尺寸

承台的厚度不小于 300 mm，宽度不小于 500 mm。因此，建筑桩基承台的厚度通常远小于铁路桥梁桩基承台的厚度，需通过配置钢筋来保证其强度。

承台边缘至边桩中心的距离不应小于桩的直径或桩的边长，且对板式承台：边缘挑出部分（边桩外边界到承台边的最小距离）不小于 150 mm，条形承台：边缘挑出部分不小于 75 mm。

（2）混凝土材料

与桥梁桩基不同，建筑桩基的承台通常是底板的一部分，因此应满足《混凝土结构设计规范》中规定的结构混凝土的耐久性要求，例如当使用年限为 50 年，环境类别为二 a 时不应低于 C25，二 b 时不低于 C30。这里的二 a 类别对应于：室内潮湿环境；非严寒和非寒冷地区的露天环境、与无侵蚀性的水或土壤直接接触的环境。二 b 是指：严寒和寒冷地区的露天环境、与无侵蚀性的水或土壤直接接触的环境。此外，需抗渗时，还需满足相应的抗渗要求。

（3）钢筋的布置

如图 5-60 所示，柱下独立桩基承台钢筋应通长配置，对四桩及以上承台宜按双向均匀布置。对三桩的三角形承台，应按三向板带均匀布置，且最里面的三根钢筋围成的三角形应在柱截面的范围内。

钢筋锚固长度自边桩内侧（圆桩时，应将其直径乘以 0.8 等效为方桩）算起，应不小于 $35d_g$（d_g 为钢筋直径）；当不满足时，应将钢筋向上弯折，此时水平段的长度应不小于 $25d_g$，弯折段长度不应小于 $10d_g$。

承台纵向受力钢筋的直径应不小于 12 mm，间距应不大于 200 mm。柱下独立桩基承台的最小配筋率应不小于 0.15%。

柱下独立两桩承台，应按《混凝土结构设计规范》中的深受弯构件配置纵向受拉、水平及竖向分布钢筋。承台纵向受力钢筋端部的锚固长度及构造与柱下多桩承台的规定相同。

条形承台的纵向主筋应符合《混凝土结构设计规范》中最小配筋率的规定，如图 5-61 所示。主筋直径应不小于 12 mm，架立钢筋的直径应不小于 10 mm，箍筋直径应不小于 6 mm。承台纵向受力钢筋端部的锚固长度及构造与柱下多桩承台的规定相同。

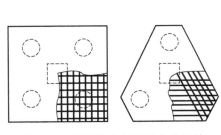

图 5-60　柱下独立桩基承台的配筋

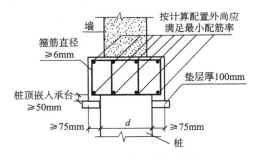

图 5-61　条形承台的配筋

（4）保护层厚度

承台底面钢筋的混凝土保护层厚度，在有混凝土垫层时应不小于 50 mm，无垫层时应不小于 70 mm。对预制桩，底层钢筋应置于桩的顶面之上。

（5）桩与承台之间的联结

对大直径桩，桩顶嵌入承台的深度宜不小于 100 mm；对中等直径桩，宜不小于 50 mm。

混凝土桩的桩顶主筋的锚固长度宜不小于 $35d_g$，对于抗拔桩基应不小于 $40d_g$。

采用一柱一桩的大直径灌注桩，可设置承台或将桩与柱直接联结。直接联结时，柱的纵向主筋锚入桩身内的长度应不小于 $35d_g$（d_g 为柱的主筋的直径）。

（6）承台与承台之间的联结

一柱一桩、两桩承台、有抗震设防要求的承台等，应将桩（一柱一桩时）或承台通过联系梁联为整体。其具体要求这里不再详细介绍。

2. 承台厚度的确定及钢筋的配置

除构造要求外，承台的厚度及钢筋的配置需满足承台抗弯、抗剪、抗冲切破坏等强度方面及刚度方面的要求。通常,可先按抗冲切要求确定厚度,再按抗剪要求进行复核,最后按抗弯配置钢筋。

(1)抗冲切破坏

承台冲切破坏的作用机理与扩展基础相似,并表现为沿柱(墙)边或变截面处的冲切破坏,以及单根基桩(角桩)对承台的冲切破坏两类。

① 沿柱(墙)边或变截面处的冲切破坏

如图 5-62 所示,在竖向力作用下,冲切破坏面由柱边(或变阶处)向下延伸到承台底面桩的内边缘处。显然,在可能的冲切破坏面中,破坏锥体底面的范围越小,破坏面上所受的力就越大,故在设计时,以底面范围最小且锥面与底面夹角不小于 45°的锥体为验算对象,图中阴影所标梯形即为柱、台阶的冲切破坏锥面(4 个面中的一面)。若没有满足上述条件的冲切破坏面,则假设冲切破坏面与承台底面的夹角为 45°。

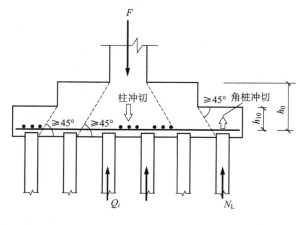

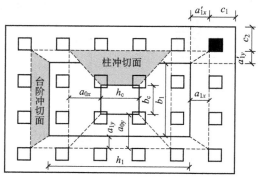

图 5-62 柱下承台冲切破坏计算模型

承台的抗冲切破坏的验算公式为

$$F_L \leqslant \beta_{hp}\beta_0 u_m f_t h_0 \tag{5-123}$$

式中 F_L——荷载效应基本组合下,作用于冲切破坏锥体上的冲切力设计值,其值为

$$F_L = F - \sum Q_i \tag{5-124}$$

其中 F——不计承台及其上土重,在荷载效应基本组合作用下柱底的竖向荷载设计值;

$\sum Q_i$——不计承台及其上土重,冲切破坏锥体范围内各基桩的反力设计值之和。例如,对图 5-62 所示的桩基,在验算沿柱边的冲切破坏时,冲切破坏锥范围内共有 4 根桩,沿变截面处破坏时,有 8 根桩。

β_0——柱(墙)冲切系数,其计算公式为

$$\beta_0 = \frac{0.84}{\lambda + 0.2} \tag{5-125}$$

其中　λ——冲跨比,其值为 $\lambda = a_0/h_0$,a_0 为冲跨,即柱(墙)边或承台变阶处到桩边的水平
距离。当计算值 $\lambda < 0.25$ 时,取 $\lambda = 0.25$;$\lambda > 1.0$ 时,取 $\lambda = 1.0$。

f_t——承台混凝土的抗拉强度设计值。

β_{hp}——承台抗冲切承载力截面高度的影响系数。当 $h \leqslant 800$ mm 时,β_{hp} 取 1.0;
$h \geqslant 2\,000$ mm 时,β_{hp} 取 0.9;800 mm $< h < 2\,000$ mm 时按内插法取值。

u_m——冲切破坏锥体有效高度中线周长。

h_0——承台冲切破坏锥体的有效高度。

②矩形承台时的冲切破坏公式

对矩形承台,可分别按以下公式计算。

沿柱边发生破坏时:

$$F_L \leqslant 2[\beta_{0x}(b_c + a_{0y}) + \beta_{0y}(h_c + a_{0x})]\beta_{hp} f_t h_0 \tag{5-126}$$

式中　β_{0x},β_{0y}——由式(5-125)计算,且 $\lambda_{0x} = a_{0x}/h_0$,$\lambda_{0y} = a_{0y}/h_0$,$\lambda_{0x}$、$\lambda_{0y}$ 的取值均应满足
0.25~1.0 的要求;

h_c,b_c——柱截面的边长;

a_{0x}、a_{0y}——柱边到最近桩边的距离。

沿台阶处发生破坏时

$$F_L \leqslant 2[\beta_{1x}(b_1 + a_{1y}) + \beta_{1y}(h_1 + a_{1x})]\beta_{hp} f_t h_{10} \tag{5-127}$$

式中　β_{1x},β_{1y}——x、y 方向的冲切系数,可由式(5-125)求得,其中 $\lambda_{1x} = a_{1x}/h_{10}$,$\lambda_{1y} = a_{1y}/h_{10}$,$\lambda_{1x}$、$\lambda_{1y}$ 均应满足 0.25~1.0 的要求;

h_1,b_1——承台上台阶的边长;

a_{1x},a_{1y}——x、y 方向承台上台阶边至最近桩边的距离。

对于圆柱及圆桩,计算时需将截面换算成方柱或方桩,取换算柱截面边长 $b_c = 0.8d_c$(d_c 为
圆柱直径),取换算桩截面边长 $b_p = 0.8d$(d 为圆桩直径),并保持截面形心位置不变。

③ 角桩产生的冲切破坏

以上所述为柱(墙)对承台产生的向下的冲切破坏,而位于柱(墙)冲切破坏锥体以外的基
桩则对承台产生向上的冲切破坏,为此,还需验算角桩导致的冲切破坏。如图 5-62 中填黑的
角桩,其抗冲切破坏的验算公式为

$$N_L \leqslant \left[\beta_{1x}\left(c_2 + \frac{a'_{1y}}{2}\right) + \beta_{1y}\left(c_1 + \frac{a'_{1x}}{2}\right) \right]\beta_{hp} f_t h_{10} \tag{5-128}$$

式中　N_L——不计承台及其上土重,在荷载效应基本组合作用下角桩竖向反力设计值。

c_1,c_2——从承台底角桩内边缘至承台外边缘的距离。

a'_{1x},a'_{1y}——角桩冲切锥底面范围的尺寸。确定方法是:由角桩内边缘向上延伸到承台顶面
台阶(或柱)的外边缘处,当该冲切线与水平面的夹角 $\geqslant 45°$ 时,所确定的范围即
为冲切锥的底面;否则,则以 $45°$ 向上延伸,得到锥底的范围。

β_{1x},β_{1y}——角桩冲切系数,计算式为

$$\beta_{1x} = \frac{0.56}{\lambda_{1x} + 0.2} \tag{5-129a}$$

$$\beta_{1y} = \frac{0.56}{\lambda_{1y} + 0.2} \tag{5-129b}$$

其中 λ_{1x}，λ_{1y}——角桩的冲跨比，其值为 $\lambda_{1x} = a'_{1x}/h_{10}$，$\lambda_{1y} = a'_{1y}/h_{10}$，均应满足 $0.25 \sim 1.0$ 的要求。

h_{10}——承台外边缘的有效高度。

柱下两桩承台则不需进行冲切承载力计算。

(2)抗剪切承载力验算

如图 5-63 所示，桩基承台的剪切破坏面为通过柱(墙)边、变阶处与桩的内侧连线所形成的贯通承台的斜截面，如图中 $122'1'$、$344'3'$ 分别为柱及变阶处的剪切破坏面。设计时，对每一个可能发生剪切破坏的斜截面都应进行受剪承载力验算。

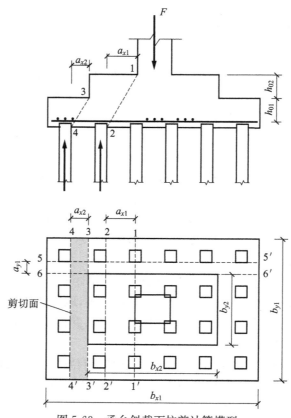

图 5-63 承台斜截面抗剪计算模型

斜截面受剪承载力的计算公式为

$$V \leqslant \beta_{hs} \alpha f_t b_0 h_0 \tag{5-130}$$

式中 V——不计承台及其上土重，在荷载效应基本组合作用下，斜截面所受竖向力(剪力)的设计值。例如，对图 5-63 所示的桩基，验算斜截面 $122'1'$ 破坏时，V 是左侧第 1 及第 2 列 8 根桩顶部压力的和，而 $344'3'$ 则对应于左侧第 1 列 4 根桩压力的和；对剪切面 $566'5'$，是第一排 6 根桩压力的和。

b_0——承台计算截面处的计算宽度。例如，对上述斜截面 $344'3'$，计算宽度 $b_0 = b_{y1}$；而对 $122'1'$，由于截面穿过上、下台阶，故 b_0 取上、下台阶宽度对其有效高度的加权平均值，即

$$b_0 = \frac{b_{y1}h_{01} + b_{y2}h_{02}}{h_{01} + h_{02}} \tag{5-131}$$

（另一个方向的计算宽度也可采用类似的计算方法。锥形承台的计算方法可参见规范，此处不再详述。）

h_0——承台计算截面处的有效高度。对 $122'1'$ 截面，$h_0 = h_{01} + h_{02}$，对 $344'3'$ 截面，$h_0 = h_{01}$。

f_t——混凝土轴心抗拉强度设计值。

α——承台剪切系数，计算公式为

$$\alpha = \frac{1.75}{\lambda + 1} \tag{5-132}$$

其中 λ——计算截面的剪跨比，定义为 $\lambda_x = a_x/h_0$，$\lambda_y = a_y/h_0$，其中 a_x、a_y 为柱（墙）边或承台变阶处至对应桩内侧连线的水平距离，如图 5-63 中所示。当 $\lambda <$ 0.25 时，取 $\lambda = 0.25$；当 $\lambda > 3$ 时，取 $\lambda = 3$。

β_{hs}——受剪切承载力截面高度的影响系数，计算公式见式（5-133）。当式中 $h_0 <$ 800 mm 时，取 $h_0 = 800$ mm；$h_0 > 2\,000$ mm 时，取 $h_0 = 2\,000$ mm。

$$\beta_{hs} = \left(\frac{800}{h_0}\right)^{1/4} \tag{5-133}$$

（3）受弯计算

为承担桩顶竖向力在承台内产生的弯矩，需配置相应的抗弯钢筋。以图 5-64 所示的矩形承台为例，显然，最危险的截面对应于柱边及变阶处，如图 5-64 中所示的 $1\text{-}1' \sim 4\text{-}4'$ 截面。其相应的计算公式为

$$M_x = \sum N_i y_i \tag{5-134}$$

$$M_y = \sum N_i x_i \tag{5-135}$$

式中 M_x，M_y——垂直于 y、x 轴方向计算截面处的弯矩设计值；

x_i，y_i——第 i 个桩的中心到验算截面的距离；

N_i——不计承台及其上土重，在荷载效应基本组合作用下第 i 个桩的竖向反力设计值。

规范中还给出了三角形承台的受弯计算方法，此处不再介绍。得到弯矩设计值后，可按《混凝土结构设计规范》中正截面受弯承载力要求配置承台钢筋。

（4）抗震验算

当进行承台的抗震验算时，尚应根据现行《建筑抗震设计规范》规定对承台的受冲切、受弯、受剪切承载力进行抗震调整。此处不做进一步的介绍。

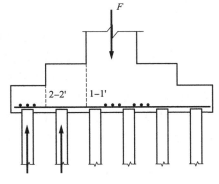

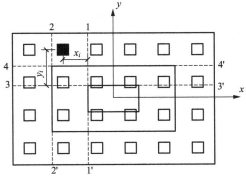

图 5-64 矩形承台的抗弯计算

5.13 桩基础的设计

同各类结构及其他类型基础的设计一样，桩基础设计总的原则是安全、经济、施工技术可行，同时还应考虑施工及使用期间对周围环境的影响，此外，工期要求也是需要考虑的因素。

5.13.1 桩基础的设计步骤

以钢筋混凝土桩为例，其设计内容和步骤如下：

（1）收集设计所需资料。包括上部结构类型、荷载及对地基基础的要求；建筑场地或桥址场地的工程地质和水文地质情况；建筑周围的环境情况、通航要求等；可供采用的施工技术和设备及材料。

（2）根据上部结构的使用要求、土（岩）层分布及水文情况、荷载等因素，确定承台底面深度、持力层，初步拟定桩的类型、截面形状及尺寸、长度，以及桩身混凝土的强度等级等。

（3）确定单桩的竖向承载力；根据上部结构荷载情况，初步拟定桩的数量；根据构造要求等，拟定桩的平面布置形式及承台的平面形状及尺寸。

（4）验算桩基的竖向承载力、水平承载力及沉降变形等。根据结果，对桩的截面、长度等进行必要的调整。

（5）计算桩基础（承台）的竖向、水平位移和转角，以及各基桩的轴力、弯矩、剪力等内力。

（6）按内力或构造要求配置基桩的钢筋。

（7）对桥梁桩基，按构造要求确定承台的高度及配筋；对建筑桩基，按抗冲切、抗剪、抗弯要求以及构造要求，确定承台的高度及配筋。

（8）绘制桩和承台的结构及施工详图。

以下就其中的几个问题做进一步的说明。

5.13.2 桩的类型选择

（1）打入桩适用于稍松至中密的砂类土、粉土和流塑、软塑的黏性土；振动下沉桩适用于砂类土、粉土、黏性土和碎石类土。对漂石或其中含有大孤石的土，预制桩通常难以穿透，因此不宜选用。此外，预制桩显然难以进入新鲜的岩层中，无法形成嵌岩桩。

（2）钻孔灌注桩可用于各类土层、岩层。

（3）挖孔灌注桩可用于无地下水或少量地下水的土层。

（4）管柱基础多用于深水、有覆盖层或无覆盖层、岩面起伏的大型桥梁，对施工技术、机具设备和电力供应等要求较高。

预制桩受运输、沉桩能力的限制，其截面一般不会太大。如钢筋混凝土方桩的边长一般为300 mm、350 mm、400 mm、450 mm、500 mm、550 mm，最大可达600 mm。而预应力管桩的常用外径为300 mm～600 mm，最大可达1400 mm。此外，其长度也会受到施工机械沉桩能力的限制。

钻孔（冲孔）灌注桩的直径及长度可灵活变化，能够满足绝大多数的尺寸要求。其中，人工挖孔桩的直径不宜小于800 mm，以便于人工开挖。

此外，选择桩的类型时还应考虑以下因素：

（1）经济因素。如前所述，为满足在吊装时的抗弯要求，以及沉桩过程中的抗拉要求（对打入桩),预制桩的配筋率通常高于灌注桩。

(2)环境因素。预制桩在采用打入法、振入法施工时,会产生较大的振动和噪声,对周边环境产生不良影响。

(3)工期影响。由于预制桩已预先制成,因此其施工速度通常较灌注桩快,工期短。

5.13.3 承台底面埋深的确定

确定承台底面的埋深时,应考虑上部结构的要求、外部环境的影响、施工的便利性等因素。

1. 建筑桩基的承台

对带有地下室的建筑,承台的埋深取决于底板的埋深和厚度,通常应使承台的顶面与底板的顶面齐平或低于底板的底面。

房屋建筑多采用低承台桩基。为减小外部环境的不良影响,承台的埋深不应小于 600 mm。此外,对季节性冻土,承台宜埋设在冰冻线以下;对膨胀土,承台应在大气影响线以下。

2. 桥梁桩基的承台

低承台桩基较高承台桩基承载力高,且具有更好的水平刚度,所以,位于陆地、季节性河流或冲刷深度较小的河流中的桩基应优先采用低承台。有冻胀问题时,承台板底面应置于冻结线以下不少于 0.25 m 处。

对于施工时不易排水或河床冲刷深度较大的河流,在满足承载力、特别是水平刚度的情况下,为便于施工,可采用高承台桩基;若河流不通航(或桩基不影响通航),无流冰时,甚至可将承台底面设在施工水位之上。

5.13.4 桩的截面尺寸和桩长的确定

1. 桩的截面尺寸

桩的直径主要取决于单桩承载力等方面的要求,同时还应考虑不同桩型的施工要求。对一般的桩基,可从常用的直径范围内选取合适的桩径。例如,铁路桥梁钻孔灌注桩的设计桩径(即钻头直径)一般采用 0.8 m、1.0 m、1.25 m 和 1.5 m,必要时也可采用 $2 \sim 3$ m 甚至更大直径的桩。

对于持力层土较好、桩周土层较差的抗压桩,为提高承载力,可将底部做成扩大端,如图 5-65 所示。按《建筑桩基技术规程》中要求:对挖孔桩,应使 $D/d \leqslant 3$;对钻孔桩,应使 $D/d \leqslant 2.5$。扩底端侧面的斜率:砂土可取 $a/h_c = 1/4$;粉土和黏土可取 $a/h_c = 1/3 \sim 1/2$。此外,为使底端混凝土有较好的受力状态,底面通常做成锅底形,其矢高 h_b 可取 $(0.15 \sim 0.20)D$。

2. 桩长

桩底端持力层对桩基承载力及沉降有着重要的影响,故应尽可能地将桩底置于基岩或坚硬的土层,而避免置于软弱土层之上或距离软弱下卧层顶面的距离太近。

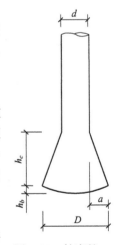

图 5-65　扩底桩底部构造

对非端承桩,桩径确定后,可按所需的单桩承载力估算桩的长度。

按《建筑桩基技术规范》的要求:桩端进入持力层的深度,对于黏性土、粉土不宜小于 $2d$,砂类土不宜小于 $1.5d$,碎石类土不宜小于 $1d$。当存在软弱下卧层时,桩端以下硬持力层的厚度不宜小于 $3d$。对于嵌岩桩,嵌岩深度应综合荷载、上覆土层、基岩、桩长、桩径等因素确定。例如,对平整、完整的坚硬岩或较坚硬岩,嵌入深度不宜小于 $0.2d$,且不应小于 0.2 m。

同一建筑物应尽量避免采用不同承载特性的桩(如摩擦型桩和端承型桩,但用沉降缝分开者除外),以避免产生较大的差异沉降而造成结构破坏。

在桥梁基础和房建中的柱(墙)下基础中,同一个基础中一般多采用长度相同的桩。对高层建筑中的桩—筏基础来说,采用等长度桩、等间距布置时,其地基沉降会呈现出内大外小的盆式分布特征,如图 5-66(a)所示。若基础处于软土层中,则其内外沉降可能产生过大的差值,并对结构产生不良的影响。为此,可将基桩设为图 5-66(b)所示的"外短内长"的形式,以降低内外沉降之间的差值。当然,也可不变桩长,而采用图 5-66(c)所示的"内密外疏"的桩间距实现调节的目的。这种通过改变桩长或桩距来调整基础不同位置对沉降变形的抵抗能力,使沉降趋于均匀的方法,称为"变刚度调平法"。

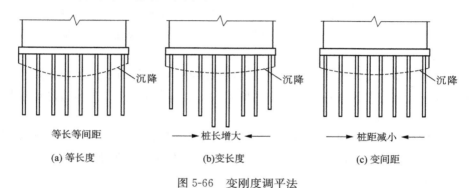

图 5-66　变刚度调平法

5.13.5　基桩总数的确定及平面布置

1. 基桩总数的估算

基桩总数通常先根据竖向承载力的要求进行估算,然后验算沉降、水平承载力等要求,并进行必要的调整。

对建筑桩基,桩的数量可按下式估算:

$$n = \mu \cdot \frac{F_k}{R_a} \tag{5-136}$$

式中　F_k——荷载效应标准组合下,作用在承台顶面上的竖向力;

　　　R_a——单桩竖向承载力特征值;

　　　μ——经验系数,基础除受竖向荷载作用外,还有水平荷载、力矩的作用,所以需适当增加桩数,μ 可取 1.1~1.2。

类似地,对铁路桥梁桩基,则有

$$n = \mu \cdot \frac{N}{[P]} \tag{5-137}$$

式中　N——作用在承台底面上的竖向荷载;

　　　$[P]$——单桩承载力容许值;

　　　μ——意义同前,通常可取 1.3~1.8。由于铁路桥梁基础所受的水平荷载和力矩较大,故 μ 的取值也相对较大。

2. 桩间距

桩间距即两桩中心之间的距离。桥梁基础、房建中的柱(墙)下基础通常按固定间距布置,对高层建筑的桩—筏基础,也可采用前述"内密外疏"变间距布置方法。

桩与桩之间的距离要适当。间距太大,将使承台体积增加,造价提高;而间距太小时,对非端承桩,可能会因群桩效应显著,导致承载能力不能充分发挥。此外,过小的间距还会给施工造成困难。

(1)铁路桥梁桩基的桩间距要求

按规范要求,桩间距应满足表 5-34 的要求,表中的 d 为桩身直径。

(2)建筑桩基的桩间距要求

按《建筑桩基技术规范》,桩的最小中心距应满足表 5-35 所列的要求。表中的 d 为设计桩径或方桩的设计边长,D 为扩大端设计直径。

表 5-34 基桩中心距要求(铁路桥梁桩基)

桩　　型	桩端中心距	承台底面处的中心距
打入桩	≥3d	≥1.5d
振动下沉桩(砂土中)	≥4d	
桩端爆扩桩	根据施工方法确定	
	中心距	
钻孔、挖孔灌注桩(摩擦桩)	≥2.5d	
钻孔、挖孔灌注桩(柱桩)	≥2d	
管柱(摩擦桩)	(2.5～3)d	
管柱(柱桩)	2d	

表 5-35 基桩最小中心距要求(建筑桩基)

土类与成桩工艺		桩排数≥3 且桩根数 ≥9 的摩擦型桩基础	其他情况
非挤土灌注桩		3.0d	3.0d
部分挤土桩	非饱和土饱和非黏性土	3.5d	3.0d
	饱和黏性土	4.0d	3.5d
挤土桩	非饱和土饱和非黏性土	4.0d	3.5d
	饱和黏性土	4.5d	4.0d
钻、挖孔扩底桩		2D 或 D+2.0 m(当 D>2m 时)	1.5D 或 D+1.5 m(当 D>2m 时)
沉管夯扩、钻孔挤扩桩	非饱和土、饱和非黏性土	2.2D 且 4.0d	2.0D 且 3.5d
	饱和黏性土	2.5D 且 4.5d	2.2D 且 4.0d

3. 桩的平面布置形式

理论上讲,应尽量使桩群在平面上的重心与竖向荷载合力作用点重合或接近,这样可使各基桩承担的荷载相近,能够充分发挥作用。在实际设计中,当上部荷载的偏心距不是很大时,多采用对称布置的方式。在桥梁桩基的设计中,桥墩基础的基桩多采用对称布置,而桥台基础则视受力情况在桥的纵向采用非对称布置。图 5-67 所示为桥梁桩基矩形承台的两种常见布置形式。其中,行列式布桩便于施工,梅花式则用于承台面积不大而桩的数量较多时。

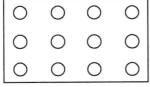
(a) 行列式

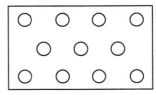
(b) 梅花式

图 5-67 桥梁桩基的布桩方式

建筑桩基则可根据桩的数量,采用如图 5-68 所示的不同布置方式。

当桩的基本尺寸及布置方式初步拟定后,即可进行承载力、沉降的验算;然后,计算基桩的内力,并进行配筋;最后,确定承台的厚度,并配置钢筋。

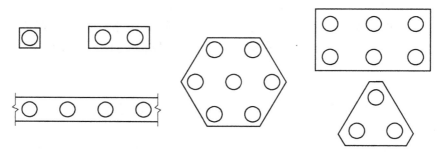

图 5-68　建筑桩基的布桩形式

5.13.6　地基验算

1. 竖向承载力验算

(1)建筑桩基

其验算以基桩为对象,计算过程为:

① 由桩基简化计算方法,按式(5-121)计算各基桩所承担的竖向压力。

② 考虑承台效应,按式(5-38)计算复合基桩的承载力。

③ 按式(5-43)及式(5-44)验算基桩承载力是否满足要求。

(2)桥梁桩基

需分别进行基桩和整个基础的验算。对基桩,按式(5-52)或式(5-53)验算。对整个基础,按式(5-54)验算。当承载力不满足要求时,应增加桩的数量或加大桩的长度、截面尺寸。

2. 水平承载力验算

(1)建筑桩基

基桩的水平承载力应满足式(5-51)的要求。其中,基桩所受的水平力可按式(5-122)计算,水平承载力可由试验确定;若由式(5-36)、式(5-37)、式(5-42)等计算时,因承载力受配筋的影响,所以需在桩的配筋完成后进行。

通常,水平荷载不大时,可不进行此项验算。

(2)桥梁桩基

其水平承载力的验算公式为式(5-56)、式(5-57)。显然,其中的土抗力在基础的结构计算完成后才能确定。

3. 沉降验算

(1)建筑桩基

按 5.10.3 中的方法计算沉降,并应满足相应的要求。

(2)桥梁桩基

按 5.10.2 中的方法计算基础沉降,并满足相应的要求。

5.13.7　桩基结构受力变形计算及结构设计

1. 桩基结构受力变形计算

按 5.11 中的方法计算承台的竖向位移、水平位移及转角,以及各基桩的变形及内力。通常,桥梁桩基多需进行此项计算,房建桩基只有在水平荷载和力矩较大时才需进行此项计算。

2. 桩基水平位移检算

对桥梁基础,可由上述桩基结构受力变形计算得到的承台水平位移和转角验算墩顶的水平位移是否满足要求。对水平位移有严格限制的建筑桩基,也需进行此项验算。

3. 基桩的配筋

(1)根据桩身弯矩等内力的计算结果,进行抗弯等钢筋的配置。

(2)对不进行结构受力变形计算的建筑桩基,可按构造要求或 5.4.5 中的方法配置钢筋。

(3)钢筋混凝土预制桩通常都有标准配筋图供选用,也可自行计算配置钢筋。

4. 承台计算及设计

(1)承台的平面形状及尺寸根据桩的布置形式及承台构造要求确定。

(2)桥梁桩基承台的厚度及配筋按构造要求确定。

(3)对建筑桩基,先根据抗冲切、抗剪的要求通过试算确定承台的厚度,再由抗弯强度的要求配置钢筋。

5.13.8 铁路桥梁桩基础算例

如图 5-69 所示的铁路桥梁的桥墩桩基础,土层由上向下依次为粉土、淤泥质土(流塑)、粉质黏土(硬塑),相应的物理力学指标见表 5-36。桥墩的截面为圆端形,尺寸如图 5-70 所示。

表 5-36 土的物理及力学指标

编号	名 称	重度 γ/ $(kN \cdot m^{-3})$	黏聚力 c/kPa	内摩擦角 φ/°	基本承载力 σ_0/kPa	极限侧阻 f/kPa	m 值/ $(MN \cdot m^{-4})$
①	粉 土	20	15	12	120	40	10
②	淤泥质土	19.5	10	8	80	20	5
③	粉质黏土	20.5	50	11	150	60	15

该墩由主力+附加力控制桩基设计,作用于承台底面的荷载为:①竖向力(不包括承台的重量),$N=$恒载+动载$=15\ 600+1\ 600=17\ 200$ kN;②水平力 $H=420$ kN;③弯矩 $M=3\ 200$ kN·m。

采用钻孔灌注桩,清底良好,桩及承台均采用 C30 混凝土。

试设计该桩基础。

【解】(1)桩基本尺寸的初拟

①由土层情况可知,该基础的桩属于摩擦桩,桩径较小时更为经济,由此确定桩径 d 取 0.8 m。

②考虑到墩台的截面尺寸和桩的平面布置的要求,桩的根数初步拟定为 8~12 根。经试算,桩底高程拟定在 -36.8 m 处,即桩的总长度为 40 m。

(2)单桩容许承载力的计算(图 5-71)

由式(5-23)知,钻孔桩容许承载力的计算公式为

$$[P] = \frac{1}{2} U \sum f_i l_i + m_0 A [\sigma]$$

式中的$[\sigma]$需要通过计算确定。因桩端的埋深 $h=36$ m$>10d$,由表 5-10 可知:

$$[\sigma] = \sigma_0 + k_2 \gamma_2 (4d - 3) + k_2' \gamma_2 (6d)$$

其中的 γ_2 为一般冲刷线至桩底范围内土层的加权平均值,因在水位以下,故计算时取浮重度,即

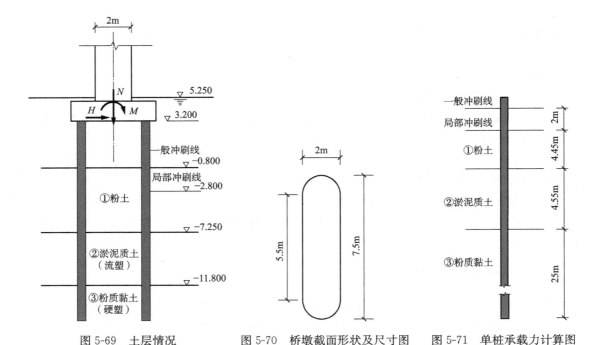

图 5-69 土层情况　　　图 5-70 桥墩截面形状及尺寸图　　图 5-71 单桩承载力计算图

$$\gamma_2 = \frac{(20-10)\times 6.45 + (19.5-10)\times 4.55 + (20.5-10)\times 25}{6.45+4.55+25} = 10.28 \text{ kN/m}^3$$

此外,粉质黏土的 $\sigma_0 = 150$ kPa,查表 3-6 得 $k_2 = 2.5$,对于黏性土 $k_2' = 1$,代入公式后得

$$[\sigma] = 150 + 2.5 \times 10.28 \times (4\times 0.8 - 3) + 1 \times 10.28 \times (6\times 0.8) = 204.48 \text{ kPa}$$

根据土层及清底情况,取 $m_0 = 0.5$,因此单桩的承载力

$$[P] = \frac{1}{2}\times \pi \times 0.8 \times (40\times 4.45 + 20\times 4.55 + 60\times 25) + 0.5 \times \frac{1}{4} \times \pi \times 0.8^2 \times 204.48$$

$$= 2\,221.86 + 51.37 = 2\,273.23 \text{ kN}$$

可以看出,侧摩阻力在桩的承载力中占了绝大部分。

(3)基桩数量估算及平面布置

由式(5-137)知:

$$n = \mu \frac{N}{[P]} = 1.4 \times \frac{17\,200}{2\,273.23} = 10.6 \text{ 根}$$

先暂取 $n=11$ 根,再根据验算结果进行调整。

根据桥墩的截面尺寸,及表 5-34 中桩间距 $\geqslant 2.5d$ 的要求,采用图 5-72 所示的布桩形式。

(4)承台尺寸的确定

根据最外侧桩的边缘至承台边缘的距离大于 0.5 倍桩径的要求,可确定承台的平面尺寸为 9 m× 6 m(图 5-72);为满足刚性角的要求,取承台的厚度为 2 m。

(5)桩基按实体基础进行承载力验算

桩基承载力应满足式(5-54)的要求:

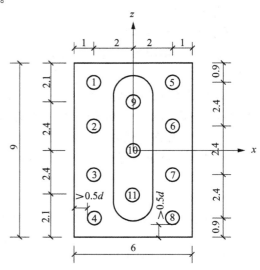

图 5-72 桩的平面布置图(单位:m)

$$\sigma_{max} = \frac{N}{A} + \frac{M}{W} \leqslant [\sigma]$$

内摩擦角的加权平均值计算如下：

$$\bar{\varphi} = \frac{12 \times 4.45 + 8 \times 4.55 + 11 \times 25}{4.45 + 4.55 + 25} = 10.729°$$

桩群外边界在局部冲刷线的边界为 $(4 + 2 \times 0.4) \times (7.2 + 2 \times 0.4) = 4.8 \text{ m} \times 7.8 \text{ m}$，以 $\bar{\varphi}/4$ 的角度向下扩散后，得到的实体基础的底面尺寸为

$$\left(4.8 + 2l\tan\frac{\bar{\varphi}}{4}\right) \times \left(7.8 + 2l\tan\frac{\bar{\varphi}}{4}\right)$$

$$= (4.8 + 2 \times 34 \times \tan 2.682°) \times (7.8 + 2 \times 34 \times \tan 2.682°) = 7.985 \text{ m} \times 10.985 \text{ m}$$

桩底以下粉质黏土的 $k_1 = 0$，$k_2 = 2.5$，埋深 $d = 36$ m（自一般冲刷线算起），前面已算得 $\gamma_2 = 10.28$ kN/m³，故相应的承载力为

$$[\sigma] = \sigma_0 + k_2\gamma_2(d - 3) = 150 + 2.5 \times 10.28 \times (36 - 3) = 998.1 \text{ kPa}$$

实体基础的自重为承台重＋桩重＋土重（计算时取钢筋混凝土的重度为 25 kN/m³，同时，基础及土层均在水面以下，故取浮重度），即

$$9 \times 6 \times 2 \times (25 - 10) + 11 \times \frac{\pi}{4} \times 0.8^2 \times 40 \times (25 - 10) + \left(7.985 \times 10.985 - 11 \times \frac{\pi}{4} \times 0.8^2\right)$$

$$\times 34 \times 10.28 = 33\ 662.48 \text{ kN}$$

故基底最大压应力为

$$\sigma_{max} = \frac{17\ 200 + 33\ 662.48}{7.985 \times 10.985} + \frac{3\ 200}{\frac{1}{6} \times 10.985 \times 7.985^2} = 579.86 + 27.41$$

$$= 607.27 \text{ kPa} < [\sigma] = 998.1 \text{ kPa}$$

桩基础的承载力满足要求。

（6）沉降验算

可按 5.10.3 节中的方法进行验算，此处略。

（7）单桩刚度系数的计算

为进行单桩承载力验算、桩的内力计算等工作，需进行桩基的结构受力变形计算，为此，首先需计算单桩的刚度系数。

①计算宽度

对本基础，列数 $n = 4$。由表 5-25 知，桩的直径小于 1 m 时，有

$$0.9n(1.5d + 0.5) = 0.9 \times 4 \times (1.5 \times 0.8 + 0.5) = 4 \times 1.53$$

$$= 6.12 \text{ m} < D' + 1 = 7.8 + 1 = 8.8 \text{ m}$$

故基桩的 $b_0 = 1.53$ m。

②m 值

由于 $h_m = 2(d + 1) = 2 \times (0.8 + 1) = 3.6$ m，小于局部冲刷线以下粉土的厚度 4.45 m，故计算时取粉土的 m 值。此外，两排桩之间的净距 $L_0 = 2 - 0.8 = 1.2$ m，而考虑两排桩相互影响时的计算入土深度 $h_0 = 3 \times (0.8 + 1) = 5.4$ m（小于局部冲刷线以下的长度 34 m），因而有 $L_0 = 1.2 \text{ m} < 0.6 h_0 = 3.24$ m，故按式（5-64）有

$$k = C + \frac{1 - C}{0.6} \cdot \frac{L_0}{h_0} = 0.5 + \frac{1 - 0.5}{0.6} \times \frac{1.2}{5.4} = 0.685$$

式中的 C 值按排数 $l = 3$ 取为 0.5。最终，取 $m = 0.685 \times 10 = 6.85 \text{ MN/m}^4$。

③横向变形系数

C30 混凝土的受压弹性模量 $E_c=3.2\times10^4$ MPa,桩的截面惯性矩 $I=\pi d^4/64=0.02$ m^4,故桩的抗弯刚度 $EI=0.8E_c I=0.8\times3.2\times10^4\times0.02=512$ MPa·m^2。变形系数:

$$\alpha=\sqrt[5]{\frac{mb_0}{EI}}=\sqrt[5]{\frac{6.85\times1.53}{512}}=0.459\ \text{m}^{-1}$$

④单桩刚度系数 ρ_1

ρ_1 按式(5-89)计算,其中:ⓐ桩在局部冲刷线以上的长度 $l_0=6$ m,以下的长度 $l=34$ m;ⓑ该桩属摩擦桩,且为钻孔灌注桩,故取 $\xi=0.5$;ⓒ竖向地基系数 $C_0=m_0 l=15\times34=510$ MPa/m;桩底受压范围的直径:

$$D_0=\left(d+2l\tan\frac{\overline{\varphi}}{4}\right)=\left(0.8+2\times34\times\tan\frac{10.729°}{4}\right)=3.986\text{m}$$

桩在 z 方向的间距(如桩1与桩2之间)$s_a=2.4$ m,两排桩(如桩1与桩9)之间的桩间距 $s_a=2.332$ m,均小于 D_0,故最终取 $s_a=2.332$ m,且有

$$A_0=\frac{\pi}{4}s_a^2=\frac{\pi}{4}\times2.332^2=4.269\ \text{m}^2$$

由此可得到:

$$\rho_1=\frac{1}{\dfrac{l_0+\xi l}{EA}+\dfrac{1}{C_0A_0}}=\frac{1}{\dfrac{6+0.5\times34}{3.2\times10^4\times\dfrac{\pi}{4}\times0.8^2}+\dfrac{1}{510\times4.269}}=529.117\ \text{MN/m}$$

⑤单桩刚度系数 ρ_2、ρ_3 及 ρ_4

这 3 个刚度系数按式(5-93)～式(5-95)计算。由于 $\alpha l=0.459\times34=15.6>4.0$,故式中的 Y_Q、Y_M、φ_M 可查表 5-31 得到。由 $\alpha l_0=0.459\times6=2.754$,得 $Y_Q=0.120$,$Y_M=0.272$,$\varphi_M=0.833$,并进一步得到:

$$\rho_2=\alpha^3 EIY_Q=0.459^3\times512\times0.120=5.941\ \text{MN/m}$$

$$\rho_3=\alpha^2 EIY_M=0.459^2\times512\times0.272=29.340\ \text{MN·m/m}$$

$$\rho_4=\alpha EI\varphi_M=0.459\times512\times0.833=195.762\ \text{MN·m/rad}$$

(8)承台的位移计算

①承台刚度系数

由式(5-108)～式(5-110),有

$\gamma_{bb}=n\rho_1=11\times529.117=5\ 820.287$ MN/m

$\gamma_{aa}=n\rho_2=11\times5.941=65.351$ MN/m

$\gamma_{a\beta}=\gamma_{\beta a}=-n\rho_3=-11\times29.340=-322.740$ MN·m/m

$\gamma_{\beta\beta}=n\rho_4+\rho_1\sum x_i^2$

$=11\times195.762+529.117\times[4\times2^2+3\times0^2+4\times(-2)^2]=19\ 085.126$ MN·m/m

②承台位移及转角

由式(5-112),有

$$b=\frac{N}{\gamma_{bb}}=\frac{17200+6\times9\times2\times(25-10)}{5\ 820.287\times10^3}=3.234\times10^{-3}\text{m}$$

$$a=\frac{\gamma_{\beta\beta}H-\gamma_{a\beta}M}{\gamma_{aa}\gamma_{\beta\beta}-\gamma_{a\beta}^2}=\frac{[19\ 085.126\times420-(-322.740)\times3\ 200]\times10^3}{[65.351\times19\ 085.126-(-322.740)^2]\times10^6}$$

$$=\frac{9\ 048\ 520.92}{1\ 143\ 070.962\times10^3}=7.916\times10^{-3}\text{m}$$

$$\beta=\frac{\gamma_{aa}M-\gamma_{a\beta}H}{\gamma_{aa}\gamma_{\beta\beta}-\gamma_{a\beta}^2}=\frac{65.351\times3\ 200-(-322.740)\times420}{1\ 143\ 070.962\times10^3}=0.302\times10^{-3}\text{rad}$$

③桩顶受力

由式(5-113)知,桩 1、2、3、4 顶部的竖向力 N_i 相等,桩 5、6、7、8 的 N_i 相等,桩 9、10、11 的 N_i 相等,并有

$$N_{1\sim4}=(b+x_1\beta)\rho_1=(3.234\times10^{-3}-2\times0.302\times10^{-3})\times529.117\times10^3=1\ 391.578\ \text{kN}$$

$$N_{5\sim8}=(b+x_5\beta)\rho_1=(3.234\times10^{-3}+2\times0.302\times10^{-3})\times529.117\times10^3=2\ 030.751\ \text{kN}$$

$$N_{9\sim11}=(b+x_9\beta)\rho_1=(3.234\times10^{-3}+0\times0.302\times10^{-3})\times529.117\times10^3=1\ 711.164\ \text{kN}$$

而各桩顶部的水平力相等,并有

$$Q_{1\sim11}=a\rho_2-\beta\rho_3=7.916\times10^{-3}\times5.941\times10^3-0.302\times10^{-3}\times29.340\times10^3=38.168\ \text{kN}$$

同样,弯矩也相等

$$M_{1\sim11}=\beta\rho_4-a\rho_3=0.302\times10^{-3}\times195.762\times10^3-7.916\times10^{-3}\times29.340\times10^3=-173.135\ \text{kN}\cdot\text{m}$$

（9）基桩受压承载力验算

基桩承载力应满足式(5-52)的要求。式中单桩自重:

$$G_p=\frac{\pi}{4}\times0.8^2\times(6+34)\times(25-10)=301.440\ \text{kN}$$

应扣除的土重　　$\gamma l A_p=10.301\times34\times\frac{\pi}{4}\times0.8^2=175.958\ \text{kN}$

$$\left(\text{其中 }\gamma=\frac{4.45\times(20-10)+4.55\times(19.5-10)+25\times(20.5-10)}{34}=10.301\ \text{kN/m}^3\right)$$

显然,单桩所受的最大压力 $N_{5\sim8}=2\ 030.751\ \text{kN}$,故有

$$N+(G_p-\gamma l A_p)=2\ 030.751+(301.440-175.958)=2\ 156.233\ \text{kN}$$

$$\leqslant1.2[P]=1.2\times2\ 273.23=2\ 727.88\ \text{kN}$$

故基桩受压承载力满足要求。

（10）基桩的内力计算

由于各桩顶部所受的力矩和水平力都是相同的,因此,其桩身的弯矩、剪力等也完全相同。桩顶的弯矩 $M_{1\sim11}$、水平力 $Q_{1\sim11}$ 在局部冲刷线处产生的弯矩和水平力为

$$M_0=M_{1\sim11}+Q_{1\sim11}l_0=-173.135+38.168\times6=55.873\ \text{kN}\cdot\text{m}$$

$$Q_0=Q_{1\sim11}=38.168\ \text{kN}$$

按简捷法的计算公式(5-82),桩身弯矩和抗力的计算公式分别为

$$M_y=\frac{Q_0}{\alpha}A_M+M_0B_M=\frac{38.168}{0.459}A_M+55.873B_M=83.155A_M+55.873B_M$$

$$\sigma_y=\frac{\alpha Q_0}{b_0}A_\sigma+\frac{\alpha^2M_0}{b_0}B_\sigma=\frac{0.459\times38.168}{1.53}A_\sigma+\frac{0.459^2\times55.873}{1.53}B_\sigma=11.450A_\sigma+7.694B_\sigma$$

同时,由于 $\alpha l=0.459\times34=15.6>4.0$,故式中的系数 A_M、B_M 及 A_σ、B_σ 可查表 5-29 得到。为避免插值,可先由 αy 查表,再由 αy 反算对应的深度 y。此外,$\alpha y>4.0$ 后,桩的水平位移及内力已很小,因此不需再向下计算。

表 5-37 是弯矩及土抗力的计算表，图 5-73 是其弯矩图。

表 5-37　弯矩及横向抗力计算表

αy	y/m	A_M	B_M	A_σ	B_σ	$M_y/(kN \cdot m)$	σ_y/kPa
0	6.000	0	1	0	0	55.873	0.000
0.1	6.220	0.1	1	0.228	0.145	64.189	3.726
0.2	6.439	0.197	0.998	0.424	0.258	72.143	6.840
0.3	6.659	0.29	0.994	0.588	0.342	79.653	9.364
0.4	6.879	0.377	0.986	0.721	0.4	86.440	11.333
0.5	7.098	0.458	0.975	0.825	0.435	92.561	12.793
0.6	7.318	0.529	0.959	0.902	0.45	97.571	13.790
0.7	7.538	0.592	0.938	0.952	0.447	101.637	14.340
0.8	7.757	0.646	0.913	0.979	0.43	104.730	14.518
0.9	7.977	0.689	0.884	0.984	0.4	106.686	14.344
1	8.197	0.723	0.851	0.97	0.361	107.669	13.884
1.1	8.417	0.747	0.814	0.94	0.315	107.597	13.187
1.2	8.636	0.762	0.774	0.895	0.263	106.610	12.271
1.3	8.856	0.768	0.732	0.838	0.208	104.762	11.195
1.4	9.076	0.765	0.687	0.772	0.151	101.998	10.001
1.5	9.295	0.755	0.641	0.699	0.094	98.597	8.727
1.6	9.515	0.737	0.594	0.621	0.039	94.474	7.411
1.7	9.735	0.714	0.546	0.54	−0.014	89.879	6.075
1.8	9.954	0.685	0.499	0.457	−0.064	84.842	4.740
1.9	10.174	0.651	0.452	0.375	−0.11	79.389	3.447
2	10.394	0.628	0.407	0.294	−0.151	74.962	2.205
2.2	10.833	0.532	0.32	0.142	−0.219	62.118	−0.059
2.4	11.272	0.443	0.243	0.008	−0.265	50.415	−1.947
2.6	11.712	0.355	0.175	−0.104	−0.29	39.298	−3.422
2.8	12.151	0.27	0.12	−0.193	−0.295	29.157	−4.480
3	12.591	0.193	0.076	−0.262	−0.284	20.295	−5.185
3.5	13.689	0.051	0.014	−0.367	−0.199	5.023	−5.733
4	14.787	0	0	−0.432	−0.059	0.000	−5.400

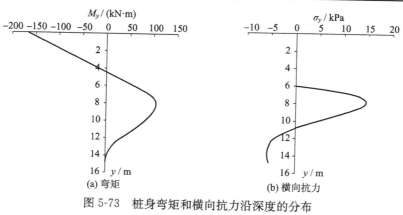

图 5-73　桩身弯矩和横向抗力沿深度的分布

（11）横向抗力验算

由表 5-37，通过插值可得到 $\sigma_{h/3}$ 及 σ_h 的值，进一步可算得（过程略）该两处的横向抗力满足式（5-56）、（5-57）的要求。

（12）桩及承台的钢筋配置

从略。

5.13.9　建筑桩基础算例

图 5-74 所示为某建筑的柱下桩基础，柱的截面尺寸为 600 mm×400 mm。作用在设计地面处的荷载设计值为：

（1）标准组合，$F_k=2\,600$ kN，$M_k=210$ kN·m，$H_k=62$ kN；

（2）基本组合，$F=3\,100$ kN，$M=260$ kN·m，$H=76$ kN。

土层由上向下依次为杂填土、粉质黏土（可塑）、黏土 1（软塑）、黏土 2（硬塑），地下水水位很深。采用混凝土预制桩时，后 3 种土的侧阻、端阻标准值分别为：

（1）粉质黏土，$q_{sik}=65$ kPa，$q_{pk}=1\,800$ kPa；

（2）黏土 1，$q_{sik}=50$ kPa，$q_{pk}=850$ kPa；

（3）黏土 2，$q_{sik}=90$ kPa，$q_{pk}=3\,800$ kPa。

现拟采用截面为 300 mm×300 mm 的预制混凝土方桩。承台混凝土采用 C30，钢筋型号为 HRB335。试设计该桩基础（不考虑承台效应）。

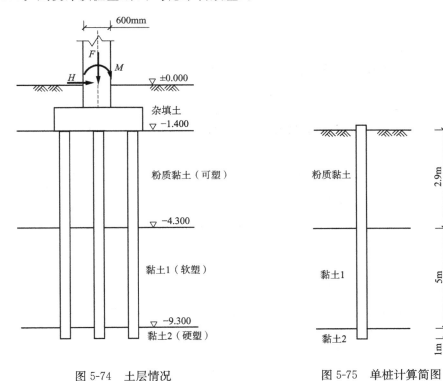

图 5-74　土层情况　　　　　　　图 5-75　单桩计算简图

【解】（1）单桩长度的初拟

根据土层情况，将承台置于粉质黏土，埋深为 1 400 mm，满足承台埋深大于 600 mm 的要求。另外，应以较为坚硬的黏土 2 做持力层。根据要求，桩端进入持力层的深度不小于 $2d$，现暂将入土深度定为 1 m,若单桩承载力过低,再将其加深。

(2)单桩承载力确定

如图 5-75 所示,由式(5-28)有

$$Q_{uk} = u\sum q_{sik}l_i + q_{pk}A_p$$
$$= 4 \times 0.3 \times (65 \times 2.9 + 50 \times 5 + 90 \times 1) + 3\,800 \times 0.3 \times 0.3 = 976.2 \text{ kN}$$

因此,单桩承载力的特征值为:

(3)单桩数量的确定

由于不考虑承台效应,故

$$R_a = \frac{Q_{uk}}{2} = \frac{976.2}{2} = 488.1 \text{ kN}$$

$$n \geqslant \mu \cdot \frac{F_k}{R_a} = 1.1 \times \frac{2\,600}{488.1} = 5.9 \text{ 根}$$

因此可取 $n = 6$。

(4)桩的布置及承台平面尺寸的拟定

预制桩属挤土桩,按照表 5-35 的要求,桩间距 s_a 应 $\geqslant 3.5d = 1\,050$ mm,取 $s_a = 1\,100$ mm。此外,要求桩的外边缘到承台边缘的距离不小于 150 mm,最终将承台的平面尺寸定位 2 800 mm × 1700 mm,桩的布置方式如图 5-76 所示。

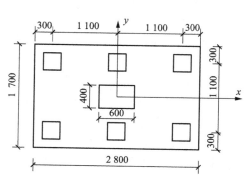

图 5-76 桩的布置方式及承台尺寸
(单位:mm)

(5)基桩竖向承载力验算

基桩的竖向承载力应满足式(5-43)及式(5-44)的要求。其中,各基桩顶部所受的平均竖向压力为

$$N_k = \frac{F_k + G_k}{n} = \frac{2\,600 + 20 \times 2.8 \times 1.7 \times 1.4}{6} = 455.547 \text{ kN} < R = 488.1 \text{ kN}$$

(上式中,取承台底面以上的混凝土及土的平均重度 $\gamma_G = 20$ kN/m³)

桩顶最大及最小压力为

$$N_{kmax} = N_k + \frac{(M_k + H_k h)x_{max}}{\sum\limits_{i=1}^{6} x_i^2} = 455.547 + \frac{(210 + 62 \times 1.4) \times 1.1}{4 \times 1.1^2}$$
$$= 455.547 + 67.455 = 523.002 \text{ kN} < 1.2R = 585.72 \text{ kN}$$
$$N_{kmin} = 455.547 - 67.455 = 388.092 \text{ kN} > 0$$

均满足要求。

(6)基桩水平力承载力验算

一般认为,当基础所受水平力与竖向力之比小于 tan 5°时,即可认为水平力很小,不需进行水平承载力验算。本例中:

$$\frac{H_k}{F_k} = \frac{62}{2\,600} = 0.0238 < \tan 5° = 0.087\,5$$

故不需进行验算。

(7)桩的配筋

目前,工程中一般都采用标准化生产的预制桩,在通常情况下,都能满足桩的强度要求,除非桩要承受很大的水平力和弯矩,因此这里不做配筋计算。

(8)承台的计算设计

①承台厚度的确定

初拟承台厚度 700 mm。若承台以下不设垫层,则按规范要求,承台底面钢筋的保护层厚度不小于 70 mm,并考虑到钢筋的最大直径通常不会超过 30 mm,故承台有效高度为

$$h_0 = 700 - 70 - 30/2 = 615 \text{ mm} = 0.615 \text{ m}$$

下面验算上述厚度能否满足强度要求。

②承台受冲切承载力验算

a. 柱边冲切

冲切破坏在承台底面的范围如图 5-77 中的虚线所示。对矩形承台,应满足式(5-126)的要求:

$$F_L \leqslant 2[\beta_{0x}(b_c + a_{0y}) + \beta_{0y}(h_c + a_{0x})]\beta_{hp} f_t h_0 \qquad ①$$

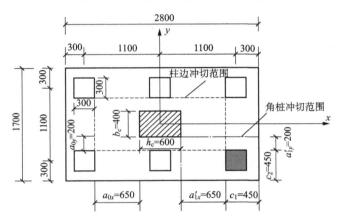

图 5-77　冲切破坏计算简图

由于柱的冲切破坏范围内无基桩,故

$$F_L = F - \sum Q_i = 3100 - 0 = 3100 \text{ kN}$$

式①右端中的各项为

$$a_{0x} = 1\,100 - 600/2 - 300/2 = 650 \text{ mm} = 0.65 \text{ m}$$

$$a_{0y} = 1\,100/2 - 400/2 - 300/2 = 200 \text{ mm} = 0.2 \text{ m}$$

由于承台的厚度为 0.7m,故 x、y 方向的冲切破坏角均大于 45°,所假设的冲切破坏面是合理的。

冲跨比:

$$\lambda_{0x} = \frac{a_{0x}}{h_0} = \frac{0.65}{0.615} = 1.057 > 1(\text{取 } \lambda_{0x} = 1)$$

$$\lambda_{0y} = \frac{a_{0y}}{h_0} = \frac{0.2}{0.615} = 0.325(\text{介于 } 0.25 \text{ 和 } 1.0 \text{ 之间})$$

相应的冲切系数为

$$\beta_{0x} = \frac{0.84}{\lambda_{0x} + 0.2} = \frac{0.84}{1 + 0.2} = 0.7$$

$$\beta_{0y} = \frac{0.84}{\lambda_{0y} + 0.2} = \frac{0.84}{0.325 + 0.2} = 1.6$$

承台的厚度 $h = 700$ mm < 800 mm,故影响系数 $\beta_{hp} = 1.0$。此外,C30 混凝土的抗拉强度 $f_t = 1430$ kPa,故有

$$2[\beta_{0x}(b_c + a_{0y}) + \beta_{0y}(h_c + a_{0x})]\beta_{hp} f_t h_0$$

$$=2 \times [0.7 \times (0.4+0.2)+1.6 \times (0.6+0.65)] \times 1 \times 1430 \times 0.615$$
$$=4\ 256.538\ \text{kN} > F_{\text{L}}=3\ 100\ \text{kN}$$

故满足抗冲切要求。

b. 角桩向上冲切

角桩冲切破坏在承台顶面的范围如图 5-77 中的点画线所示,需满足式(5-128)的要求:

$$N_{\text{L}} \leqslant \left[\beta_{1x} \left(c_2 + \frac{a'_{1y}}{2} \right) + \beta_{1y} \left(c_1 + \frac{a'_{1x}}{2} \right) \right] \beta_{\text{hp}} f_{\text{t}} h_{10} \qquad ②$$

其中,在基本组合荷载作用下,角桩的最大压力(向上的冲切力):

$$N_{\text{L}} = \frac{F}{n} + \frac{(M+Hh)x_{\max}}{\sum\limits_{i=1}^{6} x_i^2} = \frac{3\ 100}{6} + \frac{(260+76 \times 1.4) \times 1.1}{4 \times 1.1^2} = 516.667 + 83.273 = 599.940\ \text{kN}$$

式②右侧表达式中,$a'_{1x}=0.65$ m,$a'_{1y}=0.2$ m。由于承台的厚度为 0.7 m,故 x、y 方向的冲切破坏角均大于 45°,所假设的冲切破坏面是合理的。进一步可求得 $\lambda_{1x}=1$,$\lambda_{1y}=0.325$,并有

$$\beta_{1x} = \frac{0.56}{\lambda_{1x}+0.2} = \frac{0.56}{1+0.2} = 0.467$$

$$\beta_{1y} = \frac{0.56}{\lambda_{1y}+0.2} = \frac{0.56}{0.325+0.2} = 1.067$$

此外,易求得 $c_1=c_2=0.45$ m。将上述各量代入公式②,有

$$\left[\beta_{1x} \left(c_2 + \frac{a'_{1y}}{2} \right) + \beta_{1y} \left(c_1 + \frac{a'_{1x}}{2} \right) \right] \beta_{\text{hp}} f_{\text{t}} h_{10}$$

$$=\left[0.467 \times \left(0.45 + \frac{0.2}{2} \right) + 1.067 \times \left(0.45 + \frac{0.65}{2} \right) \right] \times 1 \times 1\ 430 \times 0.615$$

$$=953.126 \text{kN} > N_{\text{L}}=599.940\ \text{kN}$$

故角桩的抗冲切破坏验算满足要求。

③承台抗剪切承载力验算

承台的抗剪切承载力应满足式(5-130)的要求:

$$V \leqslant \beta_{\text{hs}} \alpha f_{\text{t}} b_0 h_0$$

在 x 方向,由于右侧两桩的竖向压力最大,故最危险剪切破坏面应是柱的右侧与右桩内侧形成的斜截面,并有 $b_0=1.7$ m,$V=2N_{\text{L}}=2 \times 599.940=1\ 199.880$ kN。

剪跨比 $\qquad \lambda_x = \dfrac{a_{0x}}{h_0} = \dfrac{0.65}{0.615} = 1.057$(介于 0.25 与 3 之间)

故有 $\qquad \alpha = \dfrac{1.75}{\lambda_x+1} = \dfrac{1.75}{1.057+1} = 0.851$

此外,由 $h_0=615$ mm 知,$\beta_{\text{hs}}=1.0$。故最终有

$$\beta_{\text{hs}} \alpha f_{\text{t}} b_0 h_0 = 1 \times 0.851 \times 1\ 430 \times 1.7 \times 0.615 = 1\ 272.300\ \text{kN} > V = 1\ 199.880\ \text{kN}$$

在 y 方向,$b_0=2.8$ m。此外,剪切破坏面应是柱的外侧与一排 3 根桩的内侧形成的斜截面,且不难看出,3 根基桩的合力正好为基桩竖向平均压力的 3 倍,即 $V=3 \times 516.667=1\ 550.001$ kN。

剪跨比 $\qquad \lambda_y = \dfrac{a_{0y}}{h_0} = \dfrac{0.2}{0.615} = 0.325$(介于 0.25 与 3 之间)

故有
$$\alpha = \frac{1.75}{\lambda_y + 1} = \frac{1.75}{0.325 + 1} = 1.321$$

最终有
$$\beta_{hs}\alpha f_t b_0 h_0 = 1 \times 1.321 \times 1\,430 \times 2.8 \times 0.615 = 3\,252.910 \text{ kN} > V = 1\,550.001 \text{ kN}$$
故抗剪承载力满足要求。

综上所述，所拟 700 mm 的承台厚度能够满足抗冲切、抗剪承载力的要求。

④抗弯计算及钢筋配置

a. 平行于 x 轴方向的配筋

所对应的弯矩 M_y 显然由右侧的两根桩产生，即有
$$M_y = \sum N_i x_i = 2 \times 599.940 \times \left(1.1 - \frac{0.6}{2}\right) = 959.90 \text{ kN} \cdot \text{m}$$

得到弯矩后，可将其视作截面为 1 700 mm×700 mm 的梁，按《混凝土结构设计规范》中正截面受弯构件承载力的要求或下列近似公式计算所需钢筋面积：
$$A_{sx} = \frac{M_y}{0.9 f_y h_{0x}} = \frac{959.90 \times 10^6}{0.9 \times 300 \times 615} = 5\,780.8 \text{ mm}^2$$
（式中 $f_y = 300$ N/mm² 为 HRB335 钢筋的抗拉强度设计值）选用 19 根直径 20 mm 的钢筋，其面积 $A_{sx} = 5\,966$ mm²，沿 y 方向均匀布置，间距约 90 mm。此外，实际的 $h_{0x} = 700 - 70 - 20/2 = 620$ mm，大于假定的 615 mm，计算结果是偏于安全的。

b. 平行于 y 轴方向的配筋

所对应的弯矩 M_x 显然由同一排的 3 根基桩产生，其合力为基桩竖向平均压力的 3 倍，因此有
$$M_x = \sum N_i y_i = 3 \times 516.667 \times \left(\frac{1.1}{2} - \frac{0.4}{2}\right) = 542.500 \text{ kN} \cdot \text{m}$$

布筋时，将此方向的钢筋置于 x 方向的钢筋之上，并初拟钢筋直径为 14 mm，则 $h_{0y} = 700 - 70 - 20 - 14/2 = 603$ mm（略小于 615 mm 的假定值），故有
$$A_{sy} = \frac{M_x}{0.9 f_y h_{0y}} = \frac{542.500 \times 10^6}{0.9 \times 300 \times 603} = 3\,332.1 \text{ mm}^2$$

选用 22 根直径 14 mm 的钢筋，其面积 $A_{sy} = 3\,385$ mm²，沿 x 方向均匀布置，间距约 130 mm。

5.14　桩基础的施工

目前，在工程中广泛应用的主要是钢筋混凝土桩和钢桩。而在国内，应用最多的是钢筋混凝土桩，故本节将以其为主要对象，介绍桩基础的施工方法。

基础的施工包括桩的施工和承台的施工，其中关键的是桩的施工。

对预制桩，桩制作完成后，所需解决的关键问题是如何将其沉入土中；而灌注桩，则是其成孔方法。

建筑桩基通常建于陆地，而桥梁桩基则常会涉及水上及水中施工的问题。

5.14.1　钢筋混凝土预制桩的沉桩方法

预制桩可利用锤击、振动、静压等方法下沉。

(1)锤击沉桩：利用桩锤自由下落时的冲击力击打桩头，使桩克服土的阻力下沉到所需位

置。采用锤击法下沉的桩常称为打入桩。

通过锤型和锤重的选择,锤击法可用于不同土层及不同尺寸桩的下沉施工。但以锤击桩时,会在桩内产生较大的拉应力,为此桩的配筋率相对较高。此外,所产生的噪声也会对周围环境产生较大的影响。

(2)振动沉桩:如图 5-78 所示,振动锤中设有成对的逆向旋转的偏心轮(偏心块),工作时,偏心轮(块)产生的横向力相互抵消,竖向力则相互叠加,使桩上下振动,并克服土的阻力下沉。如各对偏心轮的转速相等,则为"单频率"振动,此时振动力系上下对称;如果在其中再增加一对或数对振动力较小但转速快一倍的偏心轮(块),则成为"双频"振动,通过调整两组振动的相位,可使向下的振动力大于向上的力,更利于沉桩。反向使用时,还可用于拔桩,例如,用于拆除钢板桩围堰中的桩。

振动沉桩操作简便,沉桩效率高,工期短,不需辅助设备。与锤击法比,不易损坏桩材,噪声较小。但振动锤构造较复杂,需大型供电设备且耗电量较大。

此外,振动法适用于松软地层,一般不适用于硬黏土和砂砾、卵石土地基。

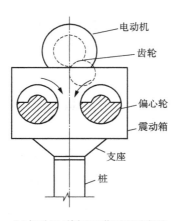

(a)振动锤(单频)工作原理示意图　　　　　(b)振入法沉桩

图 5-78　振入法沉桩

(3)静压沉桩:通过电动油泵液压或其他方式在桩顶或桩身施加静压力,使桩克服土阻力,沉入预定位置。

与前两种沉桩方法相比,静压法施工时无振动、无噪声,对周围环境影响小;同时,压桩产生的桩身应力远小于锤桩或振桩,且不产生拉应力,桩可采用较低的配筋率。此外,沉桩时所受到的阻力也反映出桩的承载力,可供设计和施工参考。

静压法施工时,应该根据桩的承载力(取决于土层性质、桩的尺寸等)选择相应的压桩设备,通常多用于高压缩性黏土层或砂性较轻的软黏土地基。

上述三种方法中,锤击法是目前国内应用最广的沉桩方法。以下对其做进一步的介绍。

1. 桩锤

桩锤是锤击沉桩的主要设备,有落锤、气动锤、柴油锤、液压锤等类型。

(1)落锤:沉桩时,落锤通过卷扬机提升,效率很低,现已很少使用。

(2)汽锤:如图 5-79 所示,按冲击方式,可分为汽缸冲击式和汽锤冲击式。其中,汽锤(缸)的提升依靠蒸汽。

图 5-79(a)所示为单动汽锤,锤的提升靠下方的进气实现。其构造较简单,施工中很少出故障,但锤击频率不高。图 5-79(b)所示为双动汽锤。可以看出,锤的上方和下方均可进气。因此,锤的下落可同时依靠自重和蒸汽的作用,故锤的下降速度比单动汽锤快,锤击频率较高。与单动汽锤相比,双动汽锤的锤击频率高,但单击能量较小,宜用于轻型桩。若将双动汽锤倒装于桩上,则可用于拔桩,如钢板桩围堰中桩的拔除。

蒸汽打桩锤需配一套庞大的立式锅炉,使用不便,故在陆地施工中的应用越来越小。但在海洋石油平台、港口码头的打桩工程中,常需大吨位的打桩锤,此时其他类型的桩锤很难满足要求只能使用蒸气打桩锤。

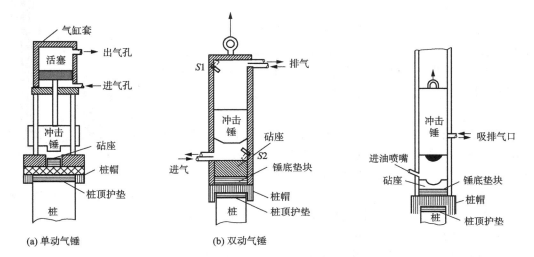

图 5-79　汽锤工作原理示意图　　　　　图 5-80　柴油锤(筒式)工作原理示意图

(3)柴油锤:蒸汽锤所需的提升能量(蒸汽)来自外部设备的供应,而柴油锤的能量来自其本身。如图 5-80 所示,它利用柴油燃烧爆炸产生的能量提升桩锤,实际就是一个单缸二冲程柴油发动机。柴油锤分筒式和杆式两种,前者的冲击部分是汽缸,虽构造简单,但锤击能量小,寿命短,目前已很少使用。筒式柴油锤利用锤芯(上活塞或冲击部分)锤击打桩,爆发力强,锤击能量大,而落距随贯入阻力的大小而变,即土质越硬,锤体跳得越高,下落后的打击能量就越大,是目前应用最为广泛的桩锤。其缺点是:打桩时噪声大,震动剧烈,排出的油烟废气会污染环境。

(4)液压锤:先靠液压提升锤体,再变换给油方向使锤体在重力和液体压力的推动下落下,冲击桩头,使桩下沉。

液压锤通过液压提升和压下锤体,提升了冲击频率,并可显著增大冲击能量。其另外一个显著优点是:充分利用液压传动的特点,增长锤与桩的接触时间,这样既加大了有效贯入能量,又可显著地减小桩头被击坏的概率。与柴油锤相比,它具有低噪声,无油烟,低耗能的优点,适合于各类土层和桩型,且打桩效率较高,桩锤的冲击力可调,施工时可不设桩垫。目前在国内外均有广泛的应用。

除此之外,为满足水下潜水打桩的需求,还可以压缩空气作为动力,即所谓的气爆打桩锤,此处不再详述。

锤击法沉桩时,应选择合适的锤重。以 20 m 左右的钢筋混凝土桩为例,锤重与桩重之比为:单动汽锤 0.4~1.4,双动汽锤 0.6~1.8,柴油锤 1.0~1.5,落锤 0.35~1.5。通常,以重锤低落距为好,轻锤则因回弹损失较多的能量而减弱打入效果,且靠加大落距效果并不明显,还易打坏桩头。

2. 打桩架

打桩架也是沉桩的主要设备之一,它在沉桩施工中除起导向作用外(控制桩锤沿着导杆的方向运动),还起到吊锤、吊桩等作用(相当于起重机)。桩架可分为自行移动式和非自行移动式,通常多采用前者。自行移动式打桩架按其行走部分的特征,可分为导轨式、履带式和轮胎式等。图 5-81 所示为柴油锤的打桩架。

3. 桩帽和桩顶护垫

打桩时,需在桩顶上安置钢套筒,即桩帽,其中上层填以硬质缓冲材料,如橡木、树脂、硬桦木、合成橡胶等,下层填以软质缓冲材料,如麻饼、草垫、废轮胎等,统称为桩顶护垫。其作用是缓解打桩时的冲击力以防止桩顶发生破坏,但也不能过软而影响打桩效率。

4. 送桩

当需将桩顶打至地表(水面)以下一定深度,或由于桩架原因无法直接将桩顶打到设计高程时,就需在桩顶上设置传递锤击力的构件,称为送桩,通常采用钢管或用钢板焊制。

5. 接桩

受运输能力、打桩架高度、锤击能力等因素的限制,每段预制桩不可能太长,因此施工时常需接桩。

早期桩段之间多采用法兰盘螺栓联接,或用硫磺胶泥等黏接,现多采用电焊的方式联接。

图 5-81　柴油锤的打桩架

6. 收锤

桩沉到设计深度时,即可收锤停打。另一种收锤标准则由桩所受到的阻力确定:例如,当最后 10 击的贯入量小于某量值,或最后 1 m 贯入量的击数大于某值时,即可停打,这是因为沉桩过程中桩所受到的阻力实际反映了桩在以后工作状态时的承载力大小。因此,定性上看,这一方法无疑是合理的。不过,在实际应用中,收锤标准受较多因素影响,是一个复杂的问题,往往需借助丰富的经验,这里不再详细讨论。

施工时,应合理安排打入桩的先后顺序,以保证桩的施工质量及施工效率,同时还要尽量减小对周围环境的影响,例如不会因打桩挤土造成周围建筑或地下管线的损害。其应遵守的基本原则是:

(1)由中间开始,向两边或四周进行,减缓因挤土而造成各桩的入土深度相差过大,最终导致使用期间的不均匀沉降。

(2)先深桩,后浅桩。

(3)先打精度要求低的桩,再打精度要求高的桩。

(4)先打群桩,后打单桩。

5.14.2　钢筋混凝土灌注桩的施工方法

与预制桩不同,灌注桩直接在设计桩位处成孔,然后在孔内下放钢筋笼,最后浇灌混凝土成桩,其横截面多为圆形。此外,预制桩多采用等截面形式,而灌注桩既可是等截面的,也可根据需要,在成孔时改变截面尺寸,做成变截面桩。例如,将底部做成扩大端,以提高桩的承载能力。

成孔和混凝土的灌注是灌注桩施工的两个重要环节。灌注桩的成孔方式可分为以下几类：

1. 人工挖孔桩

这是最原始的成孔方式。如图 5-82 所示，由人工逐段挖掘，边开挖边支护。

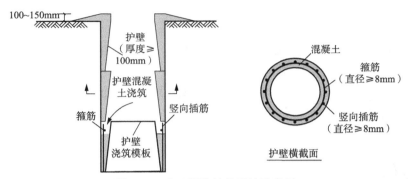

图 5-82　人工挖孔桩的开挖示意图

挖孔桩的直径一般应不小于 800 mm，以便于开挖操作。护壁厚度宜不小于 100 mm，每节高 500～1 000 mm，可用混凝土浇筑或砖砌筑。

挖孔桩的优点是施工设备简单，噪声小，场区内各桩可同时施工，可做直径很大的桩而无困难，且孔底易清理干净。该法 20 世纪 80 年代到 21 世纪初在国内有广泛的应用，但由于挖孔时存在塌方、缺氧、有害气体、触电等危险，且桩孔中工作环境较差，故 21 世纪初之后，其应用已显著减少。但在某些情况如桩截面非圆形（边坡及滑坡工程中的抗滑桩多为矩形）、截面尺寸很大、施工机械无法施展时，人工挖孔的方法就成为合理的选择。图 5-83 所示为深圳平安金融中心的人工挖孔桩的开挖，其桩径高达 8 m，深度为 30 m。

图 5-83　深圳平安金融中心
人工挖孔桩的开挖

2. 沉管灌注桩

这是最早的机械成孔方式。将钢管下端套上预制混凝土桩尖或设置活瓣桩尖（沉管时桩尖闭合，拔管时张开以便灌注混凝土），利用锤击或振动等方法沉管成孔，然后浇灌混凝土并拔出套管，其常用桩径为 300～500 mm，桩长常在 20 m 以内。

3. 钻（冲）孔灌注桩

利用钻机在土或岩石中钻（冲）成孔，是目前应用最为广泛的成孔方法。钻（冲）孔灌注桩的施工主要需解决成孔、排渣、护壁、灌注混凝土等技术问题，以下分别进行说明。

1）钻头形式及成孔方法

按其钻头形式的不同，可分为冲击式、冲抓式和旋转式。其中，旋转式钻头又有多种形式。

（1）冲击钻和冲抓钻

利用卷扬机的钢丝绳，将具有较大重量的冲击钻头提升一定高度，然后使其自由下落，冲击并破碎土层或岩层，再利用冲筒捞出土（岩）渣。

根据岩土层的情况及桩径的大小，冲击钻头的重量从数吨到数十吨，并可做成不同的形状,如图 5-84 所示的为十字形冲击钻头。冲孔时,通过连接钻头与钢丝绳的转向装置,钻头每冲击一次,就转动一定的角度,最终可形成圆形断面。

捞渣所用的冲筒底部设有活门,冲击时进渣,提升时则可保证渣不掉出。

此外,还有冲抓式钻头,它在张开时可冲击土层,上提合拢后可出渣,可谓一钻两用。

为防止孔壁垮塌,成孔时常需采用泥浆护壁。

冲孔法几乎可用于各类土层,特别是可用于岩层。但其施工效率较低,清孔难度较大。

(2)旋挖钻

成孔时,钻杆旋转带动钻齿切削土体,并装入钻斗,然后提升出土,如此反复,其钻头形式如图 5-85 所示。对易坍土体,需采用泥浆护壁。

旋挖钻成孔效率高,速度快,适用于各类土。但土粒较大(如漂石)时,钻进困难。此外,孔底沉渣的清理比较困难。

图 5-84　十字形冲击钻头

图 5-85　旋挖钻头

(3)螺旋钻

图 5-86 和图 5-87 所示分别为长螺旋钻和短螺旋钻,后者的成孔直径较大,可达 3000 mm。成孔时,钻头旋转切土,并通过螺旋的转动将土带出洞外。

图 5-86　长螺旋钻

图 5-87　短螺旋钻

采用上述三种方法成孔时,若土层性质较差,可在孔口乃至整个土层中设置钢护筒,其作用是固定桩位,为钻头导向,并保护孔口的土不发生坍塌。在水中施工时,还可以起到挡水的作用。

(4)牙轮钻头和滚刀钻头

在坚硬的岩层中成孔时,前述冲击法的施工效率较低。为提高效率,可采用如图 5-88、5-89 所示的滚刀钻头或牙轮钻头。

 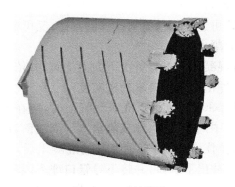

图 5-88　滚刀钻头　　　　　　　　图 5-89　牙轮钻头

(5)正循环和反循环钻孔法

开挖成孔过程中形成的土(岩)渣需及时排出。前述冲孔法中,可通过掏渣筒提出钻渣;螺旋钻可通过钻机本身将土排出;旋挖钻自带渣斗,可将土提出。而采用正循环钻机或反循环钻机成孔时,钻杆端部的钻头旋转切割土体,并依靠泥浆将钻渣带出。其中,采用反循环法时,通过钻杆的内腔将钻渣吸至泥浆池并沉淀,而泥浆则可继续循环使用。采用正循环法时,泥浆则由钻杆的底部喷出,同样将钻渣带入泥浆池中沉淀,并形成循环。相比之下,反循环法的排渣效率较高,而正循环法的施工设备较为简单。

2)泥浆护壁

在性质较好的土层或岩层中成孔时,孔壁能够保持稳定而不坍塌,此时可采用干作业的方式成孔。土层较差时,可使孔中充满特制的泥浆,除可用于排渣外,还能形成作用于孔壁的水平压力,对孔壁起到支撑作用。

泥浆应有足够的黏性和重度,通常多用膨润土或高塑性黏土在现场加水搅拌制成。为增加黏性,可在其中添加羧甲基纤维素;为提高重度,可加入重晶石粉。通常,要求泥浆的相对密度为 1.1～1.15,黏度为 10～25 s,含砂率<6%,胶体率>95%。

桩孔中的泥浆会在孔壁内侧形成一层泥皮,混凝土浇筑成桩后,它仍会存在于桩与土之间,这显然会降低桩的侧摩阻力,对桩的承载特性产生不良影响。

3)清孔

在钻进到设计高程,准备灌注混凝土前,还需进一步清除孔底沉渣,即进行清孔,以保证桩底的承载力。对采用泥浆护壁的桩,清孔的主要方法有:

(1)用掏渣筒清孔,适用于冲击、冲抓等成孔方法。

(2)将高压空气射入孔底翻起沉渣,再用吸泥机排出空外,适用于不易坍塌的土层及岩层。

(3)正循环法施工时,将钻头提离孔底 10～20 cm,空转使泥浆保持循环,直至沉渣排净。

《建筑桩基技术规范》中规定:在灌注混凝土前,对端承型桩,沉渣厚度应不大于 50 mm;对摩擦型桩,应不大于 100 mm;对抗拔、抗水平力桩,应不大于 200 mm。

4)钢筋笼的制作安装与混凝土灌注

（1）钢筋笼

按设计要求,在地面将钢筋绑扎、焊接成笼,然后用吊机放入桩孔中。对较长的桩,钢筋笼可分段制作、安装,并焊接为整体。

为设置钢筋的保护层,可在笼的外侧对称安设绑块、垫管、钢筋耳、混凝土滚轮等。其中,滚轮直径通常为 100～140 mm,中心穿一短小钢筋,焊接在笼体上,钢筋笼入孔时,滚轮沿孔壁滚动,即可避免钢筋笼对孔壁的刮碰,又可减小阻力,效果最好。

（2）混凝土灌注

桩身混凝土通过导管由下向上浇筑,并依靠自重或向下的冲击力达到要求的密实度。

如图 5-90 所示,水下浇筑混凝土时,应在导管进口（或导管中）安装隔水球或隔水塞。灌注前,用铁丝将隔水塞拉住,待管内有足够量的混凝土后,松掉铁丝,混凝土冲出下管口,并将下导管口埋入混凝土中。之后,边灌混凝土,边提升导管,并保证下管口始终处在混凝土中,直至灌注完成。

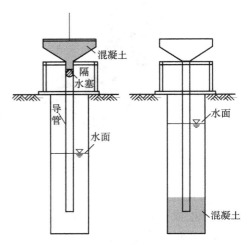

图 5-90 水下灌注混凝土

5.14.3 水中修建桩基

对跨河的大桥、湖泊或海洋中的结构等,常需在水中修建桩基础。虽然预制桩的下沉以及灌注桩的成桩技术与陆地上相似,但水的存在也会给桩基础的建造带来困难。

（1）水中定位

显然,在水中确定桩位不像陆地上那样方便。

桩位的确定一般可采用全站仪、经纬仪。当桩位远离陆地时,更为方便直接的是依靠 GPS 等定位系统。对预制桩,可逐桩定位,沉桩。对灌注桩,在水中建好施工平台后,再精确进行桩的定位,并下钢护筒,然后挖桩,如图 5-91 所示。

（2）水中沉桩

主要需解决安置沉桩设备的平台。当水较浅且离岸不远时,可搭建栈桥,供打桩机移动到桩位;水较深时,可用驳船作为打桩机的平台;水很深时,则需用专用打桩船,如图 5-92 所示。

图 5-91 定好位的灌注桩钢护筒

图 5-92 打桩船

（3）灌注桩的施工

当承台底面高于水位且水位不深时，可不设围堰隔水，而通过打钢管桩建立水上施工平台，然后在桩位处安放钢护筒，并钻孔施工，如图 5-93 中所示。

若承台底面在水位以下，可设置围堰隔水。当水浅流速小时，可采用土石围堰等。否则，需采用钢围堰或钢筋混凝土围堰。其中，水深不是很大时，可采用钢板桩围堰（图 5-94）、钢管桩围堰（图 5-95）或单壁钢围堰；水很深时，则可采用双壁钢围堰，它由内、外钢壳和壳间数层水平桁架组成，如图 5-96 所示。为提高承载能力，可在钢围堰内设置钢管或型钢水平内支撑，如图 5-94 和图 5-95 中所示。

图 5-93　桩基施工平台（冲孔桩）

图 5-94　钢板桩围堰

钢板（管）桩围堰采用打桩机打入土中，而单（双）壁刚围堰则需在岸上加工制作，然后浮运至桩位下沉。围堰完成后，在其中浇筑封底混凝土，再将其中的水抽干，之后的施工就与陆地上施工相同了。除挡水外，钢围堰还可用作支撑，搭建施工平台。

封底混凝土应有足够的厚度，以保证在底面水压的作用下不发生破坏。

图 5-95　钢管桩围堰

图 5-96　双壁钢围堰

上述单壁、双壁钢围堰（又称钢套箱围堰）是无底的，需沉至河床。当河床深，水流急，而承台底高程在水面以下且距河床较高时，可采用钢吊箱围堰。与上述钢围堰不同的是，钢吊箱围堰是带底的（底上预留了桩位孔），因此不需封底混凝土。它具有施工工期短，水流阻力小、利于通航、施工难度小、混凝土用量小等特点，因而在大跨深水桥梁中有广泛的应用。

（4）承台的修建

如前所述，当采用围堰和封底混凝土（或钢吊箱围堰）隔水后，承台的修建便与陆地无多大差异了。

5.14.4 灌注桩的后压浆法简介

桩的承载力来源于桩侧摩阻力和桩端阻力,后压浆法是提高灌注桩侧阻和端阻的一个有效方法。

通过后压浆法的高压注浆,对渗透性较好的卵石、粗砂等土层,浆液可渗入土层,填充孔隙,黏结颗粒;对中砂等土层,压浆则起到显著的挤密效果。总之,通过注浆,可使土的性质得到改善,侧阻力、端阻力提高。

对开挖时采用泥浆护壁的桩,由于桩与土之间存在一层软弱泥皮,降低了桩的极限侧阻力;此外,清孔不良而造成孔底沉渣厚度过大时,桩的极限端阻力也会大大降低。采用后压浆工艺时,高压水泥浆液可置换掉泥皮,在桩与土之间建立起牢固的黏结,提高桩的极限侧阻;同样,压入桩底的浆液可清除掉底部的沉渣,使桩的端阻得到充分发挥。

注浆点的位置可在桩侧、桩底或同时在桩侧和桩底。

图 5-97 所示为压浆施工的示意图。其主要过程如下:

(1)将压浆管固定在灌注桩的钢筋笼上。压浆管通常采用钢管或铁管,并根据压浆点的位置,在管上开压浆孔。压浆孔需采用一定的封闭措施,以保证灌注成桩时,管外的混凝土浆液不会流入管内,将管堵死;同时,还要保证压浆时管内浆液能够被压出管外。

(2)注浆材料一般采用水泥浆,需要时可加入膨润土、缓凝剂混合等,避免浆液发生离析或过早凝固。

(3)在桩身混凝土灌注 3～7 天,具有一定强度后,通过注浆泵进行压浆。根据土层的情况,注浆压力可为数兆帕乃至数十兆帕以上。

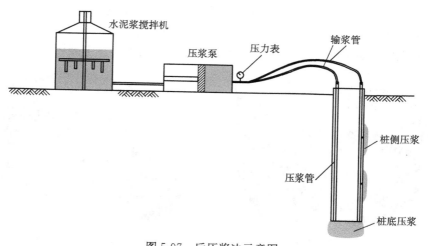

图 5-97　后压浆法示意图

图 5-98 所示为苏通长江公路大桥直径 2.5 m、长 125 m 的灌注试验桩在压浆前后效果的对比,该桩采用的是桩底压浆。可以看出,压浆后,桩端极限阻力有非常显著的提高。同时,虽然压浆的部位在桩的底部,但浆液在高压作用下会由桩底上窜,使得桩侧极限摩阻力也得到很大的提高。

灌注桩后压浆技术目前在实际工程中已有越来越广泛的应用,现行的《建筑桩基技术规范》中也提供了后压浆桩承载力的计算方法,但整体上看,对其作用机理特别是压浆效果的定量化反映还需更深入的研究。

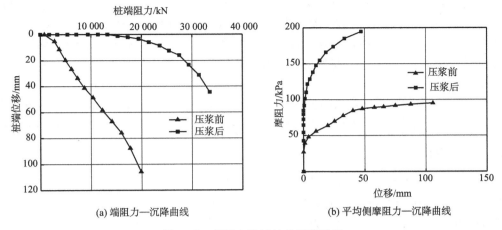

(a) 端阻力—沉降曲线   (b) 平均侧摩阻力—沉降曲线

图 5-98　苏通大桥试桩的压浆效果

5.15　桩身混凝土质量检测

桩在施工时,可能会产生各种质量问题。例如,预制桩打入时,因桩锤冲击力过大,导致桩身的开裂,甚至发生断桩。对灌注桩,桩身混凝土可能会存在离析、夹泥、颈缩等问题。由于桩身质量将直接影响桩的承载特性,故桩的施工完成后,需对其进行抽样检测。

最直接的检测方法是钻芯法,即用钻机在桩身不同深度钻芯取样,观察混凝土的状态,测试混凝土的强度。该法直接可靠,但费时费力,一般多用于大直径灌注桩或验证其他方法的检测结果时。相比之下,声波透射法、低应变法、高应变法等无损检测方法则更为方便,以下简要介绍声波透射法和低应变法的基本原理。

5.15.1　声波透射法

声波在正常混凝土中的传播速度一般在 3 000～4 200 m/s 之间,当波在桩身混凝土的传播路径上遇到裂缝、夹泥和混凝土密实度差等缺陷时,将发生振幅减小、波速降低、波形畸变等现象。实际工程中,常应用这一原理检测灌注桩的质量,称为声波透射法。

图 5-99 是其工作原理图。在桩中预埋测管,布置方式如图 5-100 所示,图中阴影为超声波能够探测到的范围。通常,桩径小于 350 mm 时,可设 2 个管;桩径在 350～800 mm 时,设 3 个;桩径大于 800 mm 时,设 4 个。

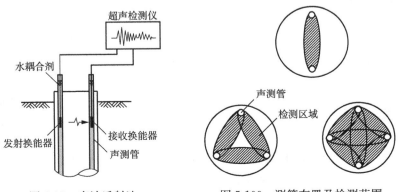

图 5-99　声波透射法   图 5-100　测管布置及检测范围

234

检测时,将管内充满水或机油作为耦合剂,两个管内分别放入超声波发射换能器和接收换能器,置于同一水平面(或有一定高差),进行超声波的发射和接收,通过波在两管之间混凝土中的传播时间(即声时)或速度(声速)、波幅的衰减程度、接收波频率及波形的变化等,可判断在此深度处桩身混凝土的质量,将发射探头和接收探头由桩底向桩顶逐段上移,即可获得整个桩的混凝土质量状况。

显然,以声时为判断指标是最简便的方法。图 5-101 所示为一工程桩的"声时—深度"关系曲线,可以看出,在深度 11 m 附近的声时有一个显著的增大,说明该处混凝土的质量相对较差。

5.15.2 低应变法

低应变法是桩的动力检测方法的一种,用于检测混凝土桩的桩身完整性,判断桩身缺陷的程度及位置。由于检测时施加在桩上的动载远小于桩的承载力,故称为低应变法。

图 5-102 所示为低应变法的工作原理图。检测时,用锤敲击桩顶,所产生的瞬态波将沿桩身向下传播。通过安装在桩顶的传感器可测得桩顶的加速度,通过积分运算,可进一步得到其振动速度 v 与时间 t 的关系曲线。对正常桩,波沿桩身传至桩底,再反射回传到桩顶。而对桩身有缺陷的桩,由于混凝土材料性质、桩截面的改变,当波达到缺陷处时,一部分波继续前行,另一部分波则会反射向上传播,根据其反射至桩顶的时间、波形等,可估计出缺陷的位置及类型。例如图 5-103 中,(a)为完整桩的 v-t 曲线,(b)为缺陷桩的 v-t 曲线,其中第二个峰值就是从缺陷处反射传播到桩顶的波产生的。图中 L 为桩的长度,c 为波在完整桩中的传播速度,x 为缺陷处距桩顶的距离。

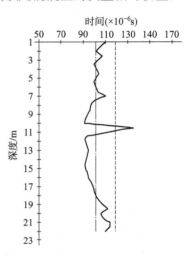

图 5-101　声波透射法实例

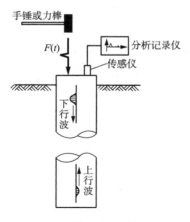

图 5-102　低应变法

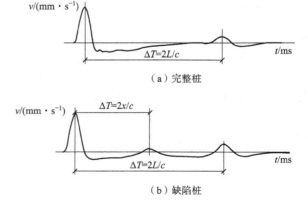

（a）完整桩

（b）缺陷桩

图 5-103　桩顶振动速度波形

 复习思考题

5-1　影响桩的竖向承载特性与水平承载特性的因素有何异同？为什么水平承载力通常远小于竖向承载力？

第 5 章复习思考题答案

5-2 按承载特性对桩进行分类时,桩的类型确定会受哪些因素的影响?房建工程中的摩擦桩与桥梁工程中的摩擦桩的含义有何不同?

5-3 产生负摩阻力的主要原因有哪些?负摩阻力的危害是什么?

5-4 试以钢筋混凝土桩为例,分析说明桩的极限侧摩阻力及端阻力除与土(岩)的性质有关外,还与哪些因素有关?

5-5 按设置效应,桩可分为哪几类?划分的目的是什么?

5-6 什么是群桩效应?它对基础的承载力、沉降等会产生什么影响?

5-7 简述等代基础法计算桩基沉降的基本原理,该计算方法与浅埋基础的沉降计算方法有何异同?

5-8 桩基的沉降一般主要来源于桩底以下的土层,为什么?这是否说明桩底以上的土层对沉降的影响较小?为什么?

5-9 按 5.11 节中的方法得到的承台的竖向位移可否作为桩基的沉降?为什么?

5-10 管柱和管桩是否为同一种基础形式?管柱主要在什么情况下使用?

5-11 分析说明钢筋混凝土预制桩及灌注桩的适用条件及优缺点。为什么预制桩的配筋率通常高于灌注桩?

5-12 灌注桩施工中,桩孔中的泥浆主要起什么作用?它对桩的承载力会产生什么影响?

5-13 如图 5-104 所示,直径 1.0 m 的钻孔灌注桩穿过黏土、细砂进入深厚的中砂层。其中,黏土的 $I_L=0.5$,重度为 18.5 kN/m^3;细砂为中密状态,重度 17.5 kN/m^3;中砂为密实状态,重度 18 kN/m^3。试按《铁路桥涵地基和基础设计规范》确定单桩轴向容许承载力(计算时取 $m_0=0.5$)。

5-14 如图 5-105 所示的桩基,作用在承台底面的竖向力 $F_k+G_k=2\,500$ kN,力矩 $M_{xk}=360$ kN·m,$M_{yk}=920$ kN·m。采用直径为 400 mm 的钢筋混凝土预制管桩,长度(承台底面以下)9 m,桩间距为 1.2 m。桩所在的土层为黏土($I_L=0.5$)、粉质黏土($I_L=0.3$)。试按《建筑桩基技术规范》验算基桩的竖向承载力(不考虑承台效应)。

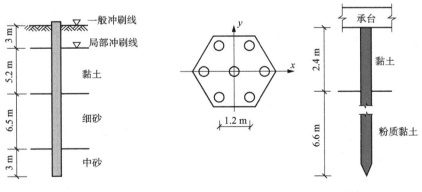

图 5-104 习题 5-13 图   图 5-105 习题 5-14 图

5-15 图 5-106 所示为某小桥的排架式桥墩,采用直径 1.0 m 的钢筋混凝土灌注桩,混凝土的强度等级为 C30,受压弹性模量 $E_h=3.2\times10^4$ MPa。桥下无水,土层为硬塑黏土,其 m 值为 8 MN/m^4。排架所受荷载(盖梁底面处)为:$N=5200$ kN,$H=100$ kN,$M=320$ kN·m。试计算桩顶的水平位移和转角,以及桩身弯矩、横向抗力沿深度($\alpha y \leqslant 4$ 时)的分布。

5-16 如图 5-107 所示的桩基础,所受荷载为:$N=36000$ kN,$H_y=1500$ kN,$M_x=3200$ kN·m。现已求得 $\rho_1=2.5\times10^5$ kN/m,$\rho_2=2.1\times10^4$ kN/m,$\rho_3=7\times10^4$ kN,$\rho_4=1.5\times10^4$ kN·m。试计算各桩顶部所受的轴向力、横向力及弯矩。

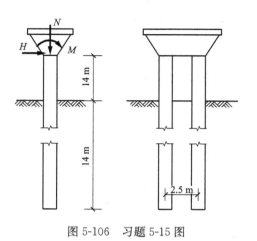

图 5-106　习题 5-15 图

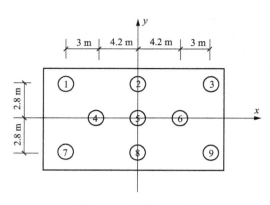

图 5-107　习题 5-16 图

5-17　如图 5-108 所示,柱的截面尺寸为 600 mm×400 mm,传至基础的荷载(基本组合)为:$F=2400$ kN,$H_x=60$ kN,$H_y=0$,$M_x=210$ kN·m,$M_y=130$ kN·m。基桩为直径 300 mm 的预应力钢筋混凝土管桩,承台厚度为 600 mm(计算时,有效高度取为 535 mm),混凝土采用 C30,钢筋型号为 HRB335。(1)验算承台的厚度是否满足抗冲切、抗剪切要求。(2)计算所需的抗弯钢筋的面积并配置钢筋。

5-18　如图 5-109 所示的桥梁桩基,桩端嵌入倾斜的坚硬岩层中。桩身混凝土采用 C30,其受压弹性模量 $E_h=3.2×10^4$ MPa,桩的直径为 1.0 m,间距 2 m。已知作用在承台底面中心处的外荷载为:$N=12000$ kN,$H=280$ kN,$M=3200$ kN·m。若不考虑覆盖土层的影响,并假设桩底的竖向、水平位移及转角均为 0,试计算承台的位移及各桩顶部所受的力。

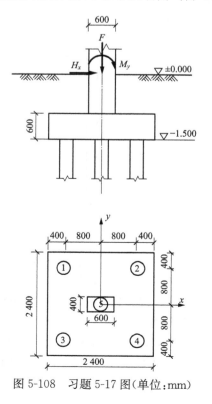

图 5-108　习题 5-17 图(单位:mm)

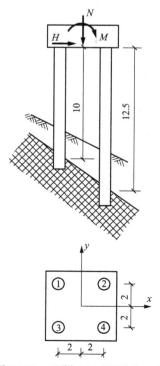

图 5-109　习题 5-18 图(单位:m)

第 6 章

沉 井 基 础

6.1 概　　述

沉井是一种井筒状结构物,将其下沉至设计高程并用作构筑物基础时称为沉井基础。沉井基础属于深基础的一种类型,需采用特殊的施工方法,主要施工方式为现场浇筑井筒,采用人工或机械方法清除井内土石,利用其自重和其他辅助方式下沉至设计高程,再浇筑混凝土封底以后即可形成沉井基础。

沉井基础的历史比较悠久,较早于 18 世纪在法国和英国的造桥工程中得以应用,当时构造井筒的材料为砖、石、木。19 世纪后半叶,欧美开始使用钢筋混凝土制作井筒。这一时期的最大沉井当属 1890 年竣工的伦敦塔桥,该桥中间两座桥墩采用了沉井基础。我国自 20 世纪 50 年代起,将沉井技术应用于各项工程中。从桥墩基础到江边取水泵房,从地下厂房到煤矿竖井,沉井技术在桥梁、市政、隧道、港口等工程中广泛应用。1968 年建成的公铁两用南京长江大桥、1999 年竣工的江阴长江大桥、2012 年建成的泰州大桥以及 2014 年开工建设的公铁两用沪通长江大桥都是我国采用沉井基础的例子。图 6-1 给出了使用沉井基础的几种情况。

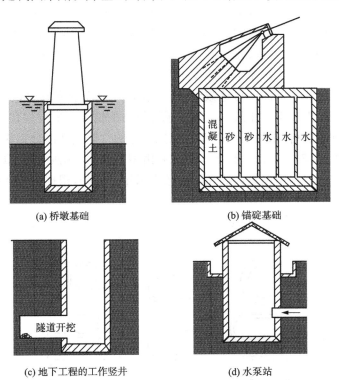

(a) 桥墩基础　　　　　　　　　　(b) 锚碇基础

(c) 地下工程的工作竖井　　　　　　(d) 水泵站

图 6-1　沉井基础的应用

沉井基础虽然施工期较长而且对施工技术要求较高,但是其特点鲜明、优势突出,它埋置深度大、整体性强、稳定性好,能承受较大荷载,而且下沉过程中无须设置坑壁支撑或板桩围壁,简化了施工,同时沉井施工时对邻近建筑物影响较小,因此常作为高、大、重型结构物的基础。一般在下列情况可考虑采用沉井基础。

(1)上部荷载较大,扩大基础开挖工作量大、支撑困难,采用沉井基础经济上较为合理;

(2)河水较深,采用扩大基础时施工围堰有困难;

(3)山区河流,冲刷大或有较大卵石不便桩基础施工。

本章着重介绍沉井基础的施工过程及设计基本原理和步骤。由于我国各行业目前关于沉井基础的设计理论和方法尚未完全统一,本章中的构造要求及设计计算方法主要依据《铁路桥涵地基和基础设计规范》(TB 10093—2017),并参考《公路桥涵地基基础设计规范》(JTG D63—2007)及其他相关资料。

6.2　沉井基础类型和构造

6.2.1　沉井类型

沉井一般可按下列方式分类。

(1)按施工方法可分为一般沉井和浮运沉井。一般沉井是指直接在基础设计的位置上制造,然后挖土下沉的沉井,如江阴长江大桥的北锚碇沉井。当基础位于水中而水深不大时,也可先人工筑岛,再在岛上修筑沉井并下沉到位。浮运沉井是指先在岸边制造,再浮运就位下沉的沉井。通常在深水地区(如水深大于 10 m),或水流流速大,或有通航要求,人工筑岛困难或不经济时,可采用浮运沉井,如沪通长江大桥的主墩基础采用的就是浮运沉井。

(2)按使用的材料可分为混凝土沉井、钢筋混凝土沉井、竹筋混凝土沉井和钢沉井等。混凝土沉井多做成圆形,且仅适用于下沉深度不大(一般 4~7 m)的松软土层。钢筋混凝土沉井的抗压和抗拉强度高,其下沉深度可达数十米以上,故可做成重型或薄壁的一般沉井,也可做成薄壁浮运沉井等,在工程中应用最广。沉井承受拉力的情况主要发生在下沉阶段,我国南方盛产竹材,因此可就地取材,采用耐久性差但抗拉力好的竹筋代替部分钢筋做成竹筋混凝土沉井,如南昌赣江大桥、白沙沱长江大桥等。钢沉井由钢材制作,其强度高、重量轻、易于拼装,适于制造空心浮运沉井,但因用钢量大而在国内较少采用。此外,根据工程条件也可采用木沉井和砌石圬工沉井等。

(3)按平面形状可分为圆形、矩形和圆端形三种基本类型,根据井孔的布置方式,又可分为单孔、双孔及多孔沉井(图 6-2)。

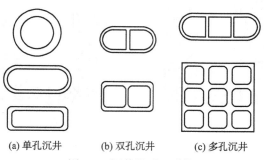

(a) 单孔沉井　　　(b) 双孔沉井　　　(c) 多孔沉井

图 6-2　沉井的平面形状

圆形沉井在下沉过程中易于控制方向;当采用抓斗挖土时,比其他沉井更能保证其刃脚均匀地支承在土层上,在侧压力作用下,井壁主要受轴向应力作用,即使侧压力分布不均匀,其弯曲应力也不大,所以能充分利用混凝土抗压强度大的特点。圆形沉井多用作斜交桥或水流方向不定的桥墩基础或者市政工程中的水池。

矩形沉井制造方便,能充分利用地基承载力,常与矩形墩台配合使用。矩形沉井的四角一般做成圆角,以减少井壁摩阻力并有利于挖土清孔。在侧压力作用下,矩形沉井的井壁将承受较大的挠曲力矩;另外,矩形沉井在流水中的阻水系数较大,地基的冲刷也较严重。

对平面尺寸较大的沉井,可在沉井中设竖向隔墙而构成双孔或多孔沉井,有利于改善井壁的受力条件及均匀取土下沉。

(4)按沉井的剖面形状可分为竖直形、台阶形和锥形沉井(图6-3)。竖直形沉井较为常用,井壁受周围土体约束比较均衡,易于控制垂直下沉而不至于产生过大的倾斜,施工简便。当土层密实且下沉深度较大时,为减少沉井周围的摩阻和自重,可将外井壁做成台阶形或锥形,但施工较为复杂。通常台阶形井壁的台阶宽约为100~200 mm,锥形沉井井壁坡度为1/20~1/40。台阶构成的土体与井壁间的孔隙也可用膨润土泥浆填充,即减少了摩阻,又不至于造成土体的过大扰动。值得说明的是,有些土质中采用台阶形或者锥形对减少土对井壁的摩擦力未必有效,而且有些土中由于井壁的台阶造成土与井壁间的空隙状态长期不能恢复,以致影响土对沉井的侧向约束作用,对主体结构受力不利。

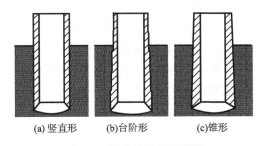

(a) 竖直形　　　(b)台阶形　　　(c)锥形

图6-3　沉井的竖剖面形状

6.2.2　沉井构造

1. 沉井的轮廓尺寸

沉井的平面形状常取决于上部结构(或桥梁墩台)底部的形状。对于矩形沉井,为方便下沉过程的控制,矩形的长短边之比不宜大于3。若上部结构的长宽比较为接近,可采用方形或圆形沉井。沉井的顶面尺寸为结构物底部尺寸加上两侧的襟边宽度。沉井的襟边宽度不宜小于0.2 m,且应大于沉井全高的1/50,浮运沉井的襟边宽度不宜小于0.4 m,如沉井顶面需设置围堰,其襟边宽度尚应满足围堰的构造需要。此外还应注意使上部建筑物的边缘尽可能置于井壁上或顶板的支承位置处。

沉井的入土深度须根据上部结构、水文地质条件及各土层的承载力等因素确定。入土深度较大的沉井应分节制造和下沉,每节的高度不宜大于5 m;当底节沉井在松软土层中下沉时,还不应大于沉井宽度的0.8倍,以避免高度过大发生倾斜且难以纠偏;若底节沉井的高度和重量过大,将给制模、筑岛时的岛面处理和抽除垫木等工作带来困难。

2. 一般沉井的构造

沉井是一种特殊结构,根据结构本身的需要及施工要求,应在设计时考虑一些细部构造。

图 6-4 给出了常用的沉井细部构造图。沉井一般由井壁、刃脚、内隔墙、井孔、凹槽、封底和顶板等组成,有时在井壁中还预埋射水管等部件。沉井各组成部分的作用如下:

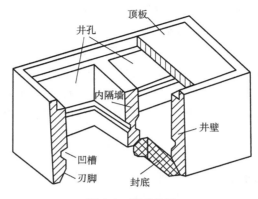

图 6-4　沉井构造

（1）井壁

井壁是沉井的主体,在沉井的下沉过程中起挡土、挡水及利用本身自重下沉的作用,在施工完毕后,井壁又成为传递上部荷载的基础或基础的一部分。因此,井壁必须具有足够的强度和一定的厚度,并应根据施工过程中的受力情况配置竖向及水平向钢筋。沉井的壁厚一般可取为 0.80～1.50 m,大型沉井甚至可达 2.5 m,最薄不宜小于 0.4 m,混凝土的强度等级不低于 C15。

当沉井下沉较深,土阻力较大,估计下沉困难时,可在井壁中预埋射水管组。射水管应均匀布置,以利于通过控制水压和水量来调整下沉方向,一般水压不小于 600 kPa。如使用泥浆套方法施工时,应有预埋的压射泥浆的管路。

（2）刃脚

刃脚是井壁下端较尖利的部分,其作用是利于沉井切土下沉。在松软的地层中下沉时,刃脚底面可做成平面(称踏面),其宽度一般为 0.1～0.2 m,土质很软时可适当加宽。若下沉深度大,土质较硬,刃脚底面应以型钢(角钢或槽钢)加强(图 6-5),以防刃脚损坏。刃脚内侧斜面与水平面夹角不宜小于 45°。刃脚高度根据井壁厚度和方便抽除垫木的需要而定,一般不小于 1.0 m,混凝土的强度等级宜大于 C20。

（3）内隔墙

隔墙的作用是将沉井空腔分隔成多个井孔,便于控制挖土下沉并增加沉井刚度,还可减小井壁的横向挠曲应力。隔墙的厚度一般小于井壁,通常可取为 0.5～1.0 m。隔墙底面应高出刃脚根部 0.5 m 以上,避免被土搁住而妨碍下沉。如采用人工挖土,还应在隔墙下端设置过人孔,以便工作人员在井孔间往来。

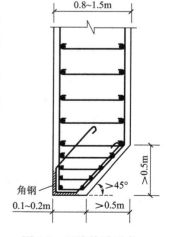

图 6-5　刃脚构造示意

（4）井孔

井孔是挖土和运土的工作场所和通道。其尺寸应满足施工要求,最小边长不宜小于 2.5～3.0 m。井孔应对称布置,以便对称挖土,保证沉井能均匀下沉。

（5）凹槽

凹槽位于刃脚内侧的上方，高度通常取 1.0 m，深度一般为 150～300 mm。凹槽的作用是使井壁与封底混凝土很好地结合，使沉井底面的地基反力更好地传给井壁。沉井挖土困难时，可利用凹槽做成钢筋混凝土板，改为气压箱室挖土下沉。

（6）封底

沉井沉至设计高程并进行清底后，在刃脚踏面以上至凹槽处浇筑混凝土以形成封底。封底可防止地下水涌入井内，其底面承受地基土和水的反力。封底混凝土的顶面应高出凹槽 0.5 m，其厚度由受力条件决定，混凝土的强度等级一般不低于 C15。井孔内填充的混凝土的强度等级不低于 C10。

（7）顶板

沉井封底后，若条件允许，为节省圬工量，井孔内可不填充而做成空心沉井基础，或仅填砂石。此时须在井顶设置钢筋混凝土顶板以承托上部结构的荷载，顶板厚度由计算确定。

沉井井孔是否填充，应根据受力或稳定要求决定。在严寒地区，低于冻结线 0.25 m 以上的部分，必须用混凝土或石砌填实。

江阴长江大桥北锚碇的沉井基础构造如图 6-6 所示。该桥为钢箱悬索桥（主跨 1385 m），其北锚碇所在的地层为黏土与砂土组成的厚度 78～86 m 的覆盖层，下为石灰岩。考虑到锚碇所承受的主缆拉力巨大、基岩上覆盖土层厚、地下水丰富等原因，经综合比较分析，选择长 69 m、宽 51 m、高 58 m 的特大沉井作为锚碇基础，沉井在平面上分为 36 个隔舱，竖向分为 11 节，并在沉井后段隔舱中填砂、填水，增加基础的重量，并使其重心后移，以提高基础的稳定性。图 6-7 为江阴长江大桥北锚碇沉井施工现场。

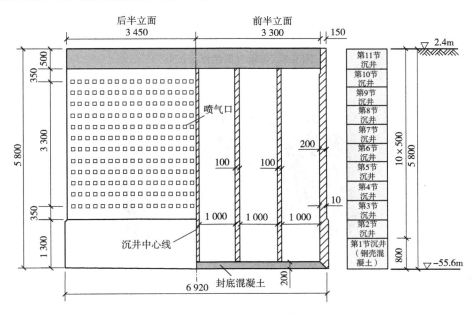

图 6-6 江阴长江大桥北锚碇沉井构造（单位：cm）

3. 浮运沉井的构造

浮运沉井可分为不带气筒和带气筒两种形式。不带气筒的浮运沉井多用钢、木、钢丝网水泥等材料制作。钢丝网水泥薄壁浮式沉井具有构造简单、施工方便和节省钢材等优点。该类沉井适用于水深和流速不大、河床较平以及冲刷较小的情况。为增加水中自浮能力,还可做成带临时性井底板的浮运沉井,浮运就位后,灌水下沉,同时接筑井壁,当下沉到达河床后,打开临时性井底板,再按一般沉井施工。

　　当水深流急和沉井较大时可采用带气筒的浮运沉井。图 6-8 所示为一带钢气筒的浮运沉井实例,其主要由双壁钢沉井底节、单壁钢壳、钢气筒等组成。双壁钢沉井底节是一个可自浮于水中的壳体结构,底节以上的井壁采用单壁钢壳,既可防水,又可作为接高时灌注沉井外圈混凝土的模板的一部分。钢气筒为沉井提供所需浮力,同时在悬浮下沉

图 6-7　江阴长江大桥北锚碇沉井施工照片

中可通过气流调节使沉井上浮、下沉或校正偏斜等,当沉井落至河床后,除去气筒即为取土井孔。图 6-9 为双壁钢壳底节浮式沉井照片。

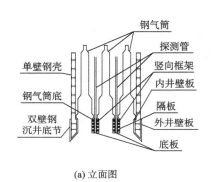

(a) 立面图

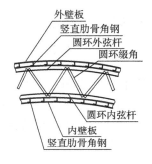

(b) 平面图　　　　　　　　　(c) 双壁钢壳细部结构

图 6-8　带钢气筒的浮运沉井

图 6-9　双壁钢壳底节浮式沉井照片

4. 组合式沉井

　　在一些特定情况下可采用沉井加桩基或其他形式的混合式基础,即组合式沉井基础。施工时先将沉井下沉至预定高程,浇筑封底混凝土和承台,再在井内预留的孔位中钻孔灌注成桩。该沉井结构在施工中既可围水挡土,又便于设置钻孔桩的护筒和桩基的承台。

6.3 沉井施工

6.3.1 一般沉井的施工过程

一般沉井的施工过程如图 6-10 所示,其主要工序如下。

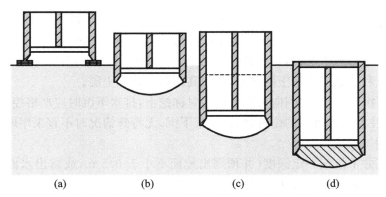

(a) (b) (c) (d)

(a)制作第一节沉井;(b)抽垫挖土下沉;(c)沉井接高下沉;(d)封底。

图 6-10 沉井施工顺序示意

1. 平整场地

要求施工场地平整干净。若天然地面土质较硬,只需将地表杂物清理干净并整平,就可在其上制造沉井。否则应换土或在基坑处铺填不小于 0.5 m 厚夯实的砂或砂砾垫层,防止沉井在混凝土浇筑之初因地面沉降不均产生裂缝。为减小下沉深度,也可挖一浅坑,在坑底制作沉井,但坑底应高出地下水面 0.5~1.0 m。

2. 制作第一节沉井

制造沉井前,通常在刃脚处对称地铺满垫木(图 6-11)以支承第一节沉井的重量。垫木数量可按垫木底面压力不大于 100 kPa 计算,其布置应考虑抽垫方便。垫木一般为枕木或方木(200 mm×200 mm),其下垫一层厚约 0.3 m 的砂,垫木间间隙用砂填实(填到半高即可)。然后在刃脚位置处放上刃脚角钢,竖立内模,绑扎钢筋,再立外模并浇筑第一节沉井。模板应有较大刚度,以免挠曲变形。当场地土质较好时也可采用土模。

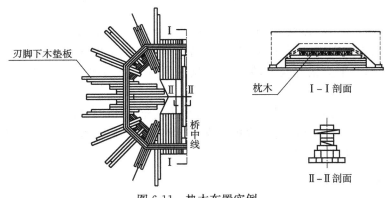

刃脚下木垫板

桥中线

枕木

I-I剖面

II-II剖面

图 6-11 垫木布置实例

3. 拆模及抽垫

当混凝土的强度达到设计强度的70%时可拆除模板,达设计强度后方可抽撤垫木。垫木应分区、依次、对称、同步地向沉井外抽出。其顺序为:先内壁,再短边,最后长边。长边下的垫木应隔一根抽一根,同时以预定的支点垫木为中心,由远而近对称地抽,最后抽除支点垫木。垫木的抽除过程中应随抽随用砂土回填捣实,以免沉井开裂、移动或偏斜。

4. 挖土下沉

沉井宜采用不排水挖土下沉,在稳定的土层中,也可采用排水挖土下沉。挖土方法可采用人工或机械,排水下沉常用人工挖土。人工挖土可使沉井均匀下沉并易于清除井内障碍物,但应有安全措施。不排水下沉时,可使用空气吸泥机、抓斗、水力吸石筒、水力吸泥机等机具挖土。通过硬黏土和胶结层等挖土困难时,可用高压射水破坏土层。

沉井正常下沉时,应自中间向刃脚处均匀对称挖土,排水下沉时应严格控制设计支承点处的挖土,并随时注意监测沉井的位置,保持竖直下沉,无特殊情况时不宜采用爆破施工。

5. 接高沉井

当第一节沉井下沉至一定深度(井顶露出地面不小于0.5 m,或露出水面不小于1.5 m)时应停止挖土并接筑下一节沉井。留一部分高度,可防止沉井接高(即混凝土浇筑过程)时自沉,导致地表土将模板顶掉,发生事故。接筑沉井时刃脚不得掏空,并应尽量纠正沉井的倾斜,凿毛顶面,立模,然后对称均匀地浇筑后一节沉井的混凝土,待强度达设计要求后再拆模继续下沉。

6. 设置井顶防水围堰

若沉井顶面低于地面或水面,应在井顶接筑临时性防水围堰,围堰的平面尺寸略小于沉井的外围尺寸,其下端与井顶上的预埋件相连。井顶防水围堰应因地制宜,合理选用,常见的有土围堰、砖围堰和钢板桩围堰。若水深流急,围堰高度大于5.0 m时,宜采用钢板桩围堰。

7. 基底检验和处理

沉井沉至设计高程后,应检验基底地质情况是否与设计相符。排水下沉时可直接检验;不排水下沉则应进行水下检验,必要时可用钻机取样进行检验。

当基底达设计要求后,应对地基进行必要的处理。对于砂土或粗粒土地基,一般可在井底铺一层砾石或碎石至刃脚底面以上200 mm。对于岩石地基则应凿除风化岩层,若岩层倾斜,还应凿成阶梯形。要确保将井底的浮土和软土等清除干净,以利于封底混凝土与地基结合紧密。

8. 沉井封底

基底检验合格后应及时封底。排水下沉时,如渗水的上升速度不大于6 mm/min可采用普通混凝土封底;否则宜用水下混凝土封底。若沉井面积大,可采用多导管先外后内、先低后高依次浇筑。封底一般为素混凝土,但必须与地基紧密结合,不得存在有害的夹层、夹缝等。

9. 井孔填充和顶板浇筑

封底混凝土达设计强度后可排干井孔中的水并填充井孔。如井孔中不填充或仅填砾石等散体材料,则井顶应浇筑钢筋混凝土顶板以支承上部结构,顶板的浇筑应保持无水施工。然后修建井上构筑物,并随后拆除临时性的井顶围堰。

6.3.2 沉井施工的技术特点

按不同的分类方法设计的各种类型沉井,其共同的技术特点如下:

(1)沉井在结构制作阶段只是施工过程的中间阶段,不是最后的稳定状态,这是与任何其他类型的工程结构和建筑所不同的。有的沉井面积达到数千平方米,数十米高,上千立方米混凝土,重量上万吨,其尺寸及体量使任何工程技术人员不得不把它当成永久性的建筑结构来考虑,施工方法又必须考虑制作完成以后还要下沉的特点,有时候下沉和制作还要交替进行。

(2)沉井从开始下沉直到封底完成之前,整个施工过程都处于运动的不稳定状态之中,而影响运动的因素又十分复杂,既有结构本身的体型尺寸、重量、构造特征因素,又有外部环境的地形地貌、工程地质、水文地质条件因素,还有施工作业的方法措施、施工程序、控制手段等,这些因素综合影响的结果,决定了沉井能否顺利下沉到预定的位置,进行封底。

因此,由上述两个技术特点引出了沉井施工区别于其他工程施工的几个必须注意的问题。

(1)设计必须考虑施工,成了更加突出的原则。

因为沉井建成以后埋置于地下,建筑物的美观功能几乎可以不用考虑,除了满足使用功能要求以外,沉井设计的许多方面如三维尺寸的确定、结构布置形式、各种工况条件下的受力荷载和结构计算、局部构造处理等都是由施工决定的。

(2)施工过程的复杂性,决定了施工手段的多样性。

沉井制作过程是过渡的,下沉过程是动态的,这造成了沉井施工比其他地面和地下工程施工更为复杂,因此必须在多种施工手段中进行合理选择和优化,才能少走弯路和更加经济。例如,是原位制作还是异地制作,是一次制作还是分节制作,是排水下沉还是不排水下沉,是干封底还是水下封底等等。

(3)施工外部条件的不确定性,使施工过程的监测和控制及应变对策成为成功实施的关键。

由于勘测报告提供的工程地质和水文地质条件不够精确、详尽,导致施工中常常出现偏离预计目标的情况,如应该下沉时阻滞不动,应该稳定时突然下沉,或者下沉过程中出现偏斜,下沉不到位或超过设计深度等。因此施工过程的监控及应变对策十分关键。

6.3.3　沉井下沉时常见问题及处理方法

在沉井的下沉施工中,可能会发生一些影响井筒顺利下沉的问题,主要有:

1. 井筒倾斜和偏移

下沉中井筒倾斜和偏移是经常发生的,因此要加强观测,如发现有明显倾斜或偏移,应查明原因,及时纠正。

(1)纠正倾斜的办法。一般来讲,当井筒倾斜时,可以采用在刃脚较高的一侧进行偏挖和在井顶压重或施加水平力等办法纠正。

(2)纠正偏移的方法。一般采用先偏挖或在一侧刃脚下支垫,造成井筒向偏移方向倾斜,然后均匀挖土,使井筒沿倾斜方向下沉至底面中心接近设计位置时,再按纠正倾斜的方法使井筒扶正。

2. 突沉问题

多发生于软土地区,可通过控制均匀挖土和减小挖土深度解决。

3. 刃脚下遇障碍物

下沉中如刃脚下遇到大孤石、大树干、铁件、胶结层等障碍物时必须予以清除。对大孤石和胶结层可以采用爆破排除。不排水下沉时,需由潜水员进行水下作业。

4. 井壁上的摩擦力过大

当沉井由于井壁上的摩擦力过大而难以下沉时,可以采用下述处理方法:

(1)在井顶压重或提前接筑下一节井筒,以增大沉井的下沉能力;

(2)当不排水下沉时,可适当地抽水以减小井筒所受浮力;

(3)使用预埋的射水管路或在井壁与土层之间插入射水管,用高压射水的方法减小摩擦力;

(4)如能预先估计到下沉困难,则可利用泥浆套或空气幕等方法减小井壁的摩擦力。

泥浆套法如图 6-12(a)所示,下沉时通过预埋的管路把特制的泥浆泵入井壁与土层之间,在井筒四周形成泥浆套,使土层对井壁的摩擦变成泥浆对井壁的摩擦,从而减小井壁上的摩擦力。

空气幕法是在井壁上按一定的间距设置若干气龛[图 6-12(b)],在每个气龛底钻一小孔,使其与预埋在井壁内的管路系统相连通。下沉时向管路系统输送压缩空气,高压气流从气龛底的小孔喷出并沿井壁外表上升,在井筒周围形成空气幕,同时借助于气流的冲击力使井筒周围的土体松动或液化以达到减小摩擦力的目的。

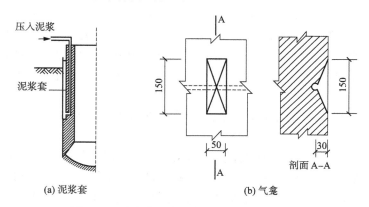

图 6-12　减小井壁摩阻力的方法(单位:mm)

6.4　沉井基础设计与计算

在设计沉井基础之前,应掌握以下有关资料:

(1)上部结构、墩台类型及尺寸和基础的设计荷载。

(2)水文和地质资料包括设计水位、施工水位和冲刷线的高程,或地下水位的高程;地质和土层情况,土的物理力学性质,有无障碍物等。

沉井既是建筑物的基础,又是施工过程中挡土、挡水的结构物,因此,其设计计算需包括以下两个方面的内容:

(1)沉井作为深基础应按基础的使用要求进行设计及检算,即运营期检算。

(2)在施工过程中沉井所受的外力及结构强度的设计计算,即施工过程检算。主要包括:①沉井的下沉能力计算;②底节沉井竖向挠曲计算;③沉井井壁及刃脚强度计算;④混凝土封底及沉井盖板计算等。

沉井设计流程如图 6-13 所示。

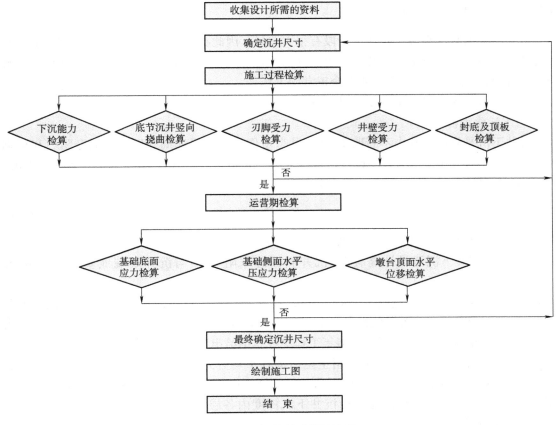

图 6-13　沉井基础设计流程

6.4.1　沉井尺寸的确定

根据上部结构的特点、设计荷载的大小和性质、水文和地质情况等,结合沉井的构造要求和施工方法,依次拟定沉井各部分的尺寸,具体步骤如下:

(1)根据上部结构(或内部空间)建筑要求,沉井须具有一定平面尺寸,另外沉井制作施工应有一定富裕度,这是因为下沉可能产生位置和垂直度偏差。综合以上因素后,可以确定沉井的平面形状和尺寸。

(2)平面尺寸确定后,在符合最小埋置深度和空间使用的要求下选择持力层,确定沉井作为基础的底部位置。一般要求沉井底部不宜放在土层变化的交互区内,应放置在符合强度要求、稳定、均匀的土层内。

(3)根据沉井位置的水(土)压力及土对井壁的摩擦力,估算沉井井壁的厚度、受力构造部分的截面尺寸,具体的构造要求可参考 6.2.2 节"沉井构造"。

(4)估算封底及顶板的厚度。

沉井尺寸的初拟对于缺乏工程经验的初学者来说比较困难,一种较好的方法是采用工程类比法,即参照工程地质条件及工程规模接近的类似工程初步拟定尺寸,然后通过后期的检算进行调整和修正,如此往复几次,就可积累一定的经验。

6.4.2 施工过程中的检算

沉井的受力状况在施工及使用阶段有很大差异。因此在沉井设计时必须了解和确定它们各自的最不利受力状态,拟定出相应的计算图式,然后计算截面内力和应力并进行必要的配筋,以保证沉井结构在各阶段均能安全正常的工作。

沉井结构在施工过程中主要需进行下列检算。

1. 下沉能力检算

沉井下沉是靠在井孔内不断取土,在沉井自重作用下克服四周井壁与土的摩阻力和刃脚底面土的阻力而实现的,所以在设计时应首先确定沉井在自身重力作用下是否能顺利下沉。在设计时,可按下沉系数 K 进行检算,即

$$K = \frac{Q}{R} \tag{6-1}$$

式中 Q——沉井自重,不排水下沉时应扣除浮力;

R——沉井下沉至设计高程时,沉井侧面总摩阻力 R_f 与沉井底端地基总反力 R_r 的总和;

K——下沉系数,其值应在 1.15~1.25 之间,强度较高土中取较大值,强度较低土中取较小值。下沉系数存在一个合理的范围,其原因是该值太小则下沉困难,若太大容易发生突沉风险,经多年工程实践总结给出了该取值范围。

沉井侧面总摩阻力 R_f 计算可采用土阻力加权平均方式,即假设距地面 5 m 深度范围内单位面积摩阻力按三角形分布,其下为常数,如图 6-14 所示。平均摩阻力 q_m 可由沉井下沉深度内各层土摩阻力按土层厚度加权平均求得。

$$R_f = u(h_E - 2.5)q_m \tag{6-2}$$

$$q_m = \frac{\sum q_i l_i}{\sum l_i} \tag{6-3}$$

式中 u——沉井周长(m);

h_E——沉井入土深度(m);

l_i——沉井入土范围内各层土厚度(m);

q_i——沉井入土范围内各层土的摩阻力(kPa),该值应根据实践经验或试验资料确定,缺乏上述资料时,可根据土的性质和施工措施按表 6-1 选用。

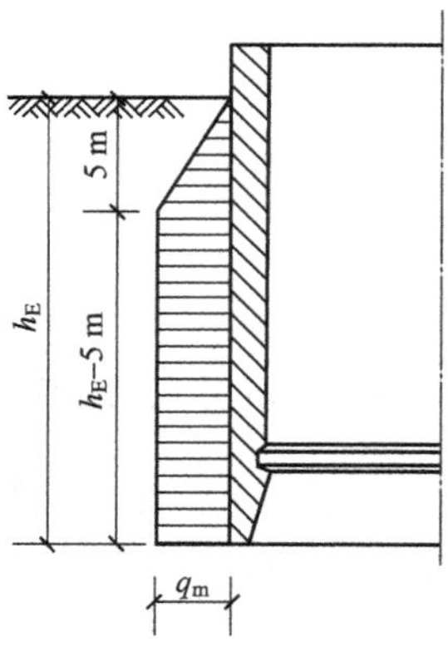

沉井底端地基总反力 R_r 主要为刃脚踏面的正面阻力,其值等于刃脚踏面总面积与地基土极限承载力之积。

当不能满足上述要求时,可采用加大井壁厚度或调整取土井尺寸、改用排水下沉或部分排水下沉、添加压重或射水助沉、泥浆套或空气幕等措施。

图 6-14　侧壁摩阻力分布曲线

表 6-1　井壁与土体间的摩阻力

土的名称	土与井壁的摩阻力 q/kPa
黏性土	25~50
砂性土	12~25
卵石土	15~30
砾石土	15~20
软土	10~12
泥浆套	3~5

【例 6-1】某矩形沉井如图 6-15 所示,长 20 m,宽 18 m,高 16 m,井壁厚度 0.8 m。设横隔墙一道,宽 18.4 m,高 13.5 m,厚 0.5 m;竖隔墙两道,宽 16.4 m,高 13.5 m,厚 0.5 m。墙体混凝土圬工重度取 25 kN/m³。刃脚踏面宽度为0.2 m。

在黏性土中采取排水下沉干封底,设井壁平均摩阻力为 22 kPa,井底地基土极限承载力为 300 kPa,试计算沉井下沉到设计高程处(深 15.5 m)的下沉系数 K。

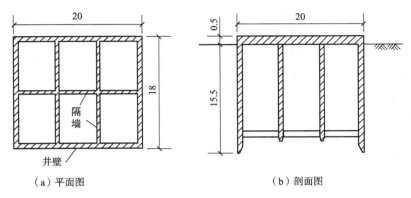

（a）平面图　　　　　　　　　　　（b）剖面图

图 6-15　沉井结构示意图(单位:m)

【解】(1)沉井自重　　　　　$Q = 23\ 296 + 8\ 471 = 31\ 767$ kN

①沉井井壁(外墙)重量为

$$(20 + 18 - 1.6) \times 2 \times 0.8 \times 16 \times 25 = 23\ 296 \text{ kN}$$

②三道隔墙重量为

$$(18.4 + 16.4 \times 2 - 1) \times 0.5 \times 13.5 \times 25 = 8\ 471 \text{ kN}$$

(2)沉井外墙侧面总摩擦力 R_f 为

$$R_f = (20 + 18) \times 2 \times (15.5 - 2.5) \times 22 = 21\ 736 \text{ kN}$$

(3)刃脚踏面正面阻力 R_r 为

$$R_r = (19.8 + 17.8) \times 2 \times 0.2 \times 300 = 4\ 512 \text{ kN}$$

(4)沉井下沉系数 K 为

$$K = \frac{Q}{R_f + R_r} = \frac{31\ 767}{21\ 736 + 4\ 512} = 1.21(\text{满足要求 } 1.15 \sim 1.25)$$

2. 沉井底节检算

底节沉井在抽垫及挖土下沉过程中,沉井刃脚下的支承可能只有个别孤立点,因此其自重将导致井壁产生较大的竖向挠曲应力。所以应根据不同的支承情况进行井壁的强度验算。若挠曲应力大于沉井材料纵向抗拉强度,应增加底节沉井高度或在井壁内设置水平向钢筋,防止沉井竖向开裂。本项计算可根据施工方法的不同考虑如图 6-16 所示的几种典型支承情况。

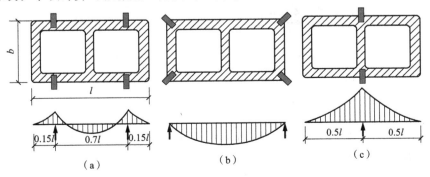

（a）　　　　　　　　　（b）　　　　　　　　　（c）

图 6-16　底节沉井支点布置示意图

（1）排水挖土下沉

当排水挖土下沉时，沉井的支承位置可以控制在受力最有利的位置。对于矩形或圆端形沉井，当其长边大于 1.5 倍短边时，支承点可设于长边，两支点的间距可取 $(0.6 \sim 0.8)l$，一般取 0.7 倍边长［图 6-16(a)］，以使支承处产生的负弯矩与长边中点处产生的正弯矩绝对值大致相等，并按此条件验算沉井自重所引起的井壁顶部或底部混凝土的抗拉强度；圆形沉井的四个支点可布置在圆形的四个等分点处。

（2）不排水挖土下沉

当不排水挖土下沉时，因无法控制支点位置，应按下沉过程中可能出现的最不利支承情况进行计算。对矩形和圆端形沉井，因挖土不均将导致沉井支承于四角［图 6-16(b)］，沉井的受力可看成为一简支梁，其跨中的弯矩为最大值；沉井也可能因孤石等障碍物的作用而支承于中部［图 6-16(c)］，其受力可看作为悬臂梁，支点处的弯矩为最大值；圆形沉井则可能被支承于直径上的两个端点处。

若底节沉井的隔墙跨度较大，还需验算隔墙的抗拉强度。其最不利的受力情况是刃脚下的土已挖空，上节沉井刚浇筑而未凝固，此时隔墙成为两端支承在井壁上的梁（按简支考虑），承受两节沉井隔墙和模板等重量。若底节隔墙的强度不够，可考虑布置水平钢筋或在墙下夯填粗砂以承受荷载。

3. 刃脚受力检算

沉井在下沉过程中，刃脚受力较为复杂，为简化起见，一般按竖向和水平向分别计算。竖向分析时，近似地将刃脚看作是固定于刃脚根部井壁处的悬臂梁（图 6-17），在不同工况时刃脚可能向外或向内挠曲；在水平面上，则视刃脚为一封闭的框架（图 6-18），在水、土压力作用下在水平面内发生弯曲变形。

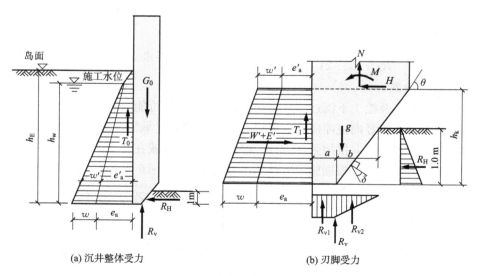

(a) 沉井整体受力　　　　(b) 刃脚受力

图 6-17　刃脚向外挠曲受力分析

因此，作用在刃脚侧面上的水平力将由两种不同的构件即悬臂梁和框架共同承担，也就是说，其中部分水平力竖向由刃脚根部承担（悬臂作用），部分由框架承担（框架作用）。按变形协调关系导得悬臂梁分配系数 α 和水平框架分配系数 β 分别为

$$\alpha = \frac{0.1 l_1^4}{h_k^4 + 0.05 l_1^4} \leqslant 1.0 \tag{6-4}$$

$$\beta = \frac{h_k^4}{h_k^4 + 0.05 l_2^4} \tag{6-5}$$

式中　l_1, l_2——支承于隔墙间的井壁最大和最小计算跨度；

　　　　h_k——刃脚斜面部分的高度。

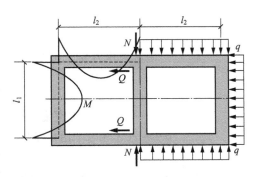

图 6-18　矩形沉井刃脚上的水平框架

上述分配系数仅适用于内隔墙底面距刃脚根部不超过 0.5 m，或虽大于 0.5 m 而有垂直埂肋的情况。否则全部水平力都由悬臂梁即刃脚承担（即 $\alpha = 1.0$）。

外力经上述分配后，即可将刃脚的受力分别按竖向悬臂梁和水平框架进行计算。

1）竖向受力分析

一般可取单位宽度井壁，将刃脚视为固定在井壁上的悬臂梁，分别按刃脚向内和向外挠曲两种最不利情况分析。

（1）向外挠曲

沉井下沉过程中，应根据沉井接高等具体情况，取最不利位置，按刃脚内侧切入土中 1.0 m，检算刃脚向外挠曲强度。此时，作用在井壁上的土压力和水压力根据下沉时的具体情况确定，作用在井壁外侧的计算摩阻力不得大于 0.5E（E 为井壁所受的主动土压力）。

其最不利位置可以这样来分析：刃脚向外的弯矩由刃脚下土的反力所产生，当它比外侧压力产生的向内的最大弯矩大时，就是最不利位置。例如，对于分节浇注一次下沉的沉井一般就是刚开始下沉，刃脚切入土中一定深度（取为 1 m）为最不利位置。而对于分节浇注逐节下沉的沉井，当整个沉井浇筑完毕时，刃脚下的土的反力无疑达到最大，但这时外侧的土压力和水压力也已很大，两者抵消后，刃脚的向外弯矩不一定是最大。所以，这种情况下产生最大向外弯矩的最不利位置可能是下沉过程中刚浇筑完某一节沉井开始继续下沉时。可根据具体的水文地质情况和施工方法等选择几个情况进行比较分析，以求出刃脚的最大向外弯矩。

作用在刃脚高度范围内的外力如图 6-17 所示，有以下几种。

① 外侧的土、水压力合力（$W' + E'$）

$$W' + E' = \frac{p'_{e+w} + p_{e+w}}{2} h_k \tag{6-6}$$

式中　p'_{e+w}——刃脚外侧根部处的土、水压力强度之和，$p'_{e+w} = e'_a + w'$；

　　　　p_{e+w}——刃脚外侧底面处的土、水压力强度之和，$p_{e+w} = e_a + w$；

　　　　h_k——刃脚斜面高度。

$W' + E'$ 的作用点位置（离刃脚根部的距离）为

$$y = \frac{h_k}{3} \frac{2 p'_{e+w} + p_{e+w}}{p'_{e+w} + p_{e+w}} \tag{6-7}$$

地面下某深度处刃脚承受的土压力强度 e 可按朗肯主动土压力公式计算（取土体浮重度）；水压力强度 w 应根据具体施工情况和土质条件进行计算，砂性土按 100% 考虑，黏性土在施工阶段按 70% 考虑，使用阶段按 100% 考虑。

② 土的竖向反力 R_v

$$R_v = G_0 - T_0 \tag{6-8}$$

式中　G_0——沿井壁周长单位宽度上沉井的自重(为安全计,把内隔墙的重量也分配到外壁上,即 G_0 等于沉井重量除以沉井周边长度),水下部分应考虑水的浮力;

　　T_0——单位宽度井壁上的总摩阻力,取下两式中的较小者,目的是使反力 R_v 为最大值:

$$T_0 = q \cdot h_E \cdot 1 \tag{6-9}$$

或　　　　　　　　　　$$T_0 = 0.5E \tag{6-10}$$

　　其中　E——作用在单位宽度井壁上的主动总土压力(按浮重度计算),

　　　　q——土与井壁间的摩阻力,可参考表 6-1 的规定,

　　　　h_E——沉井入土深度。

若将 R_v 分解为作用在踏面下的竖向土反力 R_{v1} 和刃脚斜面下的竖向土反力 R_{v2},且假定 R_{v1} 为均匀分布,R_{v2} 和水平反力 R_H 均呈三角形分布,如图 6-17 所示,则根据力的平衡条件可导得各反力值为

$$R_{v1} = \frac{2a}{2a+b} R_v \tag{6-11}$$

$$R_{v2} = \frac{b}{2a+b} R_v \tag{6-12}$$

$$R_H = R_{v2} \tan(\theta - \delta) \tag{6-13}$$

式中　a——刃脚踏面宽度;

　　　b——切入土中部分的刃脚斜面的水平投影长度;

　　　θ——刃角斜面的倾角;

　　　δ——土与刃脚斜面间的摩擦角,一般可取 $\delta = \varphi$,φ 为土体内摩擦角。

③ 刃脚外侧高度上的摩阻力 T_1

$$T_1 = q \cdot h_k \tag{6-14}$$

或　　　　　　　　　　$$T_1 = 0.5E' \tag{6-15}$$

式中　E'——刃脚外侧的主动土压力合力(按浮重度计算),$E' = (e_a + e'_a)h_k/2$。

计算时应使刃脚的向外弯矩为最大,故刃脚外侧高度上的摩阻力取上两式中的较大值。

④ 刃脚单位宽度自重 g

$$g = \frac{\lambda + a}{2} h_k \gamma_k \tag{6-16}$$

式中　λ——井壁厚度;

　　　γ_k——刃脚的重度,不排水施工时应扣除浮力。

求出以上各力的数值、方向及作用点后,根据图 6-17 所示的几何关系可求得各力对刃脚根部中心轴的力臂,从而求得总弯矩 M、竖向力 N 及剪力 Q,值得注意的是刃脚部分各水平力均应按规定考虑分配系数 α。求得 M、N 及 Q 后就可验算刃脚根部应力,并计算出刃脚内侧所需的竖向钢筋用量。一般刃脚钢筋的截面积不宜小于刃脚根部截面积的 0.1%,且竖向钢筋应伸入根部以上 $0.5l_1$(l_1 为沉井井壁的最大计算跨径)。

(2)向内挠曲

刃脚向内挠曲计算所取的最不利位置是沉井已下沉至设计高程,刃脚下土体已挖除而尚未浇筑封底混凝土(图 6-19),此时可将刃脚视为固定在井壁上的悬臂梁,以此计算其所受的最大弯矩。

作用在刃脚上的力有刃脚外侧的土压力、水压力、摩擦力以及刃脚本身的重力。各力的计算方法同前。但计算水压力时应注意实际施工情况,为偏于安全,当不排水下沉时,井壁外侧

的水压力以 100% 计算,内侧水压力取 50%,也可按施工中可能出现的水头差计算;若采用排水下沉,不透水土取静水压力的 70%,透水土按 100% 计算。

计算所得的各水平外力同样应考虑分配系数 α。再由外力计算出对刃脚根部中心的弯矩、竖向力及剪力,以此求得刃脚外壁钢筋用量。其配筋构造要求与向外挠曲相同。

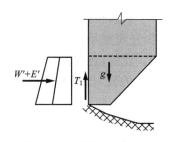

图 6-19 刃脚向内挠曲受力分析

2)水平受力计算

当沉井下沉至设计高程,刃脚下土已被掏空时,刃脚将受到最大的水平力。图 6-19 表示刃脚上沿井壁水平方向截取的单位高度水平框架,作用于刃脚上的外力与计算刃脚向内挠曲时一样,且所有水平力应乘以分配系数 β,由此可计算出水平框架上各断面上的内力。

对不同形式框架的内力可按一般结构力学方法计算。作用在矩形沉井上的最大弯矩 M、轴向力 N 及剪力 Q 可按下列近似公式计算:

$$M = \frac{ql_1^2}{16} \tag{6-17}$$

$$N = \frac{ql_2}{2} \tag{6-18}$$

$$Q = \frac{ql_1}{2} \tag{6-19}$$

根据以上计算的 M、N 和 Q,设计刃脚内的水平钢筋。为便于施工,不必按正负弯矩将钢筋弯起,可按正负弯矩的需要布置成内、外两圈。

4. 沉井井壁检算

(1)沉井井壁竖向检算

沉井下沉过程中,刃脚下的土挖空时,若上部井壁摩阻力较大可能将沉井箍住,由此在井壁内产生因自重引起的竖向拉应力。若假定作用于井壁的摩阻力呈倒三角形分布(图 6-20),沉井的自重为 G,入土深度为 h,则可导得排水下沉时距刃脚底面 x 高度处的截面总拉力 S_x 为

$$S_x = \frac{Gx}{h} - \frac{Gx^2}{h^2} \tag{6-20}$$

为求得最大拉应力,可令 $\dfrac{\mathrm{d}S_x}{\mathrm{d}x} = 0$,即

$$\frac{\mathrm{d}S_x}{\mathrm{d}x} = \frac{G}{h} - \frac{2Gx}{h^2} = 0$$

解得

$$x = \frac{1}{2}h$$

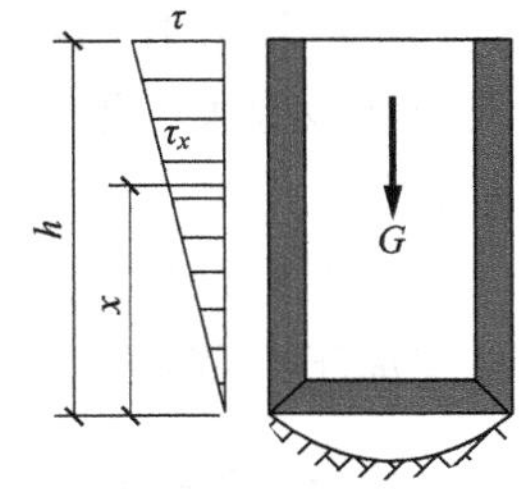

图 6-20 井壁摩阻力分布

$$S_{\max} = \frac{G}{h} \cdot \frac{h}{2} - \frac{G}{h^2} \cdot \left(\frac{h}{2}\right)^2 = \frac{1}{4}G \tag{6-21}$$

若沉井很高,各节沉井接缝处混凝土的拉应力可考虑由接缝钢筋承受,并按接缝钢筋所在位置发生的拉应力设置。钢筋的应力应小于 0.75 倍钢筋强度标准值,并须验算钢筋的锚固长度。采用泥浆下沉的沉井,在泥浆套内不会出现箍住现象,井壁也不会因自重而产生拉应力。

(2)沉井井壁水平框架计算

当沉井沉至设计高程,刃脚下土已挖除而尚未封底时,井壁承受的土、水压力为最大,此时应按水平框架分析内力,验算井壁材料强度,其计算方法与刃脚框架计算相同。

刀脚根部以上高度等于井壁厚度的一段井壁（图 6-21），除承受作用于该段的土、水压力外，还考虑承受由刀脚悬臂作用传来的水平剪力（即刀脚内挠时受到的水平外力乘以分配系数 α）。此外，还应验算每节沉井最下端处单位高度井壁作为水平框架时的强度，并以此控制该节沉井的设计，但作用于井壁框架上的水平外力仅考虑土压力和水压力，且不需乘以分配系数 β。

采用泥浆套下沉的沉井，若台阶以上的泥浆压力（即泥浆相对密度乘泥浆高度）大于上述土、水压力之和，则井壁压力应按泥浆压力计算。采用空气幕下沉的沉井，井壁压力与普通沉井计算相同。

5. 封底及顶板检算

（1）封底混凝土

封底混凝土厚度取决于基底承受的反力。作用于封底混凝土的竖向反力有两种：① 封底后封底混凝土需承受基底的水和土的向上反力；② 空心沉井使用阶段封底混凝土需承受沉井基础所有最不利荷载组合引起的基底反力，若井孔内填砂或有水时可扣除其重量。

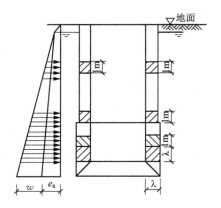

图 6-21　井壁框架受力示意图

封底混凝土的厚度一般较大，可按下述方法计算后取其控制者，一般不宜小于 1.5 倍井孔直径或短边边长。

① 按受弯计算。将封底混凝土视为支承在凹槽或隔墙底面和刀脚上的底板，按周边支承的双向板（矩形或圆端形沉井）或圆板（圆形沉井）计算，底板与井壁的连接一般按简支考虑，当连接可靠（由井壁内预留钢筋连接等）时，也可按弹性固定考虑。要求计算所得的弯曲拉应力小于混凝土的弯曲抗拉设计强度，具体计算可参考有关设计手册。

② 按受剪计算。即计算封底混凝土承受基底反力后是否存在沿井孔周边剪断的可能性。若剪应力超过其抗剪强度则应加大封底混凝土的受剪面积。

（2）顶板

空心或井孔内填以砂砾石的沉井，井顶必须浇筑钢筋混凝土顶板，用以支承上部结构荷载。顶板厚度一般预先拟定再进行配筋计算，计算时按承受最不利均布荷载的双向板或圆板考虑。

当上部结构的底平面全部位于井孔内时，还应验算顶板的剪应力和井壁的支承压力；若部分支承于井壁上则不需进行顶板的剪力验算，但需进行井壁的压应力验算。

6.4.3　使用条件下的检算

沉井作为整体深基础，在使用过程中根据埋置深度不同分别采用以下两类方法进行检算。当沉井埋深在最大冲刷线以下较浅（仅数米）时，可不考虑基础侧面土的横向抗力，按一般浅基础计算，其结果偏于安全；当埋深较大时，沉井周围土体对沉井的约束作用不可忽视，此时在验算地基应力、变形及沉井的稳定性时，应考虑基础侧面土体的弹性抗力影响，按刚性桩（$\alpha h \leqslant 2.5$）计算沉井的内力和土的抗力。以下主要讨论考虑基础侧面土体的弹性抗力影响时的计算方法。

1. 置于非岩石地基上(包括支立于岩石风化层内和支立于岩层面上)

如图 6-22 所示,沉井底平面以上的竖向力为 N,地面或局部冲刷线处的水平力为 H,力矩为 M。在 H 和 M 作用下,沉井将发生转动。设其转动轴通过桩轴(即 y 轴)上的 a 点并垂直于 xy 平面,转角为 ω。于是,在 y 深处沉井的横向位移:

$$x_y = (y_0 - y)\tan\omega \approx (y_0 - y)\omega \tag{6-22}$$

式中 y_0——a 点的深度,如图 6-22 所示。

设横向地基系数随深度的增加线性增加,其比例系数为 m,则 y 深处基础侧面水平压应力为

$$\sigma_x = (y_0 - y)\omega m y \tag{6-23}$$

可见,σ_x 随深度呈二次抛物线分布。

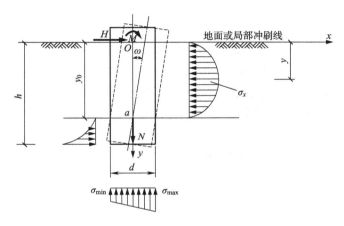

图 6-22 基底持力层为土层或风化基岩时的沉井

由于把沉井看成刚性的,沉井转动 ω 角时,其底面也转动 ω 角,引起的基底反力大小可根据基底竖向位移和地基系数求得。截面直径或边宽为 d 的沉井,其底面转动引起的边缘竖向位移为 $\pm\omega d/2$,相应的基底反力为

$$\begin{matrix}\sigma_{\max}\\\sigma_{\min}\end{matrix} = \pm\frac{1}{2}\omega\, d C_0 \tag{6-24}$$

在基底上该反力同转动引起的竖向位移一样为线性分布。

沉井转动时,其侧面和底面还有摩阻力作用,忽略这些摩阻力,根据图 6-22 由静力平衡条件 $\sum F_x = 0$ 和 $\sum M_a = 0$ 得

$$H = \int_0^h b_0\sigma_y \mathrm{d}y = \frac{1}{6}b_0 m h^2(3y_0 - 2h)\omega \tag{6-25}$$

$$Hy_0 + M = \int_0^h b_0\sigma_y(y_0 - y)\mathrm{d}y + M_h = \frac{1}{12}b_0 m h^2(6y_0{}^2 - 8y_0 h + 3h^2)\omega + M_h \tag{6-26}$$

式中,M_h 为井底弯矩,若井底截面模量为 W,基础底面处的竖向地基系数为 C_0,则由

$$\sigma_{\max} = \frac{M_h}{W} = \frac{1}{2}\omega d C_0 \quad 得 \quad M_h = \frac{1}{2}W\omega d C_0 \tag{6-27}$$

将式(6-27)的 M_h 代入式(6-26),然后与式(6-25)联立,可求得 ω 和 y_0 如下:

$$\omega = \frac{12(2Hh + 3M)}{mb_0 h^4 + 18WC_0 d} \tag{6-28}$$

$$y_0 = \frac{b_0 m h^3 (4M + 3Hh) + 6HC_0 dW}{2b_0 m h^2 (3M + 2Hh)} \qquad (6\text{-}29)$$

沿深度取脱离体,可求得 y 深度处沉井截面的弯矩:

$$M_y = M + y \left[H - \frac{b_0 \omega m y^2}{12} (2y_0 - y) \right] \qquad (6\text{-}30)$$

该弯矩是横向荷载使井底转动引起的,当横向力与竖向力 N 共同作用时则为

$$\begin{matrix} \sigma_{max} \\ \sigma_{min} \end{matrix} = \frac{N}{A_h} \pm \frac{1}{2} \omega d C_0 \qquad (6\text{-}31)$$

式中 A_h——基底面积。

y 深处的剪力 Q_y 也可求得。但沉井横截面积通常较大,抗剪强度一般能满足要求,故一般不需计算 Q_y。

2. 沉井下端嵌入岩层

当沉井下端嵌入岩层,但入岩不深时,在横向荷载作用下,可假定沉井整体转动时的转动轴通过井底中心点 a 而与 xy 平面垂直,并取 a 点的 y 坐标 $y_0 \approx h$。岩面以下沉井侧面的横向抗力 P,因其作用线距 a 点很近,它对 a 点的力矩可忽略不计(图 6-23)。这样,覆盖层内 y 深处的基础侧面水平压应力 σ_x 可由式(6-23)得

$$\sigma_x = (h - y) \omega m y \qquad (6\text{-}32)$$

井底转动引起的反力 σ_{max} 和 σ_{min} 同前。

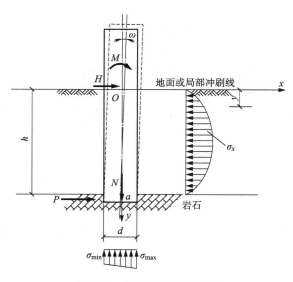

图 6-23 嵌入岩层内的沉井

根据上述,沉井的转角 ω 和 y 深处桩截面的弯矩,可以令 $y_0 = h$ 而分别由式(6-26)和式(6-30)得

$$\omega = \frac{12(M + Hh)}{b_0 m h^4 + 6C_0 dW} \qquad (6\text{-}33)$$

$$M_y = M + y \left[H - b_0 \omega \frac{m y^2}{12} (2h - y) \right] \qquad (6\text{-}34)$$

岩面以下的横向抗力 P 可由静力平衡条件 $\sum F_x = 0$ 求得

$$P = \frac{1}{6} b_0 m \omega h^3 - H \tag{6-35}$$

若算出的 P 为负值,则其方向与图 6-23 所示者相反,应作用在沉井的另一侧。

井底竖向压力的计算与式(6-31)相同。

3. 验算

(1)基底应力

要求计算所得的最大压应力不应超过沉井底面处土的地基容许承载力,详见《铁路桥涵地基和基础设计规范》(TB 10093—2017),即

$$\sigma_{\max} \leqslant [\sigma] \tag{6-36}$$

(2)基础侧面水平压应力

上述公式计算的基础侧面水平压应力 σ_x 值应小于沉井侧面土的极限抗力值 $[\sigma_x]$,否则不能计入井周土体侧向抗力。计算时可认为基础在外力作用下产生位移时,深度 y 处基础一侧产生主动土压力 E_a,而被挤压侧受到被动土压力 E_p 作用,因此基础侧面水平压应力验算公式为

$$\sigma_x \leqslant [\sigma_x] = E_p - E_a \tag{6-37}$$

由朗肯土压力理论可导得

$$\sigma_x \leqslant \gamma y (K_p - K_a) + 2c(\sqrt{K_p} + \sqrt{K_a}) \tag{6-38}$$

考虑到桥梁结构性质和荷载情况,且经验表明最大的横向抗力大致在 $y = h/3$ 和 $y = h$ 处,以此代入式(6-38),即

$$\sigma_{\frac{h}{3}} \leqslant \eta_1 \eta_2 \left\{ \gamma \frac{h}{3} (\eta K_p - K_a) + 2c(\eta \sqrt{K_p} + \sqrt{K_a}) \right\} \tag{6-39}$$

$$\sigma_h \leqslant \eta_1 \eta_2 \left\{ \gamma h (\eta K_p - K_a) + 2c(\eta \sqrt{K_p} + \sqrt{K_a}) \right\} \tag{6-40}$$

式中 $\sigma_{\frac{h}{3}}$, σ_h——相应于 $y = \frac{h}{3}$ 和 $y = h$ 深度处土的水平压应力(kPa);

γ——土的重度(有水时,取浮重度)(kN/m³);

c——土的黏聚力(kPa);

η_1——取决于上部结构形式的系数,一般取 $\eta_1 = 1$,对于超静定推力拱桥 $\eta_1 = 0.7$;

η_2——考虑恒载产生的弯矩 M_n 对全部荷载产生的总弯矩 M_m 的影响系数,即

$$\eta_2 = 1 - 0.8 M_n / M_m$$

K_p——被动土压力系数,$K_p = \tan^2(45° + \varphi/2)$;

K_a——主动土压力系数,$K_a = \tan^2(45° - \varphi/2)$;

η——系数,$\eta = b_0 / b$,b_0 为基础侧面土的抗力计算宽度,b 为基础的实际宽度;

φ——土的内摩擦角。

(3)墩台顶面水平位移验算

基础在水平力和力矩作用下,墩台顶水平位移 δ 由地面处水平位移 $y_0 \tan \omega$、地面(或局部冲刷线)至墩台顶高度 l 范围内水平位移 $l \tan \omega$ 及墩身弹性挠曲变形在 l 范围内引起的墩台顶水平位移 δ_0 三部分所组成。

$$\delta = y_0 \tan \omega + l \tan \omega + \delta_0 \tag{6-41}$$

实际上基础的刚度并非无穷大,对墩台顶的水平位移必有影响。故通常采用系数 k_1 和 k_2 来反映实际刚度对地面处水平位移及转角的影响,其值可按表 6-2 查用。另外考虑到基础转

角一般很小,可取 $\tan\omega=\omega$。因此

$$\delta=k_1\omega y_0+k_2\omega l+\delta_0 \tag{6-42}$$

式中 y_0,对于支立于非岩石地基上的基础取旋转中心至地面或局部冲刷线的距离;对于嵌入岩石内的基础直接取为基础高度 h。

表 6-2　墩台顶水平位移修正系数

换算深度 αh	系数	λ/h				
		1	2	3	5	∞
1.6	k_1	1.0	1.0	1.0	1.0	1.0
	k_2	1.0	1.1	1.1	1.1	1.1
1.8	k_1	1.0	1.1	1.1	1.1	1.1
	k_2	1.1	1.2	1.2	1.2	1.2
2.0	k_1	1.1	1.1	1.1	1.1	1.1
	k_2	1.2	1.3	1.4	1.4	1.4
2.2	k_1	1.1	1.2	1.2	1.2	1.2
	k_2	1.2	1.5	1.6	1.6	1.7
2.4	k_1	1.1	1.2	1.3	1.3	1.3
	k_2	1.3	1.8	1.9	1.9	2.0
2.5	k_1	1.2	1.3	1.4	1.4	1.4
	k_2	1.4	1.9	2.1	2.2	2.3

注:表中 $\lambda=M_m/H$,H 为总水平外力,M_m 为全部外力对基础底面中心的总力矩。当 $\alpha h<1.6$ 时,$k_1=k_2=1.0$。

6.5　沉井基础设计算例

6.5.1　设计资料

(1)某铁路桥梁位于平坡直线地段,其中某圆端形桥墩的墩底截面宽 3.5 m,长 6.8 m,墩底高程为 -0.3 m,拟采用沉井基础,初步确定沉井的底高程为 -16.30 m。

(2)该桥墩墩址处河床高程 0.00 m,最低水位 0.40 m,施工水位 1.40 m,一般冲刷线高程 -1.0 m,局部冲刷线高程为 -4.00 m。

(3)墩址处土层资料如图 6-24 所示。沉井拟用筑岛施工,筑岛用砂夹卵石。

(4)墩底荷载见表 6-3(其余荷载组合检算从略)。

表 6-3　墩底设计荷载

荷载类型(纵向)	竖向力 N /kN	水平力 H /kN	力矩 M /kN·m
主力:双孔重载,低水位	16 033	0	350
主力+附加力:双孔重载,低水位	16 033	890	12 563.9

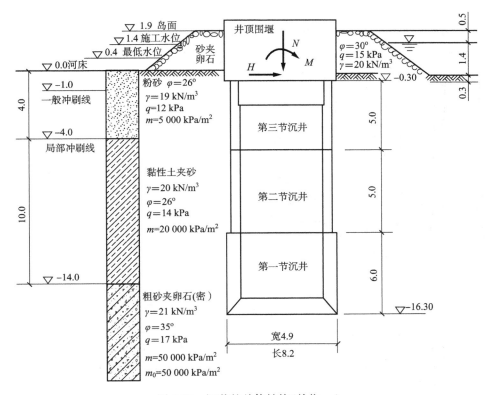

图 6-24　沉井的总体结构（单位:m）

6.5.2　沉井各部尺寸的拟定

按沉井施工和构造要求,将沉井分为三节,每节尺寸如图 6-24 所示,并暂拟定各部分尺寸如图 6-25 所示。采用钢筋混凝土沉井,底节混凝土用 C20,第二、三节沉井用 C15 混凝土。沉井沉至设计高程后,以水下混凝土封底,井孔中填以砂石,井顶采用钢筋混凝土盖板,厚 1.5 m。

6.5.3　基底应力和侧向压应力的检算

1. 基础自重

基础自重的计算结果列于表 6-4 中。

表 6-4　基础自重计算结果

顶盖重 Q_1	井孔中填砂石重 Q_2	封底混凝土重 Q_3	井壁自重 Q_4	不计浮力时基础自重 Q'	沉井基础所受浮力 Q''	计浮力时基础自重 Q
892.5 kN	2 561.8 kN	1 342.7 kN	9 203.8 kN	14 000.8 kN	6 090.8 kN	7 910 kN

2. 基础计算简图

计算时考虑土的弹性抗力,其简图如图 6-26 所示,将外力移至局部冲刷线处,得

$$N = 16\ 033\ \text{kN（未计入基础自重）}$$

$$H = 890\ \text{kN}$$

$$M_1 = 12\ 563.9 + 890 \times 3.7 = 15\ 857\ \text{kN·m}$$

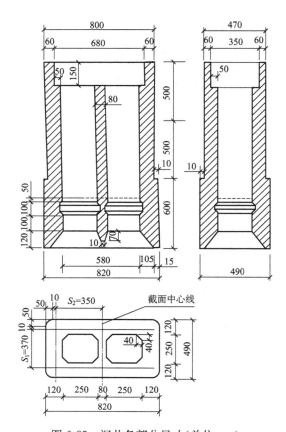

图 6-25　沉井各部分尺寸(单位:cm)

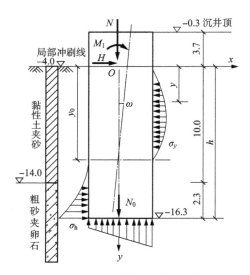

图 6-26　沉井的整体计算简图(单位:m)

3. 基础变形系数 α

$$m = \frac{m_1 h_1^2 + m_2(2h_1 + h_2)h_2}{h^2}$$

$$= \frac{200 \times 10^2 + 50\,000 \times (2 \times 10 + 2.3) \times 2.3}{12.3^2} = 30\,170.5 \text{ kPa/m}^2$$

$$E = 27.0 \times 10^6 \text{ kPa}(用底节沉井数据,以下同)$$

$$b_0 = b + 1 = 9.2 \text{ m}$$

$$I = \frac{1}{12} \times 8.3 \times 4.9^3 - 2 \times \frac{1}{12} \times 2.5 \times 2.5^3 - 4 \times \left[\frac{1}{36} \times 0.5 \times 0.5^3 + \frac{0.5^2}{2}\left(\frac{4.9}{2} - \frac{0.5}{3}\right)^2 \right] +$$

$$8 \times \left[\frac{1}{36} \times 0.4 \times 0.4^3 + \frac{0.4^2}{2} \times \left(\frac{2.5}{2} - \frac{0.4}{3}\right)^2 \right] = 72.07 \text{ m}^4$$

$$\alpha = \sqrt[5]{\frac{mb_0}{EI}} = \sqrt[5]{\frac{30\,170.5 \times 9.2}{27 \times 10^6 \times 0.8 \times 72.07}} = 0.178 \text{ m}^{-1}$$

$$\alpha h = 0.178 \times 12.3 = 2.19 < 2.5$$

故可按刚性基础计算。

4. 基底竖向压应力 $\sigma_{\max}$、$\sigma_{\min}$ 和侧面横向压应力 σ_x

基础的转角 ω:

$$\omega = \frac{12(3M + 2Hh)}{b_0 m h^4 + 18C_0 aW}$$

$$C_0 = m_0 h = 50\,000 \times 12.3 = 615\,000 \text{ kPa/m}$$

$$W = \frac{1}{2.45}\left\{\frac{8.2 \times 4.9^3}{12} - 4 \times \left[\frac{0.5 \times 0.5^3}{36} + \frac{0.5^2}{2}\left(\frac{4.9}{2} - \frac{0.5}{3}\right)^2\right]\right\} = \frac{77.78}{2.45} = 31.75 \text{ m}^3$$

所以
$$\omega = \frac{12(3 \times 15\,857 + 2 \times 890 \times 12.3)}{9.2 \times 30\,170.5 \times 12.3^4 + 18 \times 615\,000 \times 4.9 \times 31.75} = 1.032 \times 10^{-4}$$

基础旋转中心至局部冲刷线的距离 y_0 为

$$y_0 = \frac{b_0 m h^3(4M + 3Hh) + 6HC_0 aW}{2b_0 m h^2(3M + 2Hh)}$$

$$= \frac{9.2 \times 30\,170.5 \times 12.3^3(4 \times 15\,857 + 3 \times 890 \times 12.3) + 6 \times 890 \times 615\,000 \times 4.9 \times 31.75}{2 \times 9.2 \times 30\,170.5 \times 12.3^2(3 \times 15\,857 + 2 \times 890 \times 12.3)}$$

$$= 8.61 \text{ m}$$

(1)基底竖向压应力

$$\begin{array}{l}\sigma_{max}\\\sigma_{min}\end{array} = \frac{N+Q}{A} \pm C_0 \frac{a}{2}\omega = \frac{16\,033 + 7\,910}{4.9 \times 8.2 - 4 \times 0.5^2/2} \pm 615\,000 \times 2.45 \times 1.032 \times 10^{-4}$$

$$= 603.4 \pm 155.5 = \begin{array}{l}758.9\\447.9\end{array} \text{ kPa}$$

地基容许承载力 $[\sigma]$ 根据《铁路桥涵地基和基础设计规范》(TB 10093—2017)按下式计算：

$$[\sigma] = \sigma_0 + k_1\gamma_1(b-2) + k_2\gamma_2(h-3)$$

根据土层资料查得：$\sigma_0 = 550$ kPa，$k_1 = 4$，$k_2 = 6$，又 $b = 4.9$ m，由一般冲刷线算起的埋深 $h = -1 - (-16.3) = 15.3 < 4b$。

$$\gamma_1 = 21 - 10 = 11 \text{ kN/m}^3$$

$$\gamma_2 = \frac{9 \times 3.0 + 10 \times 10.0 + 11 \times 2.3}{3.0 + 10.0 + 2.3} = 10 \text{ kN/m}^3$$

所以
$$[\sigma] = 550 + 4 \times 11 \times (4.9 - 2) + 6 \times 10 \times (15.3 - 3) = 1\,415.6 \text{ kPa}$$

当主力+附加力时：
$$[\sigma]_{主+附} = 1.2[\sigma] = 1.2 \times 1\,415.6 = 1\,698.7 \text{ kPa}$$

所以
$$\sigma_{max} < 1.2[\sigma] \quad （可）$$

(2)侧面横向压应力 σ_x

通常只需检算 $y = h/3$ 和 $y = h$ 处的 σ_x 值。

①$y = h/3 = 12.3/3 = 4.1$m 处

$$\sigma_{h/3} = my(y_0 - y)\omega = 30\,170.5 \times 4.1 \times (8.61 - 4.1) \times 1.032 \times 10^{-4} = 57.57 \text{ kPa}$$

由式(6-39)知，横向容许压应力为：

$$\eta_1\eta_2[\gamma y(\eta K_p - K_a) + 2c(\eta\sqrt{K_p} + \sqrt{K_a})] \qquad ①$$

式中 η_1、η_2 均为 1.0，平均重度和平均内摩擦角计算如下：

$$\gamma = \frac{10 \times 10 + 11 \times 2.3}{12.3} = 10.2 \text{ kN/m}^3$$

$$\varphi = \frac{26° \times 10 + 35° \times 2.3}{12.3} = 27.7°$$

将已知数据代入式①中：

横向容许压应力$=10.2\times4.1\times\left[\dfrac{9.2}{8.2}\tan^2\left(45°+\dfrac{27.7°}{2}\right)-\tan^2\left(45°-\dfrac{27.7°}{2}\right)\right]$

$=113.2\text{ kPa}>\sigma_{h/3}$ （可）

② $y=h=12.3$ m处

$\sigma_h=30\ 170.5\times12.3\times(12.3-8.61)\times1.032\times10^{-4}=141.3$ kPa

横向容许压应力$=10.2\times12.3\times\left[\dfrac{9.2}{8.2}\tan^2\left(45°+\dfrac{27.7°}{2}\right)-\tan^2\left(45°-\dfrac{27.7°}{2}\right)\right]$

$=339.5\text{ kPa}>\sigma_h$ （可）

6.5.4 下沉能力检算

沉井自重$Q_4=9\ 203.8$ kN。沉井自身所受浮力由前计算已知,底节沉井体积为152.42 m³,上面两节体积为234.49 m³,故所受浮力为

$$(152.42+234.49)\times10=3\ 869.1\text{ kN}$$

土与井壁间的平均单位摩阻力q_m为

$$q_m=\frac{12\times3.7+14\times10.0+17\times2.3}{16}=13.97\text{ kPa}$$

井周所受总摩阻力R_f为

$$R_f=[(4.7+8.0)\times(10-2.5)+(4.9+8.2)\times6.0]\times2\times13.97=4\ 857.4\text{ kN}$$

底端阻力主要为刃脚踏面总正阻力R_r,刃脚踏面宽0.15 m,土的极限阻力为500 kPa(下沉至16 m),有

$$R_r=(8.05+4.75)\times2\times0.15\times500=1\ 920\text{ kN}$$

沉井下沉系数为:

排水下沉时 $$K=\frac{Q}{R_f+R_r}=\frac{9\ 203.8}{4\ 857.4+1\ 920}=1.36$$

偏大(1.15~1.25合适),完全排水下沉存在突沉的风险。

不排水下沉时 $$K=\frac{Q}{R_f+R_r}=\frac{9\ 203.8-3\ 869.1}{4857.4+1\ 920}=0.79$$

不满足要求,可考虑采用部分排水的方法。因而在计算施工过程中沉井所受外力时,须考虑此实际情况。当然,也可采用加压重或其他措施。

6.5.5 施工阶段的结构检算

1. 底节沉井的检算

底节沉井按不排水下沉检算,最不利支垫情况为支承于沉井四角和支承于长边中点。

(1)截面特性计算:底节高6 m,如图6-27所示。

截面积 $A=1.2\times6.0-0.5\times1.2\times1.05=6.57$ m²

形心轴位置$\overline{x}$、$\overline{y}$分别为

$$\overline{x}=\frac{1}{6.57}\left[1.20\times6.0\times\frac{1.2}{2}-\frac{1}{2}\times1.05\times1.2\times\left(1.2-\frac{1.05}{3}\right)\right]=0.576\text{ m}$$

$$\overline{y}=\frac{1}{6.57}\left[1.20\times6.0\times\frac{6.0}{2}-\frac{1}{2}\times1.05\times1.2\times\left(6.0-\frac{1.2}{3}\right)\right]=2.75\text{ m}$$

惯性矩
$$I_{x\text{-}x} = \frac{1}{3} \times 1.2 \times 2.75^3 + \frac{1}{3} \times 1.2 \times 3.25^3 - \left[\frac{1}{36} \times 1.05 \times 1.2^3 \right.$$
$$\left. + \frac{1}{2} \times 1.05 \times 1.2 \times \left(3.25 - \frac{1}{3} \times 1.2 \right)^2 \right] = 16.88 \text{ m}^4$$

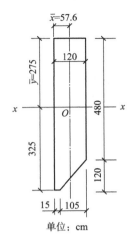

图 6-27 底节沉井的截面尺寸

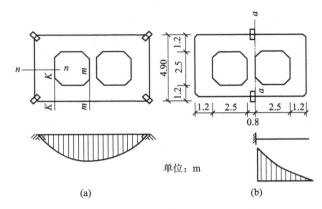

图 6-28 底节沉井的竖向挠曲计算简图

(2)底节沉井井壁沿周长每米重:
$$q_\text{w} = 6.57 \times 1.0 \times 25 = 164.3 \text{ kN/m}$$

(3)最不利支垫情况检算:

①支承于沉井四个角点,参看图 6-28(a)。此时,长边 $m\text{-}m$ 截面是控制截面,短边跨中 $n\text{-}n$ 截面为非控制截面,不进行检算。支承反力 R 根据外壁、内隔墙和取土井梗肋部分的重量计算如下:

$$R = \left(\frac{8.2}{2} + \frac{2.5}{2} \right) \times 164.3 + \frac{1}{2} \left(0.8 \times \frac{2.5}{2} \right) \times 4.8 \times 25 + \frac{1}{2} \left(\frac{0.8 + 0.1}{2} \right) \times 0.7 \times \frac{2.5}{2} \times 25$$
$$+ \frac{1}{2} \times 0.4^2 \times 4.8 \times 25 \times 2 = 963.1 \text{ kN}$$

长边跨中附近 $m\text{-}m$ 截面的正弯矩 $M_{m\text{-}m}$ 为

$$M_{m\text{-}m} = 963.1(1.2 + 2.5) - \frac{2.5}{2} \times 164.3 \times (1.2 + 2.5 - 0.576) - \frac{1}{2} \times 164.3 \times (1.2 + 2.5)^2$$
$$- \frac{0.4^2}{2} \times 4.8 \times 25 \left[\left(2.5 - \frac{0.4}{3} \right) + \frac{0.4}{3} \right] = 1\,773.3 \text{ kN} \cdot \text{m}$$

截面 $m\text{-}m$ 所受弯曲拉应力 σ_wl 为

$$\sigma_\text{wl} = \frac{M_{m\text{-}m}(6.0 - \overline{y})}{I_{x\text{-}x}} = \frac{1\,773.3(6.0 - 2.75)}{16.88} = 341.4 \text{ kPa} < [\sigma_\text{wl}]$$

查相关规范: $[\sigma_\text{wl}] = 1.4 \times 0.4 \text{ MPa} = 0.56 \text{ MPa} = 560 \text{ kPa}$

剪应力 $\tau_{\max}$ 的检算略。

②支承于长边中点,如图 6-28(b)所示。$a\text{-}a$ 截面负弯矩 $M_{a\text{-}a}$ 为

$$M_{a\text{-}a} = \frac{2.5}{2} \times 164.3(1.2 + 2.5 - 0.576) + \frac{1}{2} \times 164.3(1.2 + 2.5)^2$$
$$+ \frac{0.4^2}{2} \times 4.8 \times 25 \left[\left(2.5 - \frac{0.4}{3} \right) + \frac{0.4}{3} \right] = 1\,790.2 \text{ kN} \cdot \text{m}$$

该截面的拉应力

$$\sigma_{\text{wl}} = \frac{M_{a\text{-}a}\,\overline{y}}{I_{x\text{-}x}} = \frac{1\,790.2 \times 2.75}{16.88} = 291.7 \text{ kPa} < [\sigma_{\text{wl}}] = 560 \text{ kPa}$$

剪应力 $\tau_{\max}$ 的检算略。

2. 计算刃脚内力

(1)计算刃脚内力时,作用在沉井井壁上的外力按下面两种情况计算。

①刃脚向外挠曲检算。《铁路桥涵地基和基础设计规范》(TB 10093—2017)指出:沉井下沉过程中,应根据沉井接高等具体情况,取最不利位置,按刃脚内侧切入土中 1.0 m,检算刃脚向外挠曲强度。本沉井为分节灌注逐节下沉的沉井,最不利位置不容易确定,《铁路桥涵地基和基础设计规范》建议可根据具体的水文地质情况和施工方法等选择几个情况进行比较分析,以求出刃脚的最大向外弯矩。本例题旨在说明计算过程,因此,仅取某一情况进行检算(实际工程需多种情况对比),即沉井下沉一半,且井顶已接高一节沉井,刃脚切入土中 1 m,按不排水下沉考虑,参看图 6-29。此时沉井入土深度为

$$h_{\text{E}} = \frac{1}{2}[1.9 - (-16.30)] = 9.10 \text{ m}$$

施工水位以下土的内摩擦角和重度的平均值为

$$\varphi_{\text{m}} = \frac{\sum l_i \varphi_i}{\sum l_i} = \frac{1.4 \times 30° + (9.1 - 1.9) \times 26°}{1.4 + (9.1 - 1.9)} = 26.6°$$

$$\gamma_{\text{m}} = \frac{\sum l_i \gamma_i}{\sum l_i} = \frac{1.4 \times (20 - 10) + 4.0 \times (19 - 10) + 3.2 \times (20 - 10)}{1.4 + 4.0 + 3.2} = 9.5 \text{ kN/m}^3$$

摩阻力的平均值 q_{m} 为

$$q_{\text{m}} = \frac{\sum l_i q_i}{\sum l_i} = \frac{1.9 \times 15 + 4.0 \times 12 + 3.2 \times 14}{1.9 + 4.0 + 3.2} = 13.3 \text{ kPa}$$

②刃脚向内挠曲检算。沉井已沉至设计高程,刃脚下土已挖空,按排水下沉考虑,此时将产生最大的向内弯矩,它将控制刃脚外侧竖向钢筋设计,如图 6-30 所示。这时作用在沉井上的外力也是计算刃脚和井壁水平钢筋的依据。

外力计算详见表 6-5 及图 6-29 和图 6-30。

表 6-5 作用在刃脚上的外力计算表

	单位	向外挠曲(不排水)	向内挠曲(排水)
沉井入土深度 h_{E}	m	9.10	18.20
沉井底面以上水深 h_{w}	m	8.60	17.70
水面上土高 h'_{E}	m	0.50	0.50
刃脚入土深度	m	1.00	刃脚下土已挖空
已筑沉井高度	m	16.00	16.00
$e'_{\text{a}} = \gamma h'_{\text{E}} \tan^2\left(45° - \dfrac{30°}{2}\right)$(水上)	kPa	$20 \times 0.5\,\tan^2 30° = 3.3$	3.3
$e'_{\text{a}} = e''_{\text{a}} + \gamma_{\text{m}}(h_{\text{w}} - h_{\text{k}})\tan^2\left(45° - \dfrac{\varphi_{\text{m}}}{2}\right)$	kPa	$3.3 + 9.5(8.6 - 1.2)\tan^2\left(45° - \dfrac{26.6°}{2}\right) = 30.1$	$3.3 + 9.9(17.7 - 1.2)\tan^2\left(45° - \dfrac{27.5°}{2}\right) = 63.4$

续上表

	单位	向外挠曲（不排水）	向内挠曲（排水）
$w'=\gamma_w(h_w-h_k)$	kPa	采用 $\psi=0.5$, $0.5(8.6-1.2)\times10=37.0$	采用 $\psi=0.7$, $0.7(17.7-1.2)\times10=115.5$
$e_a=e''_a+\gamma_m h_w\tan^2(45°-\dfrac{\varphi_m}{2})$	kPa	$3.3+9.5\times8.6\tan^2\left(45°-\dfrac{26.6°}{2}\right)$ $=34.5$	$3.3+9.9\times17.7\tan^2\left(45°-\dfrac{27.5°}{2}\right)$ $=67.8$
$w=\psi\gamma_w h_w$	kPa	采用 $\psi=0.5$,$0.5\times8.6\times10=43.0$	采用 $\psi=0.7$,$0.7\times17.7\times10=123.9$
p'_{e+w}	kPa	$30.1+37.0=67.1$	$63.4+115.5=178.9$
p_{e+w}	kPa	$34.5+43.0=77.5$	$67.8+123.9=191.7$
井壁每米宽自重 $G=\dfrac{Q}{u}$（u 为沉井周边中心线长）	kN/m	$\dfrac{9\ 203.8}{2(3.7+7.0)}=430.1$	430.1
井壁每米宽浮力 $q'=\dfrac{G}{\gamma_h H}\gamma_w h_w$	kN/m	$\dfrac{430.1}{25\times16.0}\times10\times8.6=92.5$	0
井壁每米宽所受总土压力 $E=\dfrac{e''_a}{2}h'_E+\dfrac{e'_a+e_a}{2}h_w$	kN/m	$\dfrac{3.3\times0.5}{2}+\dfrac{3.3+34.5}{2}\times8.6$ $=163.4$	—
井壁每米宽总摩阻力 T_0	kN/m	$q_m\cdot h_E=13.3\times9.1=121.0$ $0.5E=81.7$ 取小值 81.7	430.1
刃脚部分土压力和水压力 $W'+E'=\dfrac{h_k}{2}(p_{e+w}+p'_{e+w})$	kN/m	$\dfrac{1.2}{2}(67.1+77.5)=86.76$	$\dfrac{1.2}{2}(178.9+191.7)=222.4$
$(W'+E')$ 作用点距刃脚根部的距离 $\overline{y}=\dfrac{h_k}{3}\cdot\dfrac{2p_{e+w}+p'_{e+w}}{p_{e+w}+p'_{e+w}}$	m	$\dfrac{1.2}{3}\times\dfrac{2\times77.5+67.1}{77.5+67.1}=0.614$	$\dfrac{1.2}{3}\times\dfrac{2\times191.7+178.9}{191.7+178.91}=0.607$
刃脚部分摩阻力 T_1	kN/m	$0.5E'=0.5\times\dfrac{30.1+34.5}{2}\times1.2=19.4$ $q_m h_k=13.3\times1.2=16.0$ 取大值 19.4	$T_1=T_0\times\dfrac{h_k}{H}=430.1\times\dfrac{1.2}{16.0}$ $=32.3$
$\alpha=\dfrac{0.1l_1^4}{h_k^4+0.05l_1^4}$		$\dfrac{0.1\times3.7^4}{1.2^4+0.05\times3.7^4}>1.0$ 采用 1.0	1.0
$\alpha(W'+E')$	kN/m	86.76	222.4
$R_v=G-q'-T_0$	kN/m	$430.1-92.5-81.7=255.9$	0
$R_{v2}=\dfrac{R_v\cdot b^{(1)}}{2a+b}$	kN/m	$\dfrac{255.9\times0.875}{2\times0.15+0.875}=190.6$	—
$x_R=\dfrac{3a^2+3ab+b^2}{3(2a+b)}$	m	0.348	—
$R_H=R_{v2}\tan(\alpha-\delta)^{(2)}$	kN/m	$190.6\times\tan(48.8°-26°)=80.1$	—

注：(1) $b=\dfrac{\lambda-a}{h_k}=\dfrac{1.20-0.15}{1.20}=0.875$ m。

(2) $\alpha=\arctan\dfrac{1.2}{1.05}=48.8°,\delta=\varphi=26°$

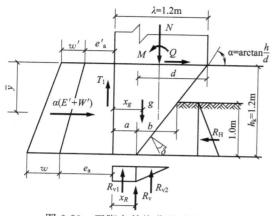

图 6-29　刃脚向外挠曲的计算简图

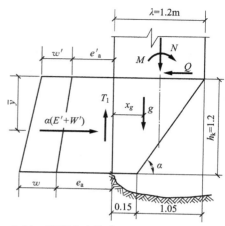

6-30　刃脚向内挠曲的计算简图(单位:m)

(2)刃脚根部截面的内力计算:

①竖向内力:将刃脚视作悬臂梁。刃脚每米宽自重:$g=\dfrac{1.2+0.15}{2}\times 1.2\times 1\times 25=20.25\ \text{kN/m}$

g 的作用点距外壁距离:$x_g=\dfrac{1.2\times 1.2\times \dfrac{1.2}{2}-\dfrac{1}{2}\times 1.05\times 1.5\times \left(1.2-\dfrac{1.05}{3}\right)}{1.2\times 1.2-\dfrac{1}{2}\times 1.05\times 1.2}=0.406\ \text{m}$

此时沉井入土深度为 $h_E=1.9-(-16.30)=18.20\ \text{m}$。

施工水位以下的内摩擦角和重度平均值分别为

$$\varphi_m=\frac{\sum l_i\varphi_i}{\sum l_i}=\frac{1.4\times 30°+14\times 26°+2.3\times 35°}{1.4+14+2.3}=27.5°$$

$$\gamma_m=\frac{\sum l_i\gamma_i}{\sum l_i}=\frac{1.4\times(20-10)+4.0\times(19-10)+10.0\times(20-10)+2.3\times(21-10)}{1.4+4+10+2.3}=9.9\ \text{kN/m}^3$$

按上述沉井向外挠曲和向内挠曲两种情况所得的数据计算得刃脚根部的截面内力见表 6-6。

表 6-6　刃脚(悬臂)根部截面内力的计算表

项目 \ 力、力臂、力矩 \ 最不利位置	向外挠曲				向内挠曲			
	水平力/ $(\text{kN}\cdot\text{m}^{-1})$	竖向力/ $(\text{kN}\cdot\text{m}^{-1})$	力臂/m	力矩/ $(\text{kN}\cdot\text{m}\cdot\text{m}^{-1})$	水平力/ $(\text{kN}\cdot\text{m}^{-1})$	竖向力/ $(\text{kN}\cdot\text{m}^{-1})$	力臂/m	力矩/ $(\text{kN}\cdot\text{m}\cdot\text{m}^{-1})$
土压力及水压力 α $(W'+E')$	-86.76		0.614	-53.27	-222.4		0.607	-135.0
土的水平反力 αR_H	80.1		$h-\dfrac{1}{3}=1.2-\dfrac{1}{3}=0.867$	69.45				
土的垂直反力 R_v		255.9	$\dfrac{1.2}{2}-x_R=0.6-0.348$ $=0.252$	64.49				
刃脚部分摩阻力 T_1	19.4		$\dfrac{1.2}{2}=0.6$	11.64	32.3		0.6	19.38
刃脚部分自重 g		-20.25	$\dfrac{1.2}{2}-0.406=0.194$	-3.93		-20.25	0.194	-3.93
总　计	-6.66	255.1		88.38	-222.4	12.05		-119.55

正负号规定:水平力(向左为正,向右为负),垂直力(向上为正,向下为负),力矩(顺时针为正,此时内壁受拉,逆时针为负,此时外壁受拉)。

②水平方向的内力:将刃脚作为水平封闭框架计算,其最不利位置为沉井已沉至设计高程,刃脚下的土已挖空,并按排水下沉考虑,参看图6-31所示。

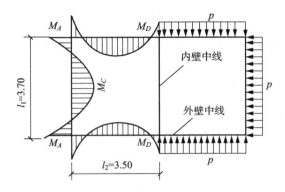

图6-31 水平方向的内力计算简图(单位:m)

水平荷载分配系数:$\beta=\dfrac{h^4}{h^4+0.05l_2^4}=\dfrac{1.2^4}{1.2^4+0.05\times3.5^4}=0.216$

根据有关规定,当 $\alpha>1$ 时,作用在刃脚上的全部外力由悬臂作用所承受,无需再按封闭框架计算,但需要按构造要求配置适量的水平钢筋。作为练习这里仍进行计算,从计算结果看(见表6-7),其弯矩值很小。

本沉井的平面为双孔对称矩形框架,有:

$$K=\frac{l_1}{l_2}=\frac{3.7}{3.5}=1.057$$

沉井四角弯矩:
$$M_A=-\frac{pl_2^2}{12}\cdot\frac{1+2K^3}{1+2K}=-0.090pl_2^2$$

内隔墙处弯矩:
$$M_D=-\frac{pl_2^2}{12}\cdot\frac{1+3K-K^3}{1+2K}=-0.080pl_2^2$$

沉井短边中点弯矩:
$$M_C=\frac{pl_2^2}{24}\cdot\frac{2K^3+3K^2-2}{1+2K}=0.0497pl_2^2$$

内隔墙所受轴向力:
$$N_D=\frac{1}{2}pl_2\frac{2+5K-K^3}{1+2K}=0.980pl_2$$

长边井壁轴向力:
$$N_B=\frac{1}{2}pl_1$$

短边井壁轴向力:
$$N_C=pl_2-\frac{1}{2}N_D=0.510pl_2$$

以上全部内力的计算结果见表6-7。

3. 井壁内力的计算

(1)水平内力:计算公式和上述刃脚水平向内力的计算公式同。全部计算结果亦表示于表6-7中。

(2)竖向最大拉力 S_{max},在排水下沉条件下为

$$S_{max}=\frac{Q}{4}=\frac{9\ 203.8}{4}=2\ 301\ kN$$

4. 封底混凝土和顶盖的内力计算从略。

表 6-7　刃脚及井壁水平框架的内力计算表

离刃脚踏面高度/m	距水面距离 h_w/m	土压强度 $e_a=3.3+3.645h_w$① /kPa	水压强度 $w=0.7\times\gamma_w h_w$ /kPa	$p_{e+w}=e_a+w$ /kPa	井壁框架的位置	断面高度/m	土压及水压合力 $(W'+E')$ /(kN·m)	框架上的水平荷载 p /(kN·m)	沉井四角弯矩 M_A /(kN·m)	内隔墙处弯矩 M_D /(kN·m)	短边井壁中点弯矩 M_C /(kN·m)
0	17.70	67.8	123.9	191.7				第一节沉井: $l_1=3.7$ m, $l_2=3.5$ m			
1.20	16.50	63.4	115.5	178.9	刃脚部分(0~1.2)	1.20	222.4	48.0③	52.9	47.0	29.2
2.40	15.30	59.1	107.1	166.2	刃脚根部(1.2~2.4)	1.20	207.1	429.5④	473.5	420.9	261.5
3.40	14.30	55.4	100.1	155.5	第一节沉井(2.40~3.40)	1.00	160.9②	160.9	177.4	157.7	98.0
6.00	11.70	45.9	81.9	127.8				第二、三节沉井:$l_1=3.6$ m,$l_2=3.45$ m			
7.00	10.70	42.3	74.9	117.2	第二节沉井底部(6.0~7.0)	1.00	122.5	122.5	131.2	116.6	72.5
11.00	6.70	27.7	46.9	74.6							
12.00	5.70	24.1	39.9	64.0	第三节沉井底部(11.0~12.0)	1.00	69.3	69.3	74.2	66.0	41.0

注：① $e_a=e''_a+\gamma_m h_w\tan^2\left(45°-\dfrac{\varphi_m}{2}\right)=3.3+9.9h_w\tan^2\left(45°-\dfrac{27.5°}{2}\right)=3.3+3.645h_w$。

② 土压和水压合力 $(W'+E')$ 按梯形面积公式计算。

③ 作用在刃脚水平框架上的水平荷载 $p=\beta(W'+E')=0.216\times222.4=48.0$ kN/m。

④ 按规定,刃脚根部水平框架还要承担刃脚部分因悬臂作用所传来的外力,故为 $207.1+222.4=429.5$ kN/m。

 复习思考题

第 6 章复习思考题答案

6-1　沉井基础的定义是什么？在哪些情况下可考虑使用沉井基础？

6-2　沉井基础主要由哪几部分构成？工程中如何选择沉井的类型？

6-3　沉井下沉时若发生倾斜或偏移,如何纠正？

6-4　沉井施工过程中的结构强度计算包括哪些方面？

6-5　某水下圆形沉井基础直径 8 m,作用于基础顶面处的竖向荷载为 21 805 kN(已扣除浮力 4 537 kN),水平力为 612 kN,弯矩为 7 824 kN·m(主力+附加力)。$\eta_1=\eta_2=1.0$。沉井埋深 11 m,土质为中等密实的砂砾层,重度 $\gamma=20$ kN/m³,内摩擦角 $\varphi=35°$,黏聚力 $c=0$,试验算该沉井基础的地基承载力及横向土抗力。

6-6　图 6-32 所示沉井基础置于黏性土层中,其 $m=15\ 000$ kN/m⁴,底部嵌入微风化花岗岩中。在外荷载作用下,基础顺时针转动 1.25×10^{-4} rad,试确定横向抗力的最大值及位置。

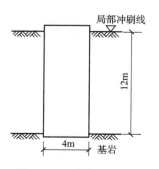

图 6-32　习题 6-6 图

第 7 章

动力机器基础与地基基础抗震

第7章知识图谱

7.1 概　述

7.1.1 动力机器基础

动力机器是指运转时会产生较大不平衡惯性力的一类机器。动力机器的振动会对其基础产生动力作用,因此在基础设计中需考虑动力效应。只有动力作用不大的机器(如一般的金属切削机床)基础,可按一般基础设计计算。

动力机器对基础的动力作用主要包括往复作用、旋转作用和冲击作用。

(1)往复作用常见于活塞式压缩机、柴油机及破碎机中。它们的特点是平衡性差、振幅大,而且常由于转速低(一般不超过 500～600 r/min),有可能引起附近建筑物或其中部分构件的共振。

(2)旋转作用常见于电机(电动机、电动发电机等)、汽轮机组(汽轮发电机、汽轮压缩机等)及风机中。汽轮机组的特征一般是工作频率高、平衡性能好和振幅小。

(3)冲击作用常见于锻锤、落锤(破碎用设备)中,其特点是冲击力大且无节奏。

机器基础的结构类型主要有实体式、墙式及框架式三种。实体式基础应用最广,通常做成刚度很大的钢筋混凝土块体,因而可按地基上的刚体进行计算。墙式基础则由承重的纵、横向墙组成。以上两种基础中均预留有安装和操作机器所必需的沟槽和孔洞。框架式基础一般用于平衡性较好的高频机器,其上部结构是由固定在一块连续地板或可靠基岩上的立柱以及立柱上端刚性连接的纵、横梁组成的弹性体系,因而可按框架结构计算。

动力机器基础设计应满足下列基本要求:①地基和基础不应产生影响机器正常使用的变形;②基础本身应具有足够的强度、刚度和耐久性;③机器不产生影响工人身体健康及妨碍机器正常运转和生产以及造成建筑物开裂和破坏的剧烈振动;④基础的振动不应影响邻近建筑物或仪器设备等的正常使用。

7.1.2 地震、震级与烈度

1. 地震的概念

地震是地壳在内部或外部因素作用下产生振动的地质现象。产生地震的原因很多,火山爆发、地下溶洞或采空区的突然塌陷、强烈的爆破、山崩和陨石坠落等均可引起地震。但这些地震一般规模小,影响范围也小。地球上发生的地震中的绝大多数是由地壳自身的运动造成的,此类地震称为构造地震。构造地震约占地震总数的 90% 以上。

产生构造地震的原因是地球的转动和地壳内的物质分布极不均匀,长期的离心力和惯性力的作用在地壳内的岩层中产生和积累着巨大的地应力。当某处积累的地应力逐渐增加到超过该处岩层的强度时,就会使岩层产生破裂或错断。这时,积累起来的能量随着岩层的断裂急剧地释放出来,并以地震波的形式向四周传播。地震波到达地面时将引起地面的振动,这就表现为地震。一般地,构造地震容易发生在活动性大断裂带的两端和拐弯的部位、两条断裂的交汇处以及地质运动变化强烈的大型隆起和凹陷的转换地带。原因在于这些地方容易产生应力集中,而岩层构造却相对比较脆弱。

地震的发源处称为震源。震源在地表面的垂直投影点称为震中。震中附近的地区称为震中区域。震中与某考察点间的水平距离称为震中距。震源到震中的距离称为震源深度。地震的震源深度小于 70 km 时称为浅源地震,在 70～300 km 之间称为中源地震,大于 300 km 时称为深源地震。世界上记录的地震中约有 75% 是浅源地震,而破坏性地震一般也是浅源地震,如 1976 年发生的唐山地震的震源深度为 12 km。

千余年来的地震历史资料及近代地震学的研究表明,地球上的地震分布极不均匀,主要地震区域集中在新构造运动较为活跃的两条地震带上:一条是环太平洋地震带,另一条是地中海至南亚的欧亚地震带。我国正处在这两大地震带的中间,属于多地震活动的国家。受太平洋板块、印度板块和菲律宾板块的挤压,我国的地震断裂带十分发育,主要地震带有 23 条之多。

我国的地震活动频度高、强度大、震源浅、分布广,是一个震灾严重的国家。据中国地震信息网信息,在 20 世纪中,我国共发生 6 级以上地震 800 多次,遍布除贵州、浙江两省和香港特别行政区以外的所有省、市和自治区,死于地震的人数达 55 万人之多,占全球地震死亡人数的53%。地震及其他自然灾害严重是中国的基本国情之一。

2. 震级

震级是对地震中释放能量大小的度量。地震中震源释放的能量越大,震级也就越高。震级是根据地震波的最大振幅来确定的。震级的原始定义于 1935 年由美国地震学家里克特(C. Richter)给出,用该法确定的地震震级称为里氏震级(以下简称震级,以 M 表示)。震级每增加一级,能量增大约 30 倍。一般来说,小于 2.5 级的地震,人们感觉不到;5 级以上的地震可引起不同程度的破坏,称为破坏性地震或强震;7 级以上的地震称为大震。地球上记录到的最大地震震级为里氏 8.9 级。

3. 烈度

烈度是指发生地震时地面及建筑物遭受破坏的程度。在一次地震中,地震的震级是确定的,但地面各处的烈度各异,距震中越近,烈度越高;距震中越远,烈度越低。震中附近的烈度称为震中烈度。根据地面建筑物受破坏和受影响的程度,将地震烈度划分为 12 度。烈度越高,表明受影响的程度越强烈。地震烈度不仅与震级有关,同时还与震源深度、震中距以及地震波通过的介质条件等多种因素有关。

震级和烈度都是衡量地震强烈程度的指标,但烈度直接表明了地面建筑物受破坏的程度,因而与工程设计有着更密切的关系。工程中涉及的烈度概念除震中烈度外还有以下几种。

(1)基本烈度

基本烈度是指在今后一定时期内,某一地区在一般场地条件下可能遭遇的最大地震烈度。基本烈度定义中所指的地区是一个较大的区域范围。因此,基本烈度也称为区域烈度。中国地震烈度区划图规定,在一般场地条件下,50 年内可能遭遇的超越概率为 10% 的地震烈度为该地区的基本烈度。

建筑物所在场地(大体相当于厂区、居民点和自然村的范围)的地震烈度有可能与区域烈度不一致。一般地,在烈度高的区域内可能包含烈度较低的场地,而在烈度低的区域内也可能包含烈度较高的场地。这主要是因为局部场地的地质构造、地基条件、地形变化等因素与整个区域有所不同。通常把这些局部性控制因素称为小区域因素或场地条件。一般在场地选址时，应进行专门的工程地质和水文地质调查工作，查明场地条件，确定场地烈度，据此可以避重就轻，选择对抗震有利的场地布置工程。

（2）多遇与罕遇地震烈度

多遇地震烈度是指设计基准期 50 年内超越概率为 63.2% 的地震烈度，也称为众值烈度。罕遇地震烈度是指设计基准期 50 年内超越概率为 2%～3% 的地震烈度。

（3）设防烈度

设防烈度是指按国家规定的权限批准的作为一个地区抗震设防依据的地震烈度。设防烈度是针对一个地区而不是针对某一建筑物，也不随具体建筑物的重要程度提高或降低。

7.2　地基土动力参数

7.2.1　天然地基动力参数

天然地基的动力参数主要有地基土的刚度系数和地基土的阻尼比。地基土的刚度系数包括抗压刚度系数 C_z(kN/m³)、抗弯刚度系数 C_φ(kN/m³)、抗剪刚度系数 C_x(kN/m³)和抗扭刚度系数 C_ψ(kN/m³)；地基土的阻尼比包括竖向阻尼比 ξ_z、水平回转向阻尼比 $\xi_{x\varphi1}$ 和 $\xi_{x\varphi2}$ 以及扭转向阻尼比 ξ_ψ。这些参数一般可通过基础块体现场振动试验资料反算确定，试验方法可详见《地基动力特性测试规范》(GB/T 50269—2015)；当无现场振动资料，并有一定设计经验时，可按如下方法确定。

1. 天然地基的抗压刚度系数 C_z

当基础底面积 $A \geqslant 20$ m² 时，天然地基的抗压刚度系数 C_z 可根据地基承载力标准值 f_k 从表 7-1 中查取。当基础底面积 $A < 20$ m² 时，C_z 可采用表 7-1 中数值乘以底面积修正系数 β_r。修正系数 β_r 值按下式计算：

表 7-1　天然地基的抗压刚度系数 C_z(kN/m³)

地基承载力标准值 f_k/kPa	土 的 名 称			
	岩石、碎石土	黏性土	粉土	砂土
1 000	176 000			
800	135 000			
700	117 000			
600	102 000			
500	88 000	88 000		
400	75 000	75 000		
300	66 000	66 000	59 000	52 000
250		55 000	49 000	44 000
200		45 000	40 000	36 000
150		35 000	31 000	18 000
100		25 000	22 000	
80		18 000	16 000	

$$\beta_r = \sqrt[3]{\frac{20}{A}} \tag{7-1}$$

当基底以下为分层土地基时,可先由基底面积 A 计算振动影响深度 h_d(m),即:

$$h_d = 2\sqrt{A} \tag{7-2}$$

在基础振动影响深度范围内的抗压刚度系数 C_z 按下式计算:

$$C_z = \frac{2/3}{\sum_{i=1}^n \frac{1}{C_{zi}} \left(\frac{1}{1 + \frac{2h_{i-1}}{h_d}} - \frac{1}{1 + \frac{2h_i}{h_d}} \right)} \tag{7-3}$$

式中 C_{zi}——第 i 层土的抗压刚度系数(kN/m³);

  h_i, h_{i-1}——从基础底面至第 i 层、$i-1$ 层土底面的深度(m)。

2. 抗弯刚度系数 C_φ、抗剪刚度系数 C_x 和抗扭刚度系数 C_ψ

在求得了抗压刚度系数 C_z 以后,抗弯、抗剪和抗扭刚度系数可按下列半经验公式计算:

$$C_\varphi = 2.15C_z, \quad C_x = 0.70C_z, \quad C_\psi = 1.50C_z \tag{7-4}$$

3. 抗压刚度 K_z、抗弯刚度 K_φ、抗剪刚度 K_x 和抗扭刚度 K_ψ

天然地基的抗压、抗弯、抗剪和抗扭刚度可由相应的刚度系数求得。

$$K_z = C_z A, \quad K_\varphi = C_\varphi I, \quad K_x = C_x A, \quad K_\psi = C_\psi J_z \tag{7-5}$$

式中 I——基础底面通过其形心水平轴的抗弯惯性矩(m⁴);

  J_z——基础底面通过其形心竖向轴的抗扭惯性矩(极惯性矩)(m⁴)。

在具体应用中,考虑到基础埋深对地基刚度的提高作用,抗压刚度可乘以提高系数 α_z,抗弯、抗剪和抗扭刚度可分别乘以提高系数 $\alpha_{x\varphi}$。

$$\alpha_z = (1 + 0.4\delta_b)^2, \quad \alpha_{x\varphi} = (1 + 1.2\delta_b)^2 \tag{7-6}$$

式中 δ_b——基础埋深比,$\delta_b = h_t/\sqrt{A}$,当 δ_b 计算值大于 0.6 时取 0.6;

  h_t——基础埋置深度(m)。

当基础与刚性地面相连时,地基抗弯、抗剪和抗扭刚度可分别乘以提高系数 α_1。α_1 的值可根据地基土条件取 1.0~1.4。

4. 天然地基阻尼比

天然地基的阻尼比一般均通过现场试验资料反算得到;当无试验资料时,竖向阻尼比 ξ_z 也可由土质条件确定。

黏性土 $$\xi_z = \frac{0.16}{\sqrt{\bar{m}}} \tag{7-7}$$

砂土、粉土 $$\xi_z = \frac{0.11}{\sqrt{\bar{m}}} \tag{7-8}$$

式中 $\bar{m}$——基组的质量比,$\bar{m} = m/(\rho A \cdot \sqrt{A})$;

  m——基组的质量(kg);

  ρ——地基土的密度(kg/m³)。

水平回转阻尼比 $\xi_{x\varphi1}$ 和 $\xi_{x\varphi2}$ 以及扭转向阻尼比 ξ_ψ 可通过竖向阻尼比 ξ_z 求得,即:

$$\xi_{x\varphi1} = \xi_{x\varphi2} = \xi_\psi = 0.5\xi_z \tag{7-9}$$

考虑到基础埋深对地基土阻尼比的提高作用,在埋置基础中竖向阻尼比可乘以提高系数 β_z,水平回转向阻尼比和扭转向阻尼比可分别乘以提高系数 $\beta_{x\varphi}$。

$$\beta_z = 1 + \delta_b, \quad \beta_{x\varphi} = 1 + 2\delta_b \tag{7-10}$$

在采用上述计算得到的动力参数进行实体式基础的动力计算时,除冲击机器和热模锻压力基础外,计算所得到的竖向振幅值应乘以折减系数 0.7,水平向振幅值应乘以折减系数 0.85。

7.2.2　桩基动力参数

桩基的基本动力参数一般由现场试验确定,试验方法可按《地基动力特性测试规程》中的有关规定进行;当无条件进行试验并有经验时,可按下列方法确定。

1. 抗压刚度

预制桩的抗压刚度 K_{pz}(kN/m)可按下列公式计算:

$$K_{pz} = n_p k_{pz} \tag{7-11}$$

$$k_{pz} = \sum C_{p\tau} A_{p\tau} + C_{pz} A_p \tag{7-12}$$

式中　k_{pz}——单桩的抗压刚度(kN/m);

$\quad\ n_p$——桩数;

$\quad\ C_{p\tau}$——桩周各层土的当量抗剪刚度系数(kN/m³),可由表 7-2 查取;

$\quad\ A_{p\tau}$——各层土中的桩周表面积(m²);

$\quad\ C_{pz}$——桩尖土的当量抗压刚度系数(kN/m³),可由表 7-3 查取;

$\quad\ A_p$——桩的截面积(m²)。

表 7-2　桩周土的当量抗剪刚度系数 $C_{p\tau}$

土的名称	土的状态	当量抗剪刚度系数 $C_{p\tau}$/(kN·m⁻³)
淤 泥	饱 和	6 000～7 000
淤泥质土	天然含水率 45%～50%	8 000
黏性土、粉土	软塑	7 000～10 000
	可塑	10 000～15 000
	硬塑	15000～25000
粉砂、细砂	稍密～中密	10 000～15 000
中砂、粗砂、砾砂	稍密～中密	20 000～25 000
圆砾、卵石	稍密	15 000～20 000
	中密	20 000～30 000

表 7-3　桩尖土的当量抗压刚度系数 C_{pz}

土的名称	土的状态	桩尖埋置深度/m	当量抗压刚度系数 C_{pz}/(kN·m⁻³)
黏性土、粉土	软塑、可塑	10～20	500 000～800 000
	软塑、可塑	20～30	800 000～1 300 000
	硬塑	20～30	1 300 000～1 600 000
粉砂、细砂	中密、密实	20～30	1 000 000～1 300 000
中砂、粗砂、砾砂、圆砾、卵石	中密	7～15	1 000 000～1 300 000
	密实	7～15	1 300 000～2 000 000
页 岩	中等风化		1 500 000～2 000 000

2. 抗弯刚度

预制桩桩基的抗弯刚度 $K_{p\varphi}$(kN·m)可按下式计算。

$$K_{p\varphi} = k_{pz} \sum_{i=1}^{n} r_i^2 \tag{7-13}$$

式中　r_i——第 i 根桩的轴线至基础底面形心回转轴的距离(m)。

3. 抗剪和抗扭刚度

预制桩桩基的抗剪刚度 K'_{px}(kN/m)和抗扭刚度 $K'_{p\psi}$(kN/m)可按下列规定采用。

(1)抗剪刚度和抗扭刚度可采用相应的天然地基抗剪刚度和抗扭刚度的 1.4 倍。

(2)当考虑基础埋深和刚性地面作用对桩基刚度提高作用时,桩基抗剪刚度可按下式计算。

$$K'_{px} = K_x(0.4 + \alpha_{x\varphi}\alpha_1) \tag{7-14}$$

式中　K'_{px}——基础埋深和刚性地面对桩基刚度提高作用后的桩基抗剪刚度(kN/m);

　　　K_x——天然地基抗剪刚度(kN/m);

　　　$\alpha_{x\varphi}$——基础埋深作用对地基抗剪、抗弯和抗扭刚度的提高系数,见式(7-6);

　　　α_1——基础与刚性地面相连对地基抗弯、抗剪和抗扭刚度的提高系数,可取 1.0～1.4。

此时桩基抗扭刚度则可按下式计算。

$$K'_{p\psi} = K_\psi(0.4 + \alpha_{x\varphi}\alpha_1) \tag{7-15}$$

式中　$K'_{p\psi}$——基础埋深和刚性地面对桩基刚度提高作用后的桩基抗扭刚度(kN/m);

　　　K_ψ——天然地基抗扭刚度(kN/m)。

其余符号意义同式(7-14)。

(3)当采用端承桩或桩上部土层的地基承载力标准值 f_k 大于或等于 200 kPa 时,桩基的抗剪和抗扭刚度不应大于相应的天然地基抗剪和抗扭刚度。

4. 竖向阻尼比

桩基竖向阻尼比 ξ_{pz} 可根据桩基的支承条件确定:对端承桩或承台底与地基土脱空时,取 $\xi_{pz} = 0.1/\sqrt{m}$;对一般摩擦桩,当承台底下为黏性土时,取 $\xi_{pz} = 0.2/\sqrt{m}$;当承台底下为砂土、粉土时,取 $\xi_{pz} = 0.14/\sqrt{m}$。

5. 水平回转向、扭转向阻尼比

桩基水平回转向阻尼比与扭转阻尼比可根据竖向阻尼比推算:水平回转耦合振动第一振型阻尼比 $\xi_{px\psi1}$、第二振型阻尼比 $\xi_{px\psi2}$ 及扭转向阻尼比 $\xi_{p\psi}$ 均可取为 $0.5\xi_{pz}$。

计算桩基阻尼比时,当考虑承台埋置深度的作用时,还可将其值做适当的提高。

6. 桩基的振动质量与惯性矩

桩基振动质量与惯性矩包括竖向振动总质量 $\sum m_z$(kg)、水平回转振动总质量 $\sum m_x$(kg)、水平回转振动总质量惯性矩 $\sum I_m$(kg·m²)和扭转振动总质量惯性矩 $\sum J_m$(kg·m²)。它们由基组的振动参数适当考虑桩间土体的惯性后求得。

$$\left.\begin{aligned}
\sum m_z &= m + m_0 \\
\sum m_x &= m + 0.4m_0 \\
\sum I_m &= I_m(1 + 0.4m_0/m) \\
\sum J_m &= J_m(1 + 0.4m_0/m)
\end{aligned}\right\} \tag{7-16}$$

式中　m——基组的质量(kg);

　　　m_0——竖向振动时桩和桩间土的当量质量,$m_0 = l_t b d \rho$(kg);其中 l_t 为桩的折算长度(m),
　　　　　当桩长不大于 10 m 时取 1.8 m,当桩长大于等于 15 m 时取 2.4 m,中间值可内插;
　　　　　b 为基础底面宽度(m);d 为基础底面长度(m);ρ 为桩土混合质量密度(kg/m³);

　　　I_m——桩基水平回转振动质量惯性矩(kg·m²);

　　　J_m——桩基扭转振动质量惯性矩(kg·m²)。

7.3　实体式基础振动计算理论

7.3.1　振动计算模型

　　实体式基础的动力计算通常是将基础作为刚体,将地基土作为弹性支承来进行的。而地基土的力学模型则又可分为弹性半空间模型和质量—弹簧—阻尼器模型两大类。

　　质量—弹簧—阻尼器模型是将实际的机器、基础和地基体系的振动问题简化为放在无质量的弹簧上的刚体的振动问题,其中基组(包括基础、基础上的机器和附属设备,以及基础台阶上的土)假定为刚体,地基土的弹性作用以无质量弹簧的反力表示,振动时体系所受的地基阻尼作用则用具有黏滞阻尼力的阻尼器来反映,由此形成质量—弹簧—阻尼器模型。在该体系中,正确确定振动体系的质量 m、刚度 K 及阻尼系数 ξ_z 是动力计算的关键。

　　弹性半空间体系的计算模型是把地基视为弹性半空间(半无限连续体),而将基础作为半空间上刚体的一种模型。利用这个模型,可以引入动力弹性理论分析地基中波的传播,进而求出基础与半空间接触面(即基底)上的动力响应(动应力、动位移等),由此可进一步写出基础的运动方程并确定基础的振动响应;实用上也可以采用“比拟法”或“方程对等法”等方法,将半空间问题转换为等效的质量—弹簧—阻尼器模型来计算。理想弹性半空间体系所需的地基土参数主要为泊松比 ν、剪切模量 G 及质量密度 ρ。

　　目前,工程中常用的计算模型是质量—弹簧—阻尼器模型,下面将主要介绍这种模型的计算方法。

7.3.2　振动计算理论

　　在实体式动力基础的设计中,一般尽量做到“对心”,即质量中心与弹性中心在同一铅垂线上。此时,基组的振动一般可分解为竖向振动、水平回转耦合振动和扭转振动三种相互独立的运动,且各自可以按单自由度体系进行分析。

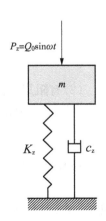

图 7-1　单自由度
体系的计算模型

　　1. 竖向振动

　　单自由度体系的竖向振动计算简图如图 7-1 所示。在简谐扰力作用下,其平衡方程为:

$$m \frac{\mathrm{d}^2 z}{\mathrm{d}t^2} + c_z \frac{\mathrm{d}z}{\mathrm{d}t} + K_z z = Q_0 \sin \omega t \qquad (7\text{-}17)$$

式中　m——体系的集中质量(kg);

　　　c_z——地基土的竖向阻尼系数(kN·s/m),在实际使用中通常采用
　　　　　阻尼比 ξ_z,ξ_z 与 c_z 的关系为:

$$\xi_z = \frac{c_z}{2\sqrt{K_z m}} \tag{7-18}$$

K_z——地基土的竖向刚度(kN/m);

Q_0——扰力的幅值(kN);

ω——扰力的圆频率(rad/s)。

平衡方程式(7-17)的特解为:

$$z(t) = \frac{Q_0}{K_z} M_d \sin(\omega t + \theta) \tag{7-19}$$

其中,M_d为动力放大系数:

$$M_d = \frac{1}{\sqrt{\left(1 - \dfrac{\omega^2}{\omega_{nz}^2}\right)^2 + 4\xi_z^2 \dfrac{\omega^2}{\omega_{nz}^2}}}$$

振幅 A_z、自振圆频率 ω_{nz} 以及力与位移之间的相位角 θ 分别为:

$$A_z = \frac{Q_0}{K_z} M_d, \quad \omega_{nz} = \sqrt{\frac{K_z}{m}}, \quad \theta = \arctan\left[\frac{2\xi_z \dfrac{\omega}{\omega_{nz}}}{1 - \dfrac{\omega^2}{\omega_{nz}^2}}\right] \tag{7-20}$$

而基础的振动速度幅值 v 和振动加速度 a 可进一步求得如下:

$$v = \frac{Q_0}{\sqrt{K_z m}} \cdot \frac{\omega}{\omega_{nz}} M_d, \quad a = \frac{Q_0}{m}\left(\frac{\omega}{\omega_{nz}}\right)^2 M_d \tag{7-21}$$

当扰力 $Q_0 = 0$ 时,体系将作自由振动。此时可根据体系的阻尼情况分为无阻尼自由振动和有阻尼自由振动。

(1)无阻尼自由振动($\xi_z = 0$)

无阻尼自由振动的平衡方程如下:

$$m\frac{d^2 z}{dt^2} + K_z z = 0 \tag{7-22}$$

引入初始条件 $t = 0$ 时,$z = 0$ 及 $\dfrac{dz}{dt}\Big|_{t=0} = v_0$(这里 v_0 为初始振动速度),动位移解答为:

$$z(t) = \frac{v_0}{\omega_{nz}} \sin \omega_{nz} t \tag{7-23}$$

上式表示的是一种简谐运动,其振幅为:

$$A_z = \frac{v_0}{\omega_{nz}} \tag{7-24}$$

(2)有阻尼自由振动($\xi_z \neq 0$)

有阻尼自由振动的平衡方程如下:

$$m\frac{d^2 z}{dt^2} + c_z \frac{dz}{dt} + K_z z = 0 \tag{7-25}$$

地基土的阻尼比 ξ_z 一般小于 1.0,故上述方程的解可表示为:

$$z(t) = A_1 e^{-\xi_z \omega_{nz} t} \sin(\omega_{nd} t + \theta_1) \tag{7-26}$$

其中,A_1、θ_1 为由初始条件确定的常数;ω_{nd} 为有阻尼竖向自由振动的圆频率,它与无阻尼竖向自由振动频率 ω_{nz} 的关系为:

$$\omega_{nd} = \omega_{nz} \sqrt{1 - \xi_z^2} \tag{7-27}$$

式(7-26)表示了一种振幅随时间增加而减小的减幅振动，且 $\omega_{nd} < \omega_{nz}$，即地基阻尼的作用降低了基础的自振频率。但从实测资料分析，ω_{nd} 与 ω_{nz} 相差不大，一般相差不超过 2%，故实用上在计算自振频率时可不计阻尼的影响，取 $\omega_{nd} \approx \omega_{nz}$。

2. 水平回转耦合振动

在实际的基础—地基系统中，由于机器和基础的总质心总是在其底面以上一定距离，体系在作水平向振动时，通过基组质心的水平惯性力和通过基础底面形心的水平弹簧力必然形成一对力偶，导致水平滑移和回转的耦合振动，如图 7-2 所示。水平回转耦合振动的动力平衡方程式如下：

$$\begin{cases} m \dfrac{\mathrm{d}^2 x}{\mathrm{d}t^2} + c_x \left(\dfrac{\mathrm{d}x}{\mathrm{d}t} + h_0 \dfrac{\mathrm{d}\varphi}{\mathrm{d}t} \right) + k_x (x + h_0 \varphi) = Q_0 \mathrm{e}^{\mathrm{i}\omega t} \\ I_{\mathrm{m}} \dfrac{\mathrm{d}^2 \varphi}{\mathrm{d}t^2} + c_\varphi \dfrac{\mathrm{d}\varphi}{\mathrm{d}t} + c_x \left(\dfrac{\mathrm{d}^2 x}{\mathrm{d}t^2} + h_0 \dfrac{\mathrm{d}\varphi}{\mathrm{d}t} \right) h_0 + k_\varphi \varphi + k_x (x + h_0 \varphi) h_0 = M_0 \mathrm{e}^{\mathrm{i}\omega t} \end{cases} \tag{7-28}$$

其中，I_{m} 为基组对通过重心的回转轴（y 轴）的质量惯性矩（$\mathrm{kg \cdot m^2}$）；其余各量见图 7-2。

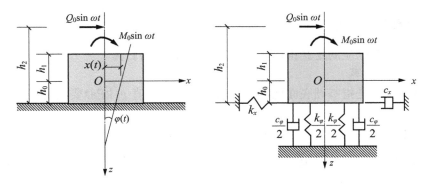

图 7-2　水平回转耦合振动计算模型

上述平衡方程的解可用如下复数形式表示。

$$\begin{cases} x = (x_{01} + \mathrm{i}x_{02}) \mathrm{e}^{\mathrm{i}\omega t} \\ \varphi = (\varphi_{01} + \mathrm{i}\varphi_{02}) \mathrm{e}^{\mathrm{i}\omega t} \end{cases} \tag{7-29}$$

将其代入平衡方程式(7-28)，分离实部和虚部，可得以下联立方程组：

$$\begin{cases} (k_x - m\omega^2) x_{01} - \omega c_x x_{02} + h_0 k_x \varphi_{01} - \omega c_x h_0 \varphi_{02} = Q_0 \\ \omega c_x x_{01} + (k_x - m\omega^2) x_{02} + \omega c_x h_0 \varphi_{01} + h_0 k_x \varphi_{02} = 0 \\ h_0 k_x x_{01} - \omega c_x h_0 x_{02} + (k_\varphi - I_{\mathrm{m}} + k_x h_0^2) \varphi_{01} - (\omega c_\varphi + \omega c_x h_0^2) \varphi_{02} = M_0 \\ \omega c_x h_0 x_{01} + h_0 k_x x_{02} + (\omega c_\varphi + \omega c_x h_0^2) \varphi_{01} + (k_\varphi - I_{\mathrm{m}} + k_x h_0^2) \varphi_{02} = 0 \end{cases} \tag{7-30}$$

由上述方程组求出 x_{01}、x_{02}、φ_{01}、φ_{02}，再由下式可求出水平振幅 A_x 和回转振幅 A_φ。

$$\left. \begin{array}{l} A_x = \sqrt{x_{01}^2 + x_{02}^2} \\ A_\varphi = \sqrt{\varphi_{01}^2 + \varphi_{02}^2} \end{array} \right\} \tag{7-31}$$

位移与扰力之间的相位差 θ_x、θ_φ 可由下式求得。

$$\left. \begin{array}{l} \tan \theta_x = x_{02} / x_{01} \\ \tan \theta_\varphi = \varphi_{02} / \varphi_{01} \end{array} \right\} \tag{7-32}$$

扭转振动的平衡方程及解答与竖向振动非常相似，只需将各自相应的变量与参数代入其中即可，在此不再赘述。

7.4 实体式基础设计

锻锤基础通常采用实体式基础,也有采用桩基础的,下面以锻锤基础为例介绍实体式基础的设计计算方法。

7.4.1 锻锤基础的类型与工作特点

锻锤按加工性质可分为自由锻锤和模锻锤两大类。锻锤一般由锤头、砧座及机架三部分组成。自由锻锤的机架和砧座一般分开安装在基础上(砧座与基础之间设有木垫层或橡胶垫层)。模锻锤的砧座与机座一般连成一个刚性整体后通过垫层固定在基础上。对于自由锻锤,其锤下落部分的重力一般为 $6.5 \sim 50$ kN;对于模锻锤,其锤下落部分的重力一般为 $10 \sim 160$ kN。锻锤的动力是蒸汽或压缩空气,锤头下落时除了有重力加速度,还存在进气压力带来的附加加速度。

7.4.2 锻锤基础的设计要求

锻锤基础设计时除应满足其构造要求外,主要进行下列验算。

(1)地基承载力验算

地基承载力验算是指基础底面地基的平均静压力设计值 p(kPa)要满足下式的要求:

$$p \leqslant \alpha_f f \qquad (7-33)$$

式中 f——地基承载力设计值(kPa);

α_f——动力折减系数,其值与基础形式有关:锻锤式基础 $\alpha_f = \dfrac{1}{1+\beta\dfrac{a}{g}}$,旋转式机器基础

$\alpha_f = 0.8$,其余机器 $\alpha_f = 1.0$;其中 a 为基础振动加速度(m/s²),β 为地基土动沉陷影响系数,与地基土类别相关,如表 7-4 所示。表中地基土指天然地基,对桩基可按桩尖土层的类别选用。

表 7-4　地基土类别及动沉陷影响系数 β 值

土的名称	地基土承载力标准值 f_k/kPa	地基土类别	动沉陷影响系数 β
碎石土	$f_k > 500$	一类土	1.0
黏性土	$f_k > 250$		
碎石土	$300 < f_k \leqslant 500$	二类土	1.3
粉土、砂土	$250 < f_k \leqslant 400$		
黏性土	$180 < f_k \leqslant 250$		
碎石土	$180 < f_k \leqslant 300$	三类土	2.0
粉土、砂土	$160 < f_k \leqslant 250$		
黏性土	$130 < f_k \leqslant 180$		
粉土、砂土	$120 < f_k \leqslant 160$	四类土	3.0
黏性土	$80 < f_k \leqslant 130$		

(2)基础的动力验算

锻锤基础的动力验算内容主要是验算其振幅和振动加速度,应使基础的计算振幅和振动

加速度满足允许值的要求。各类地基土对应的振幅和振动加速度允许值如表 7-5 所示。表中数值仅适用于锤下落部分的重力在 20～50 kN 的锻锤；当锤下落部分的重力小于 20 kN 时，可将表中数值乘以 1.15；当锤下落部分的重力大于 50 kN 时，可将表中数值乘以 0.8。

表 7-5　锻锤基础允许振幅及允许振动加速度

土的类别	允许振幅/mm	允许振动加速度/$(m \cdot s^{-2})$
一类土	0.80～1.20	$0.85g$～$1.30g$
二类土	0.65～0.80	$0.65g$～$0.85g$
三类土	0.40～0.65	$0.45g$～$0.65g$
四类土	<0.40	<$0.45g$

当采用天然地基，但计算振幅和振动加速度难于满足允许值的要求，或锤下落部分的重力在 10 kN 以上的锻锤基础，并建于土质较差的四类土上时，宜采用桩基础。

（3）砧座竖向振幅验算

砧座的竖向计算振幅应满足允许值的要求。对不隔振锻锤基础，其竖向允许振幅可按表 7-6 采用；当砧座下采取隔振装置时，砧座竖向允许振幅的取值不宜大于 20 mm。

表 7-6　砧座的竖向振幅值

下落部分的重力/kN	竖向允许振幅/mm	下落部分的重力/kN	竖向允许振幅/mm
≤10	1.7	50	4.0
20	2.0	100	4.5
30	3.0	160	5.0

7.4.3　锻锤基础的动力计算

大块式锻锤基础的动力计算主要包括基础的振幅和振动加速度计算、砧座的竖向振幅计算、垫层的动应力验算等。

在进行锻锤基础和砧座的动力计算时，实用上一般可采用如图 7-3 所示的单自由度无阻尼自由振动模型。在计算基础振动时，将砧座下弹簧刚度 K_{z1} 视作无穷大，计算总质量 m 为砧座质量 m_1 与基础质量 m_2 之和。在计算砧座振动时则只考虑 m_1 和 K_{z1} 的作用，而将基础质量 m_2 与基础下弹簧刚度 K_z 视作无穷大。

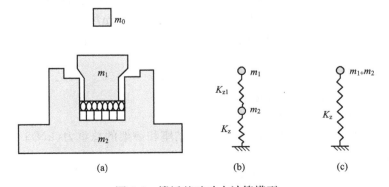

图 7-3　锻锤基础动力计算模型

（a）锻锤基础的构成；（b）基础计算模型；（c）砧座计算模型

(1)锻锤锤头的最大打击速度 v_0(m/s)

对单动自由下落锤:

$$v_0 = 0.9\sqrt{2gH} \tag{7-34a}$$

对双动自由下落锤:

$$v_0 = 0.65\sqrt{2gH\frac{p_0 A_0 + W_0}{W_0}} \tag{7-34b}$$

当仅已知锤击能量时:

$$v_0 = \sqrt{\frac{2.2gu}{W_0}} \tag{7-34c}$$

式中　H——锤头最大行程(m);

　　　W_0——落下部分的实际重力(kN);

　　　p_0——气缸最大进气压力(kPa);

　　　A_0——气缸活塞面积(m^3);

　　　u——锤头最大打击能量(kJ)。

(2)砧座和基础体系的初速度 v_{01}

锤头打击以后砧座和基础体系的初速度 v_{01} 可根据非弹性碰撞的动量守恒原理导出。

$$v_{01} = \frac{(1+e)W_0 v_0}{W_0 + W} \tag{7-35}$$

式中 W——基础、砧座、锤架及基础上回填土等的总重(kN),对正圆锥壳基础应包括壳体内的全部土重,桩基础应包括桩和桩尖土参加振动的当量重力;

　　　e——回弹系数。

(3)锻锤基础的固有圆频率 ω_{nz}、振幅 A_z 和振动加速度 a

对不隔振的锻锤基础,其固有圆频率、振幅和振动加速度可根据单自由度体系无阻尼自由振动的计算原理分别求出。

$$\omega_{nz} = k_\lambda \sqrt{\frac{K_z g}{W}}, \quad A_z = \frac{v_{01}}{\omega_{nz}} \approx k_A \frac{\psi_e v_0 W_0}{\sqrt{K_z W}}, \quad a = A_z \omega_{nz}^2 \tag{7-36}$$

式中　k_λ、k_A——频率调整系数和振幅调整系数,对除岩石以外的天然地基,可取 $k_\lambda = 1.6$ 及 $k_A = 0.6$;对桩基可取 $k_\lambda = k_A = 1.0$;

　　　ψ_e——冲击回弹影响系数,对自由锤可取 $\psi_e = 0.4$s/$m^{1/2}$;对模锻锤,当模锻钢制品时可取 $\psi_e = 0.5$s/$m^{1/2}$,模锻有色金属制品时可取 $\psi_e = 0.35$s/$m^{1/2}$。

(4)砧座下垫层的总厚度 d_0(m)与砧座的竖向振幅 A_{z1}(m)

砧座下垫层的总厚度 d_0 可根据垫层的承压强度等由下式确定:

$$d_0 = \frac{\psi_e^2 W_0^2 v_0^2 E_1}{f_c^2 W_h A_1} \tag{7-37}$$

式中　f_c——垫层承压动强度设计值(kPa);

　　　E_1——垫层的弹性模量(kPa);

　　　W_h——对自由锤为砧座重力,对模锻锤为砧座和锤架的总重力(kN);

　　　A_1——砧座底面积(m^2)。

砧座的竖向振幅 A_{z1},则可由下式确定:

$$A_{z1} = \psi_e W_0 v_0 \sqrt{\frac{d_0}{E_1 W_h A_1}} \tag{7-38}$$

7.4.4　锻锤基础的构造要求

锻锤基础应满足如下构造要求：

（1）不隔振的锻锤基础通常宜采用台阶形或梯形的整体大块式钢筋混凝土基础（50 kN 以下的锻锤亦可采用正圆锥壳基础），基础的高宽比 $h/b \geqslant 1$，边缘的最小高度 h_1 不应小于 200 mm，如图 7-4 所示。大块式基础的混凝土等级不宜低于 C15。

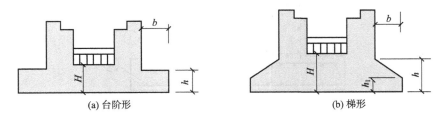

(a) 台阶形　　　　　　　　　　　(b) 梯形

图 7-4　锻锤基础的基础形式

（2）为使砧座传来的冲击力能较均匀地作用于基础上并方便砧座高程和水平的调整，砧座下应设置垫层。垫层通常采用木材或橡胶，其厚度按式（7-37）的强度验算公式确定并应满足表 7-7 规定的最小厚度要求。

表 7-7　砧座垫层最小厚度和砧座下基础最小厚度

下落部分的重力/kN	垫层最小厚度 d_0/mm		基础最小厚度 H/mm
	木垫	橡胶垫	
≤2.5	150	10	600
5.0	250	10	800
7.5	300	20	800
10.0	400	20	1000
20.0	500	30	1200
30.0	600	40	1500（模锻），1750（自由锻）
50.0	700	40	2000
100.0	1000	40	2750
160.0	1200		3500

（3）锻锤基础的构造配筋如图 7-5 所示，具体布置如下：

①——砧座垫层下基础顶部水平钢筋网，直径 10～16 mm，间距 100～150 mm，采用Ⅱ级钢。伸过凹坑内壁的长度不小于 50 倍钢筋直径，一般伸至基础外缘。钢筋网的竖向间距宜为 100～200 mm（按上密下疏布置），层数可按表 7-8 采用，最上层钢筋网的混凝土保护层厚度宜为 30～35 mm。

②——基础底面水平钢筋网，间距 150～250 mm。当锤下落部分的重力小于 50 kN 时，钢筋直径宜采用 12～18 mm；当锤下落部分的重力大于或等于 50 kN 时，钢筋直径宜采用 18～22 mm。

表 7-8　钢筋网层数

下落部分的重力/kN	≤10	20～30	50～100	160
钢筋网层数	2	3	4	5

③——砧座坑壁四周垂直钢筋网，间距 100～250 mm。当锤下落部分的重力小于 50 kN

时,钢筋直径宜采用 12～16 mm;当锤下落部分的重力大于或等于 50 kN 时,钢筋直径宜 16～20 mm。垂直钢筋宜伸至基础底面。

④——基础和基础台阶顶面及砧座外侧钢筋网,直径 12～16 mm,间距 150～250 mm。锤下落部分的重力大于或等于 50 kN 的锻锤砧座垫层下的基础部分,应沿竖向每隔 800 mm 左右配置直径 12～16 mm、间距 400 mm 左右的水平钢筋网。

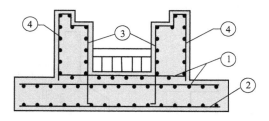

图 7-5　锻锤基础的构造钢筋

7.5　地基及基础震害

构造地震活动频繁,影响范围大,破坏性强,对人类的生存构成巨大威胁。1960 年 5 月 22 日,智利发生了全球有史以来最大的一次地震(里氏 9.5 级),从 5 月 21 日到 6 月 22 日,在智利海岸长达 1 400 km 的狭长地带里持续发生了多次强烈地震(超过 8 级的有 3 次,超过 7 级的有 10 次)和一系列余震。在地震波的肆虐之下,山河变迁,火山喷发,许多城镇被夷为平地,由地震引发的特大海啸竟横扫了整个太平洋。进入 21 世纪以来,地球上又多次发生强烈地震。发生于印度尼西亚苏门答腊西北的近海区域大地震(2004 年 12 月 26 日),据中国地震台网的测定,地震的震级为里氏 8.7 级(美国地震台网的测定结果为里氏 8.9 级),地震及随后发生的强大海啸夺走了 15 万余人的生命并造成了巨大的财产损失。

我国自古以来有记载的地震达 8000 多次,其中 7 级以上地震有 100 多次,给人民生命财产和国家经济造成严重损失。表 7-9 列举了我国内地 20 世纪 60 年代和 70 年代发生的几次大地震的资料和震害情况。2008 年 5 月 12 日发生的汶川里氏 8 级地震是新中国成立以来发生的最强烈的地震。汶川地震受灾面积超过 50 万 km^2,死亡和失踪人数达 8.7 万人、受伤 37.5 万人,直接经济损失 8451 亿元人民币。另外一次严重的地震是 1976 年 7 月 28 日发生在唐山的 7.8 级地震,死亡人数达 24.2 万人,直接经济损失达 96 亿元人民币。

表 7-9　中国内地的部分大地震($M > 7$)及其震害情况

地震地点	发生时间	震级	震中烈度	震源深度/km	受灾面积/km^2	死亡人数与震害情况
河北邢台	1966.3.22	7.2	10	10	23 000	0.79 万,县内房屋几乎倒平
云南通海	1970.1.5	7.7	10	13	1 777	1.56 万,房屋倒塌 90%
云南昭通	1974.5.11	7.1	9	14	2 300	0.16 万
云南龙陵	1976.5.29	7.6	9	—	—	73 人,房屋倒塌约半数
四川炉霍	1973.2.6	7.9	10	—	6 000	0.22 万,除木房外全倒
四川松潘	1976.8.16	7.2	8	—	5 000	38 人
辽宁海城	1975.2.4	7.3	9	12～15	920	0.13 万,乡村房屋倒塌 50%
河北唐山	1976.7.28	7.8	11	12～16	32 000	24.2 万,85% 的房屋倒塌或严重破坏

7.5.1　地基的震害

由于地区特点和地形地质条件的复杂性,强烈地震造成的地面和建筑物的破坏类型多种多样。典型的地基震害有地面塌陷、断裂、地基土液化和滑坡等。

(1)震陷

震陷是指地基土由于地震作用而产生的明显的竖向永久变形。在发生强烈地震时,如果地基由软弱黏性土和松散砂土构成,其结构受到扰动和破坏,强度严重降低,在重力和基础荷载的作用下会产生附加的沉陷。在我国沿海地区及较大河流的下游软土地区,震陷往往也是主要的地基震害。当地基土的级配较差、含水率较高、孔隙比较大时震陷也大。砂土的液化也往往引起地表较大范围的震陷。此外,在溶洞发育和地下存在大面积采空区的地区,在强烈地震的作用下也容易诱发震陷。

(2)地基土液化

在地震的作用下,饱和砂土的颗粒之间发生相互错动而重新排列,其结构趋于密实,但如果砂土的颗粒细小,则因其透水性较弱而导致孔隙水压力加大,同时颗粒间的有效应力减小,当地震作用大到使有效应力减小到零时,就会使砂土颗粒处于悬浮状态,这也就是砂土的液化现象。

砂土液化时其性质类似于液体,抗剪强度丧失殆尽,使作用于其上的建筑物产生大量的沉降、倾斜和水平位移,可引起建筑物的开裂、破坏甚至倒塌。在国内外的大地震中,砂土液化现象相当普遍,是造成地震灾害的重要原因。

影响砂土液化的主要因素为:地震烈度、地震的持续时间、土的粒径组成、密实程度、饱和度、土中黏粒含量以及土层埋深等。

(3)地震滑坡

在山区和陡峭的河谷区域,强烈地震可能引起诸如山崩、滑坡、泥石流等大规模的岩土体运动,从而直接导致地基、基础和建筑物的破坏。此外,岩土体的堆积也会给建筑物和人类的安全造成危害。

(4)地裂

地震导致的岩面和地面的突然破裂和位移会引起位于附近或跨断层的建筑物产生变形和破坏。如唐山地震时,地面出现一条长 10 km、水平错动 1.25 m、垂直错动 0.6 m 的大地裂,错动带宽约 2.5 m,致使在该断裂带附近的房屋、道路、地下管道等遭到极其严重的破坏,民用建筑几乎全部倒塌。

7.5.2　基础的震害

基础的常见震害有以下几种:

(1)沉降、不均匀沉降和倾斜

观测资料证明,一般地基上的建筑物由地震产生的沉降量通常不大,而软土地基则可产生 10~20 cm 的沉降,也有达 30 cm 以上者;如地基持力层为液化土或含有厚度较大的液化土层,强震时则可能产生数十厘米甚至 1 m 以上的沉降,造成建筑物的倾斜和倒塌。

(2)水平位移

常见于边坡或河岸边的建筑物,其原因是土坡失稳和岸边地下液化土层的侧向扩展等。

（3）受拉破坏

地震时，受力矩作用较大的桩基础的外排桩受到过大的拉力时，桩与承台的连接处会产生破坏。杆、塔等高耸结构物的拉锚装置也可能因地震产生的拉力过大而破坏。

7.6　建筑基础抗震设计

7.6.1　抗震设计的任务与要求

地震时，在岩土体中传播的地震波引起地基土体振动，使之产生附加变形，其强度也相应发生变化。地基基础抗震设计的任务就是研究地震中地基和基础的稳定性和变形，包括地基的抗震承载力验算、地基液化可能性判别和液化等级的划分、震陷分析、合理的基础结构形式以及为保证地基基础能有效工作所必须采取的抗震措施等内容。

《建筑抗震设计规范》(GB 50011—2010,2016 年版)(以下简称《抗震规范》)将建筑物按使用功能的重要性分为甲、乙、丙、丁四个抗震设防类别，各自规定了不同的抗震设防标准。四个类别中的甲类建筑属于重大建筑工程和地震时可能发生严重次生灾害的建筑，乙类建筑属于地震时使用功能不能中断或需尽快恢复的建筑，丙类建筑属于除甲、乙、丁类以外的一般建筑，丁类建筑属于抗震次要建筑。

各类建筑的抗震设防标准应符合下列要求：

（1）甲类建筑。考虑地震作用高于本地区抗震设防烈度的要求，其值应按批准的地震安全性评价结果确定；抗震措施，当抗震设防烈度为 6～8 度时，应符合比本地区抗震设防烈度提高一度的要求，当为 9 度时，应符合比 9 度抗震设防更高的要求。

（2）乙类建筑。地震作用应符合本地区抗震设防烈度的要求；抗震措施，一般情况下，当抗震设防烈度为 6～8 度时，应符合比本地区抗震设防烈度提高一度的要求，当为 9 度时，应符合比 9 度抗震设防更高的要求；地基基础的抗震措施应符合有关规定。对较小的乙类建筑，当其改用抗震性能较好的结构类型时，允许仍按本地区抗震设防烈度的要求采取抗震措施。

（3）丙类建筑。地震作用和抗震措施均应符合本地区抗震设防烈度的要求。

（4）丁类建筑。一般情况下，地震作用仍应符合本地区抗震设防烈度的要求；抗震措施应允许比本地区抗震设防烈度的要求适当降低，但抗震设防烈度为 6 度时不应降低。

7.6.2　抗震设计的目标和方法

1. 抗震设计的目标和方法

《抗震规范》将建筑物的抗震设防目标确定为"三个水准"，其具体表述为：一般情况下，遭遇第一水准烈度（众值烈度）的地震时，建筑物处于正常使用状态，从结构抗震分析的角度看，可将结构视为弹性体系，采用弹性反应谱进行弹性分析；遭遇第二水准烈度（基本烈度）的地震时，结构进入非弹性工作阶段，但非弹性变形或结构体系的损坏程度应控制在可修复的范围；遭遇第三水准烈度（罕遇地震烈度）的地震时，结构有较大的非弹性变形，但应控制在规定的范围内，以免倒塌。相应于第三水准的地震烈度在基本烈度为 6 度时为 7 度强，7 度时为 8 度强，8 度时为 9 度弱，9 度时为 9 度强。

工程中通常将上述抗震设防目标的三个水准简要地概括为"小震不坏，中震可修，大震不倒",也称为抗震设计的三原则。

为保证实现上述抗震设防目标,《抗震规范》规定在具体的设计工作中采用两阶段设计步骤。第一阶段的设计是承载力验算,即取第一水准的地震动参数计算结构的弹性地震作用标准值和相应的地震作用效应,采用分项系数设计表达式进行结构构件的承载力验算,这样可实现第一、二水准的设计目标。大多数结构可仅进行第一阶段设计,而通过概念设计和抗震构造措施来满足第三水准的设计要求。

第二阶段设计是弹塑性变形验算。对特殊要求的建筑,地震时易倒塌的结构以及有明显薄弱层的不规则结构,除进行第一阶段设计外,还要进行结构薄弱部位的弹塑性层间变形验算并采取相应的抗震构造措施,以实现第三水准的设防要求。

上述设防原则和设计方法可简短地表述为"三水准设防,两阶段设计"。

地基基础一般只进行第一阶段设计。有关地基承载力和基础结构,只要满足了第一水准对于强度的要求,同时也就满足了第二水准的设防目标。对于地基液化验算则直接采用第二水准烈度,对判明存在液化土层的地基,采取相应的抗液化措施。地基基础相应于第三水准的设防要通过概念设计和构造措施来满足。

2. 地基基础的概念性设计

结构的抗震设计包括计算设计和概念设计两个方面。计算设计是指确定合理的计算简图和分析方法,对地震作用效应作定量计算及对结构的抗震能力进行验算。概念设计是指从宏观上对建筑结构作合理的选型、规划和布置,选用合格的材料,采取有效的构造措施等。20世纪70年代以来,人们在总结大地震灾害的经验中发现:对结构抗震设计来说"概念设计"比"计算设计"更为重要。由于地震动的不确定性和结构在地震作用下的响应和破坏机理的复杂性,使"计算设计"很难全面有效地保证结构的抗震性能,因而必须强调良好的"概念设计"。目前,有关地震作用对地基基础影响的研究还不充分,因此地基基础的抗震设计更应该重视概念设计。诸如场地的选择、处理,地基与上部结构动力相互作用的考虑以及地基基础类型的选择等都是概念设计的重要方面。

7.6.3 场地选择

地震对建筑物的破坏作用是通过场地、地基和基础传递给上部结构的;同时,场地与地基在地震时又支承着上部结构。因此,选择适宜的建筑场地对于建筑物的抗震设计至关重要。

1. 场地类别划分

场地分类的目的是为了便于采取合理的设计参数和有关的抗震构造措施。从各国规范中场地分类的总趋势看,分类的标准应当反映影响强地面运动特征的主要因素,但现有的强震资料还难以用更细的尺度与之对应,所以场地分类一般至多分为三类或四类,划分指标尤以土层软硬描述为最多。采用剪切波速作为土层软硬描述的指标近年来逐渐增多。我国近年来修订的规范都采用了这类指标进行场地分类。此外,为避免场地分类所引入的设计反应谱跳跃式变化。我国的构筑物抗震设计规范、公路工程抗震设计规范还采用了连续场地指数对应连续反应谱的处理方式。

《抗震规范》中采用以等效剪切波速和覆盖层厚度双指标分类的方法来确定场地类别,见表7-10。

表 7-10　建筑场地的覆盖层厚度(m)与场地类别

等效剪切波速 v_{se}/(m·s^{-1})	场 地 类 别				
	I$_0$	I$_1$	II	III	IV
$v_{se}>800$	0				
$800\geqslant v_{se}>500$		0			
$500\geqslant v_{se}>250$		<5	$\geqslant 5$		
$250\geqslant v_{se}>150$		<3	3~50	>50	
$v_{se}\leqslant 150$		<3	3~15	15~80	>80

场地覆盖层厚度的确定方法为：

(1)一般情况下,应按地面至剪切波速大于 500 m/s 且其下卧各层岩土的剪切波速均不小于 500 m/s 的土层顶面的距离确定。

(2)当地面 5 m 以下存在剪切波速大于其上部各土层剪切波速 2.5 倍的土层,且该层及其下卧各层岩土的剪切波速均不小于 400 m/s 时,可按地面至该土层顶面的距离确定。

(3)剪切波速大于 500 m/s 的孤石、透镜体,应视同周围土层。

(4)土层中的火山岩硬夹层,应视为刚体,其厚度应从覆盖土层中扣除。

对土层剪切波速的测量,在大面积的初勘阶段,钻孔数量不宜少于 3 个。在详勘阶段,单幢建筑不少于 2 个,密集的高层建筑群每幢建筑不少于 1 个。

对于丁类建筑及层数不超过 10 层且高度不超过 24 m 的丙类建筑,当无实测剪切波速时,可根据岩土名称和性状,按表 7-11 划分土的类型,再利用当地经验在表 7-11 的剪切波速范围内估计各土层的剪切波速。

表 7-11　土的类型划分和剪切波速范围

土的类型	岩土名称和形状	土层剪切波速范围/(m·s^{-1})
岩石	坚硬、较硬且完整的岩石	$v_s>800$
坚硬土或软质岩石	破碎和较破碎的岩石或软和较软的岩石,密实的碎石土	$800\geqslant v_s>500$
中硬土	中密、稍密的碎石土,密实、中密的砾、粗、中砂,$f_{ak}>150$ kPa 的黏性土和粉土、坚硬黄土	$500\geqslant v_s>250$
中软土	稍密的砾、粗、中砂,除松散外的细、粉砂,$f_{ak}\leqslant 150$ kPa 的黏性土和粉土,$f_{ak}>130$ kPa 的填土,可塑黄土	$250\geqslant v_s>150$
软弱土	淤泥和淤泥质土,松散的砂,新近沉积的黏性土和粉土,$f_{sk}<130$ kPa 的填土,流塑黄土	$v_s\leqslant 150$

注：f_{ak} 为由载荷试验方法得到的地基承载力特征值(kPa),v_s 为岩土剪切波速。

场地土层的等效剪切波速按下列公式计算：

$$v_{se}=d_0/t \tag{7-39}$$

$$t=\sum_{i=1}^{n}(d_i/v_{si}) \tag{7-40}$$

式中　v_{se}——土层等效剪切波速(m/s);

d_0——计算深度(m),取覆盖层厚度和 20 m 二者的较小值;

t——剪切波在地面至计算深度间的传播时间(s);

d_i——计算深度范围内第 i 土层的厚度(m);

v_{si}——计算深度范围内第 i 土层的剪切波速(m/s);

n——计算深度范围内土层的分层数。

2. 场地选择

大量地震观测资料表明,选择对抗震有利的场地进行建设能在很大程度上减轻地震灾害。但是,建设用地的选择受到许多因素的限制,除了极不利和有严重危险性的场地以外,往往是不能排除其作为建设场地的。这样就有必要按照场地和地基遭受地震破坏作用的强弱和特征采取抗震措施。实际上这也就是地震区的场地分类与选择的目的。

研究表明,影响建筑震害和地震动参数的场地因素很多,如局部地形、地质构造、地基土质等。一般认为,对抗震有利的地段系指地震时地面无残余变形的坚硬土或开阔平坦密实均匀的中硬土范围或地区;而不利地段为可能产生明显的地基变形或失效的某一范围或地区;危险地段指可能发生严重的地面残余变形的某一范围或地区。因此,《抗震规范》将场地划分为有利、一般、不利和危险地段的具体标准如表 7-12 所示。

表 7-12　有利、一般、不利和危险地段的划分

地段类别	地质、地形、地貌
有利地段	稳定基岩,坚硬土,开阔、平坦、密实、均匀的中硬土等
一般地段	不属于有利、不利和危险的地段
不利地段	软弱土,液化土,条状突出的山嘴,高耸孤立的山丘,陡坡,陡坎,河岸和边坡的边缘,平面分布上成因、岩性、状态明显不均匀的土层(如古河道、疏松的断层破碎带、暗埋的塘浜沟谷和半填半挖地基),高含水率的可塑黄土,地表存在结构性裂缝等
危险地段	地震时可能发生滑坡、崩塌、地陷、地裂、泥石流等及发震断裂带上可能发生地表位错的部位

在选择建筑场地时,应根据工程需要和地震活动情况以及工程地质的有关资料等对场地做出综合评价,宜选择有利的地段、避开不利的地段,当无法避开时应采取有效的抗震措施;不应在危险地段建造甲、乙、丙类建筑。

关于局部地形条件的影响,从国内几次大地震的宏观调查资料来看,岩质地形与非岩质地形有所不同。在对 1970 年云南通海地震和 2008 年汶川地震的宏观调查中发现,非岩质地形对烈度的影响比岩质地形的影响更为明显。如通海和东川的许多岩石地基上很陡的山坡,震害也未见有明显的加重。因此对于岩石地基的陡坡、陡坎等,《抗震规范》未将其列为不利地段。但对于岩石地基的高度达数十米的条状突出的山脊和高耸孤立的山丘,由于鞭鞘效应明显,振动有所加大,烈度仍有增高的趋势,《抗震规范》将其列为不利地段。对于局部突出的地形(主要指山包、山梁和悬崖、陡坎等),情况则比较复杂。从宏观震害经验和地震反应分析得出的总趋势,大致可以归纳为以下几点:

(1)高突地形距基准面的高度愈大,高处的反应愈强烈;

(2)离陡坎和边坡顶部边缘的距离加大,反应逐步减小;

(3)从岩土构成方面看,在同样的地形条件下,土质结构的反应比岩质结构大;

(4)高突地形顶面愈开阔,远离边缘的中心部位的反应明显减小;

(5)边坡愈陡,其顶部的放大效应愈明显。

当场地中存在发震断裂时,尚应对断裂的工程影响做出评价。根据离心机上所做的断层错动时不同土性和覆盖层厚度情况的位错量试验的结果分析,当最大断层错距为 1.0~3.0 m 和 4.0~4.5 m 时,断裂上覆盖层破裂的最大厚度为 20 m 和 30 m。考虑 3 倍左右的安全富余,可将8度和9度时上覆盖层的安全厚度界限分别取为60 m和90 m。根据上述分析和工程经验,《抗震规范》在对发震断裂的评价和处理上提出以下要求:

(1)对符合下列规定之一的情况,可忽略发震断裂错动对地面建筑的影响:

①抗震设防烈度小于8度;

②非全新世活动断裂;

③抗震设防烈度为8度和9度时,前第四纪基岩隐伏断裂的土层覆盖厚度分别大于60 m和90 m。

(2)对不符合上列规定的情况,应避开主断裂带,其避让距离不宜小于表7-13中对发震断裂最小避让距离的规定。

进行场地选择时还应考虑建筑物的自振周期和场地的卓越周期的相互关系,原则上应尽量避免两者的周期过于相近,以免引起共振。尤其要避免将自振周期较长的柔性建筑置于松软深厚的地基土层上。当然并不是所有时候都能做到这一点的,例如我国上海、天津等沿海城市的地基软弱土层厚度很大,又需要兴建大量

表7-13 发震断裂的最小避让距离(m)

烈度	建 筑 抗 震 设 防 类 别			
	甲	乙	丙	丁
8	专门研究	200	100	—
9	专门研究	400	200	—

高层和超高层建筑,在这种情况下宜提高上部结构的整体刚度和选用抗震性能较好的基础类型,如箱基或桩箱基础等。

7.6.4 地基基础方案选择

地基在地震作用下的稳定性对基础和上部结构的内力分布影响是十分明显的,因此确保地震时地基不发生过大的沉降和不均匀沉降是地基基础抗震设计的基本要求,在选择地基基础的设计方案时应注意下列基本原则:

(1)同一结构单元不宜设置在性质截然不同的地基土层上,尤其不要放在半挖半填的地基上;

(2)同一结构单元不宜部分采用天然地基而另外部分采用桩基;

(3)地基中存在软弱黏性土、液化土、新近填土或严重不均匀土层时,应估计地震时地基的不均匀沉降或其他不利影响,并采取相应措施。

一般地,在进行地基基础的抗震设计时,应根据具体情况,选择对抗震有利的基础类型,并在抗震验算时尽量考虑上部结构、基础和地基的相互作用影响,使之能反映地基基础在不同阶段的工作状态。在决定基础的类型和埋深时,还应考虑下列工程经验:

(1)同一结构单元的基础不宜采用不同的基础埋深;

(2)深基础通常比浅基础有利,因其可减少来自基底的振动能量输入,同时基础四周的土体对基础振动有抑制作用;

(3)纵横内墙较密的地下室、箱形基础和筏板基础的抗震性能较好。对软弱地基,宜优先考虑设置全地下室、采用箱形基础或筏板基础;

(4)地基较好、建筑物层数不多时,可采用单独基础,但最好用地基梁联成整体,或采用交叉条形基础;

(5)实践证明桩基础和沉井基础的抗震性能较好,而且还可穿透液化土层或软弱土层,是防止因地基液化或严重震陷而造成震害的有效方法,但要求桩尖和沉井底面埋入稳定土层不应小于1～2 m,并进行必要的抗震验算;

(6)桩基宜采用低承台,可利用承台周围土体的阻抗作用。

7.6.5　天然地基的抗震承载力验算

地基和基础的抗震验算,一般采用"拟静力法"。该法用一个能产生相同荷载效应的静力荷载来代替地震荷载,然后用该静力荷载验算地基和基础的承载力和稳定性。具体的验算方法与静力状态下的验算方法相似,即计算的基底压力应不超过调整后的地基抗震承载力。因此,当需要验算天然地基承载力时,应采用地震作用效应标准组合。《抗震规范》规定,基础底面的平均压力和边缘的最大压力应符合下列各式要求:

$$p \leqslant f_{aE} \tag{7-41}$$

$$p_{max} \leqslant 1.2 f_{aE} \tag{7-42}$$

式中　p——地震作用效应标准组合的基础底面平均压力(kPa);

p_{max}——地震作用效应标准组合的基础底面边缘最大压力(kPa);

f_{aE}——调整后的地基抗震承载力(kPa),按公式(7-43)求取。

高宽比大于 4 的高层建筑,在地震作用下基础底面不宜出现拉应力;其他建筑的基础底面与地基之间的零应力区面积不应超过基础底面面积的 15%。

目前多数国家的抗震规范在验算地基土的抗震承载力时,都采用在静承载力的基础上乘以一个调整系数的方法。考虑调整的依据是:

(1)地震是偶发事件,是特殊荷载,因而地基的可靠度容许有一定程度的降低;

(2)地震是有限次数不等幅的随机荷载,其等效循环荷载不超过十几到几十次,而多数地基土在有限次数的动载下的强度较静载下稍高。

我国的《抗震规范》采用抗震极限承载力与静力极限承载力的比值作为地基土的承载力调整系数,其值也可近似通过动静强度之比求得。因此,在进行天然地基的抗震验算时,地基的抗震承载力 f_{aE} 应按下式计算:

$$f_{aE} = \zeta_a f_a \tag{7-43}$$

式中　ζ_a——地基抗震承载力调整系数,按表 7-14 采用;

f_a——深宽修正后的地基承载力特征值(kPa),可按第 3 章的方法确定。

表 7-14　地基土抗震承载力调整系数表

岩土名称和性状	ζ_a
岩石,密实的碎石土,密实的砾、粗、中砂,$f_{ak} \geqslant 300$ kPa 的黏性土和粉土	1.5
中密、稍密的碎石土,中密和稍密的砾、租、中砂,密实和中密的细、粉砂,150 kPa$\leqslant f_{ak} <300$ kPa 的黏性土和粉土,坚硬黄土	1.3
稍密的细、粉砂,100 kPa$\leqslant f_{ak} <150$ kPa 的黏性土和粉土,可塑黄土	1.1
淤泥,淤泥质土,松散的砂,杂填土,新近堆积黄土及流塑黄土	1.0

注:表中 f_{ak} 指未经深宽修正的地基承载力特征值,可按第 3 章的方法确定。

对我国多次强震中遭受破坏的建筑的统计分析表明,只有少数房屋是因为地基的原因而导致上部结构破坏的。而该类地基大多数是液化地基、易产生震陷的软土地基和严重不均匀的地基。大量的一般性地基具有较好的抗震性能,极少发现因地基承载力不够而产生震害。因此,通常对于量大面广的一般地基和基础可不做抗震验算,而对于容易产生震害的液化地基、软土地基和严重不均匀地基则规定了相应的抗震措施,以避免或减轻震害。按《抗震规范》

的规定,下列建筑可不进行天然地基及基础的抗震承载力验算:

(1)砌体房屋;

(2)地基主要受力层范围内不存在软弱黏性土层的一般单层厂房、单层空旷房屋和不超过8层且高度在24 m以下的一般民用框架和框架抗震墙房屋及与其基础荷载相当的多层框架厂房和多层抗震墙房屋;

(3)该规范规定可不进行上部结构抗震验算的建筑。

【例7-1】某厂房采用现浇柱下独立基础,基础埋深3 m,基础底面的形状为正方形,边长为4 m。由平板载荷试验得到基底持力层的地基承载力特征值为$f_{ak}=190$ kPa,地基土的其余参数如图7-6所示。考虑地震作用效应标准组合时计算到基础底面形心的荷载为:$N=4\,850$ kN,$M=920$ kN·m(单向偏心)。试验算地基的抗震承载力。

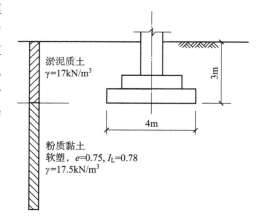

图7-6　例7-1图

【解】(1)基底压力

基底的平均压力为

$$p=N/A=4850/(4\times4)=303.1 \text{ kPa}$$

基底边缘的压力为

$$\begin{matrix} p_{max} \\ p_{min} \end{matrix}=\frac{N}{A}\pm\frac{M}{W}=303.1\pm\frac{920\times6}{4\times4^2}=\begin{matrix} 389.4 \\ 216.8 \end{matrix} \text{ kPa}$$

(2)地基抗震承载力

由第3章表3-16,查得$\eta_b=0.3$,$\eta_d=1.6$,故有:

$$f_a=f_{ak}+\eta_b\gamma(b-3)+\eta_d\gamma_m(d-0.5)$$
$$=190+0.3\times17.5\times(4-1)+1.6\times17\times(3-0.5)=263.2 \text{ kPa}$$

由表7-14查得地基抗震承载力调整系数$\zeta_a=1.3$,故由公式(7-43)可得

$$f_{aE}=\zeta_a f_a=1.3\times263.2=342.2 \text{ kPa}$$

(3)验算

因为

$$p=303.1 \text{ kPa}<f_{aE}=342.2 \text{ kPa}$$
$$p_{max}=389.4 \text{ kPa}<1.2 f_{aE}=410.6 \text{ kPa}$$
$$p_{min}=216.8 \text{ kPa}>0$$

故地基的抗震承载力满足要求。

7.6.6　桩基础的抗震承载力验算

唐山地震的经验表明,桩基础的抗震性能普遍优于其他类型基础,但桩端直接支承于液化土层中和桩侧有较大地面堆载的情形除外。此外,当桩承受有较大的水平荷载时仍可能遭受明显的地震破坏作用。因此,《抗震规范》明确了桩基础的抗震验算和构造方面的要求。下面简要介绍《抗震规范》关于桩基础的抗震验算和构造的规定。

1. 桩基可不进行抗震承载力验算的范围

对于以承受竖向荷载为主的低承台桩基,当地面下无液化土层,且承台周围无淤泥、淤泥质土和地基土承载力特征值不大于100 kPa的填土时,某些建筑可不进行桩基的抗震承载力验算。其具体规定与天然地基的不验算范围基本相同,区别是对于6度和8度时一般的单层厂房和单层空旷房屋、不超过 8 层且高度在 24 m 以下的一般民用框架房屋和框架—抗震墙房屋，以及基础荷载与前述民用框架房屋相当的多层框架厂房和多层混凝土抗震墙房屋的桩基础也可不验算。

2. 非液化土中低承台桩基的抗震验算

《抗震规范》规定，单桩的竖向和水平向抗震承载力特征值均可比非抗震设计时提高 25%。考虑到一定条件下承台周围的回填土有明显的分担地震荷载的作用，《抗震规范》还规定当承台周围的回填土夯实至干密度不小于《建筑地基基础设计规范》对于填土的要求时，可由承台的正面填土与桩共同承担水平地震作用；但不应计入承台底面与地基土之间的摩擦力。

3. 存在液化土层时的低承台桩基

对于存在液化土层的低承台桩基，其抗震验算应符合下列规定：

(1)对埋置较浅的桩基础，不宜计入承台周围土的抗力或刚性地坪对水平地震作用的分担作用。

(2)当承台底面上、下分别有厚度不小于 1.5 m、1.0 m 的非液化土层或非软弱土层时，可按下列两种情况进行桩的抗震验算，并按不利情况设计：

①桩承受全部地震作用，桩的承载力比非抗震设计时提高 25%，液化土的桩周摩阻力及桩的水平抗力均乘以表 7-15 所列的折减系数；

②地震作用按水平地震影响系数最大值的 10% 采用，桩承载力仍按非液化土中的桩基确定，但应扣除液化土层的全部摩阻力及承台下 2 m 深度范围内非液化土的桩周摩擦力。

表 7-15　土层液化影响折减系数

实际标贯击数/临界标贯击数	深度 d_s/m	折减系数
≤0.6	$d_s \leqslant 10$	0
	$10 < d_s \leqslant 20$	1/3
>0.6~0.8	$d_s \leqslant 10$	1/3
	$10 < d_s \leqslant 20$	2/3
>0.8~1.0	$d_s \leqslant 10$	2/3
	$10 < d_s \leqslant 20$	1

(3)对于打入式预制桩和其他挤土桩，当平均桩距为 2.5～4 倍桩径且桩数不少于 5×5 时，可计入打桩对土的加密作用及桩身对液化土变形限制的有利影响。当打桩后桩间土的标准贯入锤击数值达到不液化的要求时，单桩承载力可不折减，但对桩尖持力层作强度校核时，桩群外侧的应力扩散角应取为零。打桩后桩间土的标准贯入击数宜由试验确定，也可按下式计算：

$$N_1 = N_P + 100\rho(1 - e^{-0.3N_P}) \tag{7-44}$$

式中　N_1——打桩后的标准贯入锤击数；

　　　ρ——打入式预制桩的面积置换率；

　　　N_P——打桩前的标准贯入锤击数。

上述液化土中桩的抗震验算原则和方法主要考虑了以下情况：

(1)不计承台旁的土抗力或地坪的分担作用是出于安全考虑，也就是将其作为安全储备，因目前对液化土中桩的地震作用效应与土中液化进程的关系尚未弄清。

(2)根据地震反应分析与振动台试验，地面加速度最大的时刻出现在液化土的孔压比小于

1(常为 0.5～0.6)时,此时土尚未充分液化,只是刚度比未液化时下降很多,故可仅对液化土的刚度作折减。折减系数的取值与构筑物抗震设计规范基本一致。

(3)地震后土中的孔压不会很快消散完毕,往往于震后才出现喷砂冒水,这一过程通常持续几小时甚至一二天,其间常有沿桩与基础四周排水的现象,这说明此时桩身摩阻力已大幅度减小,从而出现竖向承载力不足和缓慢的沉降,因此应按静力荷载组合校核桩身的强度与承载力。

除应按上述原则验算外,还应辅以相应的构造措施。理论分析表明,地震荷载作用下的桩在软、硬土层交界面处最易受到剪、弯损害。阪神地震后对许多桩基的实际考查也证实了这一点,但在采用"m 法"的桩身内力计算方法中却无法反映该特征,目前除考虑桩土相互作用的地震反应分析可以较好地反映桩身受力情况外,还没有简便实用的计算方法保证桩在地震作用下的安全,因此必须采取有效的构造措施。具体规定为液化土中桩的配筋范围,应自桩顶至液化深度以下符合全部消除液化沉陷所要求的距离,其纵向钢筋应与桩顶部位相同,箍筋应加密。

处于液化土中的桩基承台周围宜用非液化土填筑夯实,若用砂土或粉土则应使土层的标准贯入锤击数不小于规定的液化判别标准贯入锤击数的临界值。

在有液化侧向扩展的地段,桩基尚应考虑土体流动时的侧向作用力,且承受侧向推力的面积应按边桩外缘间的宽度计算。

7.7 桥梁基础抗震设计

7.7.1 桥梁墩台基础的抗震强度及稳定性验算

大量震害资料表明,一般工程建筑物遭受 6 度地震烈度影响时开始出现损坏,从 7 度开始出现较多的震害。所以《铁路工程抗震设计规范》(GB 50111—2006,2009 年版)(以下简称《铁路抗震规范》)规定设计烈度为 6 度及 6 度以上时,要按规定进行抗震验算和设计。对于设计烈度高于 9 度或有特殊抗震要求的建筑物及新型结构应进行专门研究设计。

下面介绍《铁路抗震规范》对桥梁墩台基础的抗震强度及稳定性验算的有关规定和抗震措施。

1. 抗震验算范围及要求

设防烈度为 7、8、9 度的桥梁和位于 6 度区的 B 类桥梁,以及 Ⅲ、Ⅳ 类场地的 C 类桥梁均应进行抗震验算。验算内容主要包括:按多遇地震进行桥墩或基础的强度、偏心及稳定性验算;按设计地震验算上、下部结构构造的强度;按罕遇地震对钢筋混凝土桥墩进行延性验算或最大位移分析。不同结构桥梁的抗震设计内容如表 7-16 所示。抗震验算应符合表 7-17 的要求。

表 7-16　桥梁抗震设计验算内容

结构形式		多遇地震	设计地震	罕遇地震
简支梁桥	混凝土桥墩	墩身及基础:强度、偏心及稳定性验算	验算连接构造	一般不验算,但应增设护面钢筋
	钢筋混凝土桥墩	墩身及基础:强度及稳定性验算	验算连接构造	可按简化法进行延性验算
其他梁式桥及 B 类桥梁		墩身及基础:强度、偏心及稳定性验算	验算连接构造	钢筋混凝土桥墩:按非线性时程反应分析法进行下部结构延性验算或最大位移分析

注:对于简支或连续梁桥的上部结构可不进行抗震强度和稳定性验算,但应采取抗震措施。

表 7-17　桥墩桥台抗震验算要求

基础底面合力偏心距 e	未风化至风化颇重的硬质岩石	$\leqslant 2.0\rho$
	上项以外的其他岩石	$\leqslant 1.5\rho$
	基本承载力 $\sigma_0 > 200$ kPa 的土层	$\leqslant 1.2\rho$
	基本承载力 $\sigma_0 \leqslant 200$ kPa 的土层	$\leqslant 1.0\rho$
砖石及混凝土截面合力偏心距 e	矩形及其他形状	$\leqslant 0.8S$
	圆　形	$\leqslant 0.7S$
建筑材料容许应力修正系数	钢　材　　剪、拉、压应力	1.5
	混凝土、片石混凝土和石砌体　压应力	1.5
	剪、拉、压应力	1.0
滑动稳定系数		$\geqslant 1.1$
倾覆稳定系数		$\geqslant 1.3$

注：(1)表中 ρ 为基础底面计算方向的核心半径；
　　(2)表中 S 为截面形心至最大压应力边缘的距离；
　　(3)配有少量钢筋的混凝土重力式桥墩桥台截面的偏心距可大于表 7-17 的规定值，配筋量应按强度计算确定，配筋率和裂缝开展可不计算。

2. 抗震验算的荷载

桥梁抗震验算时一般在顺桥和横桥两个方向分别进行计算。对于抗震设防烈度为 9 度的悬臂结构和预应力混凝土刚构桥等，还应计入竖向地震作用的影响。竖向地震可按结构恒载和活载总和的 7% 计入，或按水平地震基本加速度值的 65% 进行动力分析。

桥梁抗震验算的荷载应力应为地震作用与恒载和活载的最不利组合。恒载包括结构自重、土压力、静水压力及浮力；活荷载包括活载重力、离心力及列车活载产生的土压力。

活荷载计算应分别按有车、无车进行计算；当桥上有车时，顺桥向不计活载引起的地震力；横桥向应只计 50% 活载引起的地震作用且作用在轨顶以上 2 m 处，活载垂直力均计 100%。

双线桥只考虑单线活荷载。

验算桥墩桥台时，一律采用常水位设计。常水位包括地表水或地下水。

该规范规定：梁式桥跨结构的实体桥墩，在常水位以下部分，水深超过 5 m 时，应计入地震动水压力对桥墩的作用。有关计算方法和公式可参阅该规范有关条文。

3. 地基承载力

验算地基抗震强度时，地基土容许承载力的修正系数可参照表 7-18 的规定。但液化土层以上的土层容许承载力不应修正。

柱桩的地基容许承载力的修正系数可取 1.5，摩擦桩的地基容许承载力的修正系数根据土的性质可取 1.2~1.4。

4. 桥墩的水平地震作用及内力

简支梁桥墩的水平地震作用计算图示如图 7-7 所示，应计入地基变形的影响。桥墩各段的地震作用位于质心处。梁体的地震作用顺桥向应位于支座中心，横桥向位于梁高的 1/2 处。水

表 7-18　地基土容许承载力的修正系数

地基土	修正系数 ψ 值
未风化至强风化的硬质岩石	1.5
未风化至微风化的软质岩	1.5
基本承载力 $\sigma_0 > 500$ kPa 的岩石和土	1.4
150 kPa $< \sigma_0 \leqslant 500$ kPa 的岩石和土	1.3
100 kPa $< \sigma_0 \leqslant 150$ kPa 的土	1.2

注：(1)软质岩石是指饱和单轴极限抗压强度为 15~30 MPa 的岩石；
　　(2)100 kPa $< \sigma_0 \leqslant 150$ kPa 的土，不包括液化土、软土、人工弃填土等。

平地震作用按下式计算：

$$F_{ijE} = C_i \cdot \alpha \cdot \beta_j \cdot \gamma_j \cdot x_{ij} \cdot m_i \tag{7-45}$$

$$M_{fjE} = C_i \cdot \alpha \cdot \beta_j \cdot \gamma_j \cdot k_{fj} \cdot J_f \tag{7-46}$$

式中　F_{ijE}——j 振型 i 点的水平地震力(kN)；

C_i——桥梁的重要性系数；

α——水平地震基本加速度，参考《桥梁抗震规范》相关条文；

β_j——j 振型动力放大系数，按自振周期 T_j 计算，参考《桥梁抗震规范》相关条文；

γ_j——j 振型参与系数，按下式计算：

$$\gamma_j = \frac{\sum\limits_i m_i \cdot x_{ij} + m_f \cdot x_{fi}}{\sum\limits_i m_i \cdot x_{ij}^2 + m_f \cdot x_{fj}^2 + J_f \cdot k_{fj}^2} \tag{7-47}$$

其中　x_{fj}——j 振型基础质心处的振型坐标，

m_f——基础的质量(t)；

x_{ij}——j 振型在第 i 段桥墩质心处的振型坐标，

M_{fjE}——非岩石地基的基础或承台质心处 j 振型地震力矩(kN·m)；

k_{fj}——j 振型基础质心角变位的振型函数(m^{-1})；

J_f——基础对其质心轴的转动惯量($t \cdot m^2$)。

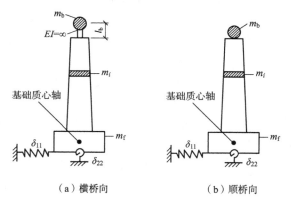

（a）横桥向　　　　　　　（b）顺桥向

图 7-7　桥墩地震荷载计算图示

图中 δ_{11}——柔度系数，当基底或承台底作用单位水平力时，基础底面产生的水平位移(m/kN)，岩石地基 $\delta_{11}=0$。

δ_{22}——柔度系数，当基底或承台底作用单位弯矩时，基础底面产生的转角(rad/kN·m)，岩石地基 $\delta_{22}=0$。

m_b——桥墩顶处换算质点的质量(t)，顺桥向，$m_b=m_d$，横桥向，$m_b=m_1+m_d$。其中 m_d 为桥墩顶梁体质量(t)，等跨桥墩顺桥向、横桥向和不等跨桥墩横桥向均为相邻两孔梁及桥面质量之和的一半，不等跨桥墩顺桥向为较大一跨梁及桥面质量之和；m_1 为桥墩顶活荷载反力换算的质量(t)，按《铁路抗震规范》相关规定计算。

l_b——m_b 质心距桥墩顶的高度(m)；

m_i——桥墩第 i 段的质量(t)。

计算非岩石地基基础的柔度系数 δ_{11}、δ_{22}、δ_{12} 时，应计入土的弹性抗力。有关计算公式可参考规范。

地震作用效应弯矩、剪力、位移，一般可取前三个振型耦合，并按下式计算：

$$S_{iE} = \sqrt{\sum_{j=1}^{3} S_{ijE}^2} \tag{7-48}$$

式中　S_{iE}——地震作用下，i 点的作用效应弯矩、剪力或位移；

$\quad\quad S_{ijE}$——在 j 振型地震作用下，i 点的作用效应弯矩、剪力或位移。

以 S_{iE} 验算截面合力偏心距和材料容许应力等。

明挖基础的墩台倾覆稳定性、滑动稳定性以及基底应力，在求得基底弯矩和剪力后，即可进行验算。对于桩基础，在求出承台座板底面处的弯矩和水平力后也可进行桩基计算。

以上计算工作量较大，在某些条件下可以采用桥墩地震作用的简化计算方法，请参阅《铁路抗震规范》附录 E。

5. 桥台的土压力和水平地震力

桥台的震害一般多于桥墩。桥台向河心滑移，大量下沉或倾斜、以及台身剪断等常使桥梁中断通车。因此，对桥台的抗震设计应予以充分地重视。造成台身损伤和位移（包括下沉、倾斜和倾倒）的主要原因是地基液化和台背过大的地震土压力，或上部梁跨结构的冲击、挤压。

《铁路抗震规范》规定：桥台的地震作用采用静力法计算。作用在桥台上的地震主动土压力按库伦理论公式计算。但土的内摩擦角 φ、墙背摩擦角 δ、土的重度 γ 受地震作用的影响，应根据地震角 θ（地震角 θ 为桥台背面库伦滑动土楔的水平地震作用和自重之比的正切）分别按下列公式进行修正：

$$\varphi_E = \varphi - \theta \tag{7-49}$$

$$\delta_E = \delta + \theta \tag{7-50}$$

$$\gamma_E = \frac{\gamma}{\cos\theta} \tag{7-51}$$

式中 φ_E、δ_E、γ_E 分别为修正后土的内摩擦角、墙背摩擦角和土的重度。经过综合影响系数修正的地震角 θ 可按表 7-19 采用。着力点高度在计算截面以上计算高度的 1/3 处。

表 7-19　地震角 θ

位置	地震动峰值加速度			
	$0.1g$、$0.15g$	$0.2g$	$0.3g$	$0.4g$
水上	$1°30'$	$3°$	$4°30'$	$6°$
水下	$2°30'$	$5°$	$7°30'$	$10°$

桥台身和上部建筑的水平地震作用，参考规范相应内容。

计算桥台穿过可液化土层的地震土压力时，内摩擦角折减系数，按《铁路抗震规范》附录 C 规定采用。凡力学指标不同的土层应分层计算。

7.7.2　抗震措施

一般要求桥位应选择在对抗震有利的场地，桥梁要结构合理和整体性好，并应保证良好的施工质量。《铁路抗震规范》中具体的要求可概括如下：

（1）桥位应选择在基本烈度较低及河岸稳定和地基良好的地段。当难以避开液化土和软土地基时，桥梁中线应与河流正交。

河岸稳定地段是指岸坡平坦、开阔，起伏变化小，地震时不致触发滑坡崩塌的地区。地基良好的地段指地层坚实均一，为完整的基岩或较好的第四纪覆盖层，如洪积、冰积层，而且沉积年代古老。

当桥梁跨越断层带时，桥墩桥台基础不应设置在严重破碎带上。

地震区的拱桥不应跨越断层,其桥墩桥台应设置在整体岩石或同一类土层上。

(2)当桥梁位于液化土或软土地基上时,应采取以下抗震措施:

位于常年有水河流的可液化土地基上的特大桥、大中桥的桥墩、台应采用桩或沉井等深基础,并要求桩尖和沉井底埋入稳定土层不应小于2 m。否则,地震时仍不能避免移位和倾斜。当水平力较大时桩基桥台宜设置斜桩或采取其他加固措施。

位于可液化松软土地基上的特大桥、大中桥应将桥台放在稳定的河岸上。在主河槽与河滩分界的地形突变处不宜设置桥墩。

特大桥、大中桥桥头路堤的地基为液化土或软土,桥头路堤高度又大于3 m,且设计烈度为8度或9度时,在桥台尾后15 m内的路堤基底下的可液化土或软土应采取振密、砂桩、砂井、碎石桩、换填等加固措施。

(3)桥式方案宜按等跨布置。桥墩应避免承受斜向土压力。桥台宜采用U形或T形桥台。不要把桥台设置在不稳定的河坡上。

在水文及结构条件允许时,宜采用各式涵洞代替小桥。非岩石地基上的涵洞不宜设置在路堤填土上。涵洞出入口应采用翼墙式。

装配式桥墩桥台的接头应适当加强,提高其整体性。

应注意加强桥梁上、下部结构及各构件之间的连接,提高整体性。并应按要求采取各种防止落梁的措施。深水、高墩、大跨等修复困难的桥梁,墩台顶帽应适当加宽或设置消能设施。应考虑便于修复和加固。

(4)材料的抗震性能。一般脆性材料(如石砌圬工、素混凝土)不如延性大的材料(如钢材、钢筋混凝土)。桥墩桥台的建筑材料应按表7-20采用。

表7-20　桥墩桥台的建筑材料

设计烈度	7		8		9	
墩台高度 H/m	$\leqslant 30$	>30	$\leqslant 20$	>20	$\leqslant 15$	>15
材料名称	混凝土	上段混凝土 下段钢筋混凝土	混凝土	上段混凝土 下段钢筋混凝土	混凝土	上段混凝土 下段钢筋混凝土

注:下段钢筋混凝土区段高度不小于2D且不小于10 m(D为墩底截面短边尺寸)。

(5)无护面钢筋的混凝土桥台应减少施工缝。施工缝处必须设置接头钢筋,并采取措施保证接缝处混凝土的整体性。

(6)采用明挖基础的桥台,当基底摩擦系数等于或小于0.25时,宜将基底换填厚度不小于1.0 m的砂卵石,提高抗滑稳定性。台后沿线路方向的地面坡度陡于1:5时,路堤基底应挖成宽度不小于2.5 m的台阶。

桥头路堤的填筑及桥墩桥台明挖基坑回填应分层夯填密实,其压实系数不应小于0.90。

7.8　地基的液化判别与抗震措施

在前面讲述地基基础震害及抗震设计时,多次提到地基土液化问题。饱和松散砂土地层在地震动过程中,孔隙水压力达到上覆压力时,土体强度丧失,土体变成液体,这就是饱和砂土的震动液化现象。在历次地震灾害的调查中发现,在地基失效破坏的案例中由砂土液化造成的结构破坏在数量上占有很大比例,因此有关砂土液化判别和处理的规定在各国的抗震规范中均有所体现。本节以《建筑抗震设计规范》(GB 50011—2010)(2016 版)为例进行介绍。

砂土的液化判别和处理的一般原则是：

(1)对饱和砂土和饱和粉土(不含黄土)地基，除烈度 6 度区以外，应进行液化判别。对 6 度区一般情况下可不进行判别和处理，但对液化沉陷敏感的乙类建筑可按 7 度区的要求进行判别和处理，7~9 度时，乙类建筑可按本地区抗震设防烈度的要求进行判别和处理。

(2)地面下存在饱和砂土和饱和粉土时，除 6 度区外，应进行液化判别；存在液化土层的地基，应根据建筑的抗震设防类别和地基的液化等级，结合具体情况采取相应的措施。

7.8.1　液化判别和液化危险性估计方法

对于一般工程项目，砂土或粉土的液化判别及危害程度估计可按以下步骤进行。

1. 初判

初判是以地质年代、黏粒含量、地下水位及上覆非液化土层厚度等作为判断条件。对饱和的砂土或粉土(不含黄土)，当符合下列条件之一时，可初步判别为不液化或不考虑液化影响：

(1)地质年代为第四纪晚更新世(Q_3)及以前的土层，7 度、8 度时可判为不液化；

(2)当粉土中的黏粒(粒径小于 0.005 mm 的颗粒)含量百分率在 7 度、8 度和 9 度时分别大于 10、13 和 16 时可判为不液化；

(3)采用天然地基的建筑，当上覆非液化土层厚度和地下水位深度符合下列条件之一时，可不考虑液化影响：

$$d_u > d_0 + d_b - 2 \tag{7-52}$$

$$d_w > d_0 + d_b - 3 \tag{7-53}$$

$$d_u + d_w > 1.5 d_0 + 2 d_b - 4.5 \tag{7-54}$$

式中　d_w——地下水位深度(m)，宜按建筑使用期内年平均最高水位采用，也可按近期内年最高水位采用；

d_u——上覆非液化土层厚度(m)，计算时宜将淤泥和淤泥质土层扣除；

d_b——基础埋置深度(m)，不超过 2 m 时采用 2 m；

d_0——液化土特征深度(指地震时一般能达到的液化深度)(m)，可按表 7-21 采用。

2. 细判

当初步判别不能排除土层的液化可能性，需进一步进行液化判别时，应采用标准贯入试验判别地面以下 20 m 深度范围内土层的液化可能性；但对《抗震规范》中规定可不进行天然地基及基础的抗震承载力验算的各类建筑，可只判别地面以下 15 m 范围内土的液化。当饱和土的标贯击数(未经杆长修正)小于或等于液化判别标贯击数临界值时，应判为液化土。当有成熟经验时，也可采用其他方法。

表 7-21　液化土特征深度 d_0(m)

饱和土类别	7 度	8 度	9 度
粉土	6	7	8
砂土	7	8	9

在地面以下 20 m 深度范围内，液化判别标贯击数临界值可按下式计算：

$$N_{cr} = N_0 \beta \left[\ln(0.6 d_s + 1.5) - 0.1 d_w \right] \sqrt{3/\rho_c} \tag{7-55}$$

式中　N_{cr}——液化判别标准贯入锤击数临界值；

N_0——液化判别标准贯入锤击数基准值，按表 7-22 采用；

d_s——饱和土标准贯入试验点深度(m)；

d_w——地下水位深度(m)；

ρ_c——黏粒含量百分率，当小于 3 或是砂土时，应取 3；

β——调整系数,设计地震第一组取 0.80,第二组取 0.95,第三组取 1.05。

表 7-22　标准贯入锤击数基准值 N_0

设计基本地震加速度(g)	0.10	0.15	0.20	0.30	0.40
标贯锤击数基准值	7	10	12	16	19

以上所述初判、细判都是针对土层柱状内一点而言,在一个土层柱状内可能存在多个液化点,如何确定一个土层柱状(相应于地面上的一个点)总的液化水平是场地液化危害程度评价的关键。《抗震规范》提供采用液化指数 I_{lE} 来表述液化程度的简化方法,即先探明各液化土层的深度和厚度,然后按公式(7-56)计算每个钻孔(即一个土层柱状)的液化指数:

$$I_{lE} = \sum_{i=1}^{n} \left(1 - \frac{N_i}{N_{cri}}\right) d_i W_i \tag{7-56}$$

式中　I_{lE}——地基的液化指数;

　　　n——判别深度内每一个钻孔的标准贯入试验总数;

N_i, N_{cri}——i 点标准贯入锤击数的实测值和临界值,当实测值大于临界值时取临界值的数值;当只需要判别 15 m 范围内的液化时,15 m 以下的实测值可按临界值采用;

　　　d_i——第 i 点所代表的土层厚度(m),可采用与该标贯试验点相邻的上、下两标贯试验点深度差的一半,但上界不高于地下水位深度,下界不深于液化深度;

　　　W_i——第 i 层土考虑单位土层厚度的层位影响权函数值($\mathrm{m^{-1}}$)。当该层中点深度不大于 5 m 时应采用 10,等于 20 m 时应取零,5~20 m 时应按线性内插法取值。

表 7-23　液化指数与液化等级的对应关系

液化等级	轻微	中等	严重
液化指数	$0 < I_{lE} \leqslant 6$	$6 < I_{lE} \leqslant 18$	$I_{lE} > 18$

在计算出液化指数后,便可按表 7-23 综合划分地基的液化等级。

7.8.2　地基的抗液化措施及选择

液化是地震中造成地基失效的主要原因,要减轻这种危害,应根据地基液化等级和土层的结构特点选择相应措施。目前常用的抗液化工程措施都是在总结大量震害经验的基础上提出的,即综合考虑建筑物的重要性和地基液化等级,再根据具体情况确定。

理论分析与振动台试验均已证明液化的主要危害来自基础外侧,液化土层范围内位于基础正下方的部位其实最难液化。因此,在外侧易液化区的影响得到控制的情况下,轻微液化的土层是可以作为基础的持力层的。在海城及日本阪神地震中有数栋以液化土层作为持力层的建筑,在地震中并未产生严重破坏。由此看来,将轻微和中等液化等级的土层作为持力层在一定条件下是可行的,但在工程中应经过严密论证,必要时应采取有效的工程措施予以控制。另外值得注意的是,在采用振冲或挤密碎石桩加固后桩间土的实测标贯值仍低于相应临界值时,不宜简单地判为液化。因为研究工作和工程实践均已证实振冲桩和挤密碎石桩有挤密、排水和增大地基刚度等多重作用,而实测的桩间土标贯值不能反映排水作用和地基土的整体刚度。因此,规范仅提出加固后的桩间土的标贯值不宜小于临界标贯值的要求。

《抗震规范》对于地基抗液化措施的规定如下:

(1)当液化土层较平坦且均匀时,宜按表 7-24 选用地基抗液化措施,同时可计入上部结构重力荷载对液化危害的影响,根据对液化震陷量的估计适当调整抗液化措施。另外,不宜将未经处理的液化土层作为天然地基持力层。

表 7-24　液化土层的抗液化措施

建筑抗震设防类别	地 基 的 液 化 等 级		
	轻　微	中　等	严　重
乙类	部分消除液化沉陷,或对基础和上部结构处理	全部消除液化沉陷,或部分消除液化沉陷且对基础和上部结构处理	全部消除液化沉陷
丙类	基础和上部结构处理,亦可不采取措施	基础和上部结构处理,或更高要求的措施	全部消除液化沉陷,或部分消除液化沉陷且对基础和上部结构处理
丁类	可不采取措施	可不采取措施	基础和上部结构处理,或其他经济的措施

(2)全部消除地基液化沉陷的措施应符合下列要求:

①采用桩基时,桩端进入液化深度以下稳定土层中的长度(不包括桩尖部分)应按计算确定,且对碎石土,砾、粗、中砂,坚硬黏土和密实粉土尚不应小于 0.8 m,对其他非岩石土尚不宜小于 1.5 m。

②采用深基础时,基础底面应埋入液化深度以下的稳定土层中,其深度不应小于 0.5 m。

③采用加密法(如振冲、振动加密、挤密碎石桩、强夯等)加固时,应处理至液化深度下界;振冲或挤密碎石桩加固后,桩间土的标贯击数不宜小于前述液化判别标贯击数的临界值。

④用非液化土替换全部液化土层,或增加上覆非液化土层的厚度。

⑤采用加密法或换土法处理时,在基础边缘以外的处理宽度应超过基础底面以下处理深度的 1/2 且不小于基础宽度的 1/5。

(3)部分消除地基液化沉陷的措施应符合下列要求:

①处理深度应使处理后的地基液化指数减小,其值不宜大于 5;大面积筏基、箱基的中心区域,处理后的液化指数可比上述规定降低 1;对独立基础和条形基础尚不应小于基础底面下液化土的特征深度和基础宽度的较大值。

②采用振冲或挤密碎石桩加固后,桩间土的标贯击数不宜小于前述液化判别标贯击数的临界值。

③基础边缘以外的处理宽度应超过基础底面以下处理深度的 1/2 且不小于基础宽度的 1/5。

(4)减轻液化影响的基础和上部结构处理,可综合采用下列各项措施:

①选择合适的基础埋置深度;

②调整基础底面积,减少基础偏心;

③加强基础的整体性和刚度,如采用箱基、筏基或钢筋混凝土交叉条形基础,加设基础圈梁等;

④减轻荷载,增强上部结构的整体刚度和均匀对称性,合理设置沉降缝,避免采用对不均匀沉降敏感的结构形式等;

⑤管道穿过建筑物处应预留足够尺寸或采用柔性接头等。

7.8.3　液化侧向扩展的危害及对策

基础外侧的最先液化区域对基础正下方未液化部分产生影响,使之失去侧向土压力支持并逐步被液化的现象称为液化侧向扩展。为有效地避免和减轻液化侧向扩展引起的震害,《抗震规范》根据国内外的地震调查资料,提出在古河道以及邻近河岸、海岸或边坡有液化侧向扩展或流滑可能的地段不宜修建永久性建筑,否则应进行抗滑验算(对桩基亦同),并采取防土体滑动措施或结构抗裂措施。

(1)抗滑验算可按下列原则考虑:

①非液化上覆土层施加于结构的侧压力相当于被动土压力,破坏土楔的运动方向与被动土压力发生时的运动方向一致;

②液化层中的侧压力相当于竖向总压力的1/3;

③桩基承受侧压力的面积相当于垂直于流动方向桩排的宽度。

(2)减小地裂对结构影响的措施包括:

①将建筑的主轴沿平行于河流的方向设置;

②使建筑的长高比小于3;

③采用筏基或箱基时,基础板内应根据需要加配抗拉裂钢筋(筏基内的抗弯钢筋可兼作抗拉裂钢筋),抗拉裂钢筋可由中部向基础边缘逐段减少。

当地基的主要受力层范围内存在软弱黏性土层与湿陷性黄土时,应结合具体情况综合考虑,采用桩基、地基加固处理等措施,也可根据对软土震陷量的估计采取相应措施。

 复习思考题

7-1 动力机器设计的一般步骤包含哪些?

7-2 锻锤基础设计时除应满足其构造要求外,还需验算哪些内容? 如何计算?

7-3 什么是地震的震级和烈度? 为什么工程中要以烈度作为抗震设计的控制指标?

7-4 地基的震害有哪些常见类型? 影响地基抗震能力的主要因素有哪些?

7-5 地基基础抗震的概念性设计是什么? 包含哪些内容?

7-6 地基液化的原因是什么,怎样进行地基的抗液化处理?

7-7 地基基础的抗震设计包含哪些内容?

7-8 什么样的场地对抗震有利? 选择建筑场地时应该避开那些不利的地质环境?

7-9 在常用的基础结构形式中,哪些类型的基础结构抗震能力较强?

参 考 文 献

[1] 国家铁路局. 铁路桥涵地基和基础设计规范(TB 10093—2017)[S]. 北京:中国铁道出版社,2017.

[2] 中华人民共和国建设部. 铁路工程抗震设计规范(GB 50111—2006)[S]. 北京:中国铁道出版社,2009.

[3] 中华人民共和国住房和城乡建设部. 建筑地基基础设计规范(GB 50007—2011)[S]. 北京:中国建筑工业出版社,2011.

[4] 中华人民共和国住房和城乡建设部. 建筑抗震设计规范(GB 50011—2010)[S]. 北京:中国建筑工业出版社,2016.

[5] 中华人民共和国住房和城乡建设部. 建筑桩基技术规范(JGJ 94—2008)[S]. 北京:中国建筑工业出版社,2008.

[6] 中华人民共和国住房和城乡建设部. 建筑基桩检测技术规范(JGJ 106—2014)[S]. 北京:中国建筑工业出版社,2014.

[7] 中华人民共和国住房和城乡建设部. 混凝土结构设计规范(GB 50010—2010)[S]. 北京:中国建筑工业出版社,2015.

[8] 中华人民共和国住房和城乡建设部. 港口工程桩基规范(JTS 167—4—2012)[S]. 北京:人民交通出版社,2012.

[9] 《桩基工程手册》编写委员会. 桩基工程手册[M]. 北京:中国建筑工业出版社,1995.

[10] 龚维明,戴国亮. 桩承载力自平衡测试技术研究及应用[M]. 2版. 北京:中国建筑工业出版社,2016.

[11] 李克钏,罗书学. 基础工程[M]. 北京:中国铁道出版社,2000.

[12] 殷万寿. 深水基础工程[M]. 2版. 北京:中国铁道出版社,2003.

[13] 赵明华,徐学燕. 基础工程[M]. 北京:高等教育出版社,2003.

[14] Donald P. Coduto. Foundation Design:Principles and Practices [M]. 北京:机械工业出版社,2004.

[15] 吴兴序. 基础工程[M]. 成都:西南交通大学出版社,2007.

[16] 张凤祥. 沉井沉箱设计、施工及实例[M]. 北京:中国建筑工业出版社,2010.

[17] 罗书学,张鸿儒. 铁路桥梁基础工程[M]. 北京:中国铁道出版社,2010.

[18] 王晓谋. 基础工程[M]. 4版. 北京:人民交通出版社,2010.

[19] 莫海鸿,杨小平. 基础工程[M]. 3版. 北京:中国建筑工业出版社,2014.

[20] 周景星,李广信,张建红,等. 基础工程[M]. 3版. 北京:清华大学出版社,2014.